难处理铁矿石
煤基直接还原磁选技术

孙体昌 寇珏 徐承焱 佘文 著

北 京
冶 金 工 业 出 版 社
2017

内 容 提 要

本书介绍了以难处理铁矿石原矿为原料，采用直接还原焙烧—磁选技术生产还原铁产品的最新研究成果，内容主要包括：高磷鲕状赤铁矿、钛磁铁矿、红土镍矿的直接还原焙烧—磁选的影响因素及对不同矿石的影响规律和效果，不同矿石焙烧和磁选所需的最佳条件比较，不同的还原剂、添加剂、焙烧条件等在铁矿石还原过程中的作用机理。

本书可供矿物加工工程、冶金工程的技术人员和相关专业的研究人员和管理人员阅读，也可供高校教师和相关专业研究生参考。

图书在版编目(CIP)数据

难处理铁矿石煤基直接还原磁选技术/孙体昌等著. —北京：冶金工业出版社，2017.7

ISBN 978-7-5024-7540-6

Ⅰ.①难… Ⅱ.①孙… Ⅲ.①铁矿物—磁力选矿—研究 Ⅳ.①TD951.1

中国版本图书馆 CIP 数据核字(2017)第 173100 号

出 版 人 谭学余

地 址 北京市东城区嵩祝院北巷 39 号 邮编 100009 电话 (010)64027926

网 址 www.cnmip.com.cn 电子信箱 yjcbs@cnmip.com.cn

责任编辑 杜婷婷 美术编辑 彭子赫 版式设计 孙跃红

责任校对 石 静 责任印制 李玉山

ISBN 978-7-5024-7540-6

冶金工业出版社出版发行；各地新华书店经销；固安华明印业有限公司印刷

2017 年 7 月第 1 版，2017 年 7 月第 1 次印刷

169mm×239mm；20.25 印张；391 千字；311 页

79.00 元

冶金工业出版社 投稿电话 (010)64027932 投稿信箱 tougao@cnmip.com.cn

冶金工业出版社营销中心 电话 (010)64044283 传真 (010)64027893

冶金书店 地址 北京市东四西大街 46 号(100010) 电话 (010)65289081(兼传真)

冶金工业出版社天猫旗舰店 yjgycbs.tmall.com

前　言

我国铁矿资源的特点是贫、细、杂，很多铁矿资源品位低、组成复杂，用传统的矿物加工方法很难得到符合要求的铁精矿，其中高磷鲕状赤铁矿是典型代表。而铁矿石直接还原焙烧—磁选生产还原铁产品的工艺为该类铁矿石的有效利用提供了技术上的可能，因此成为近几年的研究热点。本书中介绍的直接还原焙烧—磁选技术是指以煤或其他具有还原作用的固体物料为还原剂，与粉状原矿直接混合后焙烧或压成团块培烧，目的是把原矿中的铁矿物还原为金属铁，然后通过磨矿后弱磁选，得到的磁性产品是以金属铁为主的产品（本书中称为直接还原铁产品）的过程。该技术有以下几个特点：

（1）可以有效处理用传统矿物加工方法不能加工或加工效果不理想的矿石或二次资源，包括高磷鲕状赤铁矿石、菱铁矿石、细粒复杂的赤铁矿石、钛磁铁矿石、钒钛磁铁矿石，还包括红土镍矿、硫酸渣、各类含铁冶金渣等。

（2）加热次数少。按照传统的方法，从原矿石到生产出生铁需要经过选矿（有时需要磁化焙烧）—球团（或烧结）—炼铁过程，同时高炉炼铁必须用焦炭，炼焦的过程也是高温过程。而用直接还原焙烧—磁选技术，因为用原矿直接还原焙烧，磁选后可以得到直接还原铁产品，只需加热一次。同时，因为直接以煤为还原剂，不需要焦炭，所以也省去了炼焦的过程。对煤的质量要求也不高，甚至可以用褐煤为还原剂。该过程所得还原铁产品中碳的含量比焦炭低，可以直接用于炼钢。

（3）可以有效去除矿石中的有害杂质，包括高磷鲕状赤铁矿中的磷和铝、硫酸渣中的硫等。这些杂质在原矿石中的存在状态复杂，很难脱除，但在直接还原焙烧过程中可以改变矿石的结构构造或杂质的存在状态，为杂质的有效脱除创造了条件。

(4) 适应性强。该技术不仅适用于铁矿石，还适用于硫酸渣、红土镍矿、各类冶金渣、赤泥等。同时，可以根据不同原料的性质和对产品质量的要求，对焙烧条件进行调整，或加入适当的添加剂，基本可以满足各类原料和不同产品质量的要求。

(5) 矿石焙烧量增加。由于是原矿直接焙烧，与用精矿进行冶炼相比，焙烧矿量会增加，焙烧成本有所提高。从技术上考虑，无论原矿品位高低，该项技术都基本可行，但经济上是否合算需要对具体问题进行具体分析，需要通过试验确定。

本书对直接还原焙烧—磁选处理不同原矿的研究结果进行了较为详细的介绍。对于高磷鲕状赤铁矿，用该技术可以得到直接还原铁产品，同时脱除其中的磷和铝；对于钛磁铁矿，用该技术可以明显改善钛铁分离的效果，实现钛和铁的有效分离。同时也发现，采用此技术，用钛磁铁矿可以生产新型微波陶瓷材料——钛酸镁，这为钛磁铁矿的利用提供了新的技术途径，也为我国储量丰富但目前利用不理想的钒钛磁铁矿资源中钛的有效利用提供了有益的参考。红土镍矿虽然一般主要考虑的是利用其中的镍，但其中的铁资源也不容忽视，特别是高铁低镍的红土镍矿，目前也未找到合理的利用途径。用直接还原焙烧—磁选技术也可以解决镍和铁的回收问题。并且，可以控制焙烧条件和添加剂的种类，根据不同矿石性质和产品要求，得到不同镍铁含量的产品。由于篇幅所限，本书只介绍了直接还原焙烧—磁选技术研究的部分内容，实际上该技术的应用范围远不止本书介绍的范围，对从菱铁矿石中回收铁、硫酸渣回收铁降低硫、从赤泥和各种冶金渣中回收铁和其他有用成分也都是有效的。

研究中还发现，虽然该过程中以铁矿物还原为金属铁为主，但由于是原矿直接还原，不同原料中脉石矿物的种类、含量、杂质的种类、含量和存在形式不同，反应过程也不同。因此，其反应过程比用铁精矿炼铁或直接还原法生产还原铁要复杂得多，同时对还原过程的要求也有所不同。用铁精矿为原料生产直接还原铁，只要把其中的含铁矿物还原为金属铁即可，所以可以用铁的金属化率或还原度来评价还原的效果。但在直接还原—磁选过程中有所不同，不仅要把铁矿物中的铁还原为金属铁，还要考虑还原后的金属铁的颗粒和与其他矿物之间的关系，要为后续的磨矿磁选创造有利的条件，所有只用金属化率或还原度不能完整评价焙烧效果。由于原矿性质复杂多变，所以有些传统铁矿物直接还原的理论和反应机理也不能解释原矿直接还原过程中出现的现象，本书中对出现的新问题进行了论述和解释，但由于该类研究还处于初级阶段，很多问题未能得出明确的结论，很多只是作者的个人见解，请读者在阅读本书时注意，也希望广大读者提出宝贵意见。

本书分工如下：第 1 章由孙体昌撰写；第 2 章由孙体昌、余文、徐承焱和寇珏撰写；第 3 章由寇珏撰写，第 4 章由徐承焱撰写。全书由孙体昌统一整理。

本书的研究和出版得到了国家自然科学基金重点项目（编号：51134002）、面上项目（编号：51074016、51474018）和教育部高等学校博士学科点专项科研基金项目（编号：20130006110017）的资助，在此表示诚挚的谢意。本书中也引用了其他研究者的部分成果，在此一并表示感谢。对参加本书相关研究的杨大伟、李永利、刘志国、许言、高恩霞、魏玉霞博士等做出的贡献表示感谢。

希望本书的出版可以推动难处理铁矿的直接还原焙烧—磁选研究工作的进一步深入，并为该技术的实际应用提供基础。

书中列出的很多研究结果不够深入，撰写也存在不足之处，恳请读者批评指正。

作　者

2017 年 4 月

目 录

1 绪　论

1.1 我国铁矿资源特点及供应现状

1.1.1 我国铁矿资源及特点

我国铁矿资源丰富，查明全国铁矿资源产地有3000多处，铁矿资源储量为613.35亿吨，我国铁矿资源有自己的特点，主要有如下几点[1,2]：

（1）储量大，但贫矿多富矿少。按铁矿资源储量排名，居世界第五位，但在保有储量中贫铁矿石占97.5%。而含铁（质量分数）平均品位55%左右，能直接入炉的富铁矿储量仅占总储量的2.5%。

（2）分布范围广，但又相对集中。我国铁矿资源在全国31个省（市、自治区）均有分布，相对集中在辽宁、河北、四川、湖北、山东、内蒙古等13个省、自治区，共拥有铁矿资源储量571.9亿吨，占全国资源储量的88.52%。

（3）矿石类型复杂。我国铁矿石自然类型复杂，有磁铁矿、钒钛磁铁矿、赤铁矿、褐铁矿、菱铁矿、镜铁矿及混合矿石。磁铁矿石占55.5%，钒钛磁铁矿石占14.4%，红矿（赤铁矿、褐铁矿、菱铁矿、镜铁矿）占24.8%，其他种类铁矿石占5.3%。

（4）伴（共）生有益组分多。具有伴（共）生有益组分的铁矿石储量约占全国储量的1/3，涉及一批大中型铁矿区，如攀枝花、红格、白马、白云鄂博等铁矿区。伴（共）生有益组分种类包括钒、钛、铜、铅、锌、锡、稀土和铌等30余种。

（5）嵌布粒度比较细。不磨细无法实现单体解离，磨太细，小于20μm的铁矿物颗粒较多，特别是褐铁矿容易泥化，用目前的回收方法回收困难。如酒钢酒泉粉矿选矿厂的尾矿含铁质量分数25%以上，强磁选铁精矿含铁质量分数48%、铁回收率仅65%，铁损失较多。

（6）褐铁矿、菱铁矿等难选矿的高效选矿仍没有很好解决。如铁坑褐铁矿选矿厂入选的原矿石含铁质量分数37%，经过选矿后得铁精矿含铁质量分数54%，而铁回收率只有50%左右，尾矿含铁质量分数28%。高磷鲕状赤铁矿仍未找到经济有效的利用方法。

1.1.2 我国铁矿石供应现状

我国铁矿资源总量丰富，但由于优质资源匮乏，复杂难选矿石利用率低以及国内铁矿石生产企业产能不足，致使国内铁矿石产量远远无法满足钢铁企业的需求，钢铁企业不得不大量进口铁矿石。铁矿石进口量逐年递增，2015 年增加至 9.53 亿吨，铁矿石对外依存度高达 84%，具体进口矿石量见表 1-1[3,4]。长期大量进口铁矿石不仅对我国钢铁产业造成严重的影响，对国民经济的健康持续发展也构成了巨大威胁。

表 1-1　2000~2015 年我国进口铁矿量表　（亿吨）

年　份	2000	2001	2002	2003	2004	2005	2006	2007
进口铁矿石量	0.7	0.92	1.12	1.48	2.1	2.75	3.26	3.83
年　份	2008	2009	2010	2011	2012	2013	2014	2015
进口铁矿石量	4.43	6.27	6.19	6.86	7.44	8.2	9.33	9.53

1.2　难选铁矿选矿现状及主要问题

1.2.1　高磷鲕状赤铁矿选矿研究现状

1.2.1.1　高磷鲕状铁矿石物理选矿工艺研究现状

高磷鲕状赤铁矿属于极难选的铁矿石，对其利用的研究已经进行了几十年，进行了多种工艺的比较，主要包括单一反浮选、选择性絮凝—反浮选以及磁选（重选）—反浮选联合等，但到目前为止，仍未找到合适的处理方法。

闫武等[5]采用自主研发的新型捕收剂 EM-501 对重庆桃花高磷鲕状赤铁矿和湖北官店高磷鲕状赤铁矿脱泥后产品进行了反浮选脱磷研究。桃花高磷鲕状赤铁矿的脱泥后经一粗一精二扫脱磷反浮选，在给矿铁品位 41.50%、磷质量分数 0.88%情况下，得到精矿品位为 50.00%、磷质量分数 0.081%、铁回收率 88.22%的铁精矿。官店高磷鲕状赤铁矿的脱泥后经一粗一精一扫脱磷反浮选，在给矿铁品位 49.26%、磷质量分数 0.89%情况下，获得了精矿铁质量分数 51.69%、磷质量分数 0.21%、铁回收率 94.77%的选别指标。可以看出，对于高磷鲕状赤铁矿，提高铁品位和降低磷含量都很困难。

刘万峰等[6]对某鲕状赤铁矿进行了反浮选脱磷脱硅研究。结果表明，采用反浮选工艺处理铁品位 48.97%、磷质量分数 0.92%的铁矿石，能得到精矿铁品位和磷质量分数分别为 54.21%和 0.28%、铁回收率 64.60%的精矿。此外，他们对另一处高磷鲕状赤铁矿进行了反浮选脱磷扩大试验研究，试验稳定运行了 80h，在磨矿细度为-0.074mm 质量分数占 70.73%的条件下，得到的精矿的铁品位为 57.43%，磷质量分数为 0.22%，铁的回收率达到了 78.24%[7]。

唐云等[8]采用强磁选—反浮选工艺对贵州赫章鲕状赤铁矿进行提铁降磷试验研究。在磨矿细度-0.075mm 占 77.50%、磁感应强度 1.55T、棒介质的条件下进行1次强磁选粗选；强磁选粗精矿在磨矿细度-0.038mm占84.00%、磁感应强度1.40T和网介质的条件下进行1次精选；强磁选粗尾矿在磁感应强度1.40T和网介质的条件下进行1次扫选，然后精选尾矿和扫选精矿合并返回磨矿，获得铁品位52.13%、磷质量分数0.45%、回收率72.16%的铁精矿。采用高效调整剂和高效捕收剂将强磁选精矿进行1次反浮选，获得了铁品位56.14%、磷质量分数0.22%、回收率62.48%的铁精矿。

上述研究结果表明，采用常规的工艺得到的铁精矿的铁品位很难达到60%，铁的回收率也比较低，一般只有50%~70%，但是磷的质量分数仍然在0.2%以上。一些新研制的药剂显现出了较好的脱磷效果，但提高铁精矿品位仍很困难，这说明采用常规手段难以实现选别高磷鲕状赤铁矿。

1.2.1.2 高磷鲕状铁矿石化学处理工艺研究现状

由于用常用物理分选方法处理高磷鲕状赤铁矿很难获得铁品位和磷含量都符合要求的铁精矿，很多学者研究用化学方法处理该矿石，以期获得好的效果。主要研究有酸浸降磷、生物浸出降磷、磁化焙烧磁选等。

A 高磷鲕状铁矿石酸浸工艺研究现状

酸浸工艺是用硝酸、硫酸或盐酸等对鲕状赤铁矿进行浸出，酸液选择性地溶解矿石中的含磷矿物，从而实现脱磷目的。这种工艺的优点是矿石中的含磷矿物不需要完全单体解离，只要使含磷矿物暴露出来与酸液接触就可以使含磷矿物溶解。

余锦涛等[9]以铁品位为51.7%、磷质量分数为0.56%的某鄂西高磷鲕状赤铁矿为研究对象，采用硫酸浸出脱磷，在浸出时间为1h，液固比为100mL：8g，酸度为0.2mol/L，振荡频率为150Hz的条件下，获得了含磷质量分数为0.07%左右产品，铁损失率仅为0.18%。同时研究了微波预处理铁矿石对浸出的影响，结果发现微波预处理虽然能使铁矿石产生微裂缝，但是因为酸液的表面张力过大，难以渗入微裂缝中，因此没有促进脱磷。由上可知，采用酸浸的方法能够有效脱磷。对采用常规的选矿方法预富集的高磷鲕状铁矿精矿，通过酸浸的手段，或是酸浸后再配合其他选矿手段，能够得到含磷质量分数0.1%以下的铁精矿，但铁精矿铁品位仍难以提高。同时酸浸工艺复杂，对设备腐蚀性大、成本较高，且浸出液需专门处理，容易造成环境污染。

尹双良等[10]提出了一种高磷鲕状赤铁矿蚀硅保铁脱磷的酸浸工艺，该工艺首先采用常规选矿工艺对高磷鲕状赤铁矿石进行富集得到铁粗精矿浆，然后将精矿的质量分数调整至50%~70%；再加入工业盐酸、保铁剂和蚀硅剂，搅拌浸出15~45min；过滤得低磷铁精矿。最终可获得铁品位不低于60%、P_2O_5质量分数不高于0.15%的低磷铁精矿。工业盐酸的加入量为铁粗精矿质量的20%~25%，酸用量过高。

B　高磷鲕状铁矿石微生物浸出工艺研究现状

微生物法浸出脱磷是利用了微生物代谢产生的酸或利用微生物进行间接脱磷，如利用一些具有氧化硫硫杆菌可使含硫矿物中的硫转化为硫酸，来降低体系的 pH 值，Ca^{2+}、Mg^{2+}、Al^{3+} 等离子还会与微生物代谢酸螯合，形成络合物，从而使磷矿物的溶解得到了加速；微生物法去除磷具有高效、环境友好等优点。

鲍光明等[11~13]以全铁质量分数 43.50%、磷质量分数 0.85%的鲕状赤铁矿石为对象，利用嗜酸氧化亚铁硫杆菌（At. f 菌）和嗜酸氧化硫硫杆菌（At. t 菌）的协同作用进行脱磷。结果表明，在 At. t 菌与 At. f 菌接种量为 2∶1 混合时，浸出 24 天，脱磷率达到了 88.70%。同时对不同矿浆初始 pH 值和矿浆浓度的试验条件下发现，在 pH = 1.8~2.5 条件下，细菌脱磷能力较强，当矿浆浓度超过 5%时对细菌脱磷具有明显抑制作用，说明用微生物浸出时浓度不能高。

王劲等[14]对大冶地区某铁品位 47.89%、磷质量分数 1.04%的鲕状赤铁矿，采用嗜酸氧化硫硫杆菌浸出脱磷，浸出 41 天后，得到了平均铁品位 51.7%、磷质量分数 0.21%的产品，脱磷率达到了 82.3%，而铁损率仅为 1.7%。固体浓度对产品的磷含量、铁品位和铁损失率均有明显影响，最佳的固体浓度为 250g/L。

上述研究结果表明，虽然微生物浸出脱磷具有低能耗、无污染等特点，但是浸出时间长，而且对浸出液的固体浓度要求严格，且只对降磷有效，对提高铁精矿铁品位作用有限，目前也还未有工业应用的实例。

C　高磷鲕状铁矿石磁化焙烧工艺研究现状

磁化焙烧是处理难选铁矿石的有效手段之一，对高磷鲕状赤铁矿进行磁选焙烧的效果也进行了研究。

李艳军等[15]对湖北某地高磷鲕状赤铁矿进行了磁化焙烧—磁选—反浮选研究，针对此原矿铁品位为 46.31%、磷质量分数为 1.25%的高磷鲕状赤铁矿进行了磁化焙烧及磨选工艺技术条件试验研究。确定了磁化焙烧—磁选、一次粗选、一次扫选反浮选工艺，在磨矿细度 -0.074mm 占 75%、配煤量 11%、焙烧温度 800℃、焙烧时间 30min 的条件下可获得铁品位 57.17%、回收率 82.74%、磷质量分数 1.12%的磁选铁精矿产品。磁选精矿采用一次粗选、一次扫选反浮选工艺提铁降磷，通过该工艺分选后，可获得铁品位 60.53%、铁回收率 70.22%、磷质量分数 0.32%的铁精矿产品。

唐双华[16]对鄂西某鲕状赤铁矿进行了磁化焙烧—弱磁选—细磨脱泥—阴离子反浮选工艺流程研究。结果表明，对全铁品位为 43.65%、磷质量分数 0.91%的铁矿石，焙烧温度 800℃，混配煤粉 12%，焙烧时间 60min。选择一段磨矿细度 -0.045mm 占 89.96%，二段磨矿细度 -0.0385mm 占 95%，脱泥浮选后可以获得产率 55.95%、全铁品位达到 61.56%、铁的回收率为 78.90%、含磷质量分数 0.24%的铁精矿。

罗立群等[17]以鄂西某鲕状赤铁矿为研究对象，考察焙烧温度、焙烧时间和物料粒度等因素对磁化焙烧效果的影响，当温度不大于800℃时，很少发生过还原生成FeO和Fe_2SiO_4，但含磷与含硅矿物均有相变；当温度为900℃时，生成FeO的质量分数达23.61%，形成弱磁性的Fe_3O_4-FeO固熔体，不利于焙烧矿的弱磁选分离。磁化焙烧过程仅改变铁相，而鲕粒结构未变，磁化还原由表及里受扩散作用控制，与鲕粒粒径和致密度密切相关。

黄冬波等[18]对鄂西高磷鲕状赤铁矿进行了生物质低温磁化焙烧—磁选试验研究。研究表明，生物质替代煤基还原剂进行磁化焙烧具有一定的可行性，利用生物质热解产生的还原性气体在600℃可以完全磁化铁矿石。最佳磁化焙烧工艺条件为：磁化温度600℃，磁化时间30min，赤铁矿石与生物质质量比10∶2，矿石粒度0.074mm（>72.5%）。矿石粒度对精矿品位有很大的影响。当矿石粒度为0.043mm占100%，经140kA/m的磁场强度，通过磁选管磁选别得到了铁品位为55.12%的铁精矿，铁回收率为79.81%。

聂程等[19]对湖南某高磷鲕状赤铁矿进行了磁化焙烧—磁选—酸浸工艺研究，并在硫酸浸出脱磷过程中对试验工艺条件进行了优化。结果表明，经还原焙烧—磁选得到的粗精矿，在硫酸浓度为0.2mol/L、反应时间为10min、液固比为3∶1、常温搅拌速率为300r/min的条件下，可使磷质量分数降低到0.2%，最终全流程获得了产率为62.47%、铁品位为59.52%、铁回收率为90.53%、磷质量分数为0.2%的铁精矿。

祁超英等[20]以铁品位42.59%、磷质量分数0.87%、二氧化硅质量分数22.32%、三氧化二铝质量分数6.99%的赤铁矿为原料，研究了用闪速磁化焙烧—磁选技术处理鄂西鲕状赤铁的可行性。结果表明，通过研发的闪速磁化焙烧磁选可得到铁精矿产率60.17%、含铁质量分数58.32%、磷质量分数0.32%、铁回收率81.18%的粗精矿。经细磨反浮选脱磷后，铁精矿品位可以提高到60.35%，磷质量分数降低到0.24%，但是铁精矿中的三氧化二铝质量分数达到6.30%，仍然很高，且目前还没有有效的去除方法。闪速磁化焙烧—磁选反浮选工艺所得铁精矿主要化学成分结果见表1-2。

表1-2 铁精矿主要化学成分分析结果 （质量分数/%）

成分	TFe	FeO	SiO_2	Al_2O_3	CaO	MgO
含量	60.35	27.45	6.46	6.30	0.57	0.60
成分	MnO	K_2O	Na_2O	P	S	Ig
含量	0.12	0.080	0.31	0.24	0.060	1.17

上述研究结果表明，用磁化焙烧—磁选方法处理高磷鲕状赤铁矿可以提高铁的品位，但对降磷效果有限，增加反浮选或酸浸可以降低铁精矿中磷的含量，但

仍偏高，同时发现铁精矿中铝含量高，不能满足冶炼的要求，且很难降低。研究还从理论和实践上证明，鄂西高磷鲕状赤铁矿石不只在降磷的问题上有难度，在降硅、降铝方面也有难度，而且降铝的难度更大。

1.2.2 其他难选铁矿石选矿研究现状

1.2.2.1 难选赤（褐）铁矿石选矿研究现状

本节难选赤铁矿石是指低品位或嵌布粒度很细、用强磁—阴离子反浮选工艺处理效果不好的赤铁矿石。

高雅巍等[21]对新疆某高硅低品位难选赤铁矿石采用阶段磨矿、阶段高梯度强磁选—反浮选原则流程进行了研究。结果表明，可获得铁品位为61.10%、铁回收率为65.63%的铁精矿，精矿品位和回收率都偏低。

张丛香等[22]对某地复杂难选贫赤铁矿进行了选别试验研究。采用两段连续磨矿—弱磁—强磁—中矿再磨—阴离子反浮选工艺流程，在原矿品位30.50%条件下，获得了精矿品位64.93%、产率32.26%、金属回收率68.68%，尾矿品位14.10%、产率67.76%、金属回收率31.32%的选别指标，使废弃多年的矿石得以充分回收利用，既节能降耗又可提高资源利用率，具有较好的经济效益和社会效益。

邵安林等[23]研究了含碳酸盐赤铁矿石浮选试验，针对纯矿物配成的含赤铁矿、菱铁矿、石英的混合矿进行浮选试验。随着铁矿石中菱铁矿质量分数的提高，铁精矿铁品位、产率和回收率等指标迅速下降，说明现有反浮选流程不能将含有菱铁矿的铁矿石有效分选。提出将菱铁矿预先分离、然后再将赤铁矿和石英分离的分步浮选流程，相比常规反浮选流程，铁精矿铁质量分数由42.34%上升至59.09%，铁的回收率由53.18%提高到79.84%。

褐铁矿是由针铁矿、纤铁矿、水针铁矿、水纤铁矿以及含水氧化硅、泥质等组成的混合物，其化学成分不固定，通常是以 $Fe_2O_3 \cdot nH_2O(n=0.5\sim3)$ 形态存在的天然多矿物混合体，含铁量随分布区域不同而不同，脉石中多以 SiO_2 为主，矿石嵌布粒度细，且碎磨过程中易泥化，属于复杂难选铁矿石。

张晋霞等[24]针对内蒙古某褐铁矿矿石的性质和特点，进行了单一反浮选方案的试验研究。试验结果表明：在原矿品位为41.85%，铁矿物以赤褐铁矿为主，约占全铁成分的99%以上的条件下，通过反浮选工艺流程试验可获得精矿产率48.69%、品位54.07%、回收率62.65%的铁精矿。

刘勇[25]研究了组合捕收剂作用于褐铁矿强磁粗精矿提铁降硅的试验，实际矿石浮选分离试验结果表明，用碳酸钠作pH调整剂、变性淀粉作褐铁矿抑制剂，用组合捕收剂对铁品位为49.31%、含 SiO_2 质量分数为20.53%的高硅强磁选粗精矿进行反浮选试验，经过一段磨矿一粗一精，得到铁品位58.79%、回收率

79.19%的良好指标。

张裕书等[26]针对四川某难选褐铁矿性质和特点，采用重选、强磁选、强磁—反浮选工艺进行选矿试验，所得铁精矿品位和回收率都很低；在条件优化试验基础上，采用磁化焙烧—磁选—反浮选工艺，最终可获得铁品位 60.59%、回收率 79.30%的铁精矿。

刘兴华等[27]对云南某褐铁矿进行了强磁—阳离子反浮选和焙烧—弱磁选两种工艺的详细对比试验研究，结果表明，采用强磁—阳离子反浮选工艺可以获得铁品位 50.97%、回收率 68.50%的铁精矿；而采用焙烧—弱磁选工艺可以得到精矿铁品位 60.36%、回收率 89.71%的铁精矿。

由上可知，褐铁矿选别主要有单一选矿法和联合选矿法处理褐铁矿，如重选、磁选、浮选及磁化焙烧—磁选联合、磁选—浮选、联合等方法。对于品位高、杂质少的褐铁矿采取单一反浮选流程就可获得良好分选指标。但通常褐铁矿常含 S、P 等有害杂质，高硅高铝，易泥化，品位较低，对选矿带来一定困难，采用重、磁、浮工艺的联合流程方法，所得铁精矿品位和回收率都不高。说明褐铁矿用常规选矿方法处理指标不理想。

1.2.2.2 菱铁矿石选矿研究现状

菱铁矿是一种常见的碳酸盐矿物，理论铁品位只有 48.02%。通常呈现粒状、土状或者致密块状集合体。Mg^{2+}、Zn^{2+}、Co^{2+}、Mn^{2+}等离子置换 Fe^{2+}，形成多元类质同象系列矿物。我国已经探明菱铁矿储量为 18 多亿吨，占铁矿石总量的 14%，储量居世界前列，重点分布在陕西、甘肃、云南、新疆等地，尤其是在贵州、陕西等西部省区，菱铁矿资源占全省铁矿资源总储量的一半以上，陕西大西沟菱铁矿资源储量就超过 3 亿吨。目前对菱铁矿的利用是将部分富矿和部分与磁铁矿、赤铁矿共生的混合矿混合使用，其用量还不足菱铁矿总量的 10%。

王成等[28]对云南某菱铁矿石进行了选矿试验研究。通过磨矿试验、脱硫浮选条件试验、脱泥磁选试验、碱浸条件试验及最终的磁选试验，获得铁品位为 37.46%、硫质量分数为 0.064%的铁精矿，铁回收率为 77.34%，铁精矿品位和回收率都比较低。

刘军等[29]针对某菱铁矿矿物组成和结构构造简单、理论品位低等性质进行了磨矿—高梯度强磁选和焙烧—弱磁选两种工艺流程的选矿试验研究，在原矿铁品位为 37.06%的条件下，磨矿—高梯度强磁选流程可获得铁品位为 42.14%、回收率为 70.08%的铁精矿，焙烧—弱磁选流程可获得铁品位为 63.21%、作业回收率为 92.62%的铁精矿。

朱德庆等[30]对新疆某菱铁矿磁化焙烧—磁选试验。结果表明：16~10mm 的菱铁矿在不加还原煤、焙烧温度为 800℃、焙烧时间为 15min 条件下的焙烧产物磨至-0.074mm 占 90%，经 1 次弱磁选（151.20kA/m），可获得铁品位 63.55%、回收率为95.76%的铁精矿。

以上可知，菱铁矿选矿常用的方法是重选、浮选、强磁选、焙烧磁选以及其联合流程；目前菱铁矿的浮选，主要为浮选含菱铁矿的混合铁矿物，单独的菱铁矿资源很少，且菱铁矿本身含铁较低，总体工艺是以选别含弱磁性铁矿物为目标。

1.2.3 含铁冶金渣选矿研究现状

含铁冶金渣主要是指硫酸渣、炼铜渣、铅锌渣等含铁较高的渣。随着自然铁矿资源的逐渐减少，人们逐渐重视从含铁渣中回收铁，这不仅可以扩大铁资源，而且可以减少渣堆放带来的环境问题。但由于冶金渣的特殊性质，采用常规方法选别，大多数渣获得的铁精矿品位偏低，杂质含量偏高，因此需要研究开发新的高效选别设备和工艺。

毕万利等[31]从硫酸渣中选铁进行了试验研究。采用弱磁选、重选等方法回收硫酸渣中的铁矿物。结果表明，采用阶段磨矿—重选—磁选联合流程，可以获得铁品位59.61%、产率46.95%、回收率72.79%的铁精矿。

张汉泉等[32]对铁品位为55.08%、硫的质量分数为1.3%的硫酸渣，直接进行弱磁选得到品位60.54%、回收率仅为54.46%的铁精矿，采用磁化焙烧—弱磁选的方法来进行选铁试验，在焙烧时间40min、焙烧温度750℃、还原剂10%的焙烧条件下，焙烧矿磨矿至-0.074mm占97.02%，两段磁选，获得了铁品位64.57%，精矿回收率86.99%，硫质量分数降低到0.13%的铁精矿。

刘利等[33]研究了对贵州某硫酸渣采用化学法富铁降硫。试验结果表明，随王水体积分数、液固体积质量比、反应温度和反应时间增加，处理后的渣中铁得到富集，硫质量分数有所下降；在适宜条件（液固体积质量比6：1、王水体积分数5%、温度40℃、反应时间2h）下，处理后的渣中铁质量分数约为55%，硫质量分数约为0.7%，富铁降硫效果较好。

何宾宾[34]以原料铁品位仅有38%、硫质量分数高达8%的湖南某硫铁矿烧渣为原料，采用3种新型的分选硫铁矿烧渣的方法，获得了铁品位较高、硫质量分数较低的铁精粉。

（1）采用熔融—酸浸法对硫铁矿烧渣进行了处理，该工艺分为熔融和酸浸两个阶段。熔融是将烧渣与氢氧化钠溶液相混合，经过高温熔融处理使硅酸盐、铝酸盐等矿物转变为可溶性化合物，然后再以水洗脱；而酸浸过程以低浓度王水为药剂，溶解大部分非铁物质，在这个过程中含铁矿物几乎不溶解，从而显著提高铁质量分数和降低硫质量分数，经处理后的铁精粉中铁质量分数为65.01%，硫质量分数低于0.1%，回收率为82.12%。

（2）通过水热—酸浸法对硫铁矿烧渣进行了处理，水热处理烧渣是利用水热加速了碱液和烧渣中硅酸盐矿物等之间的反应，该法提供一个在常压条件下无法得到的物理化学反应环境，经处理后的铁精粉的铁质量分数为61.19%，硫质量分数为0.10%，整个工艺的回收率为86.34%。

（3）使用球磨—酸浸法处理硫酸渣，实现了常温常压下分选高铁低硫铁精粉的可能，通过实验获得了铁品位为57.25%、硫质量分数为0.17%的铁精矿，回收率高达90.98%。

周中元[35]根据某铜熔炼炉渣的矿物特性及选矿工艺特点，对综合回收炉渣中的有价金属进行了探索，采用铜渣浮选—磁选的选矿工艺流程，取得了令人满意的试验指标，铜精矿品位29.68%，回收率90.45%；铁精矿品位55.57%，回收率48.47%。

杨椿等[36]采用磨矿—焙烧—湿式弱磁选—反浮选联合流程，可以很好地回收某铜渣中的铁。铜渣先经磨矿，细度为-0.074mm占80%；在温度为1000℃的有氧条件下焙烧60min后，经一段湿式磁选；磁选精矿再经二次磨矿，细度为-0.074mm占90%；然后经反浮选试验，捕收剂十二胺用量为800g/t、抑制剂淀粉用量为1000g/t时，最终得到产率为61.72%、铁品位为63.16%、回收率为60.39%的铁精矿，取得了良好的指标，为铜渣选铁的工业应用提供了一定参考。

以上可知，单一选矿方法如重选工艺，处理冶金渣是一种简单易行的方法，对各种类型的渣有一定的适应性，但回收率相对较低。采用联合流程或物理与化学方法结合的工艺，可以提高处理效果，但指标仍不理想，主要是渣的利用率低，其中的有益成分不能完全回收。

1.3 炼铁技术简介

炼铁过程实质上是将铁从其矿石或含铁化合物中还原出来的过程。炼铁方法主要有高炉法、直接还原法、熔融还原法等，其原理是矿石在特定的条件下（还原物质——CO、H_2、C和适宜温度等）通过物化反应获取还原后的生铁。按工艺分为高炉炼铁和非高炉炼铁两种。

1.3.1 高炉炼铁

高炉炼铁是指在高炉中采用还原剂将铁矿石经济而高效的还原得到温度和成分符合要求的液态生铁的过程。高炉炼铁的本质是以焦炭做燃料和还原剂，在高温下将铁矿石或含铁原料中的铁还原的过程，常见的氧化物或矿物状态有Fe_2O_3、Fe_3O_4、Fe_2SiO_4、$Fe_3O_4 \cdot TiO_2$等，高炉的产物为液态生铁。

高炉炼铁的主体设备是高炉，它是在同一个炉膛同时完成预热、间接还原、直接还原、熔化、渣和铁水下滴流动、渣铁分离、燃烧、产生煤气的炼铁炉。除主体设备外，高炉的系统还必须包括其他辅助系统才能完成炼铁过程，其完整的系统如图 1-1 所示。

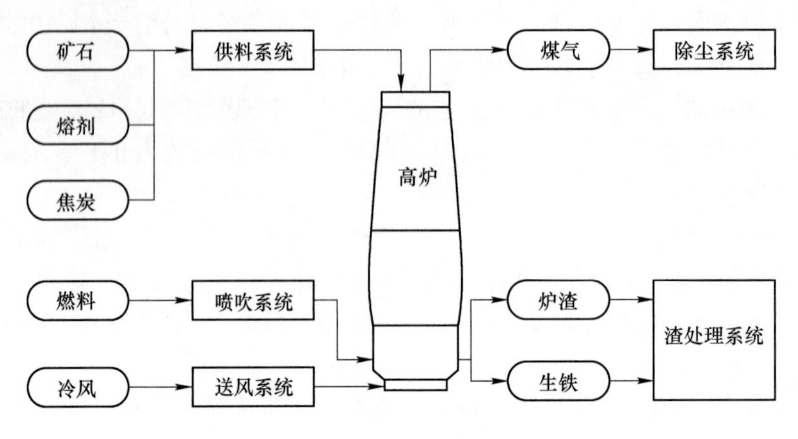

图 1-1 高炉炼铁系统组成示意图

高炉的生产过程为：高炉生产时将铁矿石、焦炭、造渣用熔剂从炉顶装入，从位于炉子下部沿炉周的风口吹入经预热的空气。在高温下焦炭中的碳与鼓入空气中的氧燃烧生成的一氧化碳，在炉内上升过程中与铁矿石中的含铁矿物发生还原反应得到金属铁。炼出的铁水从铁口放出。铁矿石中的 SiO_2 等杂质和熔剂结合生成炉渣，从渣口排出。产生的煤气从炉顶排出，经除尘后可以做燃料。高炉冶炼的主要产品是生铁，还有副产高炉渣和高炉煤气。高炉内部的反应过程如图 1-2 所示。

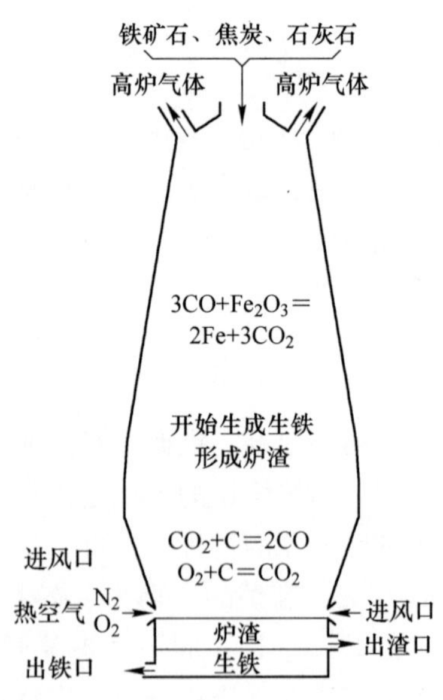

图 1-2 高炉内部反应过程示意图

高炉炼铁过程的原料包括含铁原料、焦炭和熔剂。含铁原料可以是高品位的铁矿石、经选矿获得的铁精矿或其他含铁原料。理论上原料的铁品位50%~60%就可以进高炉冶炼，但实际过程中希望原料中铁品位越高越好，一般要求铁精粉品位在63%以上，最好在65%以上。进入高炉的含铁原料必须是块状，因此铁矿石或铁精粉需经成球过程制成的球团矿或通过烧结把粉矿烧结成块状烧结矿。焦炭既是热源又是还原剂，而且还起着保持通气柱的支撑物的作用。除焦炭外，有些高炉也喷吹煤粉、重油、天然气等辅助燃料。熔剂的作用主要是去除铁矿石或铁精矿中的杂质，与铁矿石中的杂质反应生成主要成分为 $CaSiO_3$ 的炉渣。常用的熔剂包括石灰石、硅石、萤石等。

高炉炼铁虽然有很多优点，目前应用也最广泛，但其也存在一些问题，主要有：(1) 高炉必须要用较多焦炭，而炼焦煤越来越少，焦炭越来越贵。(2) 炼铁流程长，投资大。(3) 环境污染严重，特别是焦炉的水污染物、粉尘排放、烧结的 SO_2 和粉尘排放。高炉的 CO_2 排放很高。(4) 从炼铁、烧结、炼焦全系统看，重复加热、降温，增碳、脱碳，资源、能源循环使用率低，热能利用不合理。

1.3.2 非高炉炼铁

1.3.2.1 非高炉炼铁的优势

非高炉炼铁是指除高炉炼铁以外的其他还原铁矿石的方法。按工艺特征，产品类型和用途可分为直接还原法和熔融还原法两大类。直接还原法是指在铁矿石熔化温度下把铁矿石还原成海绵铁的炼铁生产过程，产品称为直接还原铁或海绵铁。由于低温还原，得到的直接还原铁未能充分渗碳，因而含碳较低（质量分数小于2%），实际生产中仍需要用电炉精炼成钢。熔融还原法是指一切不用高炉但生产液态生铁的方法。它是不用焦炭在一个容器中完成高炉炼铁过程的，基本上不改变目前传统钢铁生产的基本原理[37]。

非高炉炼铁有高炉炼铁不具备的明显优势，主要包括以下几点：

(1) 不用焦炭。高炉冶炼需要高质量冶金焦，而焦煤储量只占世界煤总储量的5%，而且日渐短缺，价格越来越高。非高炉炼铁可以用非炼焦煤和其他能源做还原剂与燃料。近几十年来，大量开发了天然气、石油、电和原子能等新能源，为非高炉炼铁发展提供了基础条件，也为缺少焦煤资源的国家和地区提供了发展钢铁工业的空间。

(2) 基建费用低。非高炉炼铁省去了炼焦设备，总的基建费用比高炉炼铁法低。虽然非高炉炼铁法的生产效率比高炉低，但对缺乏焦煤资源的国家和地区，前途是光明的。

(3) 不用块状原料。高炉必须有炼焦设备，同时也必须有球团或烧结的铁矿粉造块等工艺配套，工艺环节多，经济规模大，需要大的原料基地和巨额投资。非高炉炼铁法使用非焦煤或天然气，可使用矿块，也可以直接使用粉矿，市场适应性强。

（4）缩短炼钢流程。废钢—电炉—连铸连轧的钢铁生产短流程具有节能、生产率高、污染少和生产灵活性大的优点，因此得到迅速发展，其钢产量已占世界钢产量的1/3左右。但由于废钢的循环使用，杂质逐渐富集，而一些杂质元素在炼钢过程又很难去除，无法保证钢的质量，因此限制了电炉法冶炼优质钢种的优势。而非高炉炼铁法可为电炉炼钢提供成分稳定、质量纯净的原料，可以实现炼钢设备潜能的充分发挥，因此极大地推动了非高炉炼铁技术的发展。随着钢铁工业的发展，氧气转炉和电炉炼钢完全取代平炉，废钢消耗量迅速增加，废钢供应量日趋紧张，非高炉生产的海绵铁、粒铁等是废钢的极好代用品。

（5）适应性强。非高炉炼铁法能充分利用本国资源和需求，确定适宜规模，灵活调整产品结构、数量和品种，为发展中国家快速发展钢铁工业提供良好的机遇，同时也促使发达国家积极发展短流程生产。

非高炉炼铁产品的用途可分为3类：（1）炼钢原料。直接还原生产的铁主要用于电炉，代替废钢，液态非高炉生铁主要用于转炉和热装电炉精炼。（2）高炉原料。经过预还原的矿石可作为高炉炉料，以增加产量，降低焦比。（3）铁粉。可用于粉末冶金或用作生产电焊条的原料等。

1.3.2.2　非高炉炼铁的发展及特点

非高炉炼铁有的已有上百年的历史，但直到20世纪60年代才获得较大突破。进入20世纪70年代石油危机以后，其生产工艺日臻成熟并获得长足发展。直接还原铁的发展与资源条件密切相关。主要原因是：（1）天然气的大量开发利用，特别是高效率天然气转化法的采用，提供了适用的还原煤气，使直接还原法获得了来源丰富、价格相对便宜的新能源。（2）电炉炼钢迅速发展以及冶炼多种优质钢的需要，大大扩展了对海绵铁的需求。（3）选矿技术提高，可提供大量高品位精矿，矿石中的脉石量降低到还原冶炼过程中不需加以脱除的程度，从而简化了直接还原技术。

非高炉炼铁与高炉炼铁相比，除了不用焦炭以外，工艺上的显著特点是温度和还原程度的关系不同，如图1-3所示。

在高炉炼铁过程中，铁矿石 A 在高炉内升温、还原、熔化成为铁水 B；因为铁水被过度还原，含碳量达到饱和状态，所以必须在纯氧顶吹转炉内进行氧化、脱碳，使铁水中 C 变成处于状态 E 的钢液而出钢，最后经过脱氧去除多余的氧，即成为成品钢液 F。在非高炉炼铁过程中，还原是按虚线所示的路线进行的。直接还原和熔融还原的路径也有区别。在直接还原过程中，矿石 A 被升温，还原成海绵铁 D。在此状态下，还原度和温度都较低，因此还须在电炉中熔化，还原其

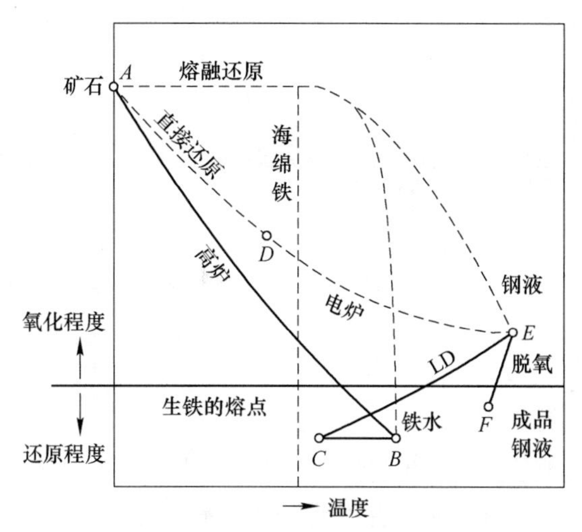

图 1-3 高炉炼铁和非高炉炼铁温度和还原度的比较

中未还原的部分，从而得到钢液 E；而在熔融还原方式下，矿石可经过和高炉还原类似的过程，也可一步实现炼制钢液。

1.3.2.3 非高炉炼铁常用方法简介

随着生产技术的发展，目前已有多种非高炉炼铁工艺。根据原料和产品用途，非高炉炼铁法方法就有几十种，但达到工业规模的并不多。非高炉炼铁也可以从不同角度进行分类，主要有：（1）按还原装置分有固定床法、回转炉法、竖炉法和流化床法等。（2）按还原剂分有固体还原剂法、气体还原剂法等。（3）按生产方式分有预还原法、直接炼钢法、熔融还原法、原子能炼铁法等。

煤基直接还原以煤为主要能源，主要是回转窑、转底炉、隧道窑等为主体设备的流程；气基直接还原以天然气为主体能源，包括竖炉、反应罐和流化床等流程；电热直接还原以电力为主要能源，是使用电热竖炉或使用电热制气的直接还原流程。气基直接还原的产量约占世界直接还原铁总产量的80%，煤基直接还原占20%，而电基直接还原由于其耗能较高，现已很少采用。气基直接还原工艺有3种，即竖炉、反应罐法和流化床法。主要非高炉炼铁工艺简介如下。

A Midrex 工艺

Midrex 工艺属于气基直接还原法，是较成熟的工业生产方法，是把石油或天然气通过转化器变成还原气体，用此气体在竖炉内还原矿石。它主要应用于石油或天然气丰富的国家。Midrex 工艺所用还原气天然气经催化裂化制取，裂化剂采用含 CO 与 H_2 体积分数约 70%炉顶煤气，加压后送入混合室与当量天然气混合均匀。混合气首先进入一个换热器进行预热，预热后的混合气送入转化炉中的镍质催化反应管组进行催化裂化反应，转化成还原气。还原气 CO 及 H_2 的质量分数共 95%左右，温度为 850~900℃。该工艺所用原料为天然块矿或球团矿。虽然该工艺较为成熟，而且产品指标较高，但是需要大量天然气作为还原剂。

B HYL 工艺

HYL 是反应罐流程，工艺的基本原理是在固定床用还原气体来还原铁矿石或球团矿。该工艺流程包括以下特点：还原气体的不完全燃烧；反应炉还原区域底部的煤气重整；反应气体成分可调。依据希尔公司开发的 HYL-ZR 技术，即煤气自重整技术，HYL 法可以直接使用天然气、焦炉煤气、煤制气作为还原气源，使用范围较广。由于 HYL 流程操作方式落后于现代化冶金技术，正在逐渐被竖炉工艺所取代。

C 转底炉工艺

转底炉工艺是环形加热炉演变为炼铁工艺，最早是用来处理钢铁工业产生的含铁和含锌粉尘及废弃物，进而演变成为生产还原铁的的设备，属于煤基直接还原法。铁精矿（或含铁废料）、煤粉和黏结剂经混合搅拌后进入造球机造球。然后加入到具有环形炉膛和可转动的炉底的转底炉中，球团矿均匀地铺在炉底上，厚度为 1~3 层球。随着炉底的旋转，依次经预热、还原区和中性区，球团矿被加热到 1250~1350℃同时还原，约 90%~95%的氧化铁被球团内部的固体碳还原成 DRI，产物直接冷却或者卸入热运输罐内。当铁矿粉含铁品位在 67%以上，采用转底炉直接还原工艺，产品为金属化球团供电炉使用；当铁矿粉含铁品位低于 62%时，采用转底炉—熔分炉的熔融还原铁工艺，产品为铁水供炼钢使用。通常金属化率可达 80%以上，金属化球团可作为高炉原料。转底炉工艺技术流程简单、基建投资低、能耗低、铁矿石和还原剂选择灵活，环境污染少、不存在 FeO 对耐火材料的侵蚀、不需要过高的加热温度等优点。根据操作条件的不同，转底炉法又分为 Fastmet、Comet、ITmk3、DryIron、Inmeto、Sidcomet、Fastmelt 法等，其中代表工艺为 Fastmelt 法和 ITmk3 法。

D 回转窑工艺

回转窑是固体还原剂直接还原工艺，主体是一个稍呈倾斜放置在几对支撑轮上的筒形高温反应器。窑体按一定转速旋转，含铁原料与还原煤（部分或全部）从窑尾加料端连续加入，物料移动过程中，被逆向高温气流加热进行物料的干燥、预热、碳酸盐分解、铁氧化物还原以及渗碳反应，铁矿石在保持外形不变的软化温度以下转变成海绵铁。主要工艺有 CODIR 法、DRC 法、SL/RN 法、ACCAR 法，其中代表工艺是 CODIR 法。回转窑技术具有工艺相对成熟、产品质量稳定、装备运转率较高、对原料适应性强、可用块矿和球团矿也可用粉矿等特点。但是回转窑技术也存在不少缺点，主要包括工艺流程长、效率低、能耗较高、难以大型化和容易出现结圈结瘤等。此外，回转窑对矿石和还原煤的质量要求高，对矿石的冷热强度要高，还原煤要求灰熔点高于 1350℃。

E 隧道窑工艺

隧道窑法也是固体直接还原的工艺，需要把待还原物料和煤装入还原罐，还原罐在隧道窑内经过加热、保温还原、冷却三个阶段，完成还原过程。隧道窑法生产直接还原铁是最古老的方法之一，该方法技术含量低、投资小，适合于小规模生产，仅用于粉末冶金还原铁粉的一次还原工序。隧道窑工艺在粉末冶金还原铁粉领域一直占主导地位。隧道窑生产工艺的优点是还原气氛好，冷却过程中能够防止还原铁再氧化，原料、还原剂和燃料容易获得，生产工艺容易掌握，过程容易控制，设备运行稳定，产品质量均匀，固定资产投资小。主要缺点是自动化水平低，环境污染大，单机生产能力难以扩大，生产成本高，已经基本被淘汰。

F Corex 工艺

Corex 工艺是熔融还原主要工艺，是最先实现工业化生产的，也是工艺最成熟的熔融还原工艺。该工艺将还原与融化两个过程分开，分别在还原竖炉和熔融气化炉内进行。熔融气化炉产生铁水和煤气，还原竖炉安装在熔融气化炉上部用于还原矿石。Corex 煤气要经过气化炉拱顶 1100～1150℃的高温区，煤气中的高分子碳氢化合物全部裂解生成 CO 和 H_2，粗煤气中的 CH_4 质量分数在 1%左右。从熔融气化炉排出的气体被冷却至还原所需的 800～850℃，然后进入热旋风除尘器除尘，再进入还原竖炉，与块矿和球团矿组成的含铁料反应生成直接还原铁（DRI）。直接还原铁由螺旋输送机送入熔融气化炉中熔化成铁水。球团矿、块矿从还原竖炉顶部加入，并在竖炉内不断下降的过程中被来自熔融气化炉的还原气体还原成金属化率达 92%～94%的海绵铁，热海绵铁连续加入熔融气化炉中，落到由煤脱除挥发分后形成的半焦固定床上，进一步还原、熔化、渗碳并进入炉缸形成炉渣和铁水。Corex 具有工艺流程短、污染小、操作简便、工艺灵活便于计算机控制等优点。缺点是结构比高炉复杂，需配置大容量的制氧机，所以一次性投资比高炉大，同时整体效益取决于对输出煤气的高效益使用，这就使系统的配置和筹划变得比较复杂。

目前所有非高炉炼铁工艺都是以高品位铁矿石、铁精矿、球团矿等为原料，所得产品是块状或粒铁。

1.4 难选铁资源煤基直接还原—磁选技术

难选铁矿资源包括难选赤铁矿石、褐铁矿石、菱铁矿、复合铁矿石、多金属共生铁矿石和各类含铁冶金渣。此类铁矿资源的特点是用常规的选矿方法很难有效的回收其中的铁。而常用的直接还原煤基直接还原—磁选技术取得了显著成果。分别对高磷鲕状赤铁矿、褐铁矿、菱铁矿、硫酸渣、海滨钛磁铁矿、钒钛磁铁矿等进行了研究，取得了较多的成果。

1.4.1 技术特点

由于难选铁矿资源用常规的选矿方法很难富集其中的铁的最主要原因是铁矿物在矿石中的嵌布粒度很细，磨矿过程中很难单体解离，即使在超细磨的条件下能够实现单体解离，现有的分选技术也很难把有用矿物和脉石矿物分开。如何解决上述问题就成为研究的热点。借助冶金过程的直接还原技术有可能解决此类铁矿产资源的利用问题。其基本思路如图 1-4 所示。

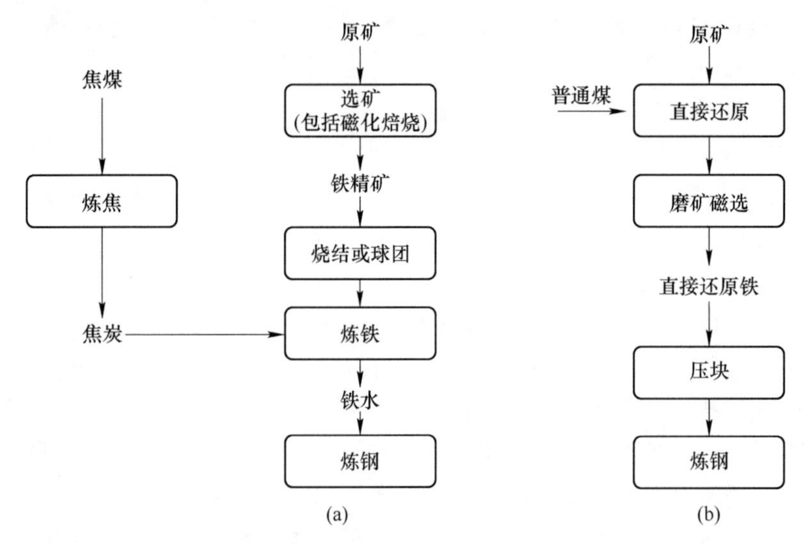

图 1-4　常规炼铁流程和原矿直接还原流程比较

（a）常规流程；（b）直接还原流程

原矿直接还原磁选是把选矿过程和冶金过程联系起来考虑，或简单总结为传统方法是“先选后冶”，而新工艺是“先冶后选”。传统方法是原矿先经过选矿富集，得到铁精矿，然后通过烧结或球团等造块过程，把粉状的铁精矿造成块，然后以焦炭为还原剂用高炉冶炼得到生铁，然后再经炼钢得到钢水。但是，难选铁矿石由于很难得到高品位的铁精矿，不能用上述流程。但可以通过原矿直接还原的方法处理。该工艺是在原矿中，以煤为还原剂把铁矿物还原为金属铁，同时可以改变矿石的结构，再把铁还原为金属铁的同时创造有利于分选的条件，然后用磨矿弱磁选的方法回收金属铁，产品铁品位可以达到90%以上，该产品可以直接用于电炉炼钢。

从图 1-4 可以看出，新流程的优点有：

（1）加热次数少。传统流程需要烧结（球团）、炼铁、炼焦等加热过程。同时炼铁过程的温度很高，至少在1300℃。而原矿直接还原只需要还原过程的一次加热即可，且加热的温度比炼铁低很多，一般在1200℃以下。

（2）不需要焦炭。传统炼铁过程必须以焦炭做还原剂，而炼焦过程对煤质也有要求，同时炼焦过程需要加热，产生的环境污染物也比较多。而直接还原过程不需要焦炭，可以用普通煤为还原剂，有时甚至可以用褐煤为还原剂，可以降低还原剂的成本。

（3）铁回收率高。常规的从原矿中选矿，即使易回收的铁，其回收率很难达到90%以上。对难选铁矿资源，其回收率更低。而直接还原—磁选过程铁总回收率一般在85%以上，有些甚至达到90%以上。

（4）可以脱除有害杂质。有些难选铁矿资源中除了铁品位低难回收以外，还含有一些有害杂质，如硫、磷、铝等，用常规的选矿方法很难除去，而用直接还原—磁选的方法可以实现。

（5）产品质量好。直接还原—磁选过程得到的还原铁粉中铁的品位可以达到92%~95%，硫、磷、铝等杂质含量低，碳的含量也比生铁低。

1.4.2 应用范围

对于难处理铁矿石资源采用“直接还原焙烧—磁选—炼钢”短流程在技术上是可行的。该项技术应用的范围包括：（1）高磷鲕状赤铁矿石，可以同时提高铁的品位和降低磷的含量。（2）低品位、粒度细难处理的赤铁矿、褐铁矿或难处理的磁铁矿和赤铁矿混合矿石。（3）主要以菱铁矿形式存在的铁矿石。（4）高铁铝土矿中铁和铝分离。（5）硫酸渣及其他含铁冶炼渣。（6）钒钛磁铁矿的钛铁分离。（7）红土镍矿，包括主要以硅酸镍存在的红土镍矿，对于高铁低镍的红土镍矿，通过调整焙烧条件和添加适当添加剂，还可以实现镍的选择性还原，得到高品位的镍铁粉。

需要指出的是由于各种原料性质的差异，不同矿石直接还原焙烧—磁选的还原剂的配方、添加剂的种类和用量等都有区别，最佳条件及效果要通过试验确定。

1.4.3 与铁精矿直接还原的联系与区别

高品位铁精矿或铁矿石的直接还原已经很成熟，原矿直接还原焙烧—磁选技术与高品位含铁原料的直接还原有很大区别，主要包括以下几方面：

（1）原料和产品不同。原矿直接还原焙烧—磁选技术的原料都是低品位或用常规选矿方法无法处理的原矿和冶金渣。所得产品为粉状直接还原铁，粒度比较细。

（2）焙烧条件不同。原矿直接还原焙烧对不同原料所需的焙烧条件有很大差别，焙烧条件要根据原料的性质和焙烧的目的通过试验确定。

（3）脉石的影响不同。原料中脉石含量比较高，对焙烧过程的矿相变化有很大影响，有时对铁矿物的还原过程也有很大影响，是不能忽视的因素。

（4）煤的影响不同。由于原料成分复杂，因此在焙烧过程中的反应也很复杂，所以煤的种类对不同原料焙烧效果的影响比较复杂，同时煤的添加量较多，一般在10%~30%之间，所以煤中挥发分和灰分的影响也不能忽略。

（5）焙烧要求的指标不同。高品位铁精矿直接还原要求的指标主要是金属化率，但原矿直接还原不同，不仅要有高的金属化率，还要考虑焙烧矿的结构构造，特别是生产的金属铁颗粒的粒度及与其他脉石矿物的关系，要为后续的磁选创造合适的条件。

（6）需要添加剂。有时必须有添加剂才能达到目的，且添加剂在不同原料中所起的作用不同，有些只是助熔作用，有些是脱磷和脱硫的作用。甚至同一种添加剂在不同的原料焙烧时所起作用不同。添加剂的种类和用量也需要根据不用原料通过试验确定。

参考文献

[1] 魏建新．钢铁工业铁矿石资源战略研究［J］．冶金经济与管理，2011（2）：25-28.

[2] 余永富．我国当前铁矿石选矿技术现状、存在问题、发展趋势及方向［J］．金属材料与冶金工程，2013，41（4）：1-10.

[3] 孙中秋．对我国铁矿资源可持续发展的探讨［J］．矿业工程，2015，13（6）：50-51.

[4] 蓝雨．2015年中国铁矿石对外依存度高达84%［EB/OL］．http：//gc. steelcn. cn/a/46/20160415/848324785AAD7F. html，2016-04-15.

[5] 闫武，张裕书，刘亚川．EM-501对高磷鲕状赤铁矿的脱磷效果［J］．金属矿山，2010（8）：55-58.

[6] 刘万峰，王立刚，孙志健，等．难选含磷鲕状赤铁矿浮选工艺研究［J］．矿冶，2010（1）：13-18.

[7] 刘万峰，陈金中，李成必，等．湖北含磷鲕状赤铁矿选矿扩大试验研究［J］．有色金属（选矿部分），2008（2）：9-12.

[8] 唐云，刘安荣，杨强，等．贵州赫章鲕状赤铁矿选矿试验研究［J］．金属矿山，2011（1）：45-48.

[9] 余锦涛，郭占成，唐惠庆．高磷鲕状铁矿酸浸脱磷［J］．北京科技大学学报，2013，35（8）：986-993.

[10] 尹双良，李骥，孟庆宇，等．一种高磷鲕状赤铁矿蚀硅保铁脱磷的酸浸工艺［P］．中国，103276198B. 2013-09-04.

[11] 鲍光明，龚文琪，胡纯，等．鄂西鲕状高磷赤铁矿微生物脱磷研究［J］．金属矿山，2010（3）：40-42.

[12] 王恩文，雷绍民，龚文琪．超声波对At. f菌脱除鲕状赤铁矿中磷的影响［J］．武汉理工大学学报，2012，34（6）：82-86.

[13] 胡纯，龚文琪，李育彪，等．高磷鲕状赤铁矿还原焙烧及微生物脱磷试验［J］．重庆大学学报，2013（1）：133-139.

[14] Wang J，Shen S，Kang J，et al. Effect of ore solid concentration on the bioleaching of phosphorus from high-phosphorus iron ores using indigenous sulfur-oxidizing bacteria from municipal wastewater［J］. Process Biochemistry，2010，45（10）：1624-1631.

[15] 李艳军，袁帅，刘杰，等．湖北某高磷鲕状赤铁矿磁化焙烧—磁选—反浮选试验研究［J］．矿冶，2015，24（1）：1-5.

[16] 唐双华．鄂西某鲕状赤铁矿磁化焙烧—磁选—反浮选试验研究［J］．湖南有色金属，2016，32（1）：12-16.

[17] 罗立群，陈敏，杨铖，等．鲕状赤铁矿的磁化焙烧特性与转化过程分析［J］．中南大学学报（自然科学版），2015，46（1）：6-13.

[18] 黄冬波，宗燕兵，邓振强，等．鲕状赤铁矿生物质低温磁化焙烧［J］．工程科学学报，2015，37（10）：1260-1267.

[19] 聂程，薛生晖，张志华，等．某高磷鲕状赤铁矿焙烧—磁选—酸浸脱磷试验［J］．现代矿业，2014（4）：127-129.

[20] 祁超英．高磷鲕状赤铁矿分选性能及方法研究［D］．武汉：武汉理工大学，2011.

[21] 高雅巍，刘成松，李京社，等．新疆某高硅低品位赤铁矿石选矿试验［J］．金属矿山，2013（9）：72-75.

[22] 张丛香，刘双安，钟刚．某地复杂难选贫赤铁矿石选别工艺研究［J］．矿冶工程，2013，33（5）：82-84.

[23] 邵安林．东鞍山含碳酸盐赤铁矿石浮选试验［J］．中南大学学报（自然科学版），2013，44（2）：456-460.

[24] 张晋霞，牛福生，刘淑贤，等．内蒙古某褐铁矿浮选工艺流程试验研究［J］．矿山机械，2010，38（9）：105-108.

[25] 刘勇．组合捕收剂作用于褐铁矿强磁粗精矿提铁降硅的试验及机理研究［D］．赣州：江西理工大学，2012.

[26] 张裕书，杨耀辉，龙运波．四川某难选褐铁矿选矿试验研究［J］．中国矿业，2012，21（2）：60-62.

[27] 刘兴华，罗良飞，刘卫，等．某低品位褐铁矿的选矿工艺研究［J］．矿冶工程，2013，33（4）：70-73.

[28] 王成，秦磊，胡海祥，等．云南某菱铁矿提铁降硫选矿试验研究［J］．矿业研究与开发，2012，32（1）：49-52.

[29] 刘军，胡义明，张永，等．某菱铁矿选矿试验［J］．现代矿业，2013（12）：27-30.

[30] 朱德庆，何威，潘建，等．新疆某菱铁矿磁化焙烧—磁选试验［J］．金属矿山，2012（5）：79-81.

[31] 毕万利，吴文红，李晶．从硫酸渣中选铁试验研究［J］．湿法冶金，2011，30（3）：229-231.

[32] 张汉泉，路漫漫，胡定国．硫酸渣磁化焙烧—磁选提铁降硫［J］．武汉工程大学学报，2012，34（10）：15-18.

[33] 刘利，王家伟，王海峰，等．硫酸渣的化学法富铁降硫［J］．湿法冶金，2016，35(1)：60-62.

[34] 何宾宾．低品位硫酸渣中铁资源回收新技术［D］．北京：中国地质大学，2011.

[35] 周中元．铜冶炼渣综合回收研究［J］．低碳世界，2015（19）：153-154.

[36] 杨椿，余洪．从铜冶炼渣中回收铁的试验研究［J］．矿产综合利用，2014（5）：55-58.

[37] 方觉．非高炉炼铁工艺与理论［M］．北京：冶金工业出版社，2010.

2 高磷鲕状赤铁矿直接还原焙烧—磁选

2.1 原矿性质

2.1.1 原矿的化学和矿物组成

高磷鲕状赤铁矿资源主要在湖北西部和湖南等地。不同产地的矿石性质有差别，但总体性质相似，以鄂西土家族苗族自治州建始县官店铁矿（区）的原矿为例说明。

原矿的化学多元素分析、矿物组成分析及铁矿物相分析结果分别见表 2-1~表 2-3。

表 2-1 原矿的化学多元素分析 （质量分数/%）

元素	Fe	SiO_2	Al_2O_3	MgO	CaO	S	P
含量	43.65	17.10	9.28	0.59	3.58	0.048	0.830
元素	TiO_2	V_2O_5	SrO	K_2O	MnO	As_2O_3	
含量	0.20	0.075	0.020	0.65	0.20	0.023	

表 2-2 原矿的矿物组成 （质量分数/%）

矿物	赤铁矿	褐铁矿	磁铁矿	黄铁矿	石英	绿泥石
含量	57.25	6.42	0.14	0.21	14.53	7.66
矿物	碳酸盐	黏土	胶磷矿	云母类	其他	合计
含量	2.34	6.25	4.48	0.72	微	100

表 2-3 原矿铁物相分析结果 （质量分数/%）

物相	磁铁矿	赤褐铁矿	假象赤铁矿	黄铁矿	碳酸铁	硅酸铁	合计
含量	0.10	42.70	0.10	0.10	0.10	0.55	43.65
分布率	0.23	97.82	0.23	0.23	0.23	1.26	100

从表 2-1 可见，原矿中铁品位为 43.65%，有害元素磷质量分数高达 0.83%，硫及其他有害元素含量较低。主要脉石成分 SiO_2、Al_2O_3 和 CaO 的质量分数分别为 17.10%、9.28% 和 3.58%。二元碱度 CaO/SiO_2 为 0.20，四元碱度 $(CaO+MgO)/(SiO_2+Al_2O_3)$ 为 0.16，远小于 0.5，由此可知该矿石为酸性矿石，且

Al_2O_3 的含量偏高。

从表 2-2 和表 2-3 可知，矿石中铁主要以赤铁矿和褐铁矿的形式存在，总占有率达 97.82%。主要脉石矿物石英、绿泥石及黏土矿物的质量分数分别为 14.53%、7.66%和 6.25%。磷主要以胶磷矿（主要为氟磷灰石）的形式存在，其他脉石有碳酸盐及云母类矿物。

2.1.2　矿石结构构造

矿石构造主要为鲕状构造，其次为砾状构造和砂状构造。

（1）鲕状构造。矿石为钢灰色，由赤铁矿鲕粒紧密互嵌而形成，如图 2-1（a）和（b）所示。

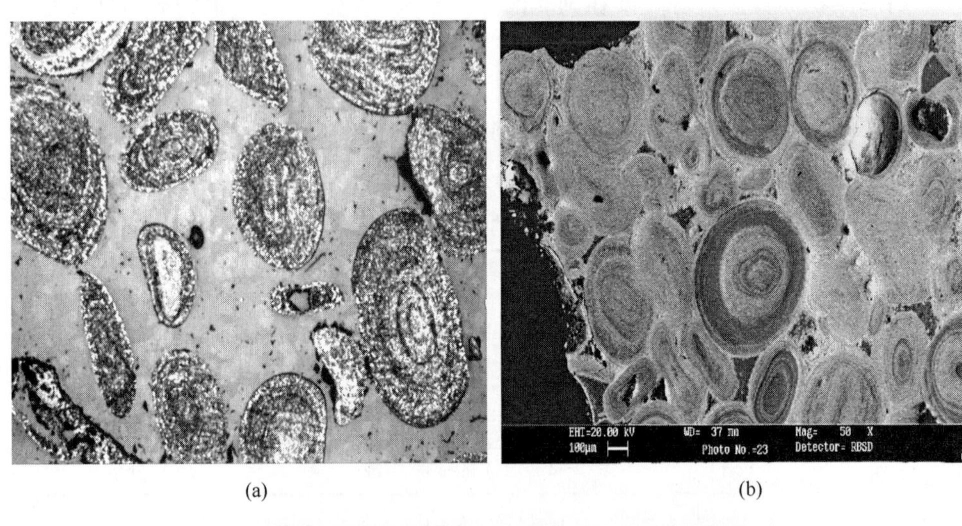

(a)　　　　(b)

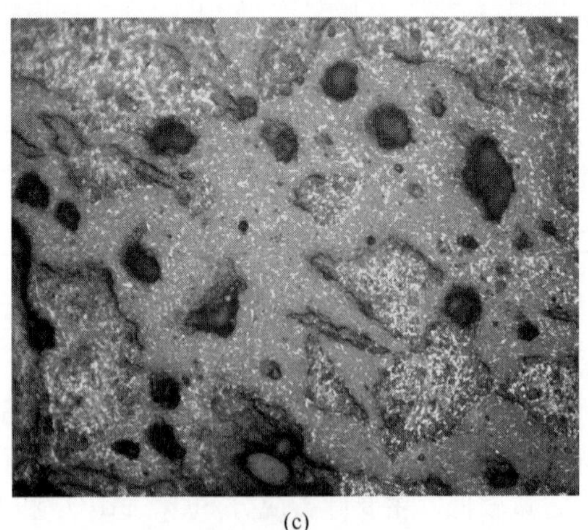

(c)

图 2-1　不同结构的矿石

（a），（b）不同的鲕状结构；（c）砾状构造

（2）砾状构造。矿石主要为钢灰色，夹杂白色或黑色角砾，如图2-1(c) 所示。

（3）砂状构造。矿石为深浅不同的黄褐色，质地较前两种构造略显松散，赤铁矿碎屑和石英碎屑明显增多，当石英含量较高时则形成铁质砂岩。

除以上主要构造外，少量赤铁矿还形成较大的豆状构造。

矿石主要为鲕状结构，其次为碎屑结构、粒状结构、鳞片结构、脉状结构和浸染状结构。

（1）鲕状结构。赤铁矿与脉石矿物呈同心环带互层成鲕状嵌布，鲕粒核心多为铁矿物、石英，其次为黏土矿物、胶磷矿。

（2）碎屑结构。赤铁矿或石英呈碎屑嵌布，后者在砂状赤铁矿中比较多见。

（3）生物残余结构。赤铁矿、绿泥石或碳酸盐交代生物遗骸，但仍保留其假象。

（4）粒状结构。赤铁矿呈微细粒单晶均匀嵌布在铁质砂岩中，石英也常具本结构。

除以上主要结构外还有少量脉状结构、浸染状结构和鳞片状结构。

2.1.3 主要铁矿物和脉石矿物的工艺粒度分析

采用2~0mm 样品，分级后对原矿中主要铁矿物赤铁矿和少量褐铁矿以及主要脉石矿物石英、绿泥石、碳酸盐、黏土等矿物进行粒度分析。由于赤铁矿以鲕粒和碎屑两种不同状态产出，所以分别进行统计，其中鲕状赤铁矿约占85%，碎屑状赤铁矿约占15%。鲕状赤铁矿粒度实际是包含脉石的鲕粒粒度，为清楚了解鲕粒的含铁量，将鲕粒按其中含铁量的多少细分为大于3/4、3/4~2/4、2/4~1/4和小于1/4四档进行测量统计，结果见表2-4。结果表明，赤铁矿鲕粒以富铁鲕粒为主，质量分数为79.17%，富铁鲕粒中又以2/4~3/4的鲕粒为主，质量分数为47.52%。

表2-4 不同含铁量鲕状赤铁矿含量分布 （质量分数/%）

形态	含铁量				合计
	>3/4	3/4~2/4	2/4~1/4	<1/4	
鲕粒	31.65	47.52	19.31	1.52	100

鲕粒中赤铁矿是以不连续的圈层状嵌布，粒度微细，约50%在5μm以下，见表2-5。其他脉石矿物的粒度也都很细，所有矿物中粒度大于0.02mm的都不超过10%。

表2-5 原矿鲕粒中主要矿物粒度统计 （质量分数/%）

粒级/mm	≤0.005	0.005~0.01	0.01~0.02	≥0.02	合计
赤铁矿	49.28	28.13	14.89	6.04	100.00
褐铁矿	71.32	11.36	15.19	2.16	100.00
石英	49.27	33.49	16.86	1.38	100.00

续表 2-5

粒级/mm	≤0.005	0.005~0.01	0.01~0.02	≥0.02	合 计
绿泥石	55.58	15.89	23.01	5.52	100.00
碳酸盐	48.91	41.01	10.08	微量	100.00
黏 土	56.04	22.53	11.84	9.59	100.00

2.1.4 矿石矿物嵌布特征

原矿中主要金属矿物的嵌布特征如下：

(1) 赤铁矿。

1) 主要呈鲕状产出，当颗粒较大时则形成豆状。鲕粒形态有所不同，呈圆形或椭圆形，圆形分有核或无核两种。多数鲕粒为有核心的圈层状，由赤铁矿和黏土、鲕绿泥石或胶磷矿交互成圈层状嵌布，圈层多为 2~4 圈，部分细密者为 10 圈左右。有核者核心有所不同，一般来讲皮壳为赤铁矿者核心为石英砂、鲕绿泥石、黏土、胶磷矿等脉石矿物，而以脉石为鲕壳的核心则为赤铁矿碎屑。

2) 呈棱角状、次棱角状碎屑，和鲕粒共生并与脉石互嵌。

3) 微细粒状与黏土矿物共生形成胶结物胶结石英碎屑，在砂状矿石中分布较多。

4) 呈次生的细脉状嵌于脉石矿物裂隙，但是含量稀少。

5) 交代生物碎屑并保留其假象，但含量稀少。以上几种嵌布形态以鲕粒—豆状为主，约占 85%。

(2) 褐铁矿。碎屑状或不规则它形粒状，部分沿赤铁矿鲕粒边缘嵌布。

(3) 磁铁矿。少量，碎屑状产出，粒度为 0.035mm 左右，有的颗粒局部被赤铁矿交代，有时在赤铁矿鲕粒中也见有磁铁矿碎屑呈核心嵌于其中。

(4) 锐钛矿。微量，自形晶粒状，呈单晶与脉石矿物互嵌。

(5) 黄铁矿。微量，半自形微细粒浸染嵌布，偶见与赤铁矿碎屑连晶。

主要脉石矿物的嵌布特征如下：

(1) 石英。

1) 主要呈碎屑状产出，但彼此不相联结，在鲕状或砾状矿石中常与绿泥石、云母等矿物连晶，组成胶结物。

2) 在砂状矿石中也呈单晶碎屑均匀分布，与不规则形赤铁矿紧密互嵌，但当石英含量较高时则形成铁质砂岩。

3) 另有部分微细粒晶与黏土矿物混嵌。

4) 呈赤铁矿鲕粒核心嵌布。

(2) 蛋白石。蛋白石是含水的隐晶质或胶质的二氧化硅，无固定形态，在矿石中主要呈胶结物产出，充填于铁矿物的空隙。

（3）玉髓。细小球粒状集合体组成碎屑或细脉与赤铁矿互嵌，颗粒常被氧化铁污染成黄色或黄褐色。

（4）绿泥石。为鲕绿泥石和鳞绿泥石，前者呈鲕状，但常与微细的黑云母等脉石或赤铁矿互层嵌布组成鲕粒。后者则成不规则状沿赤铁矿鲕粒间嵌布或与石英、方解石连晶，较少为纤维状结合体交代生物碎屑并与铁矿物共生。

（5）碳酸盐。经碳酸盐染色法及显微镜观察确定其中主要为方解石，较少白云石，微量菱铁矿。多为半自形粒状嵌布，少量交代生物碎屑并保留其假象。在不同样品中方解石含量有所不同，

（6）黑云母。主要为不规则板片状碎屑，部分为细小鳞片状，与石英、鲕绿泥石等矿物连晶。

（7）绢云母。微细粒鳞片状集合体，集合体中有时嵌有粒状石英碎屑。

（8）黏土。主要由高岭石、水云母组成，其中常含较多细粒铁矿物和石英，并且有网脉状赤铁矿嵌于其中。有两种产出形式，一种呈充填状嵌于赤铁矿碎屑间，另一种与赤铁矿互层嵌布形成鲕状赤铁矿。

（9）胶磷矿。为非晶质状态的微晶磷灰石，显微镜下正交偏光为均质全消光，单偏光为黄褐或棕褐色，主要呈两种状态产出。

1）与赤铁矿成圈层交互产出组成鲕粒，但有时为鲕壳，有时为鲕核，两者关系十分紧密，鲕圈一般为2~4层，少量细密者为8~10层。

2）呈致密团粒状、砾状与赤铁矿互嵌，团粒无固定形态、大小，因脱水常具裂理。总体来看胶磷矿结晶微细，颗粒约80%分布于0.05mm以下，其中0.01mm以下约占10%，0.05mm以上约占20%。

2.1.5 原矿中磷的存在状态

原矿中磷的存在状态复杂，大多数磷以胶磷矿和磷灰石的形式存在于鲕粒中，即由赤铁矿、胶磷矿和其他脉石矿物互层嵌布而形成鲕粒。典型的存在状态如图2-2和图2-3所示。

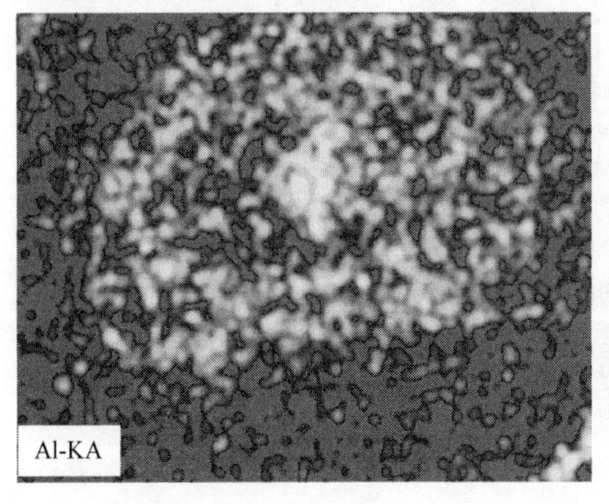

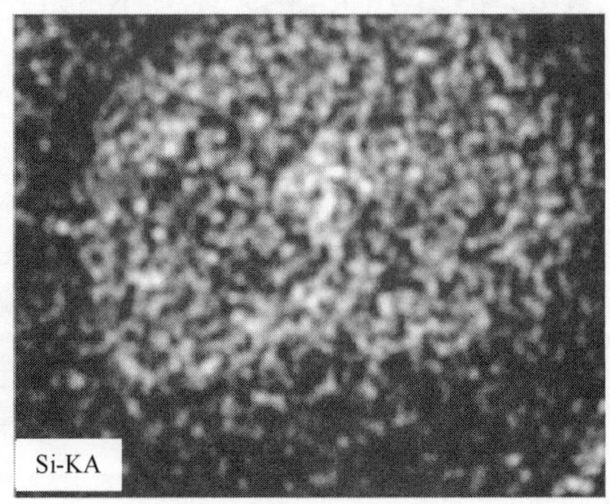

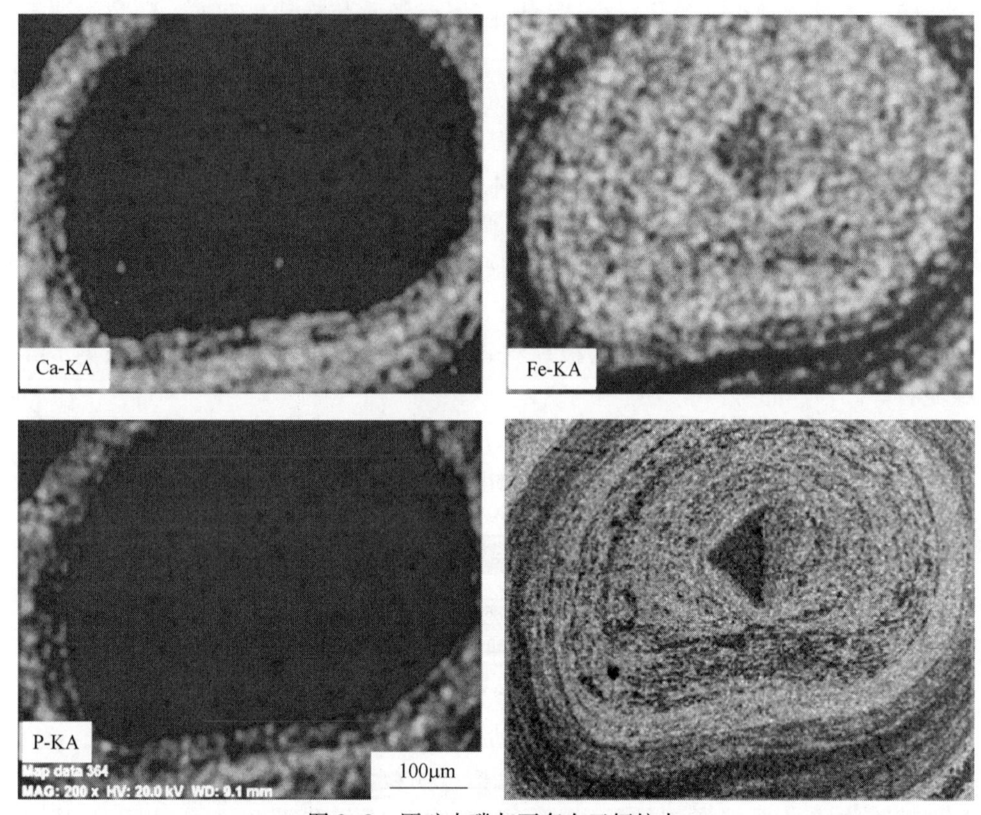

图 2-2　原矿中磷灰石存在于鲕粒中

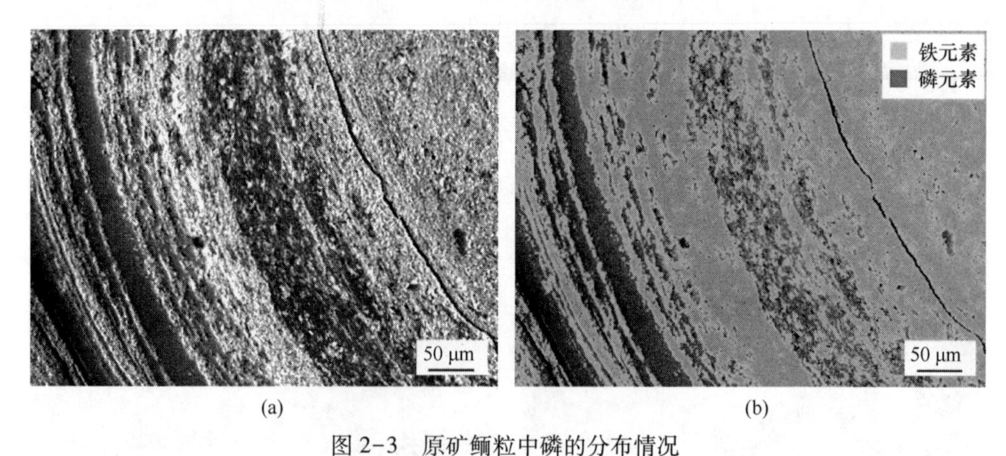

图 2-3　原矿鲕粒中磷的分布情况

（a）鲕粒中不同矿物形成的层状结构；（b）磷和铁在鲕粒中的分布

由于高磷鲕状赤铁矿的特殊结构，用常规的选矿方法很难实现脉石矿物与铁矿物的分离，特别是与胶磷矿的分离更困难。研究表明，用直接还原焙烧-磁选的方法可以达到提铁降磷的目的。

2.2 直接还原焙烧—磁选研究方法

2.2.1 工艺影响研究

将破碎到一定粒度的原矿与煤和脱磷剂（需要添加时），按照一定比例混匀，然后置于石墨坩埚中，为保证还原气氛，坩埚加盖。在马弗炉中一定温度下焙烧规定的时间，焙烧产物从马弗炉中取出后在空气中冷却，然后经过两段磨矿、两段磁选，最终得到以金属铁为主的磁选精矿，简称为还原铁产品。具体工艺流程如图 2-4 所示。

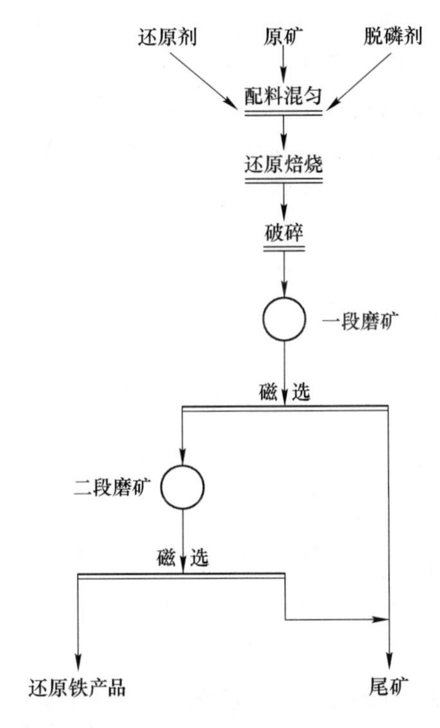

图 2-4 实验室所用工艺流程

由于直接还原焙烧—磁选得到的精矿产品中主要为金属铁，与传统意义上的铁精矿有较大区别，为避免概念混淆，定义直接还原焙烧—磁选得到的精矿产品为还原铁产品。针对直接还原焙烧的最终产品提出指标要求：铁品位不小于 90%，磷质量分数不大于 0.1%，铁回收率尽可能高。

2.2.2 机理研究

机理分析主要通过 X 射线粉晶衍射（XRD）和扫描电子显微镜和能谱分析（SEM-EDS）进行，根据具体情况配合电子探针、热重分析等分析手段。

制样方法是把冷却后的焙烧产物分为两部分，一部分磨碎到-74μm，进行XRD分析，研究焙烧矿的矿物组成；另一部分直接制成光片，用SEM分析焙烧矿中不同矿物的形态、大小、空间分布以及矿物间的共生关系的变化，用能谱分析查明矿物的纯度。

2.3　粉矿直接还原焙烧效果

2.3.1　焙烧温度的影响

以烟煤为还原剂，用量为15%，焙烧时间为40min，在800~1100℃范围内焙烧温度对还原铁产品指标的影响规律如图2-5所示。可见，还原温度对焙烧效果的影响较大。随着还原温度的升高，铁精矿中铁品位和回收率都是先升高，到一定程度后降低。铁品位最高只有57.71%，回收率最高为71.76%。磷质量分数随温度的升高也有所降低，但最低为0.55%，距要求的磷质量分数小于0.2%有较大的差距。说明焙烧对提高分选效果有一定作用，但不够理想。

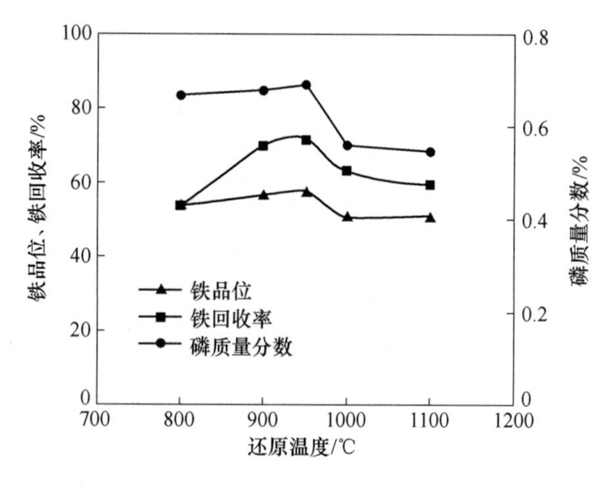

图2-5　还原温度对还原铁产品指标的影响

2.3.2　褐煤用量试验

还原剂用量是影响焙烧效果的主要因素。在焙烧温度900℃、焙烧时间为40min、磨矿细度为-0.076mm占90.88%、磁选磁场强度87.5kA/m的条件下，褐煤的用量对焙烧效果的影响如图2-6所示。与图2-5比较可见，以褐煤为还原剂的效果要好于烟煤。随着褐煤用量的增加，还原铁产品铁的品位和回收率逐渐增加。在褐煤用量为7.5%时还原铁产品中铁的品位就可以达到62.12%，回收率为65.26%；褐煤用量增加到15%时，铁的品位增加到65.51%，回收率也增加到73.14%。铁品位最高可以达到73.25%，此时铁的回收率也可以达到84.73%。

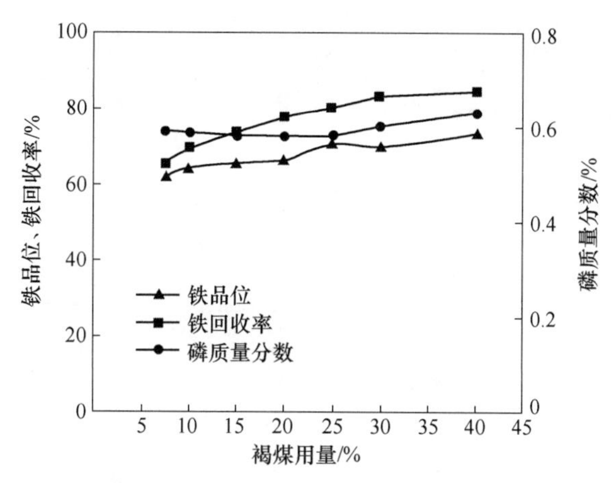

图 2-6 褐煤用量对精矿指标的影响

增加褐煤用量，焙烧磁选可以取得较高的还原铁产品铁品位和回收率，但对降低其中磷质量分数作用不明显，在试验范围内磷质量分数变化不大，在 0.59%和 0.63%之间，当褐煤用量超过 20%时，随褐煤用量的增加，磷质量分数还有增加的趋势。

当褐煤用量为 40%时，还原铁产品铁品位超过了磁铁矿的理论品位 72.4%，说明在此条件下的产品中有金属铁生成，分析得到所有产品的金属化率都大于 70%。

上述结果说明，以煤为还原剂还原焙烧的效果不理想，对提高铁品位有一定的作用，同时发现煤的种类对还原焙烧的影响很大；只添加煤的还原焙烧对降低磷含量效果有限，烟煤或褐煤为还原剂焙烧—磁选都不能把还原铁产品中磷的品位降低到要求的指标。说明该矿石中铁和磷的关系密切。

2.3.3 添加脱磷剂焙烧的效果

要达到脱磷的目标，在进行直接还原焙烧时除加入煤以外，还需要加入其他药剂，这些药剂的加入以脱磷为目的，称为脱磷剂。本书研究了碳酸钠、硫酸钠、氢氧化钠三种脱磷剂。主要考察脱磷剂与煤的组合及不同脱磷剂之间的配比对提高铁的品位和降低磷的品位的影响。

2.3.3.1 烟煤为还原剂添加脱磷剂焙烧效果

烟煤用量 15%，焙烧温度 900℃，焙烧时间 40min，磨矿细度-0.076mm 占 85%，磁选磁场强度 87.5kA/m。添加不同用量的脱磷剂碳酸钠、氢氧化钠、硫酸钠焙烧结果如图 2-7 所示。

由图 2-7 可知，在以烟煤为还原剂条件下，不同脱磷剂的作用效果不同。碳酸钠对焙烧过程有较大的影响，随其用量的增加，还原铁产品中铁品位总体呈下降趋势，而磷的质量分数和铁回收率先升高后降低。还原铁产品中磷质量分数总体呈下降趋势，但效果不明显，磷质量分数最低只能达到 0.46%。总体看来，以

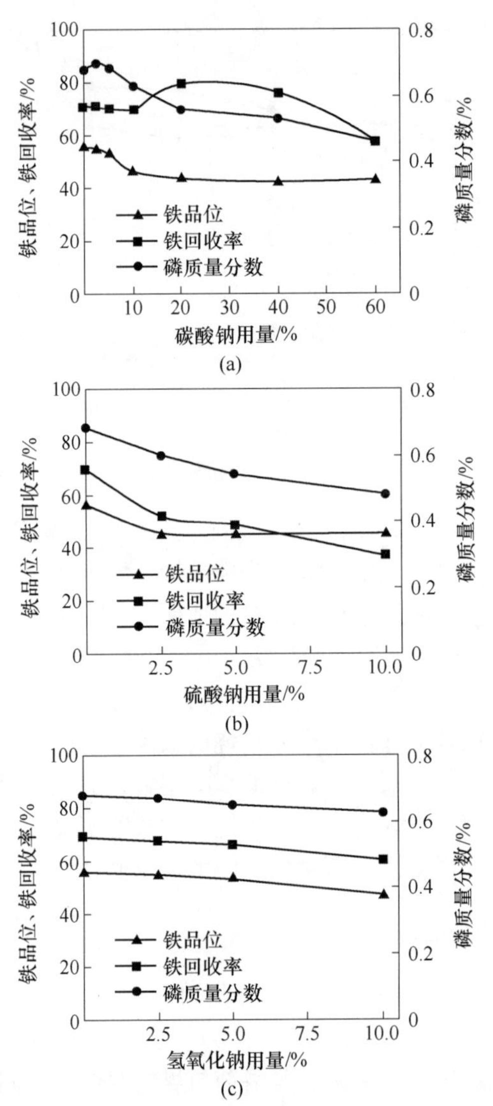

图 2-7 烟煤为还原剂时脱磷剂用量对还原铁产品指标的影响

（a）碳酸钠的影响；（b）硫酸钠的影响；（c）氢氧化钠的影响

烟煤为还原剂添加碳酸钠焙烧降磷的效果不明显。

硫酸钠对焙烧结果也有影响，但与碳酸钠的影响不同。随着硫酸钠用量的增加，还原铁产品的产率基本不变，但其中铁的品位逐渐下降，最低达到 47.52%，铁回收率也有明显下降，磷的品位稍有降低，但变化不大。总体效果不理想。

氢氧化钠对焙烧过程的影响比较大，且与碳酸钠和硫酸钠的规律不同，随着氢氧化钠用量的增加，还原铁产品的产率迅速下降，添加 2.5%的氢氧化钠时还原铁产品的产率由 54%下降到 49.64%，当用量增加到 10%时，还原铁产品的产率下降到只有34.68%。还原铁产品中铁的品位也呈下降趋势，当用量大于2.5%后基本保持不变。还原铁产品中磷质量分数随氢氧化钠用量的增加有所降低，最低为0.48%，但降低程度不明显。

从上述结果可见，以烟煤为还原剂时添加脱磷剂降磷效果不明显。

2.3.3.2 褐煤为还原剂添加脱磷剂焙烧效果

褐煤用量20%，其他条件与烟煤作还原剂时条件相同，三种脱磷剂用量的影响如图2-8所示。由图可知，以褐煤为还原剂，脱磷剂对焙烧的效果影响更明显。

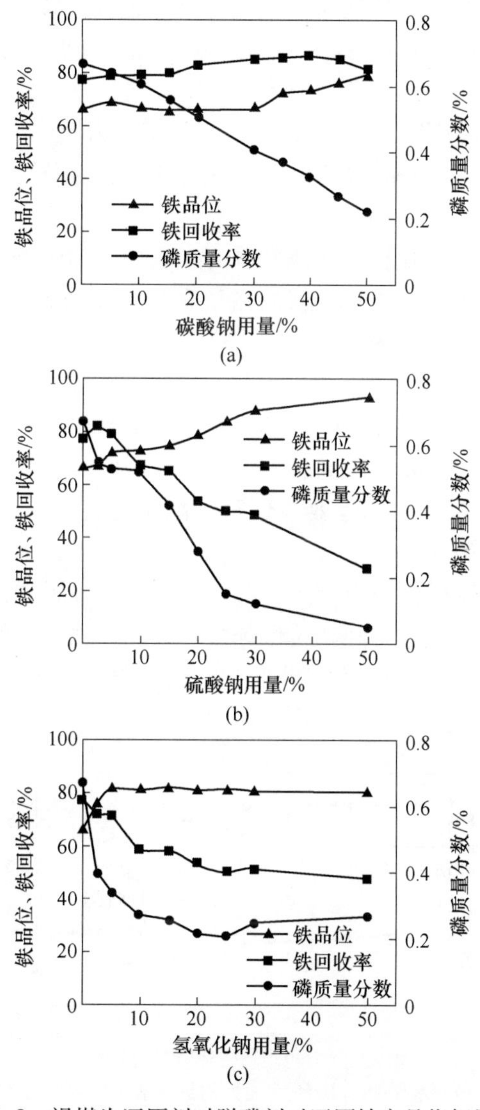

图2-8 褐煤为还原剂时脱磷剂对还原铁产品指标影响

（a）碳酸钠的影响；（b）硫酸钠的影响；（c）氢氧化钠的影响

碳酸钠对还原铁产品的影响比较明显。还原铁产品的铁品位和铁回收率随碳酸钠用量的增加而升高，铁品位最高可以达到79.71%，铁回收率可以达到86%以上。磷质量分数随着碳酸钠用量的增加逐渐降低。当碳酸钠用量超过50%时，磷质量分数可以降低到0.22%。上述结果说明在以褐煤为还原剂添加碳酸钠，既可以提高还原铁产品中铁的品位和回收率，又能降低磷质量分数。

硫酸钠对焙烧也有明显的影响，而且与碳酸钠的影响规律不同。随着硫酸钠用量的逐渐增加，还原铁产品铁品位快速上升，最高可以达到93.52%，铁的回收率先上升后下降，最低时只有28.01%。硫酸钠对降低磷的品位效果也很明显，磷质量分数最低可以达到0.05%。当硫酸钠用量达到原矿的25%时，铁品位达到84.25%，磷质量分数下降到0.15%，但铁回收率仅为50.03%。可见，在同样用量下，硫酸钠比碳酸钠对铁品位的提高和磷质量分数的降低更有利，但铁的回收率明显下降。

从图2-8可见，氢氧化钠对焙烧效果的影响规律与硫酸钠相似，随着氢氧化钠用量的逐渐增加，还原铁产品中铁的品位升高，铁回收率和磷含量下降很快，但下降速度比添加硫酸钠时慢。

对比图2-7和图2-8可见，煤的种类对脱磷剂的效果有重要影响，煤和脱磷剂的合适组合才能达到降磷提铁的效果。褐煤为还原剂时，碳酸钠为脱磷剂可以提高铁品位和回收率，但要使磷的品位达到理想指标需要较高的用量；以硫酸钠与氢氧化钠为脱磷剂对磷的脱除效果优于碳酸钠，但会降低铁品位和铁的回收率，硫酸钠的作用更明显。

考虑将碳酸钠和硫酸钠混合使用，考察能否保持各脱磷剂本身效果，在总用量较低时使铁品位、铁回收率和磷质量分数达到还原铁产品的指标要求。在保持总用量为30%不变的条件下，改变碳酸钠和硫酸钠的比例进行试验，结果如图2-9所示。

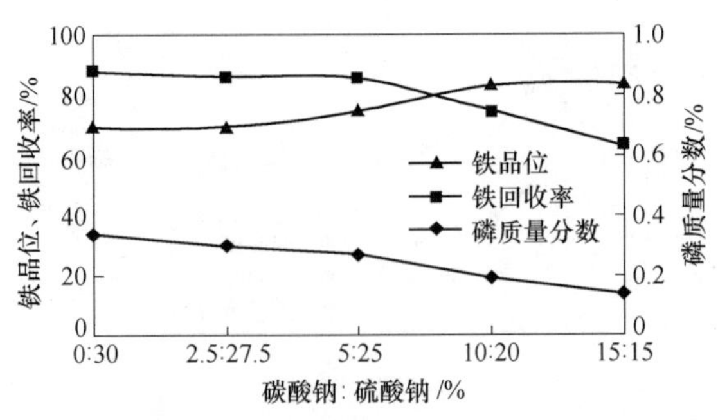

图2-9 硫酸钠与碳酸钠配比对还原铁产品指标的影响

可见，在保持硫酸钠与碳酸钠总量为原矿的30%时，增加硫酸钠所占比例，还原铁产品铁品位逐渐提高，磷质量分数和铁回收率逐渐降低。当硫酸钠与碳酸钠配比为10%∶20%时，还原铁产品铁品位为83.13%、回收率为74.94%、磷质量分数为0.19%，结果较好，但铁回收率偏低。碳酸钠和硫酸钠添加了分别为10%（质量分数）和20%（质量分数）时，还原铁产品中磷质量分数小于0.20%，此时铁的回收率为75.36%。

从上述结果可见：（1）以烟煤作为还原剂，添加脱磷剂不能达到脱磷的目的，而且对铁的回收率和铁品位也有不利影响。而以褐煤作为还原剂，三种脱磷剂都能取得一定的效果，说明煤的种类对脱磷剂的效果有影响。（2）三种脱磷剂的效果不同。碳酸钠对还原过程有利，可以提高还原铁产品铁的品位和回收率，同时能够降低磷的品位；硫酸钠和氢氧化钠作用类似，当用量增加时还原铁产品中的铁品位提高，磷含量下降很快，脱磷效果明显，但铁的回收率明显降低。（3）碳酸钠与硫酸钠在配合使用的情况下，在一定的配比范围内可以保持各自的效果，在保证铁品位和铁回收率的同时将磷去除，达到较理想的指标。

2.3.3.3 添加脱磷剂不同焙烧温度的焙烧效果

以惠民褐煤为还原剂，用量为50%；脱磷剂为混合添加，碳酸钠∶硫酸钠=2∶1，在1000~1100℃温度范围内改变脱磷剂的总用量，考察提高温度能提高脱磷剂的效果，结果见表2-6。

表2-6 焙烧温度和脱磷剂用量对焙烧效果的影响

焙烧温度/℃	指标名称	脱磷剂用量/%		
		10	20	30
1000	铁品位	87.23	91.23	91.83
1050		83.17	86.64	88.87
1100		88.23	88.65	88.50
1000	铁回收率	80.02	87.75	88.54
1050		86.26	89.76	90.76
1100		83.23	87.90	86.86
1000	磷质量分数	0.110	0.069	0.045
1050		0.190	0.092	0.060
1100		0.210	0.170	0.130

从表2-6中可见，焙烧温度和脱磷剂用量之间相互影响。提高温度有利于降低脱磷剂用量，如1000℃焙烧，在达到同样指标的条件下，脱磷剂的总用量可以从900℃的30%降低到20%。

1050℃焙烧时脱磷剂用量对还原铁产品中铁品位影响较大，随着用量增加，铁品位和铁回收率均随之提高，但对磷含量影响不大。在该温度下焙烧后，焙烧产物熔融程度增加，可磨性变差，在同样的磨矿时间下，单体解离度变小，导致还原铁产品中铁的品位降低。

1100℃焙烧效果更差，还原铁产品中铁品位下降而磷含量上升，原因是温度升高后焙烧产物熔融更严重，磨矿不能实现金属铁与脉石矿物单体解离，所以选别效果变差。

可见，提高温度可以减少脱磷剂的用量，但温度太高又会由于焙烧产物的可磨性变差而影响分选效果，所以确定最佳焙烧温度为1000℃。

2.3.3.4 最佳条件焙烧磁选结果及产品检查

确定的最佳焙烧磁选条件如图2-10所示，得到的还原铁产品多元素分析见表2-7。还原铁铁品位90.87%，金属化率为92.0%，铁回收率87.05%，磷质量分数0.062%，其他杂质质量分数也满足作为炼钢原料的要求。

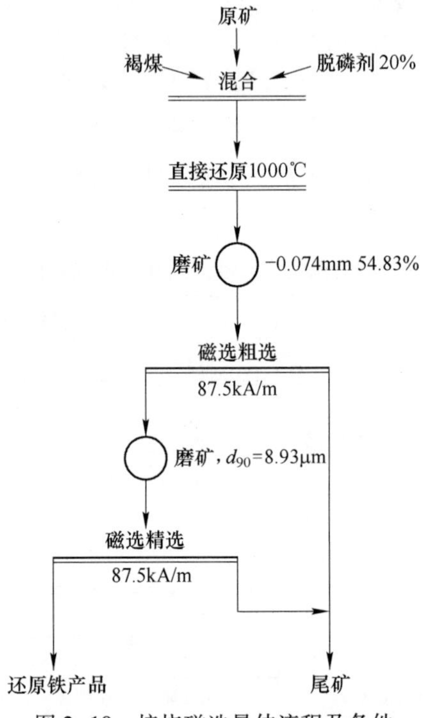

图2-10 焙烧磁选最佳流程及条件

表2-7 还原铁产品多元素分析 （质量分数/%）

成 分	TFe	SiO_2	Al_2O_3	MgO	CaO
含 量	90.87	0.49	1.11	1.50	2.09
成 分	Na_2O	K_2O	P	C	S
含 量	1.18	0.051	0.062	0.64	0.026

所得还原铁产品的扫描电子显微镜（SEM）检测结果如图 2-11 所示。可以看到，还原铁产品中大部分为金属铁单体，但仍有部分细粒的连生体存在，影响其品位。

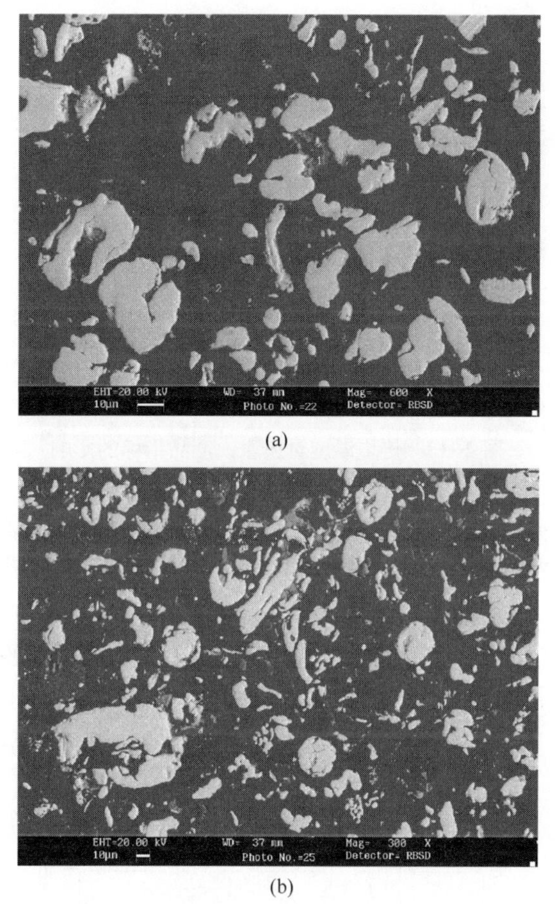

(a)

(b)

图 2-11 还原铁产品中主要矿物存在状态

（a）还原铁产品中的金属铁（亮白颗粒）；（b）还原铁产品中的连生体颗粒

2.3.4 提高焙烧温度焙烧的效果

上述研究结果表明，添加脱磷剂在 1000℃焙烧磁选，可以得到高品位的还原铁产品，但存在问题是需要添加 20%的碳酸钠和 10%的硫酸钠为脱磷剂，其中碳酸钠的价格较高，使得焙烧效果的成本偏高。因此研究了提高焙烧温度对焙烧效果的影响。

2.3.4.1 无脱磷剂焙烧效果

A 提高焙烧温度的效果

在焙烧时间 60min、自然冷却、-0.074mm 占 41.52%磁场强度为 87.58kA/m、

二段磨矿细度为-0.030mm 占 98.59%、磁场强度为 87.58kA/m 的条件下，焙烧温度在 1000~1200℃温度范围内对还原铁产品指标影响，如图2-12所示。

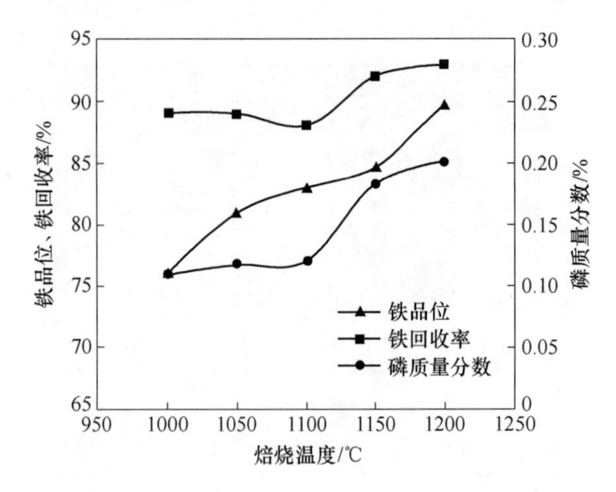

图 2-12 焙烧温度对还原铁产品指标的影响

从图 2-12 可见，还原铁产品的铁品位随着焙烧温度的升高而增加，温度从 1150℃升高到 1200℃时铁品位增加得更快，在 1200℃时可达到 89.76%。在 1100℃之前，磷质量分数和铁的回收率受温度影响不大，磷质量分数在 0.23%左右，铁回收率约 76%；温度从 1100℃升高到 1150℃时，还原铁产品中铁的回收率从 77.06%增加到了 83.26%，磷质量分数从 0.23%增加到了 0.27%；而温度继续从 1150℃升高到 1200℃时，铁的回收率和磷含量都变化不大，磷含量有升高的趋势。

B 延长焙烧时间的效果

焙烧温度 1100℃时，焙烧时间的影响如图 2-13 所示。从图 2-13 中可见，

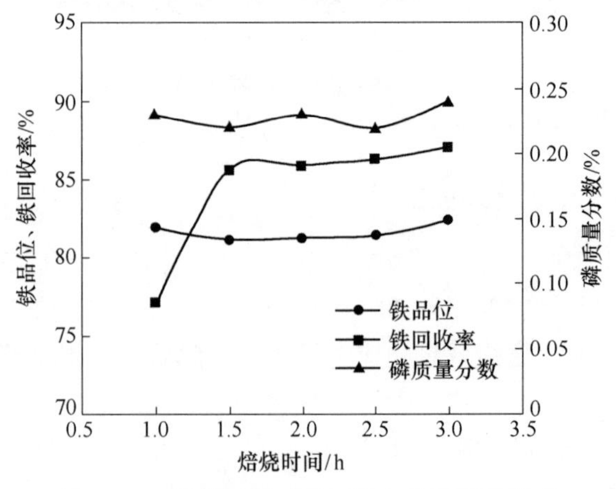

图 2-13 焙烧时间对还原铁产品指标的影响

随着焙烧时间的增加，还原铁中铁的品位变化不大，都在81%左右。焙烧时间从1h 增加到 1.5h 时，铁回收率增加幅度较大，从 77.06%增加到 85.56%，在 1.5h 之后再继续增加焙烧时间对铁的回收率影响不大。同时，延长焙烧时间还原铁产品中磷质量分数都在 0.2%以上，说明通过延长焙烧时间不能降低还原铁产品中磷质量分数。上述结果说明，只添加还原剂改变焙烧条件很难达到还原铁产品中磷质量分数低于 0.1%的目标，所以添加脱磷剂是必要的。

2.3.4.2 添加脱磷剂的焙烧效果

A 添加石灰石的焙烧效果

在焙烧温度 1100℃、焙烧时间 60min、一段磨矿细度-0.074mm 占 81.31%、二段磨矿细度为-0.030mm 占 98.59%条件下，石灰石对还原铁产品指标的影响规律如图 2-14 所示。

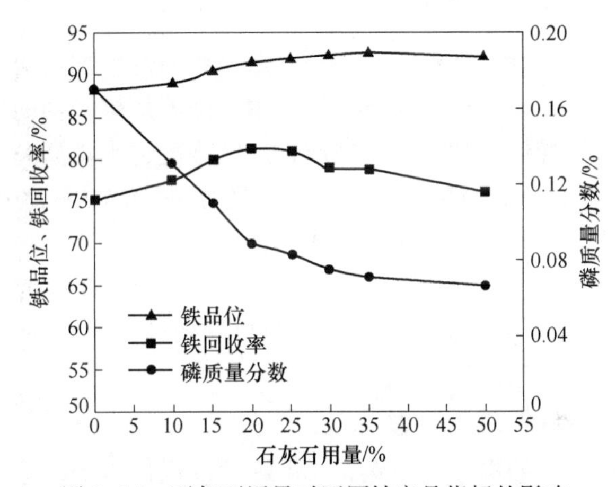

图 2-14 石灰石用量对还原铁产品指标的影响

从图 2-14 可见，随着石灰石用量的增加，还原铁产品的铁品位有小幅度提高。随着石灰石用量从 0 增加到 20%时，铁回收率一直增加，磷质量分数大幅度下降，说明石灰石在此范围内的提铁降磷效果明显。而石灰石用量大于 20%时，还原铁产品中铁的回收率有所下降，同时磷质量分数下降速度变缓，说明石灰石在用量超过 20%时不利于铁的回收，同时降磷效果下降。因此，20%为石灰石最佳的用量，此时得到的还原铁产品的铁品位 91.44%，铁回收率为 81.09%，磷质量分数 0.089%。

B 焙烧时间的影响

从石灰石用量试验可以看出，只添加石灰石的情况下同样可以得到铁品位超过 90%，磷质量分数低于 0.1%的还原铁产品，但是铁回收率稍低。因此，需研究焙烧时间对还原铁产品指标的影响规律，同时考察延长焙烧时间能否在保证还原铁产品质量的条件下提高铁的回收率，结果如图 2-15 所示。

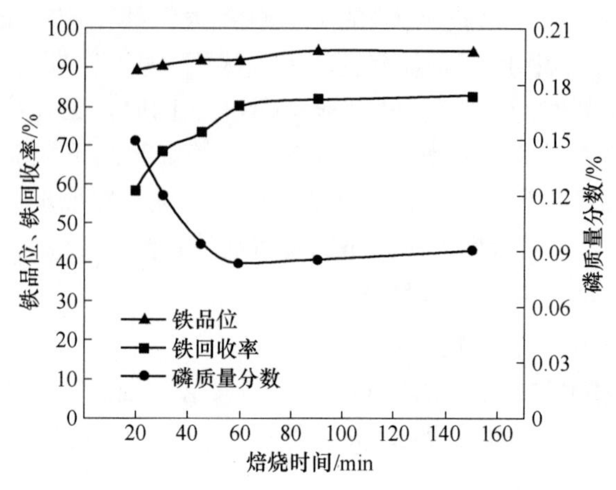

图 2-15 焙烧时间对还原铁产品指标的影响

对焙烧产物的烧结程度观察发现，随着焙烧时间的增加，焙烧产物的烧结程度越来越高。这说明在直接还原焙烧的过程中，随着焙烧时间的增加，生成的低熔点矿物越来越多，导致冷却后的焙烧产物烧结强度越来越高。

从图 2-15 可见，随着焙烧时间的增加，还原铁产品中铁的品位有小幅度增加。焙烧时间从 20min 增加到 60min，铁的回收率从 58. 36%增加到了 80. 36%，磷的品位从 0. 15%降到了 0. 083%。当焙烧时间超过 60min 后，还原铁产品指标变化不大，可见通过延长焙烧时间并没有明显提高铁回收率，同时磷质量分数还有升高的趋势。最佳的焙烧时间为 60min。

C 还原剂种类以及用量的影响

选用成分差别较大的褐煤、烟煤、无烟煤和焦炭作为还原剂，不同还原剂空气干燥基工业分析结果见表 2-8。

表 2-8 不同还原剂的工业分析结果

项 目	水分/%	灰分/%	挥发分/%	固定碳/%
褐 煤	13. 18	6. 21	43. 52	37. 09
烟 煤	2. 63	34. 70	24. 52	38. 15
无烟煤	1. 36	7. 90	7. 01	83. 73
焦 炭	1. 46	12. 68	2. 11	83. 75

从表 2-8 可见，4 种还原剂之间的成分差别较大，其中水分质量分数从 1. 36%到 13. 18%，灰分质量分数从 6. 21%到 34. 70%，挥发分从 2. 11%到 43. 52%，固定碳从 37. 09%到 83. 75%。

在石灰石用量 20%，直接还原焙烧温度 1150℃、焙烧时间 60min、一段磨矿细度 - 0. 074mm 占 81. 31%、磁选磁场强度为 87. 58kA/m、二段磨矿细度

-0.030mm占98.56%、磁选磁场强度为87.58kA/m条件下，不同还原剂种类和用量焙烧结果如图2-16所示。

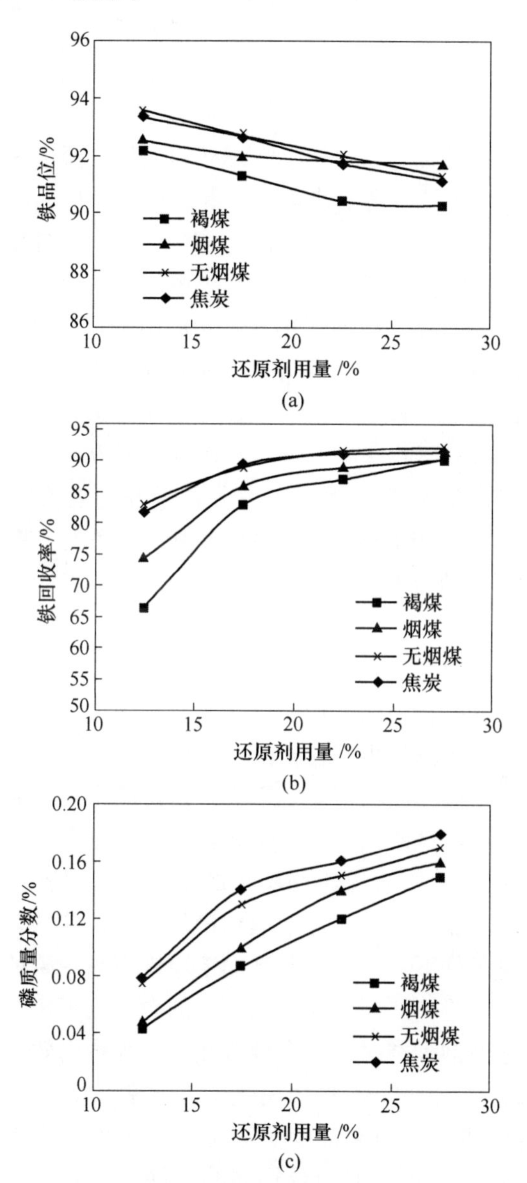

图2-16 还原剂种类及用量对还原铁产品指标的影响

(a) 对铁品位的影响；(b) 对铁回收率的影响；(c) 对磷质量分数的影响

从图2-16(a)可见，随着还原剂用量的增加，还原剂对还原铁产品铁品位的影响趋势相同，铁的品位有一定幅度的下降，但是都在90%以上。这是由于金属铁颗粒长大的过程是铁离子通过由低熔点含铁矿物迁移到小的金属铁颗粒表面来实现的。随着还原剂用量的增加，物料内部还原气氛增强，生成的低熔点含铁矿物越来越少，限制了铁离子扩散到金属铁颗粒表面使铁颗粒长大，从而使铁离子原地生成了小的金属铁颗粒，不利于金属铁与脉石的解离，磨矿磁选后导致部分连生体进入还原铁产品，导致还原铁产品的铁品位降低。在相同还原剂用量的条件下，对比灰分相差不大、挥发分和固定碳差别较大的无烟煤、焦炭和褐煤，发现使用高挥发分的褐煤所得到的还原铁产品的铁品位低于固定碳高挥发分低的无烟煤和焦炭，这说明高挥发分的煤不利于提高铁的品位。

从图 2-16(b) 可见，随着还原剂用量的增加，还原剂种类对还原铁产品中铁回收率影响趋势也相同。随着还原剂用量的增加，铁回收率大幅度增加，在还原剂用量低于20%时，回收率增加较快，还原剂用量高于20%时铁的回收率增加速度变缓。对比不同还原剂种类在相同的用量下得到的还原铁产品中铁的回收率可见，在还原剂用量低于27.5%时，同一还原剂用量条件下，无烟煤和焦炭的所得到的还原铁产品中铁的回收率高于烟煤和褐煤的回收率，这说明在还原剂用量较少时，固定碳含量高的无烟煤优于挥发分含量高的低阶褐煤。在还原剂用量27.5%时，添加不同还原剂得到的还原铁产品中铁的回收率基本相同。

因为随着还原反应的进行，必然会消耗一定的还原剂，同时会产生一部分CO_2，随着还原剂用量的增加，起还原作用的挥发分和固定碳含量就会增加，混合物料内部的还原气氛越来越强，就会有越来越多的含铁矿物被还原成金属铁，磨矿磁选后铁的回收率就会增加。在还原剂用量达到27.5%后，由于还原剂用量大大过量，保证了整个还原过程都在较强的还原气氛中进行，所以不同的还原剂种类得到还原铁产品中铁的回收率差别不大，这说明了在还原剂用量过量时，还原剂种类对还原铁产品中铁的铁回收率影响不大。

从图 2-16(c) 可见，随着还原剂用量的增加，不同还原剂种类对还原铁产品中磷含量影响趋势也相似。随着还原剂用量的增加，磷的含量大幅度提高。且在相同的还原剂用量条件下，用褐煤得到的还原铁产品中磷的含量低于烟煤、无烟煤和焦炭，用无烟煤得到的还原铁产品中磷的含量低于焦炭。这说明在相同的还原剂用量不同的还原剂种类时，挥发分含量高的煤脱磷效果更好。

对比不同还原剂种类不同还原剂用量对还原铁产品指标的影响结果可见：(1) 还原铁产品的铁回收率和磷含量呈正比，即铁回收率越高，还原铁中磷的含量也越高。(2) 虽然在还原剂用量相同的条件下，挥发分高的褐煤脱磷效果较好，但是所得到的还原铁回收率相对于其煤也较低，通过增加褐煤用量来提高铁的回收率可能会使磷含量增加。(3) 得到磷质量分数小于0.1%的还原铁产品，不同还原剂需要的用量不同。(4) 在磷质量分数符合小于0.1%的条件下，铁的回收率都接近于80%。可见虽然不同还原剂成分差别很大，通过调节还原剂用量都可以达到磷质量分数0.1%以下，铁回收率只有80%左右，相对偏低。

(5) 褐煤是最佳还原剂，最佳用量为 20%。

D 碳酸钠用量的影响

惠民褐煤用量为 20%、石灰石用量 20%时，碳酸钠用量的结果如图 2-17 所示。

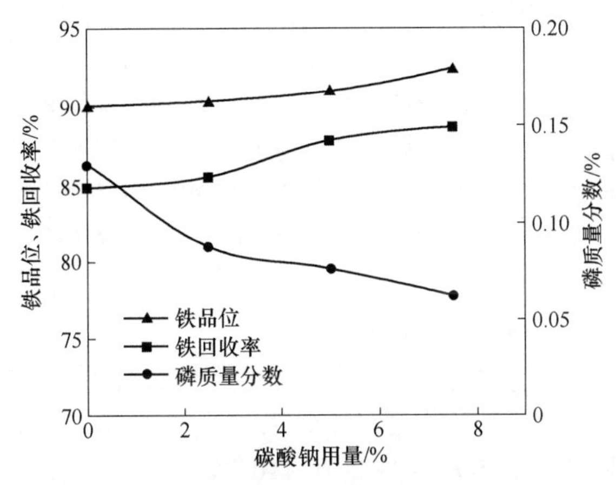

图 2-17 碳酸钠用量对还原铁产品指标的影响

从图 2-17 可见，随着碳酸钠用量的增加，还原铁产品的铁品位和回收率有小幅度提高，同时磷质量分数有较大幅度下降。碳酸钠用量低于 3%（质量分数）时，对还原铁产品的降磷效果明显。碳酸钠用量 2.5%时得到的还原铁产品的指标为铁品位 90.31%、铁回收率 85.35%、磷质量分数 0.087%，继续增加碳酸钠的用量，可以得到还原铁产品中铁的品位和回收率更高、磷质量分数更低的还原铁产品。碳酸钠价格较高，用量越少越好，因此最佳用量为 2.5%。所以在此用量的条件下进行了石灰石用量的优化试验，结果如图 2-18 所示。

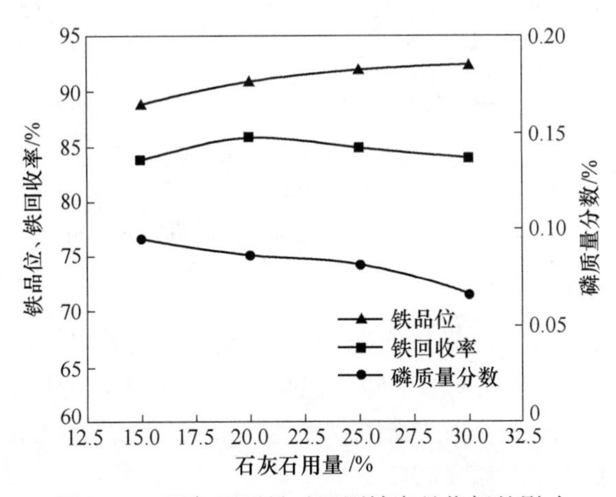

图 2-18 石灰石用量对还原铁产品指标的影响

从图 2-18 可见，随着石灰石用量从 15%增加到 30%，还原铁产品中铁品位从 88.9%增加到了 92.62%；铁的回收率先上升后下降，石灰石用量在 20%左右时铁的回收率最高。石灰石用量增加的过程中，还原铁产品中磷质量分数一直在小幅度下降。石灰石用量 20%时，可得到铁品位 91.01%、铁回收率 85.87%、磷质量分数 0.087%的还原铁产品，石灰石用量 20%仍然是最佳的用量。

惠民褐煤用量、石灰石和碳酸钠用量对焙烧产物的烧结程度的影响规律是相同的。随着惠民褐煤和石灰石用量的增加，焙烧产物的烧结程度越来越低，随着碳酸钠用量的增加，焙烧产物的烧结程度越来越高。这说明了石灰石和碳酸钠的作用机理可能不同。惠民褐煤用量、石灰石和碳酸钠用量研究结果表明，最佳的惠民褐煤用量为 20%，最佳的石灰石和碳酸钠（质量分数）分别为 20%和 2.5%。

E　混合脱磷剂时焙烧温度的影响

添加石灰石和碳酸钠的条件下焙烧温度的影响如图 2-19 所示。可见，温度对还原铁产品指标影响较大，温度从 1000℃升高到 1200℃，铁的回收率和品位都有较大幅度提高。当 1000℃升高到 1100℃，磷含量有一定幅度的下降，1100℃到 1150℃时磷含量最低，当温度从 1150℃升高到 1200℃时，还原铁产品的磷含量又有所增加。综上所述，1150℃是最佳温度。

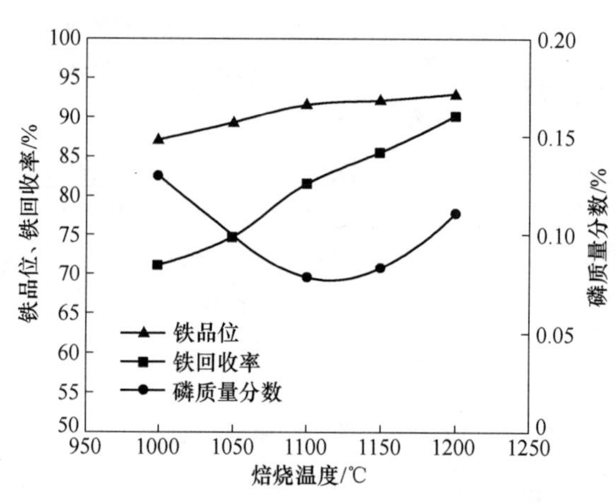

图 2-19　焙烧温度对还原铁产品指标的影响

上述研究结果看见：

（1）石灰石对直接还原焙烧影响明显。石灰石用量增加，还原铁产品的铁品位升高，磷的含量较大幅度的下降，但是，铁的回收率先上升后下降，在石灰石用量为 20%时，还原铁产品的铁回收率达到最大值。只添加石灰石还原铁产品中铁的回收率偏低，只有大约 80%。

（2）石灰石和碳酸钠的组合脱磷剂对还原铁产品指标影响也较明显。碳酸钠用量的增加，还原铁产品铁品位和回收率都增加，磷的含量下降，在碳酸钠用量低于 5%时，碳酸钠的脱磷效果较高。

（3）此外石灰石和碳酸钠用量对焙烧产物的烧结程度影响是不同的，随着石灰石用量的增加，焙烧产物烧结程度越来越低，而随着碳酸钠用量的增加，焙烧产物的烧结程度越来越高。

（4）温度是影响还原铁产品指标的重要因素。随着焙烧温度从 1000℃增加到 1150℃，铁品位和铁回收率都有较大幅度的增加，同时磷的含量大幅度下降，磷含量在 1150℃时达到最低值，当温度从 1150℃升高到 1200℃时，铁的品位和铁回收率会继续增加，但是磷的含量又会有所升高。

（5）还原剂用量和种类是影响还原铁产品指标的重要因素。不同的还原剂种类随着还原剂用量的增加，对还原铁产品指标的影响趋势是相同的，都是随着还原剂用量的增加，铁的品位小幅度下降，铁的回收率和磷的含量大幅度上升。

2.3.5　工业隧道窑焙烧结果

在武汉某公司的长 167m 的隧道窑内进行了工业试验。主要目的是考察高磷鲕状赤铁矿直接还原焙烧工业化生产的可能性，通过调节各个影响因素得到优质的还原铁产品，同时研究不同因素对直接还原焙烧工业试验的影响。

隧道窑工业试验过程中，原矿粒度为-4mm，把原矿、还原剂和脱磷剂按一定比例混匀，以环装装料方式装进无底碳化硅坩埚，具体方法如图 2-20 所示。单个坩埚高 40cm，内径 32cm，上外径 34cm，下外径 37cm。焙烧过程中，每 4 个坩埚叠放为一组放置在台车上，每台车可以放置 20 组。物料在隧道窑中经过

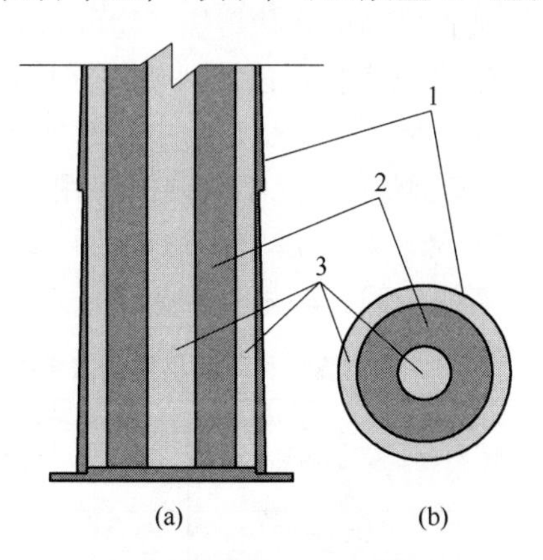

图 2-20　隧道窑反应罐装料示意图

（a）纵断面；（b）横断面

1—坩埚壁；2—混合物料；3—填充物

12h 升温、12h 保温和 25h 冷却后，全部破碎到-4mm 后，缩分出 1kg 进行两段磨矿两段磁选。

所用的还原剂为四川某地煤，其灰分、挥发分和固定碳分别为 47.12%、6.97%和 45.91%。

2.3.5.1 环外充填物和内配煤用量的影响

充填物中的固定碳可能参与了直接还原反应，因此，充填物中固定碳的含量与内配煤（与原矿混合的煤以下简称内配煤）用量都会影响还原铁产品的指标，所以环外充填物和内配煤用量必须同时进行考察。

确定石灰石的用量为 20%，碳酸钠用量 3%，为了确保原矿能够完全还原，混合物料环的厚度为 4cm，环内充填炉渣（煤气发生炉产生的炉渣）具有支撑作用。环外充填物分别选用了石灰石、炉渣、20%煤和 80%炉渣的混合物。由于环外充填物中的固定碳可能参与直接还原反应，所以使用固定碳含量较低的石灰石、炉渣、20%煤和 80%炉渣混合物作为环外充填物时，考察内配煤用量分别为 20%、25%和 30%对焙烧效果的影响。

通过观察焙烧产物的烧结程度发现，相同的内配煤用量条件下，采用不同的环外充填物得到的焙烧产物的宏观结构和烧结程度也不同，在内配煤用量 20%时，不同的环外充填物得到焙烧产物的形貌有明显差别。使用石灰石作为充填物时，得到的焙烧产物为管状，但是焙烧产物烧结强度较低，卸矿后，管状的焙烧产物已经折断为几节。当使用炉渣作为环外充填物时，得到的焙烧产物部分烧结成块状，部分呈松散状。而使用 20%四川煤和 80%炉渣作为环外充填物时，得到的焙烧产物基本不存在烧结现象，焙烧产物比较松散。这说明了环外充填物中固定碳的含量影响着焙烧产物烧结的强度。

从卸矿角度考虑，烧结程度高的管状焙烧产物可以从坩埚内整体取出，有利于卸矿。而完全没有烧结的焙烧产物可以用风机把充填物和焙烧产物一起吸出，然后进行干式磁选，也比较方便。当焙烧产物中有部分烧结时，卸矿就会变得比较复杂。为了对比不同环外充填物以及不同内配煤用量对还原铁产品指标的影响，同时考察不同外面的焙烧产物经过磨矿磁选后得到的还原铁产品指标的差别，对焙烧产物进了两段磨矿试验，结果见表 2-9。

表 2-9 不同环外充填物和不同煤用量焙烧磁选结果

环外充填物	内配煤用量/%	产品名称	产率/%	品位/%		铁回收率/%
				TFe	P	
石灰石	20	还原铁产品	39.31	93.55	0.086	84.39
		尾　矿	60.69	11.21	1.263	15.61
		原　矿	100.00	43.58	0.800	100.00

续表 2-9

环外充填物	内配煤用量/%	产品名称	产率/%	品位/%		铁回收率/%
				TFe	P	
石灰石	25	还原铁产品	41.21	91.39	0.092	86.42
		尾　矿	58.79	10.07	1.296	13.58
		原　矿	100.00	43.58	0.800	100.00
	30	还原铁产品	46.07	85.37	0.110	90.24
		尾　矿	53.93	7.89	1.389	9.76
		原　矿	100.00	43.58	0.800	100.00
炉　渣	20	还原铁产品	43.70	88.09	0.146	88.34
		尾　矿	56.30	9.03	1.308	11.66
		原　矿	100.00	43.58	0.800	100.00
	25	还原铁产品	44.75	87.02	0.169	89.35
		尾　矿	55.25	8.40	1.311	10.65
		原　矿	100.00	43.58	0.800	100.00
	30	还原铁产品	45.65	86.08	0.185	90.17
		尾　矿	54.35	7.88	1.317	9.83
		原　矿	100.00	43.58	0.800	100.00
20%煤和80%炉渣混合物	20	还原铁产品	44.87	87.23	0.162	89.82
		尾　矿	55.13	8.05	1.319	10.18
		原　矿	100.00	43.58	0.800	100.00
	25	还原铁产品	45.20	86.77	0.172	90.00
		尾　矿	54.80	7.95	1.318	10.00
		原　矿	100.00	43.58	0.800	100.00
	30	还原铁产品	46.03	86.66	0.185	91.53
		尾　矿	53.97	6.84	1.325	8.47
		原　矿	100.00	43.58	0.800	100.00

从表 2-9 可见，无论混合物料环外填充何种充填物，随着内配煤用量的增加，还原铁产品中铁的品位都有一定幅度的降低，铁的回收率和磷含量都有大幅度增加，这与实验室小型试验和扩大试验所得到的规律相同。但是对比相同内配煤用量，不同环外充填物的试验结果可以看出，石灰石作为环外充填物比炉渣以及炉渣与煤的混合物作为充填物得到的还原铁产品的铁品位稍高，铁回收率稍低，同时磷质量分数也低，在煤用量 20%时得到了铁品位 93.55%、铁回收率 84.39%、磷质量分数 0.086%的还原铁产品。这是其他充填物中含有的固定碳参

与了直接还原反应，在内配煤用量不变时，导致参与还原反应的总的煤用量过量，使得到的还原铁产品指标下降。

上述研究结果表明，填充物中的固定碳参与了直接还原反应，因此，当使用煤作为环外充填物时，内配煤用量需要减少。内配煤用量分别为 0、5%、10%和15%时，得到焙烧产物外貌差别较大，具体如图 2-21 所示。

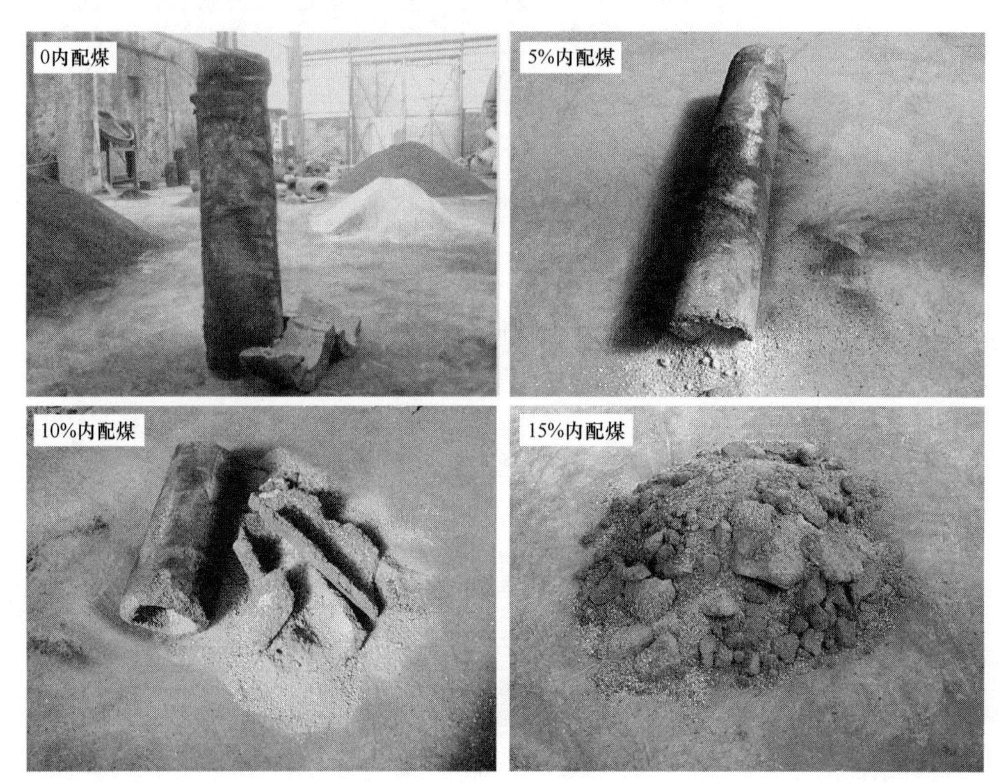

图 2-21　不同内配煤用量得到的焙烧产物烧结程度对比图

从图 2-21 可见，在内配煤用量为 0 时和 5%时得到的管型焙烧产物烧结强度较高，可以从碳化硅坩埚中整体取出。而内配煤用量为 10%时，虽然焙烧产物仍然呈管状，但是烧结强度不高，在卸矿的过程中发生了破损现象。在内配煤为15%时，焙烧产物烧结程度很低，焙烧产物呈松散状。结果表明，内配煤用量是影响焙烧产物烧结程度的主要因素之一。

为了研究煤作为环外充填物时，不同内配煤用量对还原铁产品指标的影响，对不同内配煤用量得到的焙烧产物进行了磨矿磁选，条件与环外充填物磨矿磁选条件相同，结果如图 2-22 所示。

从图 2-22 可见，随着内配煤用量的增加，还原铁产品的铁品位有小幅度的降低，铁的回收率大幅度增加。内配煤用量在 0 到 10%之间时铁回收率增加较

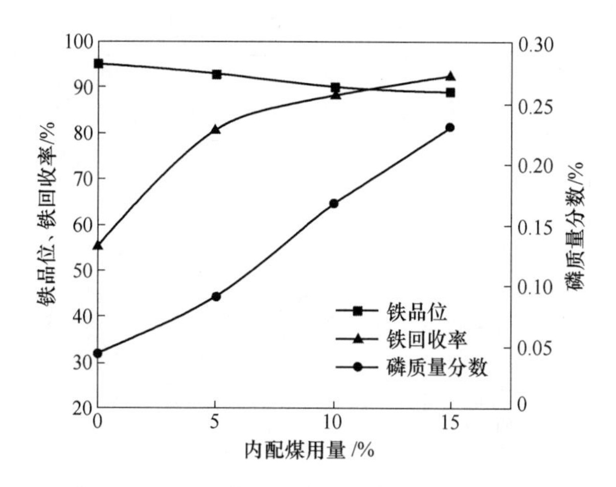

图 2-22 内配煤用量对还原铁产品指标的影响

快，10%到 15%增加相对较为缓慢。此外，还原铁产品的磷质量分数也随着内配煤用量的增加而大幅度提高。但是内配煤用量要比实验室试验用量少很多，同时，内配煤用量为 0 时也能得到少量的还原铁产品，这充分说明了环外充填煤（以下简称外配煤）也参与了直接还原反应。综合考虑还原铁产品的指标，内配煤用量为 5%最佳，此时得到的直接还原铁粉的指标为铁品位 95.73%，铁回收率 80.57%，磷质量分数为 0.091%，且此时所得到的管状的烧结产品强度较大，有利于工业生产过程中的半机械化卸矿。

环外充填物和内配煤用量研究结果表明，环外充填物中的固定碳也参与了还原反应，环外充填物中固定碳和内配煤共同影响着焙烧产物的烧结程度和还原铁产品的指标，且影响的规律与实验室研究结果相同。煤为最佳的环外充填物，在内配煤用量为 5%时，得到的焙烧产物烧结成了管状，而且管壁光滑，烧结强度较高，有利于卸矿，此外得到的还原铁产品铁品位和磷质量分数都能达到研究目标的要求，但是铁的回收率只有 80.57%。由于不同的焙烧条件得到的焙烧产物的烧结强度不同，而且不同烧结强度焙烧产物的可磨度存在差别，因此需要对烧结强度与最佳条件相似的焙烧产物进行磨矿细度试验。

2.3.5.2 磨矿细度的影响研究

在以煤作为环外充填物，内配煤用量 5%、石灰石用量 20%、碳酸钠用量 3%的条件下，得到的焙烧产物烧结成了管状，烧结强度较高，有利于卸矿。此外得到的还原铁产品铁品位和磷质量分数都能达到研究目标的要求。因此，以此条件下的焙烧产物为原料进行磨矿细度试验。一段磨矿不同细度磁选结果见表 2-10。

表 2-10 一段磨矿不同细度磁选结果

-0.074mm 质量分数/%	产品名称	产率/%	品位/%		铁回收率 /%
			TFe	P	
74.36	还原铁产品	50.60	74.85	0.306	91.26
	尾　矿	49.40	8.13	1.360	8.74
	原　矿	100	43.58	0.800	100.00
78.41	还原铁产品	50.16	77.10	0.274	88.74
	尾　矿	49.84	9.85	1.329	11.26
	原　矿	100.00	43.58	0.800	100.00
83.34	还原铁产品	45.94	80.76	0.251	85.14
	尾　矿	54.06	11.98	1.267	14.86
	原　矿	100.00	43.58	0.800	100.00

从表 2-10 可见，随着磨矿细度的增加，铁的回收率和磷质量分数逐渐下降，而铁的品位逐渐增加。在 0.074mm 的质量分数得到 83.34%时，可得到铁品位 80.76%、铁回收率 85.14%、磷质量分数 0.251%的一段磁选产品。为了减轻二段磨矿的负担，在一段磨矿细度 0.074mm 质量分数占 83.34%的条件下，进行的二段磨矿细度磁选结果见表 2-11。

表 2-11 二段磨矿细度磁选结果

-0.074mm 质量分数/%	产品名称	产率/%	品位/%		铁回收率 /%
			TFe	P	
78.14	还原铁产品	41.12	91.88	0.122	86.69
	尾　矿	58.88	9.85	1.273	13.31
	原　矿	100.00	43.58	0.800	100.00
82.82	还原铁产品	39.27	92.73	0.112	83.56
	尾　矿	60.73	11.80	1.245	16.44
	原　矿	100.00	43.58	0.800	100.00
84.04	还原铁产品	37.65	93.29	0.093	80.6
	尾　矿	62.35	13.56	1.227	19.40
	原　矿	100.00	43.58	0.800	100.00

从表 2-11 可见，随着二段磨矿细度的增加，还原铁产品中铁的回收率和磷质量分数都有一定幅度的下降，同时铁的品位也有一定幅度的增加。当 0.074mm 的质量分数超过 82%后，随着二段磨矿细度的增加，降磷效率相对较高，在 0.074mm 的质量分数占 84.04%时，可得到铁品位 93.29%、铁回收率 80.06%、

磷质量分数 0.093%的还原铁产品。因此，确定最佳的二段磨矿细度为 0.074mm 的质量分数占 84.04%。

2.3.5.3　石灰石用量的影响

石灰石用量试验条件为：内配煤用量 5%，碳酸钠用量 3%，环外充填煤，环内充填炉渣，环厚度为 4cm，焙烧产物经过磨矿磁选后的结果见表 2-12。可见，石灰石用量对还原铁产品指标有较大影响，随着石灰石用量从 0 增加到 20%，还原铁产品的铁品位从 90.09%增加到了 92.89%，铁的回收率从 75.02%增加到了 82.01%，同时磷质量分数从 0.123%下降到了 0.092%。另外，石灰石用量对还原铁产品指标的影响规律与实验室研究结果相同，都是随着石灰石用量的增加，还原铁产品铁回收率和铁品位增加，磷质量分数下降。可见，石灰石对还原铁产品指标的影响并不受试验规模的影响。综合考虑最终指标的磷质量分数，确定石灰石的最佳用量为 20%。

表 2-12　石灰石用量焙烧磁选结果

石灰石用量/%	产品名称	产率/%	品位/%		铁回收率/%
			TFe	P	
0	还原铁产品	36.30	90.07	0.123	75.02
	尾　矿	63.70	17.09	1.186	24.98
	原　矿	100.00	43.58	0.800	100.00
10	还原铁产品	37.58	91.94	0.105	79.29
	尾　矿	62.42	14.46	1.218	20.71
	原　矿	100.00	43.58	0.800	100.00
20	还原铁产品	38.48	92.89	0.092	82.01
	尾　矿	61.52	12.74	1.243	17.99
	原　矿	100.00	43.58	0.800	100.00

2.3.5.4　碳酸钠用量的影响

在石灰石用量 20%，其他条件与石灰石用量试验条件相同的条件下进行了碳酸钠用量试验，结果见表 2-13。碳酸钠用量对还原铁产品指标的影响规律与实验室结果相同，随着碳酸钠用量从 0 增加到 3%，还原铁产品的品位从 90.94%增加到了 92.89%，同时磷质量分数从 0.112%下降到了 0.09%，铁回收率从 80.85%增加到了 81.01%。当碳酸钠从 3%增加到 5%，还原铁产品的铁品位和铁回收率仍然有小幅上升，磷质量分数也有小幅度下降。不添加碳酸钠时，还原铁产品的磷质量分数不能达到低于 0.1%的要求，少量的碳酸钠有助于提铁降磷，碳酸钠的用量为 3%。

表 2-13 石灰石用量焙烧磁选结果

碳酸钠用量/%	产品名称	产率/%	品位/%		铁回收率/%
			TFe	P	
0	还原铁产品	38.74	90.94	0.112	80.85
	尾　矿	61.26	13.62	1.235	19.15
	原　矿	100.00	43.58	0.800	100.00
3	还原铁产品	38.01	92.89	0.09	81.01
	尾　矿	61.99	13.35	1.235	18.99
	原　矿	100.00	43.58	0.800	100.00
5	还原铁产品	38.22	93.66	0.089	82.15
	尾　矿	61.78	12.59	1.240	17.85
	原　矿	100.00	43.58	0.800	100.00

2.3.5.5 物料环厚度的影响

由于环形物料的厚度直接关系到工业生产的处理量，因此在焙烧条件一定的条件下，考察物料厚度对还原铁产品指标的影响。物料厚度试验条件为：内配煤用量 5%，石灰石用 20%，碳酸钠用量 3%，环外充填煤，环内充填炉渣，物料环厚度分别为 4cm、6cm 和 8cm，结果如图 2-23 所示。随着物料环厚度的增加，还原铁产品的铁品位小幅度增加，铁回收率和磷质量分数有较大幅度下降。在物料环厚度从 4cm 增加到 6cm 时，还原铁产品指标变化不大，还原铁产品的铁回收率和磷质量分数下降幅度较小。当物料环从 6cm 增加到 8cm 时，还原铁产品的铁回收率和磷质量分数下降幅度较大，铁的回收率从 77.1%下降到了 51.05%，磷质量分数从 0.081%下降到了 0.057%。

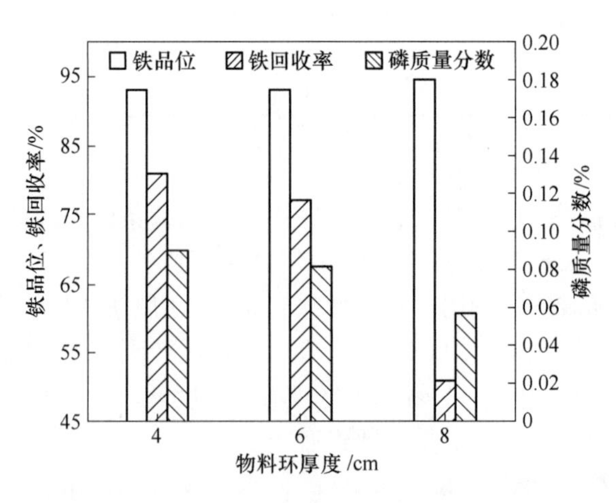

图 2-23 物料环厚度对还原铁产品指标的影响

在环外充填煤的条件下，对比内配煤用量和物料环厚度对还原铁产品指标的影响规律可以发现，随着物料环厚度的增加，所得到的还原铁产品的指标变化规律与内配煤用量减少时相似。这是由于外配煤也参与了还原反应，由于外配煤对物料还原的影响是通过碳气化反应生产的 CO 由物料间的缝隙渗透到物料内参加反应的，所以，在一定条件下，随着物料厚度的增加，外配煤影响越来越少。由于本条件下内配煤相对矿石的用量不变，外配煤总用量不变，且外配煤只添加在环形物料外面侧，内侧是弱还原性的炉渣，随着物料厚度的增加，外配煤的作用就会减弱，相对于内侧的原矿来说，参与还原反应的总的煤用量越来越少，因此虽然内配煤用量不变，但是随着物料环厚度的增加，还原铁产品指标表现出与煤用量不足时一样的规律。从图 2-23 可见，物料环的厚度大于 6cm 后，铁回收率下降较多，所以外配煤对物料的影响厚度大约为 6cm，当厚度超过 6cm 后，外配煤影响较弱，参与还原反应的主要为内配煤。因此，物料环的最佳厚度为 8cm。但是此时内配煤用量不足，还原铁产品回收率较低，需要对内配煤用量进行优化。

2.3.5.6　内配煤用量优化

在环内和环外都充填煤、物料环厚度为 8cm、石灰石用量 20%、碳酸钠用量 3%的条件下，对内配煤用量进行优化，结果如图 2-24 所示。

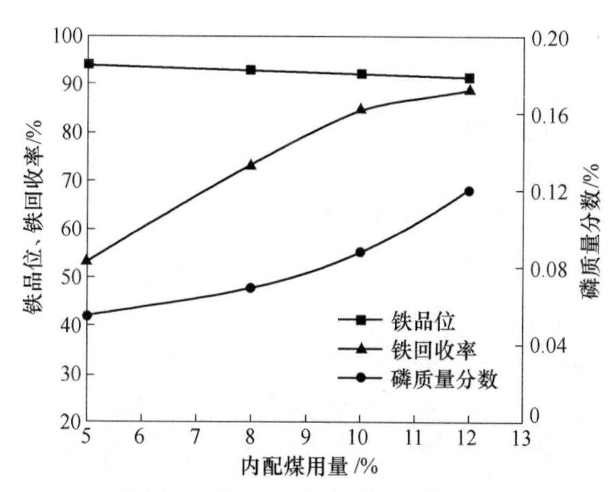

图 2-24　充填物为煤时内配煤用量对还原铁产品指标的影响

从图 2-24 可见，与所有内配煤用量试验对还原铁产品指标的影响规律相同，随着内配煤用量的增加，还原铁产品的铁品位小幅度下降，而铁的回收率和磷质量分数都大幅度增加。在内配煤用量 10%时，可得到铁品位 92.97%、铁回收率 84.57%、磷质量分数 0.088%的还原铁产品。但是当内配煤用量增加到 12%时，还原铁产品磷质量分数超过了 0.1%。此外，在内配煤用量为 10%时，得到的焙烧产物为管状，管的内外壁光滑，且强度较高，可以从坩埚中整体取出，有利于工业生产中半机械化卸矿。因此，该条件下最佳的内配煤用量为 10%。最佳条件下所得还原铁产品多元素分析见表 2-14，所有指标都符合要求。

表 2-14 隧道窑焙烧所得还原铁产品多元素分析

元 素	TFe	SiO_2	Al_2O_3	CaO	MgO	P	S
质量分数/%	92.97	0.93	0.94	1.08	0.79	0.086	0.016

隧道窑工业试验表明：

（1）采用添加脱磷剂直接还原焙烧磨矿磁选的工艺处理高磷鲕状赤铁矿生产还原铁产品的方法在工业上是可行的。

（2）装料方式对工业生产影响很大，环形装料是最佳的装料方式，煤是最佳的环内外充填物。这种装料方式可以解决焙烧产物与坩埚黏结和传热引起的内部物料难以还原的问题。

（3）还原剂用量对焙烧产物的烧结程度和最终产品指标都影响较大。环内外充填的煤同样参与了还原反应，因此内配煤和充填煤共同影响直接还原效果。

（4）石灰石和碳酸钠对直接还原焙烧提铁降磷都有促进作用，而且对还原铁产品指标的影响规律与实验室研究结果相同。

（5）与实验室最佳二段磨矿细度-0.030mm 占 98.59%不同，工业试验中，最佳的二段磨矿细度为-0.074mm 占 84.04%。这说明工业试验中，在较粗的磨矿细度下就可以得到优质的还原铁产品。

2.4 粉矿直接还原焙烧反应机理

2.4.1 最佳条件不同产品矿物组成变化

惠民褐煤用量 20%，石灰石用量 20%，碳酸钠用量 2.5%，焙烧温度 1150℃，焙烧时间 60min 时，原矿、焙烧产物、一段磨矿磁选精矿和还原铁产品（二段磁选精矿）进行了 XRD 分析，结果如图 2-25 所示。

由图 2-25 可见，原矿中的矿物为赤铁矿、石英和绿泥石等，磷主要以氟磷灰石的形式存在。经过直接还原焙烧后，矿物组成发生了很大的变化。焙烧产物中赤铁矿和绿泥石已经完全消失，生成了大量的金属铁、少量的钙铝黄长石和石灰。但焙烧产物中氟磷灰石和石英保持不变。可见，直接还原焙烧改变了矿物组成，使赤铁矿被还原成了金属铁。通过磨矿磁选使金属铁与其他脉石矿物分离，从而实现了高磷鲕状赤铁矿的提铁降磷。

2.4.2 最佳条件不同产品微观结构对比

XRD 分析只能查明不同产品中的大致矿物组成，不能查明不同矿物的形状、大小、空间分布以及矿物间嵌布关系。最佳条件下不同产品扫描电子显微镜

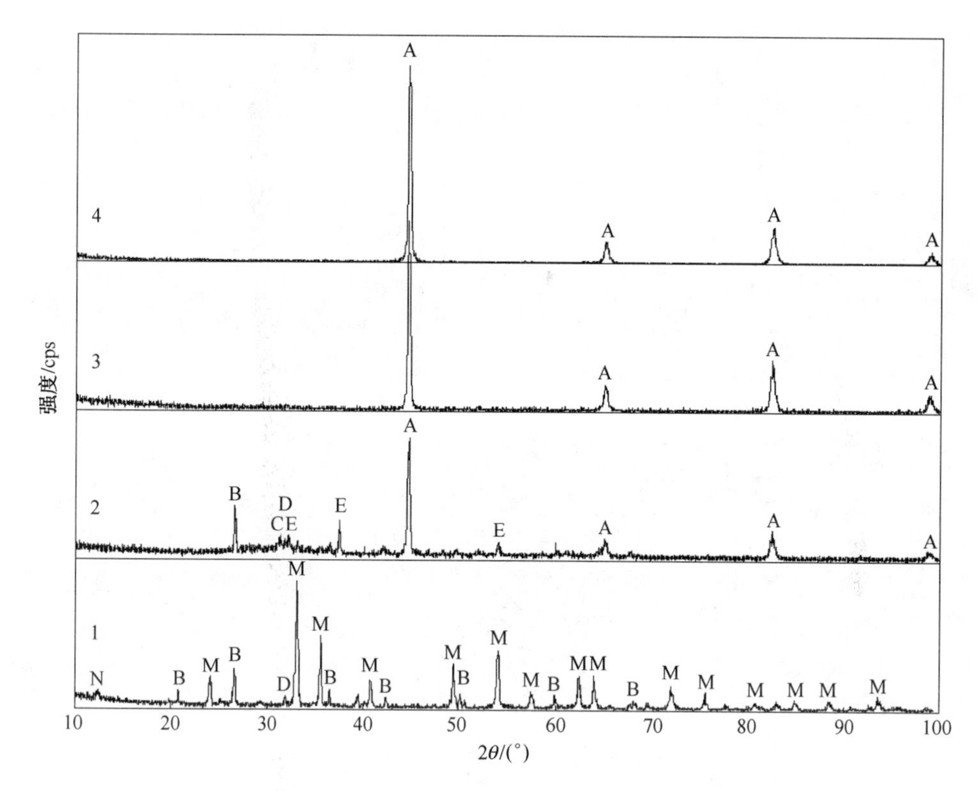

图 2-25 最佳条件不同产品矿物组成对比

1—原矿；2—焙烧产物；3— 一段磨矿磁选精矿；4—还原铁产品

A—金属铁；B—石英；C—钙铝黄长石；D—氟磷灰石；E—石灰；M—赤铁矿；N—绿泥石

（SEM）分析结果如图 2-25 所示。可见，鲕状赤铁矿原矿中的赤铁矿与氟磷灰石（*A* 点）互呈同心环带结构组成鲕粒。虽然磷主要分布在氟磷灰石中，但其与赤铁矿的粒度都很细且紧密共生，因此二者很难分离。经还原焙烧后，焙烧产物的结构发生了根本的变化，鲕状结构已经完全被破坏，生成了大量的金属铁（亮白色），且颗粒基本都在 10μm 以上，粒度明显变粗，同时金属铁颗粒与脉石的边界清晰。可见，直接还原焙烧明显改变了原矿中赤铁矿与脉石颗粒紧密共生、边界不清的结构。从 *B* 点能谱分析和焙烧产物面分析照片可知，焙烧产物中磷分散分布在脉石中。由图 2-25 中焙烧产物中仍然有氟磷灰石衍射峰可知，氟磷灰石并没有发生反应，而是以氟磷灰石的形式分散在了脉石中。因此通过磨矿磁选，在实现金属铁与脉石矿物的分离的同时可以实现金属铁与磷灰石的分离，得到高质量的还原铁产品。

为了考察磨矿磁选对金属铁和脉石解离情况的影响及最终产品中磷的分布，分别对一段磨矿磁选精矿和还原铁产品进行了 SEM 分析，结果如图 2-27 所示。

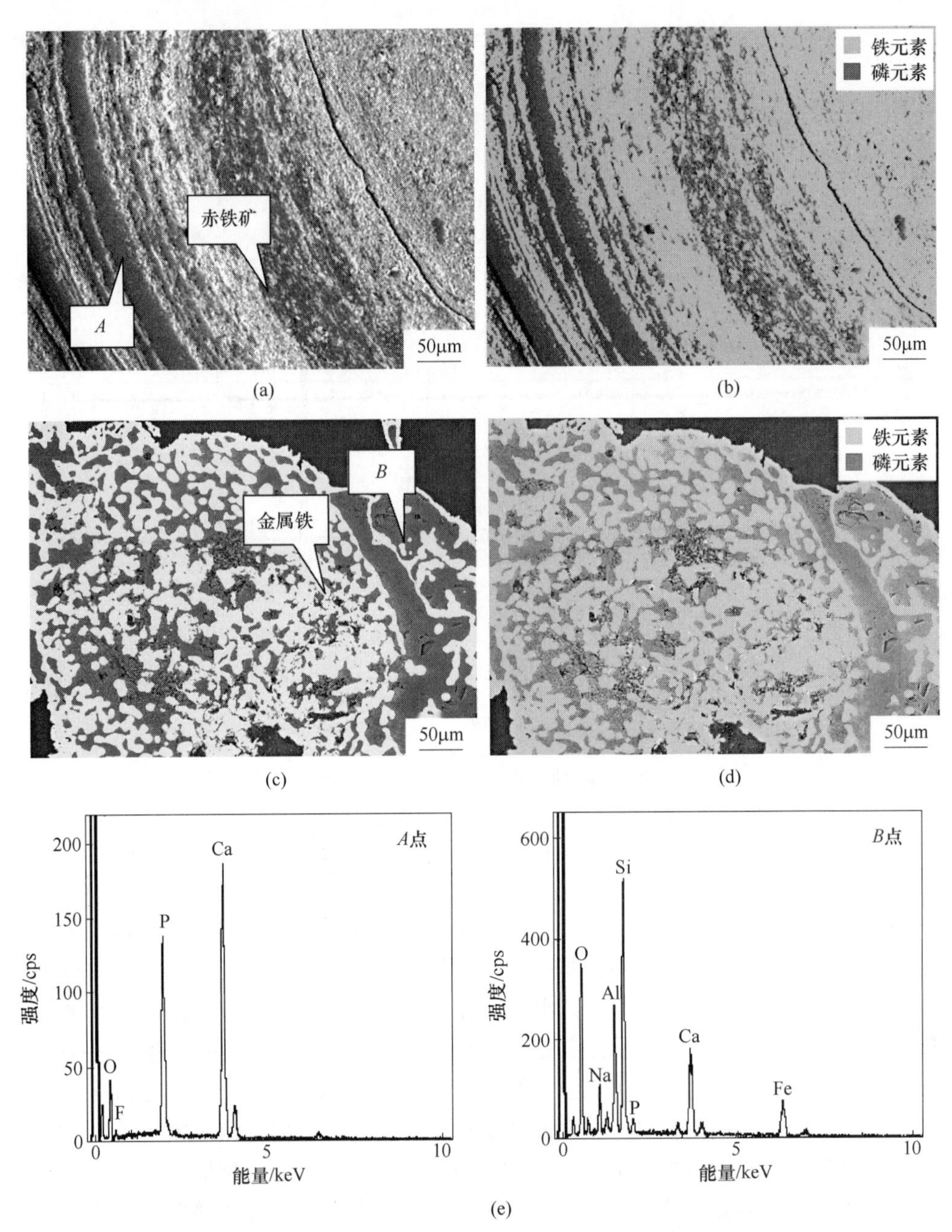

图 2-26 原矿和焙烧产物矿物组成和元素面分布及能谱对比

（a）原矿中矿物的相互关系；（b）原矿中铁和磷的面分布；（c）焙烧产物中矿物的相互关系；（d）焙烧产物中铁和磷的面分布；（e）不同矿物的能谱

根据图 2-27(a) 中的一段磨矿磁选精矿中金属铁与脉石颗粒的分布情况，可以把一段磨矿磁选精矿中的颗粒分为三类：第一类是含少量脉石的金属铁颗

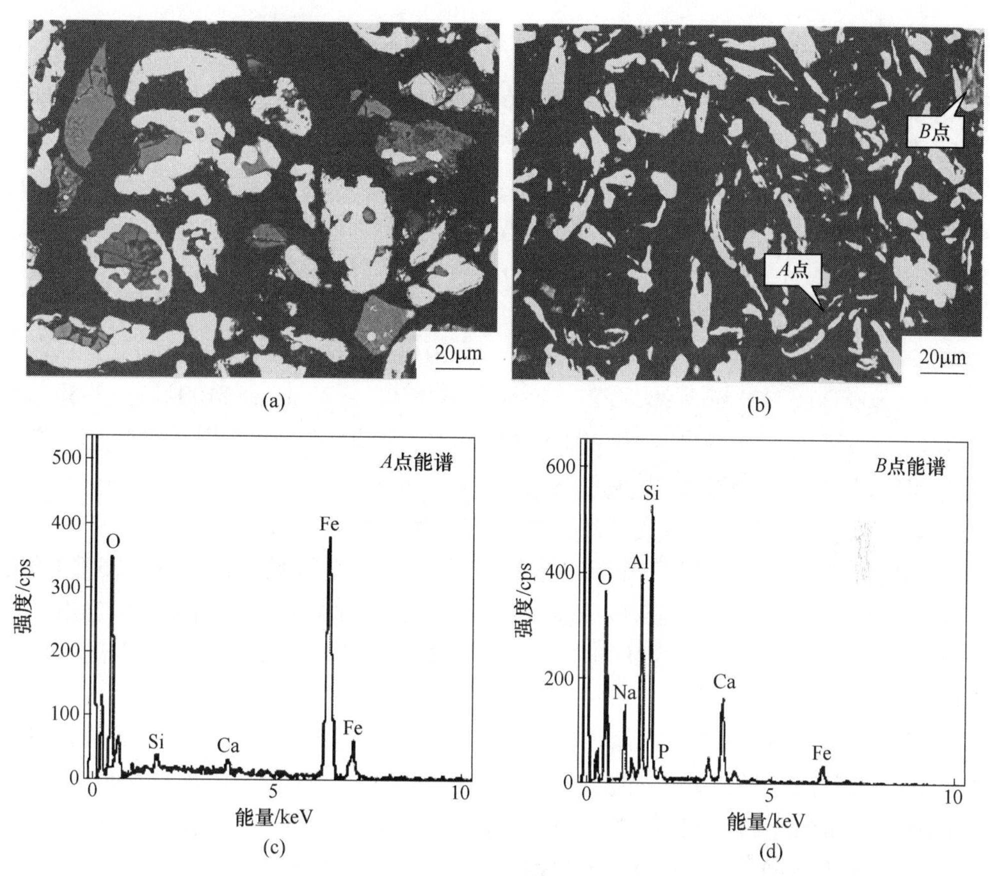

(a) (b) (c) (d)

图 2-27 不同产品 SEM 照片和能谱图

(a) 一段磨矿磁选精矿；(b) 还原铁产品；(c) *A* 点能谱；(d) *B* 点能谱

粒；第二类是含有少量金属铁的脉石颗粒，由于金属铁具有强磁性，在磁选的过程中，含少量金属铁的连生体受磁力较大，因此会进入精矿；第三类为不含金属铁的单体脉石颗粒，这部分颗粒以机械夹杂的方式进入磁选精矿。图 2-25 中一段磨矿磁选产品 XRD 图谱表明，一段磨矿磁选产品中并没有明显的脉石衍射峰，而从 SEM 照片可见脉石仍然占一定比例。这说明了这些脉石主要为非晶态的物质，结晶态的矿物含量已经低于 XRD 的检测下限。因此，要得到较纯的还原铁产品，需要进一步细磨磁选。

从图 2-27(b) 中可见，经过二段磨矿磁选后，得到了较纯的还原铁产品。金属铁主要为球形和条形，且球的直径或者条的宽度大约为 5~10μm，与焙烧产物和一段磁选精矿中铁颗粒相比明显变细。最终产品中的脉石主要为铁的氧化物（图 2-27 中 *A* 点），以及含磷的铝硅酸盐脉石（图 2-27 中 *B* 点）。金属铁的能谱中并没有发现磷，磷主要分布在高硅脉石中（图 2-27 中 *B* 点）。

2.4.3 升温过程高磷鲕状赤铁矿中矿物变化规律

为查明高磷鲕状赤铁矿直接还原焙烧升温过程中的矿物变化的过程，采用缓慢匀速升温的方式，对不同温度下焙烧产物的矿物组成变化和矿石微观结构的变化进行了详细研究。

采用缓慢匀速升温的方式，首先把原矿与20%惠民褐煤、20%石灰石和2.5%碳酸钠混合后置于石墨坩埚中，加盖后放入可控升温速度的马弗炉中，从室温开始加热焙烧。坩埚放入马弗炉开始计时，升温速度为3℃/min。分别在焙烧时间为0min（25℃）、158min（500℃）、191min（600℃）、225min（700℃）、258min（800℃）、291min（900℃）、325min（1000℃）、358min（1100℃）、375min（1150℃）、392min（1200℃）和408min（1250℃）时取出一个坩埚，对焙烧产物进行水淬冷却，把干燥后的焙烧产物进行XRD和SEM分析研究。

2.4.3.1 不同焙烧温度焙烧产物的矿物组成变化研究

不同温度焙烧产物XRD分析如图2-28所示。从图可见，焙烧前（25℃时）原矿与还原剂和脱磷剂的混合物中主要矿物是赤铁矿、石灰石、石英、绿泥石和氟磷灰石。当温度升高到500℃时，焙烧产物的物相基本没有变化。当温度从500℃升高到600℃时，绿泥石消失，这是由于550℃左右时，含铁绿泥石发生了脱水反应，使绿泥石晶体结构被破坏[1]；600℃的焙烧产物中有磁铁矿生成，且随着温度的升高，磁铁矿越来越多，赤铁矿逐渐减少；800℃时磁铁矿含量最大，同时还有少量的赤铁矿和微量的FeO存在。说明赤铁矿的还原成磁铁矿开始于500℃和600℃之间，完成于800℃以前。

温度升高到900℃时，磁铁矿、赤铁矿基本消失，生成了大量的FeO，同时还有少量的金属铁产生。这说明磁铁矿还原成FeO开始于700℃和800℃之间，完成于900℃以前。温度继续升高，FeO逐渐减少，金属铁逐渐增多，当温度升高到1200℃，FeO消失。这说明了FeO还原成金属铁是在900~1200℃间完成的。900℃焙烧产物中发现了硅酸铁，1000℃焙烧产物中其含量最多，1200℃焙烧产物中硅酸铁消失，这说明硅酸铁生成开始于800~900℃之间，还原完成于1200℃以前。1000℃焙烧产物中发现了铁尖晶石，1100℃焙烧产物其中含量最多，1250℃焙烧产物中硅酸铁消失，这说明铁尖晶石生成开始于900~1000℃之间，还原完成于1250℃以前，并且，铁尖晶石比硅酸铁更难还原。随着温度的升高，石英的含量越来越少，当温度升高到1250℃时，石英消失，生成了少量的钙铝黄长石以及其他非结晶态物质。

一般认为，铁精矿的煤基直接还原历程为Fe_2O_3→Fe_3O_4→FeO→Fe[2,3]。上述反应历程说明，高磷鲕状赤铁矿直接还原历程与铁精矿不完全相同，由于其中SiO_2和Al_2O_3含量较高，在FeO还原成Fe的同时，部分FeO会与SiO_2和Al_2O_3

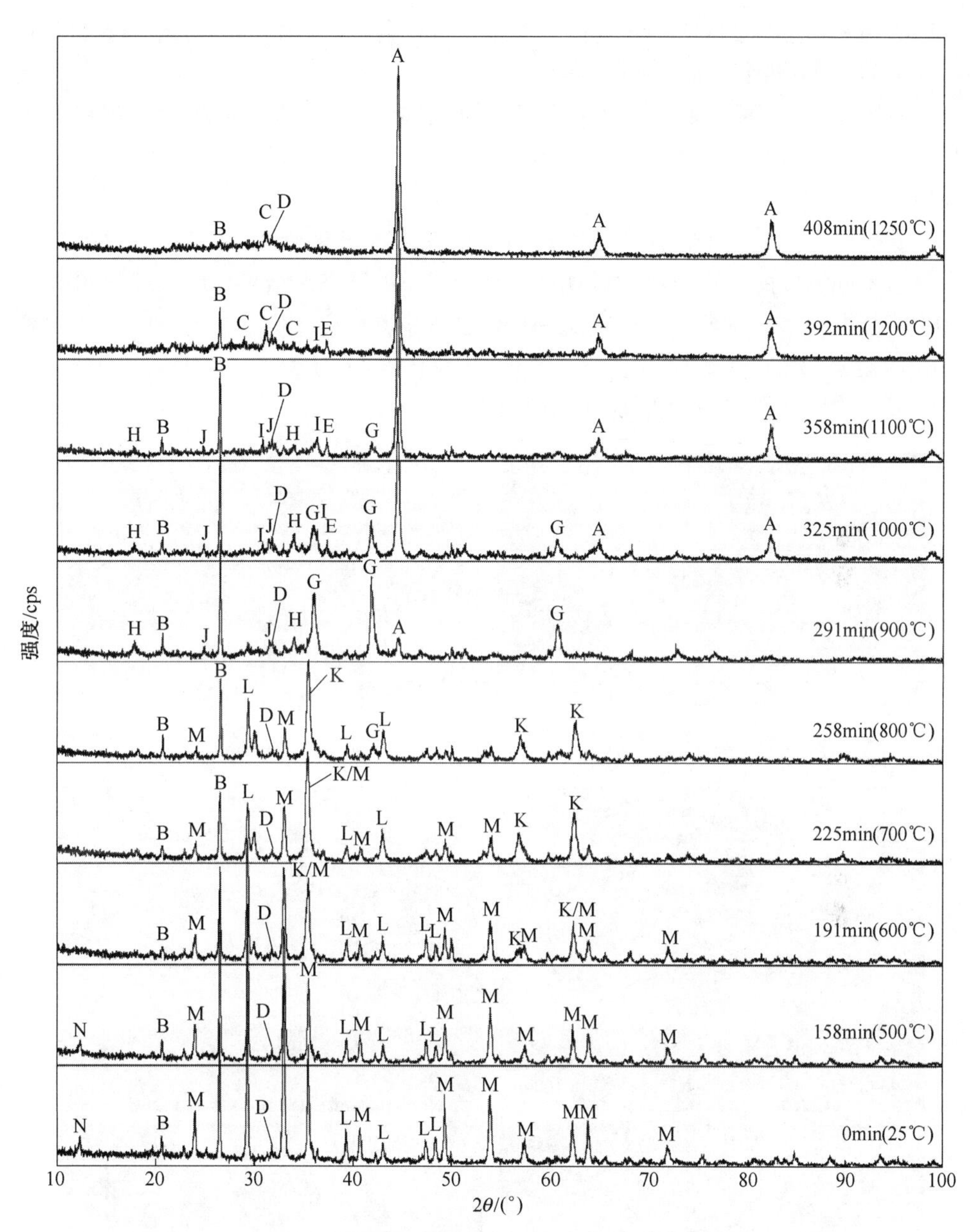

图 2-28 不同温度下焙烧产物 X 射线衍射图谱对比

A—金属铁；B—石英；C—钙铝黄长石；D—氟磷灰石；E—石灰；
G—浮氏体；H—消石灰；I—铁尖晶石；J—硅酸铁；
K—磁铁矿；L—石灰石；M—赤铁矿；N—绿泥石

反应生成难还原的复杂氧化物 Fe_2SiO_4 和 $FeAl_2O_4$，然后 Fe_2SiO_4 和 $FeAl_2O_4$ 再被还原成 Fe。因此，低品位高磷鲕状赤铁矿直接还原的主要历程为 $Fe_2O_3 \rightarrow Fe_3O_4$

→FeO→Fe，而且在 FeO→Fe 过程中，部分 FeO 会经历 FeO→Fe_2SiO_4→Fe 和 FeO →$FeAl_2O_4$→Fe 两个历程。

从图 2-28 还可以看出，不同温度下的焙烧产物中都有氟磷灰石存在，在 1250℃时氟磷灰石峰的强度有所下降，说明此时部分氟磷灰石可能发生了还原反应。

2.4.3.2　不同焙烧温度焙烧产物的微观结构变化研究

对不同温度的焙烧产物的微观结构进行了详细研究，结果如图 2-29 和图 2-30 所示。图 2-29 为 Fe_2O_3→Fe_3O_4→FeO 过程中 600℃、800℃、900℃和 1000℃下的焙烧产物的 SEM 照片。图 2-30 为 FeO→Fe 过程中 1100℃、1200℃和 1250℃下的焙烧产物 SEM 照片和能谱图。

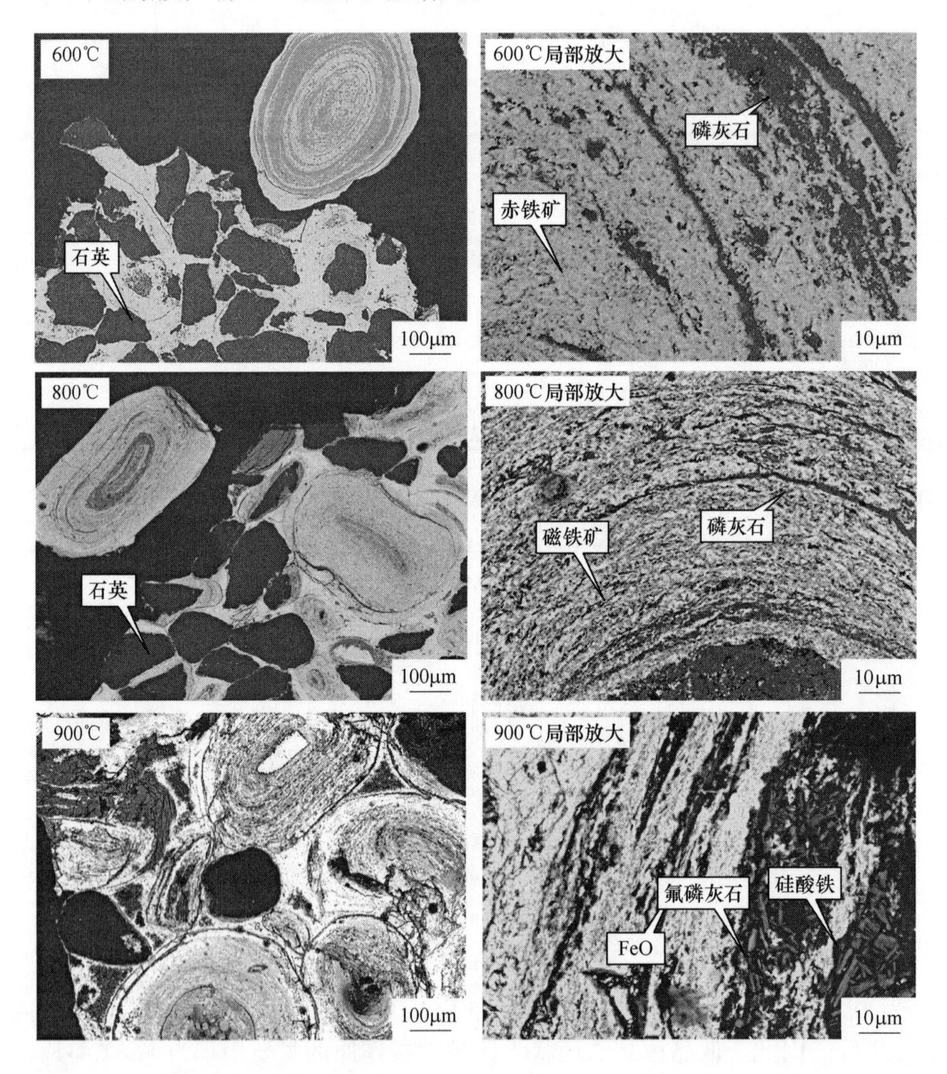

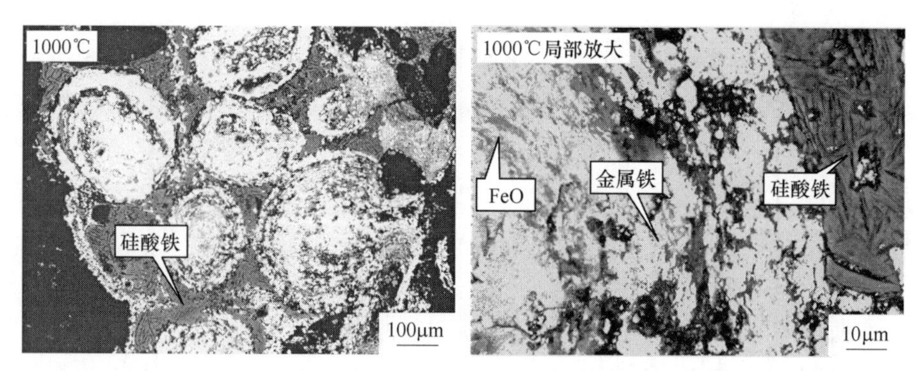

图 2-29 600~1000℃所得焙烧产物 SEM 照片对比

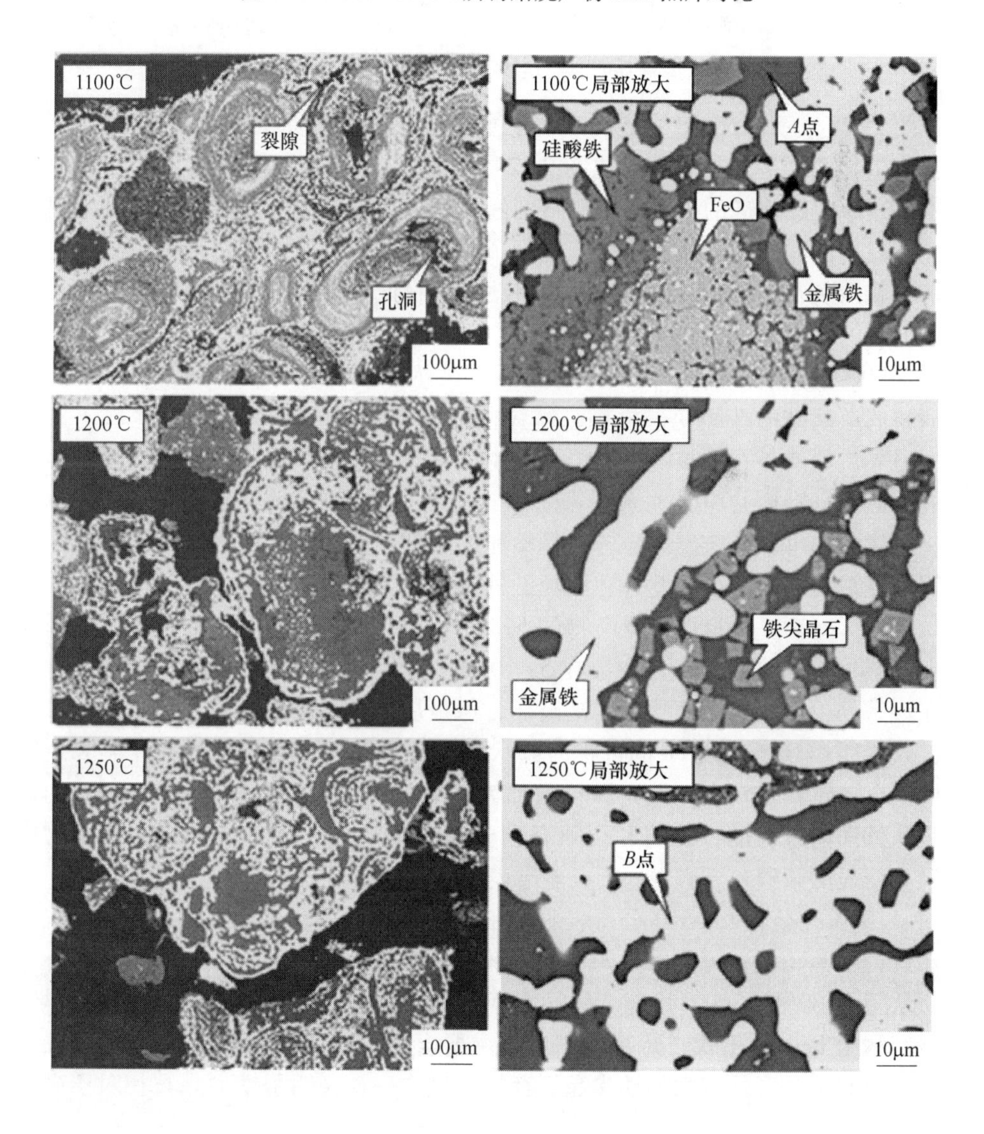

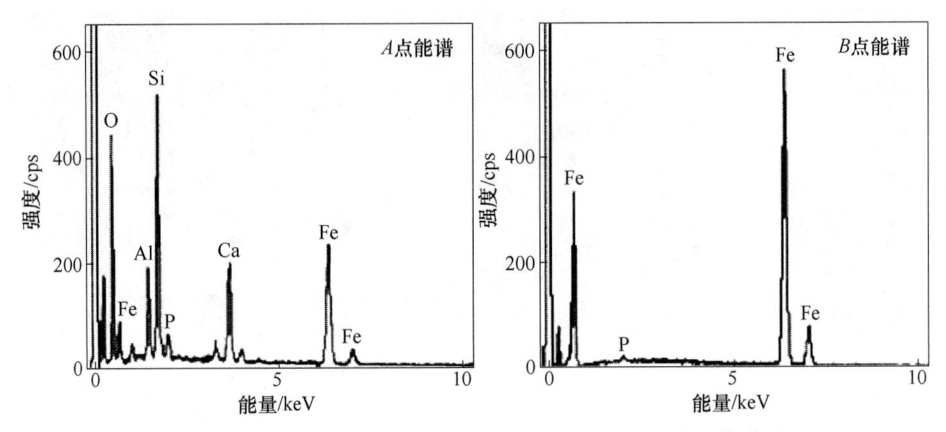

图 2-30 1100℃、1200℃、1250℃焙烧产物 SEM 照片和能谱对比

图 2-28 表明，600℃的焙烧产物中主要含铁矿物是赤铁矿，800℃焙烧产物中含铁矿物主要是磁铁矿。对比图 2-29 中 600℃和 800℃的 SEM 照片可知，在赤铁矿还原成磁铁矿的过程中，矿石的鲕状结构并没有改变。新生成的针状磁铁矿连接成了网状结构，从而使矿石变得疏松。但是磁铁矿颗粒仍然很细，而且磁铁矿与氟磷灰石的紧密共生关系并没有改变，在此条件下，经过磨矿磁选后很难得到低磷的优质磁铁矿精矿。900℃的焙烧产物中主要的含铁矿物为 FeO，从图 2-29 中 900℃焙烧产物的 SEM 照片可见，虽然矿石仍然可以看到鲕状结构，但是鲕粒的层状结构已经变得模糊，鲕粒内部的部分脉石矿物与 FeO 生成了硅酸铁。另外，氟磷灰石颗粒的空间位置基本没有改变，但是部分氟磷灰石颗粒与新生成的硅酸铁穿插共生，关系紧密。图 2-29 中 1000℃焙烧产物的 SEM 照片表明，虽然仍然可以分辨出鲕粒，但是鲕粒的内部的层状结构已经基本消失。鲕粒之间已经被硅酸铁充填，此外在鲕粒的外围生成了部分金属铁。

从图 2-30 中 1100℃焙烧产物的 SEM 照片可见，焙烧产物中主要为金属铁（亮白色颗粒），金属铁颗粒主要在 5~10μm 之间，也有部分 FeO（灰白色颗粒）存在。另外，赤铁矿的鲕状结构被破坏，但是从 FeO 的分布仍然可以看到鲕状轮廓，这说明 FeO 还原成 Fe 的过程为鲕状结构破坏的过程。此外，在孔洞和裂隙的周围金属铁颗粒较多，致密颗粒内部为 FeO，这说明 FeO 直接还原成 Fe 的过程是从外向内进行的，孔洞和裂隙有利于 FeO 的还原。在 1100℃在焙烧产物中并没有明显的氟磷灰石颗粒，*A* 点能谱表明含铁铝硅酸盐脉石中有磷存在。图 2-28 中 1100℃焙烧产物 XRD 分析表明，在 1100℃时，磷仍然以氟磷灰石的形式存在。这说明氟磷灰石可能以小的颗粒分散到了脉石中。

从图 2-30 中 1200℃焙烧产物的 SEM 照片可见，鲕粒结构已经完全被破坏。焙烧产物中 FeO 的还原已经基本完成，主要含铁矿物为金属铁（亮白色颗粒），但是仍然有一些形状规则的铁尖晶石存在。这进一步说明了铁尖晶石相对于硅酸铁更难还原。1200℃焙烧产物中的金属铁颗粒大部分在 10μm 以上，相对于1100℃焙烧产物中的金属铁颗粒有明显长大。1200℃焙烧产物金属铁和脉石进行能谱分析表明，金属铁中没有磷，磷分散在了脉石中，因此，通过磨矿磁选可以实现磷与金属铁的分离。

图 2-30 中 1250℃焙烧产物的 SEM 照片表明，焙烧产物鲕状结构破坏更严重，大部分的球形金属铁连接成了条形，此外，金属铁颗粒进一步长大，低于 10μm 的小颗粒很少。由于金属铁颗粒变大，使脉石和金属铁分离条件变好，所以可以得到铁品位和回收率较高的还原铁产品。但是 *B* 点能谱表明金属铁中含磷，这说明了在有二氧化硅存在的条件下，部分氟磷灰石被还原成单质磷进入了金属铁，生成了铁磷合金。因为通过磨矿磁选并不能使这部分磷和铁分离，所以抑制氟磷灰石的还原是实现高磷鲕状赤铁矿直接还原焙烧磨矿磁选提铁降磷的关键，且在其他条件不变的条件下，温度是影响氟磷灰石还原的关键因素。

还原过程中不同温度下焙烧产物微观结构变化研究结果表明，Fe_2O_3→Fe_3O_4→FeO→Fe 的过程也是矿石的鲕状结构破坏的过程。Fe_2O_3→Fe_3O_4→FeO 过程中矿石的鲕状结构变化不明显，氧化铁与脉石的紧密共生关系并没有得到根本上的改善，很难通过磨矿磁选得到高质量的氧化铁精矿。FeO→Fe 的过程为鲕状结构破坏的主要环节。随着 FeO 还原成金属铁，铁的空间分布发生了根本变化，铁颗粒明显长大。焙烧产物结构的改变有利于脉石与金属铁的单体解离，从而可以通过磨矿磁选得到高质量的还原铁产品。

Fe_2O_3 还原为 Fe_3O_4 的过程中，氟磷灰石颗粒的分布基本不变，在鲕粒中仍然可以看到明显的氟磷灰石颗粒。当 FeO 大量存在时，部分 FeO 会与二氧化硅生成低熔点的硅酸铁，使部分氟磷灰石颗粒遭到破坏。含铁硅酸盐中的铁被还原成金属铁后，氟磷灰石就滞留到了硅酸盐脉石中，通过磨矿磁选可以实现金属铁与磷的分离。但是当温度超过 1200℃后，部分氟磷灰石会被还原成单质磷进入到金属铁，由于这部分磷不能通过磨矿磁选的方式实现分离，因此必须控制直接还原温度低于 1200℃。

2.4.2.3 直接还原过程动力学分析

还原反应是典型的气固反应，且反应由外向内逐步推进，被还原的颗粒内部存在一个由未反应物组成的、不断缩小的核心，直到反应结束。还原反应的固态产物层附着在固态反应物上，且形状和体积与原矿相差不多，变化可以忽略不计。矿石较致密，还原后较为疏松，因此气体在还原产物中的扩散与在原矿中相比要更容易。学者把以上特点理想化，构造出一个反应模型，称为缩小的未反应核模型，简称缩核模型[4]。

图 2-30 中 1100℃焙烧产物的 SEM 照片表明，FeO 还原成 Fe 是由外向内逐步推进，被还原的矿石内部存在一个由未反应物 FeO 组成的核，这样一个反应过

程符合未反应核模型。但是与高品位铁矿石还原的未反应核模型不完全相同，由于低品位铁矿石中含有大量的 SiO_2。FeO 在弱还原气氛下很容易与 SiO_2 生成硅酸铁，因此未反应物变成了 FeO 和硅酸铁。反应产物变成了 Fe 和低铁硅酸盐脉石。低品位铁矿石模型如图 2-31 所示。

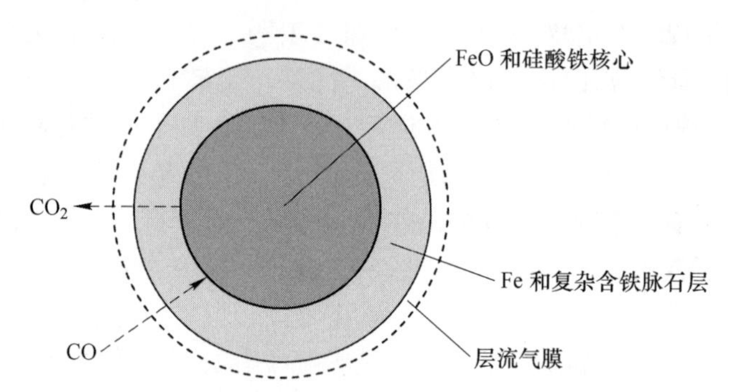

图 2-31 高磷鲕状赤铁矿还原反应的缩核模型示意图

为了表达方便，假设矿石颗粒为标准球体，化学反应面的推进和扩散都可以简化为一维问题。球状反应物的初始组成为不同比例的 FeO 和硅酸铁。随着还原反应的进行逐步形成一个由 Fe 和低铁脉石组成的产物层，未反应的 FeO 和硅酸铁半径逐渐减小。在固态反应物的周围存在着一个由层流边界层组成的气膜。总的反应过程可分为以下几个步骤：

（1）CO 通过气膜向固态产物(Fe 和低铁脉石）表面扩散，这个过程称为外扩散。

（2）CO 通过产物层向反应界面（Fe 与 FeO 和硅酸铁）的扩散，这个过程称为内扩散。

（3）在界面上进行含铁矿物还原成金属铁，这个过程统称为化学反应。

（4）反应生成的 CO_2 通过产物层向外扩散至气固界面。

（5）CO_2 通过气膜向气流中心扩散。

由于高铁硅酸盐或者 FeO 中 Fe 都为+2 价，因此还原反应可以用式（2-1）表示。

$$Fe^{2+} + C^{2+} = Fe + C^{4+} \tag{2-1}$$

由于还原反应前后气体摩尔数不发生变化，气体的扩散符合等温等压条件。也就是说 CO_2 向外扩散的速度与 CO 向内扩散的速度相等。因此，（1）和（2）两个步骤分别与（4）和（5）两个步骤速度相等，不用单独考虑。因此，总的反应过程可看出由外扩散、内扩散和化学反应三个步骤组成。三个步骤中如果有一个进行得特别缓慢，从而使其他步骤达到平衡，或者接近平衡，这个步骤就成为控速环节。一般会存在一个或者两个控速环节。高磷鲕状赤铁矿煤基直接还原为高温还原反应，碳气化反应剧烈，还原气氛较强，外扩散对反应影响很小，因此表面化学反应和内扩散是主要的控速环节。所以凡是能提高表面化学反应速率和内扩散速率的因素都能提高还原反应速度，如温度、反应物的粒度、反应物的化学组成和结构、反应物的晶格活性以及能够促进晶格活化的脱磷剂等。

从高磷鲕状赤铁矿还原的过程不同温度 SEM 照片（见图 2-29）可见，Fe_2O_3→Fe_3O_4→FeO 的过程中，未反应物边界模糊，FeO→Fe 过程中，未反应物 FeO 边界清晰。这说明低温时，化学反应控制整个反应的速率。高温时，内扩散控制反应的速率。由于高磷鲕状赤铁矿还原成金属铁的过程包括硅酸铁还原出金属铁的过程。随着 FeO 还原为金属 Fe 的进行，硅酸铁中的铁也逐渐被还原。当 FeO 完全被还原成金属铁时，硅酸铁也变成了复杂含铁脉石，随着复杂含铁脉石中铁的进一步还原，才能完成低品位高磷鲕状赤铁矿直接还原的整个过程。因此，复杂含铁脉石中铁还原的速率控制整个 Fe_2O_3 还原为金属铁的速率。复杂含铁脉石中铁还原的过程中，并没有发现清晰的含铁不同的脉石的边界。这说明化学反应可能控制着复杂含铁脉石中铁还原的速率。

2.4.4 焙烧时间对焙烧产物中矿物变化的影响

采用快速升温方式，研究了焙烧时间对焙烧产物的矿物组成和微观结构的变化。把原矿与 20%惠民褐煤、20%石灰石和 2.5%碳酸钠混合后置于石墨坩埚中，将坩埚直接放入温度为 1150℃的马弗炉。坩埚放入开始计时，分别在不同焙烧时间取出坩埚，对冷却产品进行 XRD 和 SEM 分析。

2.4.4.1 不同焙烧时间焙烧产物矿物组成的变化

为了得到快速升温过程中的还原历程以及含磷矿物的物相变化，用 X 射线衍射仪对不同温度下的焙烧产物进行了分析，结果如图 2-32 所示。

结果表明，快速升温时，焙烧 5min 焙烧产物的物相就发生了明显改变，绿泥石的衍射峰消失，石灰石和赤铁矿的含量大幅度降低，同时产生了大量的磁铁矿和 FeO，此时并没有发现明显的金属铁生成。与图 2-28 对比可以发现，焙烧 5min 焙烧产物的矿物组成与缓慢升温时 800℃焙烧产物的矿物组成相似。当焙烧时间增加到 10min 时，赤铁矿和石灰石消失，大量的磁铁矿被还原成了 FeO。此外，部分 FeO 被还原成了金属铁，还有少量的 FeO 与脉石生成了硅酸铁和铁尖晶石。结合图 2-28 可见，焙烧时间为 10min XRD 图谱与缓慢升温 1000℃焙烧产物的 XRD 图谱相似，这说明混合物料的内部温度此时可能接近于 1000℃。随着焙烧时间从 10min 增加到 60min，FeO 含量逐渐减少，直到消失。同时铁尖晶石和硅酸铁也逐渐消失，但是铁尖晶石被还原得更慢，这进一步说明了铁尖晶石比硅酸铁更难还原。此外，随着焙烧时间从 10min 增加到 240min，石英逐渐减少，最后甚至消失。但是焙烧产物中只是发现了少量的长石，这说明生成了大量的非晶态矿物。从图 2-32 中可见，不同焙烧时间的焙烧产物 XRD 图谱中都有氟磷灰石存在，说明随着焙烧时间的延长，并没有发现氟磷灰石明显反应的迹象。

与缓慢升温煤基直接还原历程相似，低品位高磷鲕状赤铁矿快速升温直接还

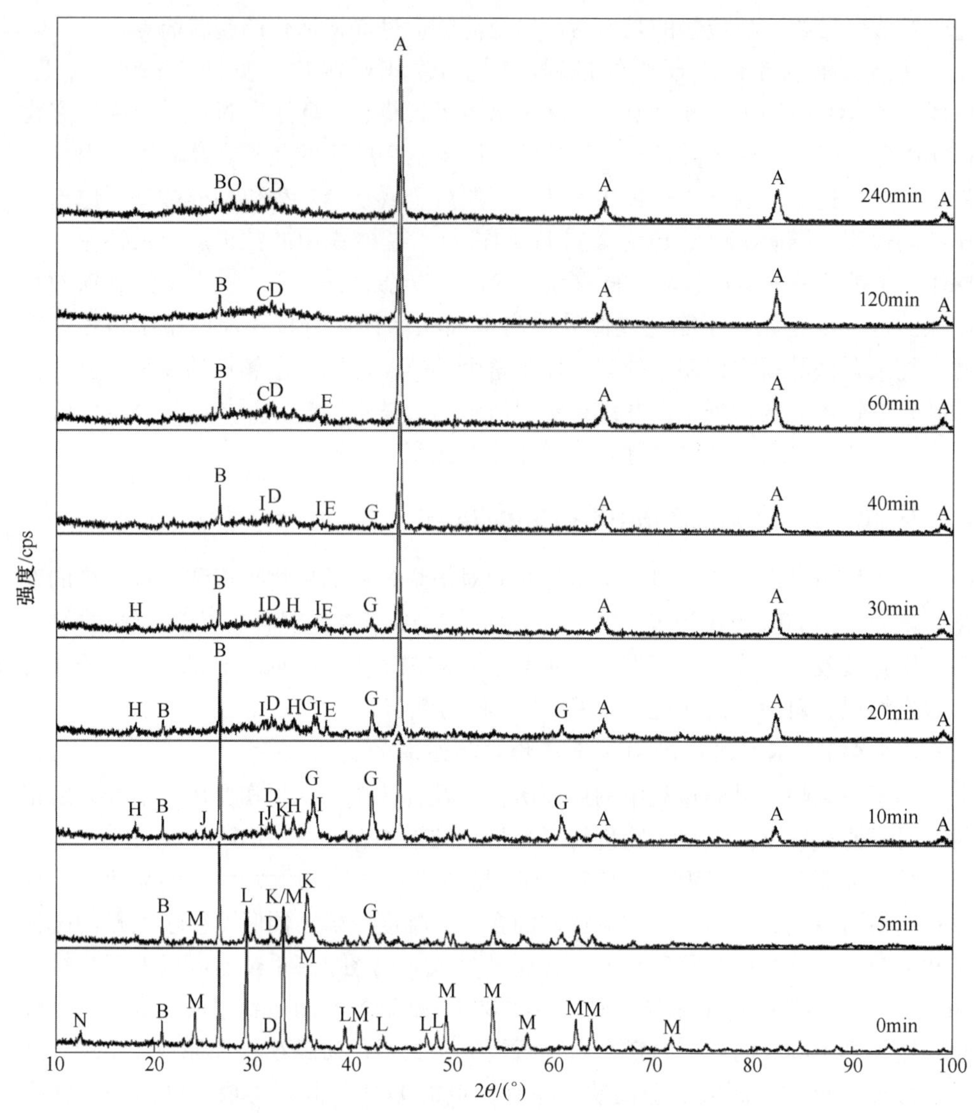

图 2-32 不同焙烧时间下焙烧产物 X 射线衍射图谱对比

A—金属铁；B—石英；C—钙铝黄长石；D—氟磷灰石；E—石灰；G—浮氏体；H—消石灰；
I—铁尖晶石；J—硅酸铁；K—磁铁矿；L—石灰石；M—赤铁矿；N—绿泥石；O—钠长石

原也经历了 Fe_2O_3→Fe_3O_4→FeO→Fe 的还原历程。同样在 FeO→Fe 的过程中，部分 FeO 会与脉石生成难还原的 Fe_2SiO_4 和 $FeAl_2O_4$，然后再被还原成 Fe。因此，同样存在 FeO→Fe_2SiO_4→Fe 和 FeO→$FeAl_2O_4$→Fe 两个历程，且 Fe_2SiO_4 比 $FeAl_2O_4$ 更容易被还原。

2.4.4.2 不同焙烧时间焙烧产物的微观结构变化研究

不同焙烧时间下焙烧产物 SEM 分析如图 2-33 所示。

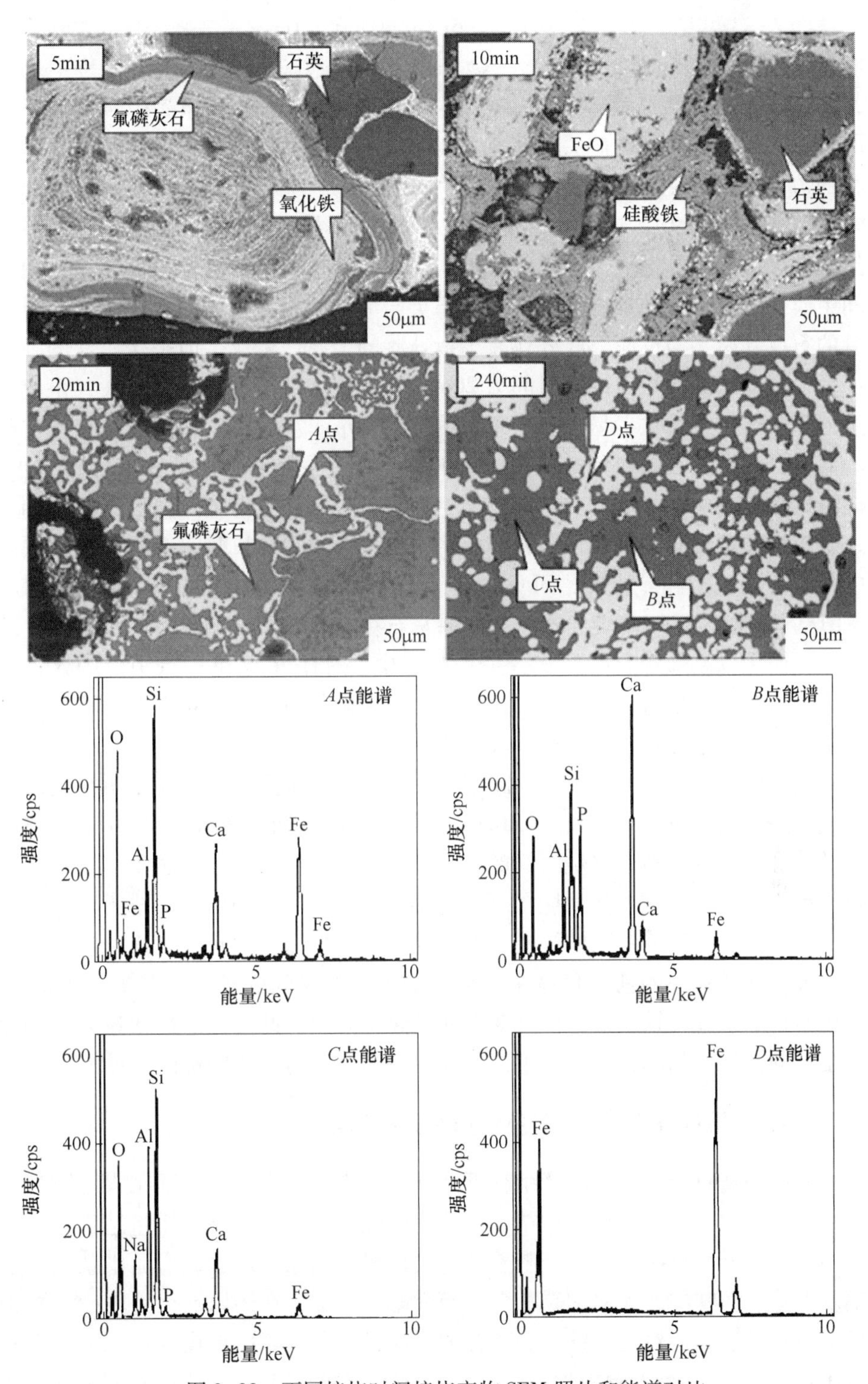

图 2-33 不同焙烧时间焙烧产物 SEM 照片和能谱对比

从图2-33可见，随着焙烧时间从5min增加到240min，焙烧产物的结构发生了明显变化。焙烧5min时的焙烧产物SEM照片与图2-29中800℃焙烧产物相似，焙烧产物中鲕状结构很明显，但是主要含铁矿物已经由赤铁矿转化为磁铁矿。氟磷灰石仍然与磁铁矿关系紧密，互呈同心环带状存在。另外，石英与其他矿物的边界清晰，说明石英还未参与反应。在焙烧时间为10min时的焙烧产物SEM照片与图2-29中1000℃焙烧产物SEM照片相似。鲕状结构开始被破坏，虽然仍然可以分辨出鲕粒，但是鲕粒的内部的层状结构已经基本消失，且在鲕粒之间生成了大量的含铁铝硅酸盐脉石。石英与周围矿物的边界变得模糊，这说明少量的石英开始参与反应。此外还有少量球状的金属铁生成，但是金属铁的颗粒较小，多为微米级颗粒。焙烧时间为20min时，鲕状结构已经完全消失，生成了大量的金属铁。金属铁多呈条形，条形的宽度10μm左右。矿石的鲕状结构被破坏的同时，氟磷灰石颗粒分散成微米级的颗粒分散在脉石中。从*A*点能谱可见，铝硅酸盐脉石中也有一部分磷存在，而且铁含量较高。当焙烧时间延长到240min时，金属铁的颗粒明显长大，多在20μm左右，这说明延长时间有利于金属铁颗粒的长大。从*B*点和*C*点能谱可见，磷分散在脉石中，结合图2-32不同焙烧时间XRD图谱中240min焙烧产物中有氟磷灰石存在，说明氟磷灰石并没有发生还原反应，而是以氟磷灰石的形式分散在脉石中。对比*B*点和*C*点中磷的含量可见，*B*点和*C*点磷含量差别很大，这与原矿中氟磷灰石磷的分布有关，在矿石还原之前，*B*点可能为大颗粒的氟磷灰石颗粒。

对比不同焙烧时间SEM照片可以发现，当焙烧时间为20min时，FeO还原完成。当焙烧时间从20min延长到240min时，从不同焙烧产物脉石*A*、*B*和*C*点能谱中铁的含量可见，随着焙烧时间的延长，脉石中铁元素的含量越来越低，金属铁颗粒越来越大。这进一步说明了还原过程中，铝硅酸盐中的Fe被还原后通过含铁硅酸盐扩散到金属铁颗粒周围，按照晶格结构排列在铁颗粒表面，从而使铁颗粒长大，使脉石中的铁含量越来越低。随着焙烧时间的延长，越来越多的Fe被还原后扩散到金属铁表面，使金属铁颗粒越来越大。此外，对比快速升温和缓慢升温不同焙烧产物的鲕状结构可以发现，快速升温对鲕状结构破坏更为严重。

2.4.5 还原剂用量对焙烧产物矿物组成和结构的影响

还原剂用量对焙烧产物的烧结程度和还原铁产品的指标影响都很大。随着还原剂用量的增加，焙烧产物的烧结程度越来越轻，这说明还原剂用量越低，焙烧过程中产生的低熔点矿物越多。随着还原剂用量的增加，还原铁产品中铁的品位小幅度下降，而铁的回收率和磷的含量都大幅度增加，在还原剂用量较少时更为明显。为查明还原剂对还原铁产品指标的影响机理，以惠民褐煤为还原剂，在石灰石用量20%、脱磷剂碳酸钠用量2.5%、焙烧温度1150℃、焙烧时间60min的条件下，对不同煤用量的焙烧产物进行了分析。

2.4.5.1 不同煤用量焙烧产物的矿物组成对比研究

煤用量10%、20%、40%焙烧产物XRD分析如图2-34所示。

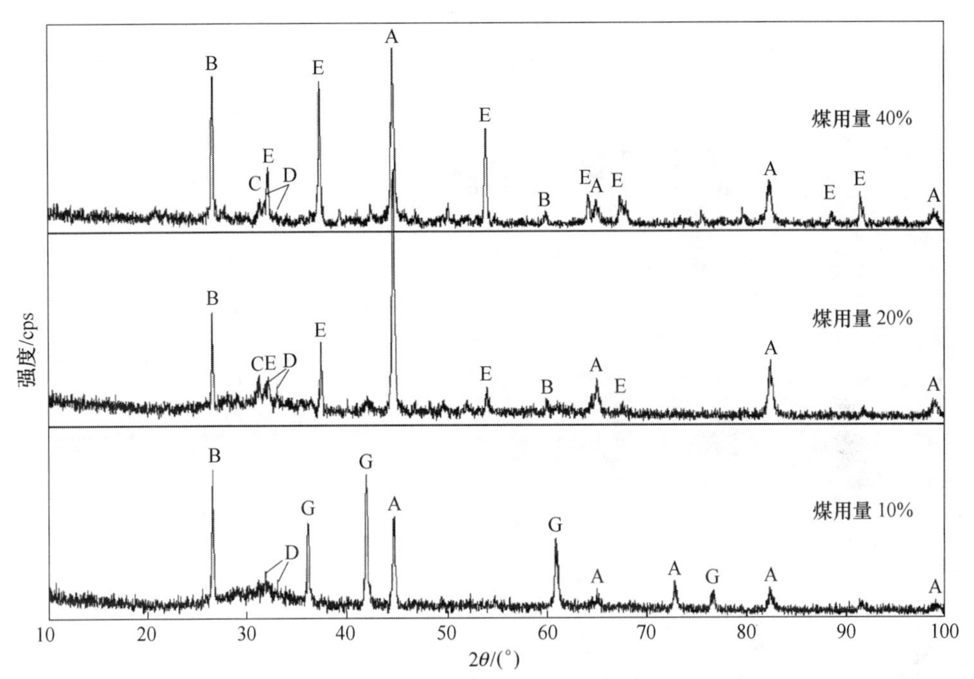

图2-34 不同煤用量焙烧产物XRD图谱对比

A—金属铁；B—石英；C—钙铝黄长石；D—氟磷灰石；E—石灰；G—浮氏体

图2-34表明，煤用量对焙烧产物的矿物组成影响很大。在煤用量10%时，焙烧产物主要由金属铁、浮氏体和石英组成，且30°附近衍射图谱基线较高，说明10%煤用量的焙烧产物中存在大量的非晶态物质。煤用量20%和40%时，焙烧产物主要是金属铁、石灰和石英。

对比不同煤用量焙烧产物中FeO的含量可以发现，10%煤用量的焙烧产物存在大量的FeO，当煤用量超过20%时，FeO的衍射峰消失。这说明在煤用量较低时，还原剂不足，致使整个还原反应难以进行完全，部分FeO不能还原成金属铁，此时焙烧产物磨矿磁选后得到的还原铁产品的铁回收率也会较低。

对比不同煤用量焙烧产物中石灰的含量可以发现，随着煤用量的增加，焙烧产物中的石灰衍射峰越来越强。这说明焙烧产物中的石灰含量越来越多，进一步说明了越来越多的脱磷剂未直接参与还原反应。这主要是因为脱磷剂产物反应为固相反应，Ca^{2+}需要扩散到反应界面，随着煤用量的增加，低熔点矿物越来越少，不利于Ca^{2+}的扩散，因此阻碍了脱磷剂参与反应。不同煤用量焙烧产物中都有氟磷灰石的衍射峰，在煤用量40%时，氟磷灰石衍射峰稍低，说明氟磷灰石可能发生还原反应。

2.4.5.2 不同煤用量焙烧产物的微观结构对比

不同煤用量焙烧产物 SEM 和能谱分析如图 2-35 所示。从图中可以明显看出，随着煤用量的增加，焙烧产物的鲕状结构破坏越来越轻。在煤用量 10%的焙烧产物中可以发现大量的球形 FeO 颗粒和单体的金属铁颗粒。在煤用量 20%的焙

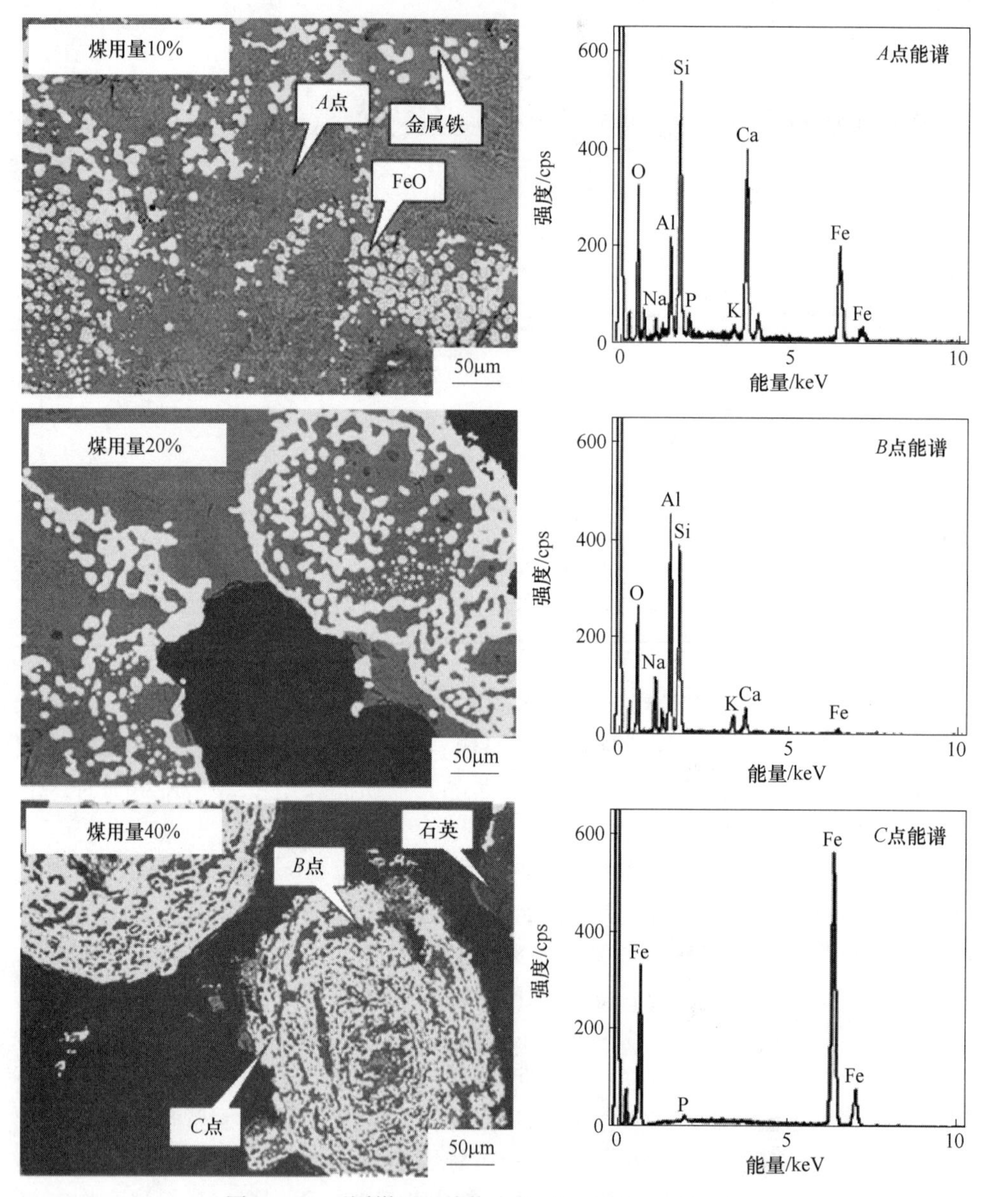

图 2-35 不同煤用量焙烧产物 SEM 照片和能谱对比

烧产物中FeO已经完全消失，金属铁颗粒也连接成条形。在煤用量40%的焙烧产物中，生成了大量的金属铁，铁颗粒大小差别较大，多连接成网状。可以发现随着煤用量的增加，金属铁与脉石颗粒的解离条件越来越差，因此得到的还原铁产品的铁品位也会越来越低。

对比图2-35中不同煤用量焙烧产物中*A*和*B*点脉石能谱可以发现，随着煤用量的增加，脉石中的铁含量越来越少。这说明了随着煤用量的增加，还原气氛越来越强，越来越多的铁元素还原成了金属铁，导致脉石中铁元素越来越少，因此磨矿磁选后得到的还原铁产品的铁回收率也越来越高。由于随着煤用量增多，焙烧产物的烧结程度越来越低，说明直接还原焙烧过程中产生的低熔点矿物越来越少，焙烧产物的黏度越来越大，质点移动越来越困难，因而容易聚结和黏附在晶胚表面上，有利于形成晶核。虽然质点从熔体中扩散到晶核表面变得困难，但是由于晶核较多，因此煤用量较多时，焙烧产物中有大量的小颗粒金属铁。

在煤用量10%和20%的焙烧产物的金属铁中未发现磷，磷分布在脉石中，且金属铁与脉石解离条件较好，经过磨矿磁选后，可以得到低磷还原铁产品。因此，在煤用量较少时，金属铁与脉石的解离条件是影响还原铁产品中磷含量的主要因素。在煤用量40%时，除了金属铁与脉石的解离条件变得更差以外，在金属铁中发现了磷。这说明部分氟磷灰石被还原出单质磷进入了金属铁。所以，还原剂用量是影响高磷鲕状赤铁矿提铁降磷的关键因素。在煤用量较多时，金属铁与脉石的解离条件变差和氟磷灰石还原出的磷进入金属铁颗粒共同影响还原铁产品中磷含量。因此，在1150℃的条件下，还原剂用量是影响氟磷灰石还原的主要因素。

2.4.6 脱磷剂的作用

石灰石和碳酸钠对直接还原焙烧提铁降磷效果影响较大。只添加石灰石时，随着石灰石用量的增加，得到的还原铁产品的铁品位逐渐升高，同时磷的含量也有较大幅度的下降。但是，铁的回收率先上升后下降，在其用量为20%时，还原铁产品的铁回收率达到最大值。石灰石和碳酸钠的组合脱磷剂对还原铁产品指标影响也较明显。在添加石灰石的基础上，随着碳酸钠用量的增加，还原铁产品铁品位和回收率都增加，磷的含量下降。在碳酸钠用量低于5%时，碳酸钠的脱磷效率较高，在碳酸钠用量高于5%时，还原铁产品的铁回收率增加较快。此外，石灰石和碳酸钠用量对焙烧产物的烧结程度影响是不同的，随着石灰石用量的增加，焙烧产物烧结程度越来越轻，而随着碳酸钠用量的增加，焙烧产物的烧结程度越来越高。

2.4.6.1 脱磷剂对直接还原焙烧过程中矿物变化规律的影响

在不添加脱磷剂的条件下，对焙烧产物的微观结构进行了对比研究，方法与2.4.3节相同，结果如图2-36所示。

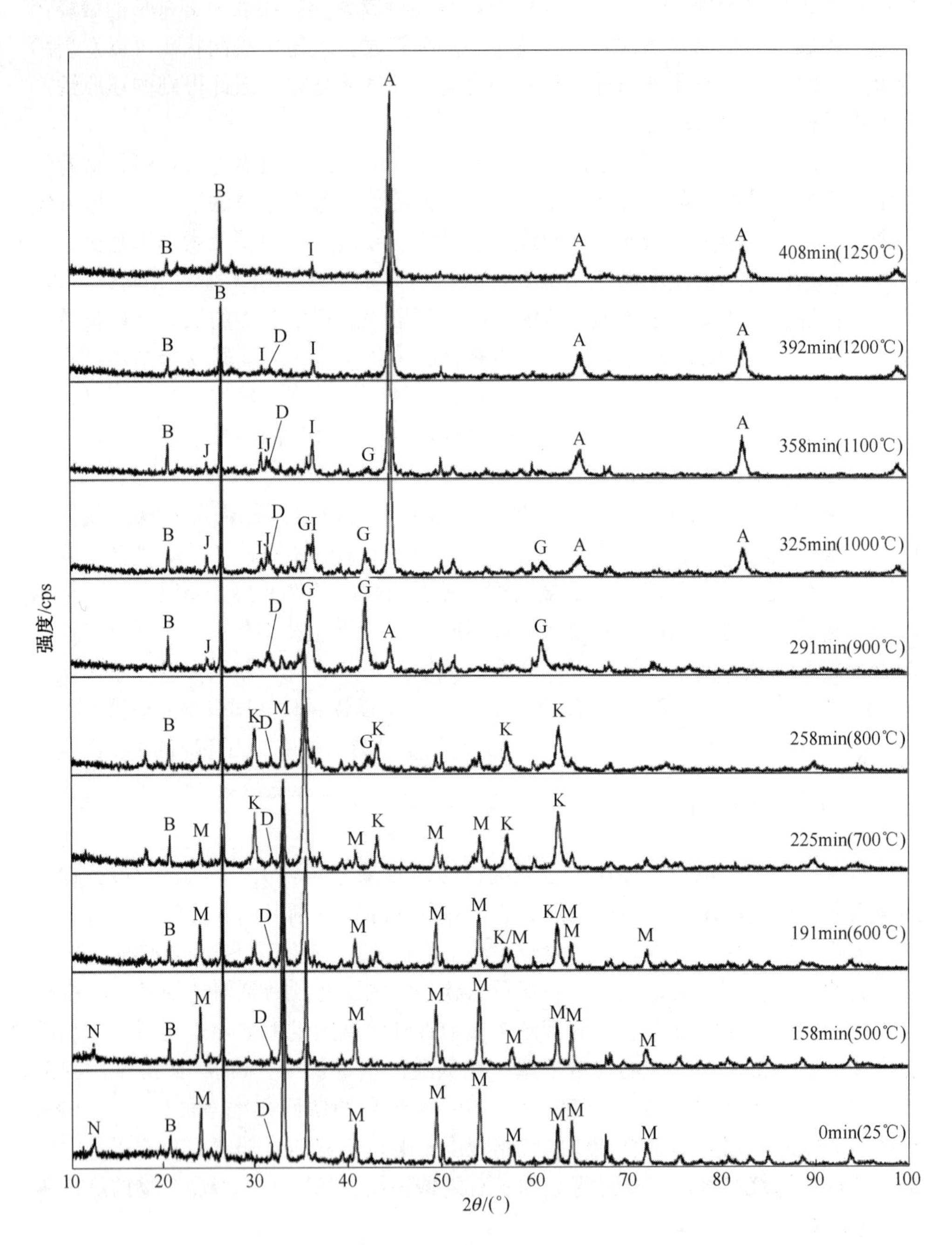

图 2-36 未加脱磷剂不同温度下焙烧产物 XRD 图谱对比

A—金属铁；B—石英；D—氟磷灰石；G—浮氏体；I—铁尖晶石；
J—硅酸铁；K—磁铁矿；M—赤铁矿；N—绿泥石

对比图 2-36 和图 2-28 可以发现，未添加脱磷剂不同温度下焙烧产物的 X 射线衍射图谱与添加脱磷剂不同温度下焙烧产物的 X 射线衍射图谱有一定的差别。

从图 2-36 可以明显看出，不添加脱磷剂时，高磷鲕状赤铁矿直接还原过程中仍然经历了 Fe_2O_3→Fe_3O_4→FeO→Fe 的还原历程。FeO→Fe 的过程中存在FeO→Fe_2SiO_4→Fe 和 FeO→$FeAl_2O_4$→Fe 两个历程。在温度低于 1000℃时，添加脱磷剂前后得到的焙烧产物的矿物组成基本相同，反应产物和历程也基本相同。仍为赤铁矿的还原成磁铁矿开始于 500℃和 600℃之间，完成于 800℃以前；磁铁矿还原成 FeO 开始于 700℃和 800℃之间；FeO 还原成 Fe 开始于 800℃和 900℃之间。

与添加脱磷剂不同的是，不添加石灰石的 1100℃焙烧产物中铁尖晶石的衍射峰比添加脱磷剂焙烧产物中的衍射峰高很多，此外当温度升高到 1250℃之后，不添加脱磷剂的焙烧产物中仍然有铁尖晶石存在，而添加脱磷剂的焙烧产物中铁尖晶石已经基本消失。可见，添加脱磷剂可以促进 Fe_2SiO_4 和 $FeAl_2O_4$ 的还原。

2.4.6.2 脱磷剂对焙烧产物微观结构的影响研究

为了查明脱磷剂对直接还原产物微观结构的影响，在不添加脱磷剂的条件下对 1250℃条件下的焙烧产物进行了 SEM 分析，结果如图 2-37 所示。

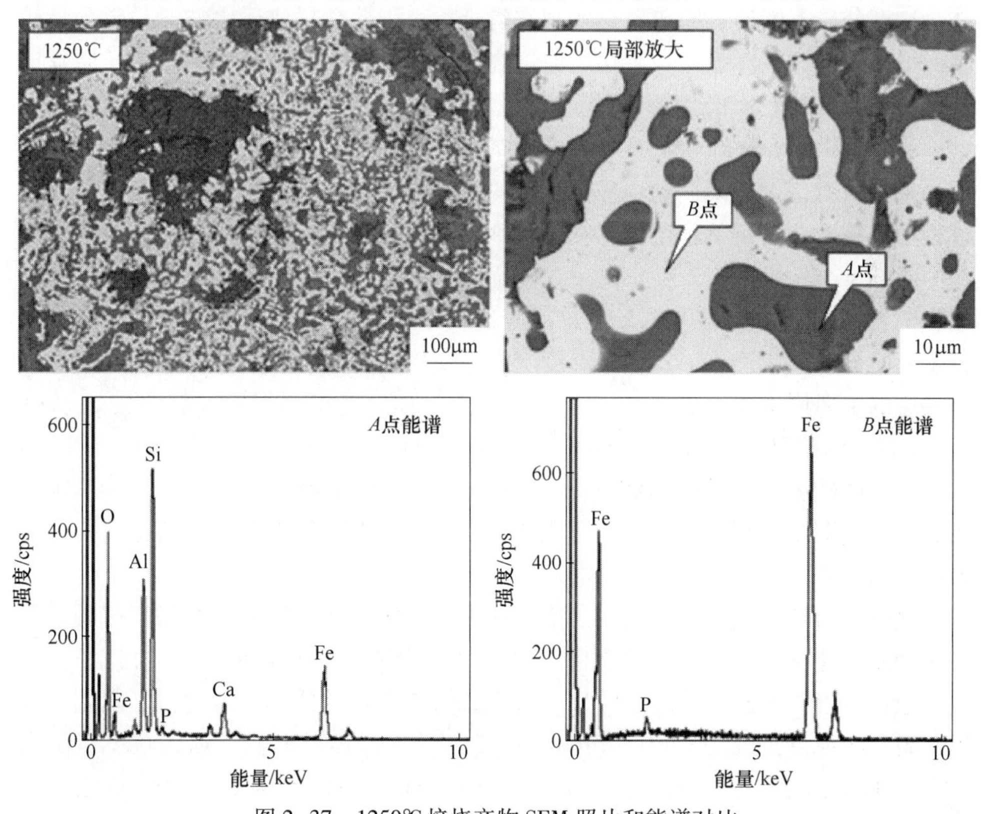

图 2-37 1250℃焙烧产物 SEM 照片和能谱对比

从图 2-37 可见，不添加脱磷剂时焙烧产物中金属铁颗粒粒度相对更粗，但是不添加脱磷剂金属铁颗粒不均匀，基本分布在 10~100μm 之间，且部分金属铁包裹少量的脉石。而添加脱磷剂的金属铁相对较为规则，且粒度相对均匀。对比 1250℃添加脱磷剂（见图 2-30 *B* 点能谱）与不添加脱磷剂焙烧产物脉石能谱成分（见图 2-37 *B* 点能谱）可知，不添加脱磷剂的焙烧产物的脉石中含铁量较高，添加脱磷剂焙烧产物脉石中 Ca 和 Na 含量较高，这说明脱磷剂扩散到了脉石中，参与了还原反应，降低了反应活化能，促进了还原反应。另外，在 1250℃条件下焙烧产物的金属铁颗粒中都发现了磷。

上述结果说明，脱磷剂并没有改变高磷鲕状赤铁矿铁矿物的反应历程。但是，在其他条件不变的条件下，添加脱磷剂可以促进 Fe_2SiO_4 和 $FeAl_2O_4$ 的还原。在氟磷灰石不发生还原的条件下，添加脱磷剂能够使金属铁颗粒变得均匀，同时改善了金属铁与含磷脉石矿物的解离，因此可以得到高铁品位和低磷含量的还原铁产品。

当惠民褐煤用量 20%、焙烧温度超过 1200℃，或者焙烧温度 1150℃、惠民褐煤用量达到 40%时，氟磷灰石都发生了还原反应，生成的磷单质进入了金属铁，这部分磷不能通过磨矿磁选实现铁磷分离，因此会导致还原铁产品磷含量较高。可见高磷鲕状赤铁矿石直接还原焙烧提铁降磷是在氟磷灰石不发生还原反应的条件下实现的。

2.4.6.3 脱磷剂对氟磷灰石还原的影响研究

氟磷灰石是天然磷矿物中最为稳定的一种，比其他磷矿物更难分解。在还原过程中，氟磷灰石仍然稳定地存在，直到温度升高到 1540℃。但是，在有石英存在的条件下会发生式（2-2）的反应，而且氟磷灰石还原的温度会大幅度下降，氟磷灰石还原开始于 1100℃，但是反应速度很慢，当温度达到 1250℃后能够达到工业应用的反应速度。石英、温度、还原剂用量、物料熔融程度是影响氟磷灰石还原的主要因素[5,6]。

$$2Ca_{10}(PO_4)_6F_2 + 30C + 21SiO_2 = 20CaSiO_3 + 30CO\uparrow + 3P_4\uparrow + SiF_4 \quad (2-2)$$

由于高磷鲕状赤铁矿直接还原是在氟磷灰石不发生还原反应的条件下实现的。为了查明脱磷剂对氟磷灰石还原的影响，用纯矿物作为研究对象，内蒙古无烟煤作为还原剂，研究了脱磷剂的作用。

氟磷灰石还原属于固相反应。冶金动力学表明，反应物的固相相互接触是反应物间发生化学作用和物质输送的先决条件。为了减少不同颗粒间的接触几率，更清晰地观察到接触颗粒之间的反应过程，对纯矿物的最小粒度进行了限制。其中氟磷灰石粒度范围为-150+43μm，石英、石灰石和三氧化二铝的粒度范围为-200+74μm，内蒙古无烟煤粒级为-0.5+0.2mm，脱磷剂碳酸钠为分析纯的粉末，焙烧温度为 1200℃。为了保持焙烧产物还原后的原始结构，对冷却后的焙烧产物在坩埚内直接进行树脂充填制光片，然后进行 SEM 分析。

A 赤铁矿对氟磷灰石还原的影响研究

把氟磷灰石、石英、氧化铝、赤铁矿、无烟煤分别按质量比 1∶2∶1∶0∶2 和 1∶2∶1∶6∶2 的比例制成混合物料。分别在 1200℃ 下焙烧 60min，然后进行 SEM 分析，结果如图 2-38 所示。添加赤铁矿的混合物料除去无烟煤后（以下简称配矿），氟磷灰石质量分数 10%，SiO_2 质量分数 20%，Al_2O_3 质量分数 10%，TFe 质量分数 42%，其成分与高磷鲕状赤铁矿相似，但是氟磷灰石含量加倍，目的是更清楚地研究氟磷灰石的还原。而此时无烟煤相对于配矿的用量为 20%。

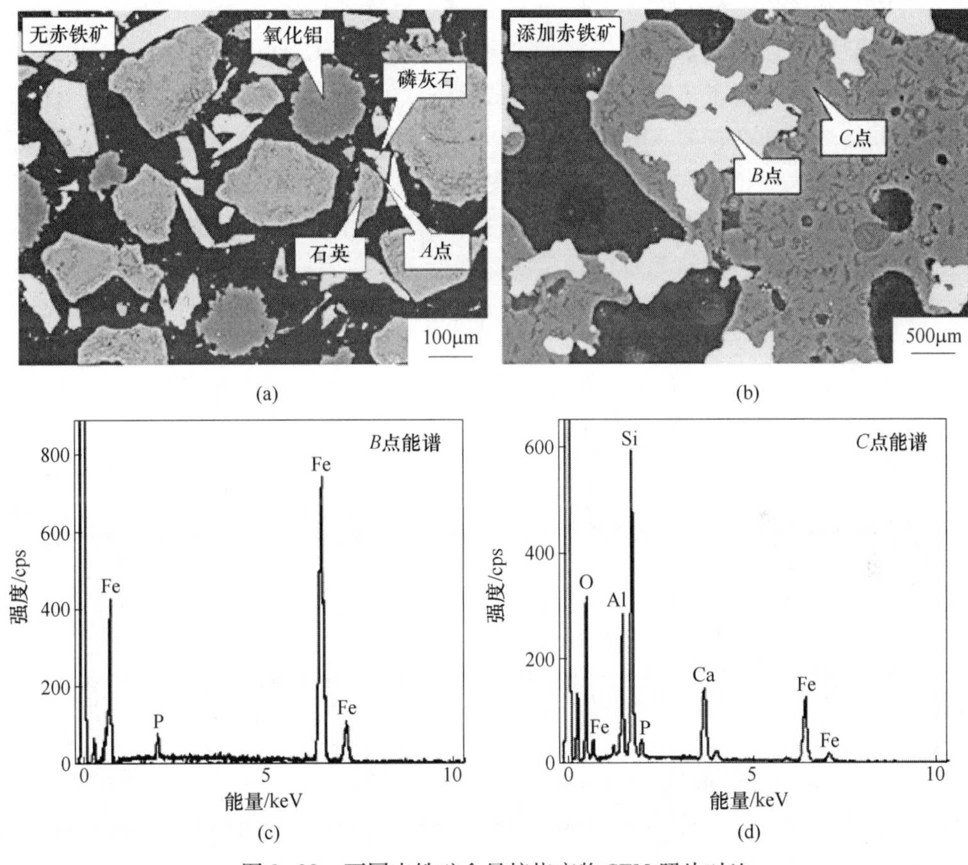

图 2-38 不同赤铁矿含量焙烧产物 SEM 照片对比

由图 2-38(a) 可知，无赤铁矿存在焙烧后，纯矿物颗粒分散，且氟磷灰石、石英和氧化铝颗粒形状基本不变，纯矿物颗粒的棱角仍然比较分明，这说明 1200℃ 时，并没有明显的反应迹象。对氟磷灰石与石英接触的地方 *A* 点进行定量分析，*A* 点中 Ca∶P=9.21，而纯矿物氟磷灰石（$Ca_5F(PO_4)_3$）中 Ca∶P=2.1。氟磷灰石和石英接触的地方钙和磷的比值明显升高，这说明在氟磷灰石和石英接触的地方发生了还原反应，生成的单质磷挥发了，从而导致产物中钙和磷的比例升高。

从图 2-38(b) 可见，添加赤铁矿后焙烧产物结构发生了明显变化，各种矿物颗粒已经消失，还原过程中发生了严重的熔融现象，赤铁矿被还原成了金属铁，且金属铁颗粒较大，部分金属铁颗粒达到 1cm 以上。由图 2-38(c) 可知，金属铁中有大量磷存在。这一方面说明了金属铁对单质磷有很强的吸附能力，还原过程中大部分氟磷灰石中的磷被还原成了单质磷进入金属铁；另一方面也说明了赤铁矿能够促进氟磷灰石的还原。从图 2-38(d) 可见，生成的脉石矿物成分复杂，脉石中仍然有少量的磷和铁存在，说明在此条件下，铁的氧化物和氟磷灰石并没有完全还原。

为了研究赤铁矿对氟磷灰石还原的影响机理，在 1200℃ 下，对配矿和 20% 无烟煤的混合物进行了不同焙烧时间的试验研究。

不同焙烧时间产物的 XRD 图谱如图 2-39 所示。随着焙烧时间的增加，焙烧产物的矿物组成变化较大。在焙烧时间为 5min 时，只有赤铁矿被还原成了 FeO，同时还有微量的金属铁生成，其他矿物物相基本没有变化。焙烧时间增加到了 7min，焙烧产物中石英和 FeO 的含量明显降低。同时生成了大量的金属铁、硅酸铁和铁尖晶石。说明石英和氧化铝与 FeO 反应，生成了复杂硅酸铁和铁尖晶石。

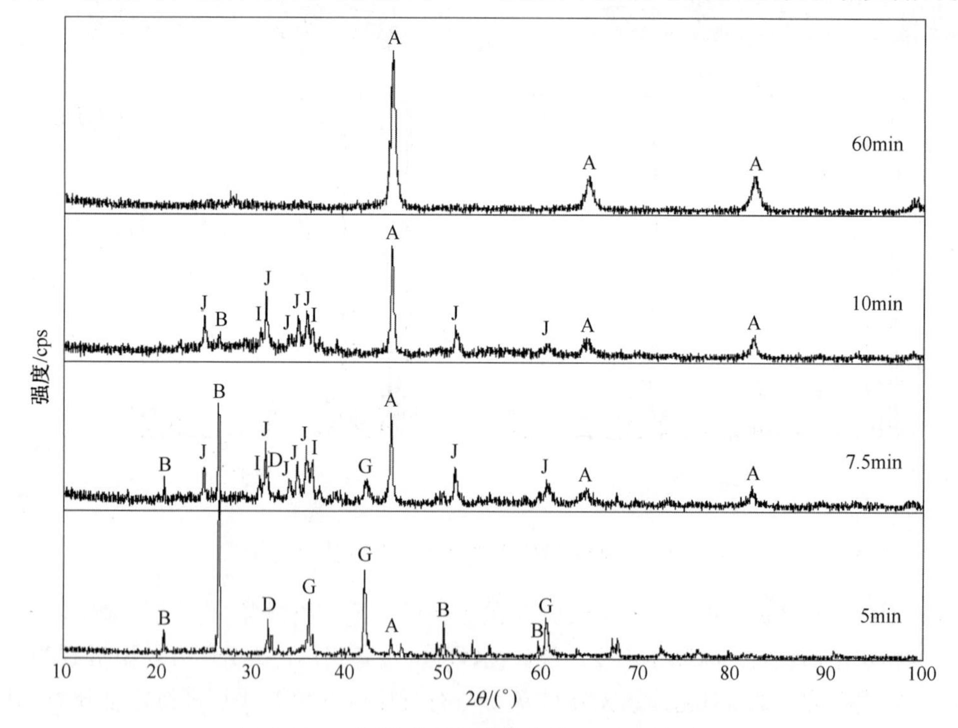

图 2-39　不同焙烧时间焙烧产物 XRD 图谱对比

A—金属铁；B—石英；D—氟磷灰石；G—FeO；I—铁尖晶石；J—硅酸铁

另外焙烧产物中仍然有部分氟磷灰石存在。焙烧时间延长到10min，焙烧产物中石英和FeO基本消失，主要物相为金属铁、硅酸铁和铁尖晶石。相对7min的焙烧产物，硅酸铁和铁尖晶石的衍射峰明显下降，说明部分硅酸铁和铁尖晶石发生了还原反应。当焙烧时间延长到60min时，焙烧产物中除了金属铁已经检测不到其他矿物存在，这说明大部分的硅酸铁和铁尖晶石已经还原成了金属铁，氟磷灰石也发生了还原，同时产生了大量的非晶态矿物。不同焙烧时间XRD图谱对比可见，在有SiO_2和Al_2O_3存在的条件下，部分FeO会与SiO_2和Al_2O_3反应生成难还原的复杂Fe_2SiO_4和$FeAl_2O_4$，然后Fe_2SiO_4和$FeAl_2O_4$继续被还原成Fe。因此，低品位高磷鲕状赤铁矿直接还原的主要历程为$Fe_2O_3 \to Fe_3O_4 \to FeO \to Fe$，而且在$FeO \to Fe$过程中，部分FeO会经历$FeO \to Fe_2SiO_4 \to Fe$和$FeO \to FeAl_2O_4 \to Fe$两个历程。在赤铁矿被还原的过程中，氟磷灰石也发生了还原。

对不同时间焙烧产物进行了SEM分析，结果如图2-40所示。可见，焙烧5min时，大部分的赤铁矿还原成了FeO，其他矿物结构变化不大，仍然棱角分明。焙烧时间7.5min时，焙烧产物熔融现象比较严重，大部分的FeO消失，同时有大量的硅酸铁（*A*点部分）和铝硅酸盐脉石（*B*点部分）产生。此时焙烧产物中的磷主要分布在铝硅酸盐和氟磷灰石颗粒中，硅酸铁中并不含磷。焙烧时间10min时，首先在矿石颗粒的外围生成了金属铁，且金属铁中没有发现磷。与此同时，生成了结晶较好的针状的硅酸铁。但是此时已经找不到氟磷灰石颗粒，磷

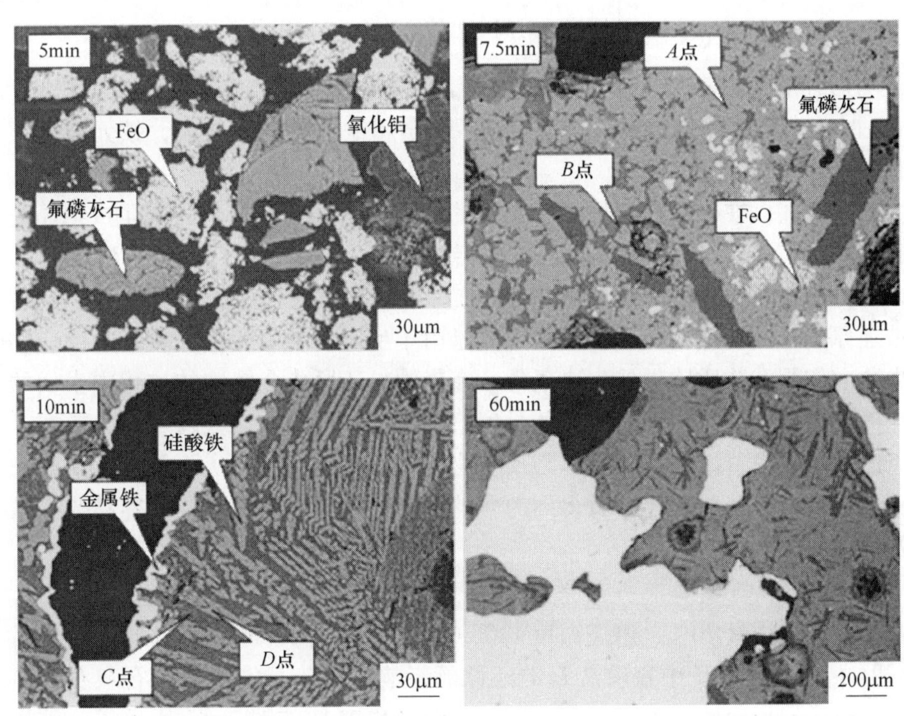

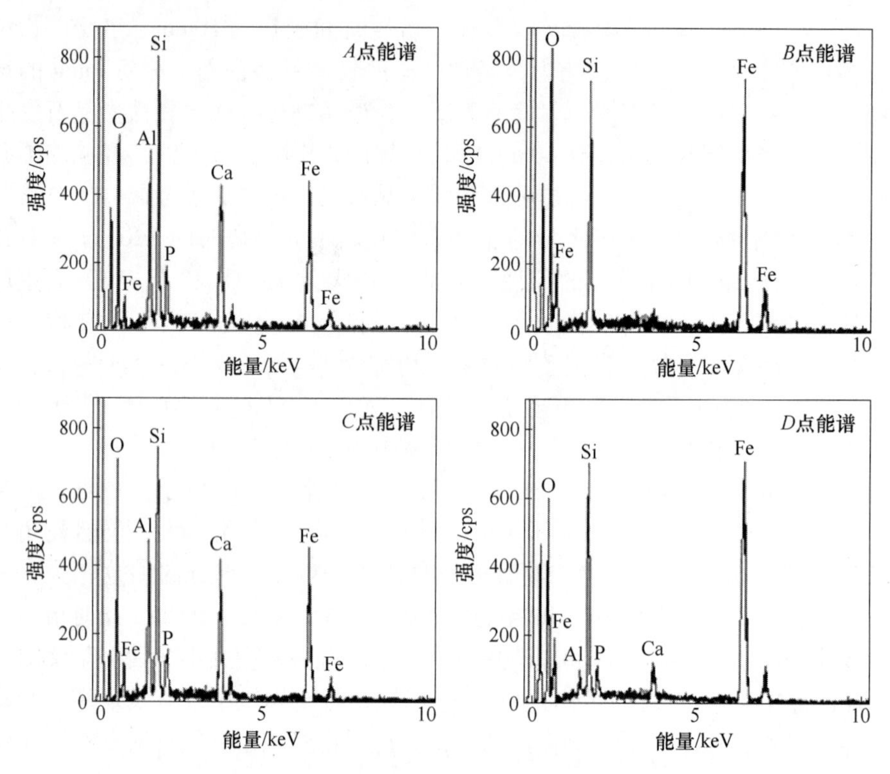

图 2-40 不同焙烧时间下焙烧产物 SEM 照片和能谱图

已经均匀分散到硅酸铁（*C* 点能谱）和铝硅酸盐（*D* 点能谱）中。焙烧时间 60min 时，当含铁硅酸盐中的铁被还原后，金属铁颗粒明显长大，铁元素的空间分布发生了明显变化。

综上所述，在赤铁矿还原成金属铁的过程中，部分 FeO 首先会生成结晶较差的硅酸铁（点 *A*），氟磷灰石会分散在铝硅酸盐中（点 *B*）。随着硅酸铁结晶变好，部分氟磷灰石进入了硅酸铁（点 *C*）。当硅酸铁被还原成金属铁后，氟磷灰石被还原出单质磷进入金属铁。这可能是由于反应物的固相相互接触是反应物间发生化学作用和物质输送的先决条件。在赤铁矿还原成金属铁的过程中生成的低熔点的硅酸盐，降低了反应产物的黏度，改善了扩散条件。氟磷灰石分散在了低熔点的硅酸盐中，增加氟磷灰石与反应物的相互接触机会，从而促进了氟磷灰石的还原。另外，硅酸铁还原后得到的含硅产物，反应活性更强，更容易与氟磷灰石发生反应。

B 石灰石对氟磷灰石还原的影响研究

在无烟煤用量 20%、焙烧温度 1200℃、焙烧时间 60min 的条件下，考察石灰石（TC）用量对配矿中氟磷灰石的还原的影响，石灰石的用量用石灰石的质量与配矿质量的百分比例来表示。不同焙烧产物 SEM 图如图 2-41 所示。

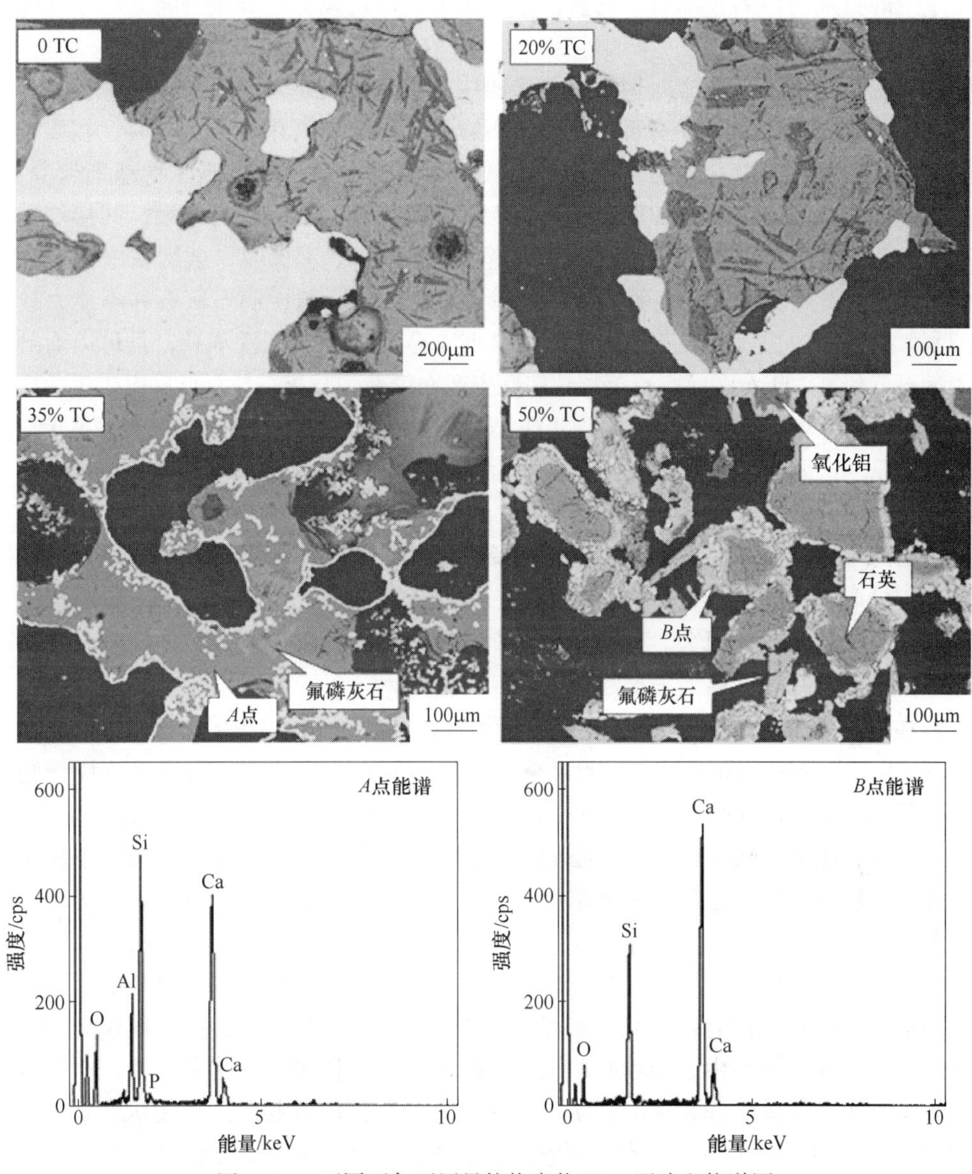

图 2-41 不同石灰石用量焙烧产物 SEM 照片和能谱图

对不同石灰石用量的焙烧产物的烧结程度观察发现，与用实际原矿焙烧时相同，随着石灰石用量的增加，焙烧产物的烧结强度越来越低，这说明焙烧过程中产生的低熔点矿物越来越少。从图 2-41 可见，随着石灰石用量的增加，金属铁的颗粒越来越小，这可能是由于随着石灰石用量的增加，低熔点矿物越来越少，反应物的黏度越来越高，扩散系数越来越低，因此越来越不利于金属铁颗粒长大。因此，增加石灰石用量不利于金属铁颗粒的长大。*A* 点能谱可以表明，添加一定量的石灰石以后，脉石中的铁含量明显降低，这说明了石灰石能促进赤铁矿的还原。

石灰石用量为0和20%时，焙烧产物中并没有发现磷灰石颗粒，但是在石灰石用量为35%时，脉石中有部分氟磷灰石颗粒，在石灰石用量为50%时，氟磷灰石颗粒基本没有改变。这是由于随着石灰石用量的增加，低熔点矿物越来越少，越来越不利于氟磷灰石的扩散，从而减少了氟磷灰石与反应物的接触，间接抑制了氟磷灰石的还原。此外，在石灰石用量为0、20%、35%时，金属铁中都有大量磷存在。*A*点能谱可以表明，脉石中磷含量也很低。这说明石灰石并不能直接抑制氟磷灰石还原。在石灰石用量为50%时，金属铁中没有发现磷，且可以看到大量石英和氟磷灰石颗粒，石英颗粒被反应产物包裹。石灰石与石英反应生成的产物阻碍了FeO与石英反应生成了硅酸铁，同时隔绝了石英与磷灰石，阻碍了氟磷灰石的还原。这说明了石英与石灰石的反应活性强于石英与FeO和氟磷灰石的反应活性。从而减少了氟磷灰石与反应物的接触，间接抑制了氟磷灰石的还原。

上述结果表明，石灰石能促进铁的复杂氧化物的还原。随着石灰石用量的增加，焙烧产物黏度增加，扩散系数下降，恶化了固固反应条件，减少了氟磷灰石与酸性氧化物接触的机会，间接抑制了氟磷灰石的还原。

C 碳酸钠对氟磷灰石还原的影响研究

在配矿中添加20%无烟煤和35%石灰石，同时分别添加碳酸钠（NCP）用量0、2.5%、5%、10%。在1200℃下，焙烧60min，不同碳酸钠用量焙烧产物SEM图如图2-42所示。

对不同碳酸钠用量的焙烧产物的烧结程度观察发现，随着脱磷剂碳酸钠用量的增加，焙烧产物熔融现象越来越严重，烧结强度越来越高，这与原矿焙烧时的现象一致。

由图2-42可见，随着碳酸钠的增加，金属铁颗粒越来越大，但是不同碳酸钠用量的金属铁中都有磷存在，典型的如图2-42(e) 所示，且磷含量较高。金属铁颗粒增大可能是由于随着碳酸钠用量的增加，物料的黏度越来越低，扩散系数越来越大，改善了固相反应的条件，因此，金属铁的颗粒也越来越大。10%碳酸钠用量SEM照片可见，*A*点金属铁中含有大量的磷，此外，在焙烧产物中没有发现氟磷灰石颗粒，且*B*点脉石中也没有磷存在，这说明，碳酸钠不但没有直接抑制氟磷灰石的还原，而且过多的碳酸钠降低了物料的黏度，改善了固相反应的条件，反而在一定程度上促进了氟磷灰石的还原。

综合石灰石和碳酸钠的作用研究结果表明，添加石灰石能够促进赤铁矿的还原，但是会增加物料黏度，使扩散系数下降，阻碍铁颗粒的长大。因此，减少了氟磷灰石与酸性氧化物接触的机会，间接抑制了氟磷灰石的还原。添加少量的碳酸钠使界面还原反应的活化能降低，加快界面还原反应的速度，促进赤铁矿的还

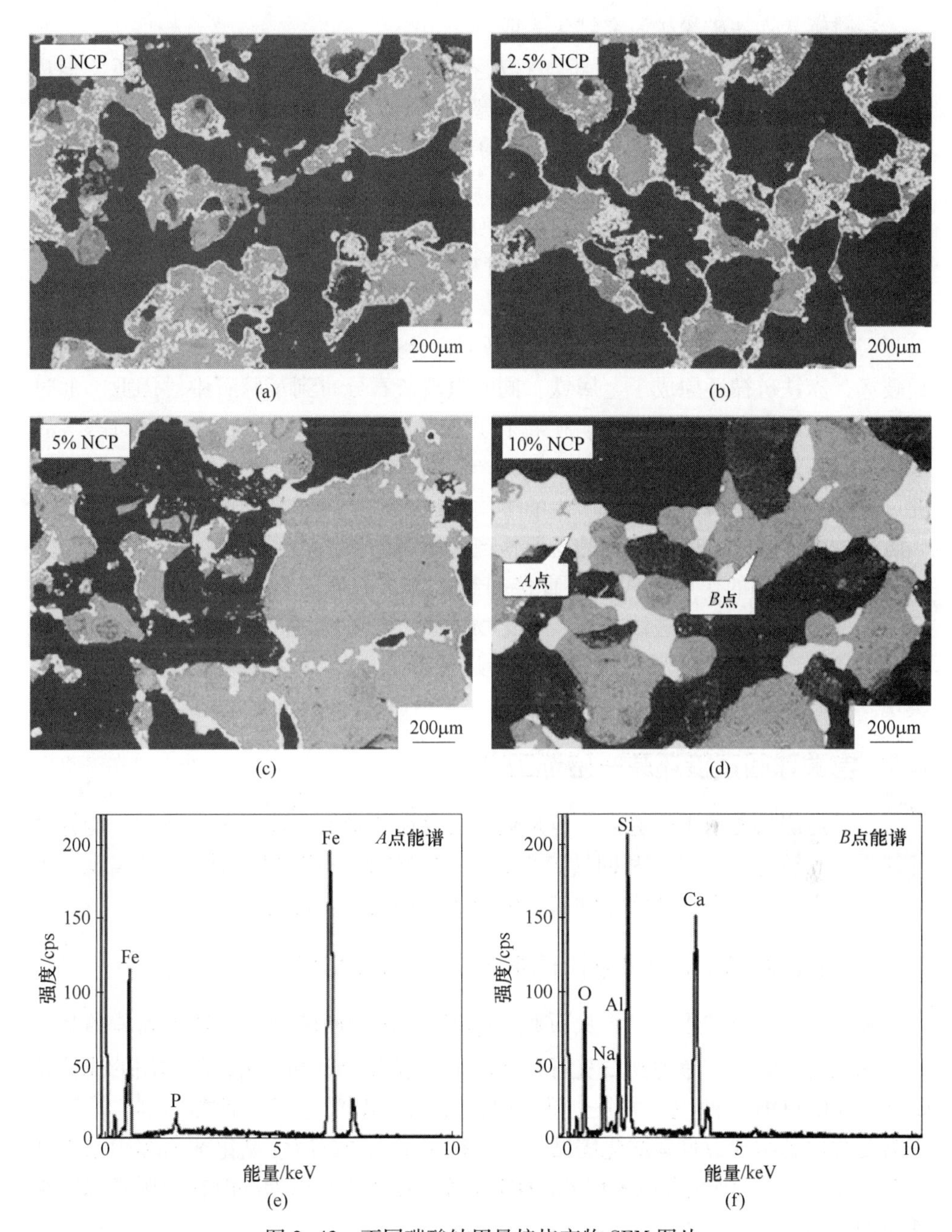

图 2-42 不同碳酸钠用量焙烧产物 SEM 图片

原。但是添加大量的碳酸钠，会生成大量的低熔点矿物，物料黏度下降，促进赤铁矿还原反应的同时，也增加氟磷灰石与石英的接触机会，在一定程度上促进氟磷灰石还原。

高磷鲕状赤铁矿粉矿研究结果表明：

（1）高磷鲕状赤铁矿通过添加石灰石和碳酸钠为脱磷剂，以煤为还原剂进行直接还原焙烧，然后对焙烧产物进行磨矿磁选，可得到铁品位超过90%、铁回收率超过85%、磷质量分数低于0.1%的还原铁产品，并用隧道窑证明该工艺在工业上也是可行的。

（2）高磷鲕状赤铁矿煤基直接还原过程中，赤铁矿的还原历程为 $Fe_2O_3 \rightarrow Fe_3O_4 \rightarrow FeO \rightarrow Fe$。而且在 $FeO \rightarrow Fe$ 的过程中，部分 FeO 会经历 $FeO \rightarrow Fe_2SiO_4 \rightarrow Fe$ 和 $FeO \rightarrow FeAl_2O_4 \rightarrow Fe$ 两个历程。

（3）在氟磷灰石不发生还原的前提下，经过直接还原焙烧后，鲕状结构遭到破坏，赤铁矿被还原成了金属铁，同时氟磷灰石分布到了脉石中。因此，通过磨矿磁选可以实现金属铁与含磷矿物和其他脉石的分离，得到优质还原铁产品。氟磷灰石不发生还原反应是确保还原铁产品低磷的关键因素之一。在煤过量和温度过高时，部分氟磷灰石还原产生的单质磷进入了金属铁，这部分磷不能通过磨矿磁选的方式除去，因此得到的还原铁产品中磷的含量较高。

（4）脱磷剂的作用机理不是直接抑制氟磷灰石的还原，而是在氟磷灰石不发生还原的条件下，促进铁的复杂氧化物还原出金属铁，同时改善金属铁与脉石的解离条件。抑制氟磷灰石的还原需要通过降低焙烧温度和减少还原剂用量来实现。

2.5 含碳球团直接还原—磁选工艺

粉矿焙烧只适用于隧道窑，但是隧道窑存在产量低、环境污染严重、能耗高等缺点。而转底炉、竖炉和回转窑等高效率焙烧设备需要用球团才能实现。因此，本节主要介绍高磷鲕状赤铁矿含碳球团直接还原—磁选工艺。

2.5.1 高磷鲕状赤铁矿含碳球团直接还原—磁选工艺条件

在前文中，粉矿焙烧以石灰石和 Na_2CO_3 为组合脱磷剂，实现了高磷鲕状赤铁矿高效提铁降磷。考虑到石灰石在高温下分解为 CaO 和 CO_2，起作用的成分是 CaO。而 $Ca(OH)_2$ 的主要成分也是 CaO，且 $Ca(OH)_2$ 也是一种黏结剂，球团过程需要添加黏结剂，且碳酸化固结工艺已被用于生产自熔性氧化球团和固结钢铁厂含铁粉尘[7,8]。因此考虑采用 $Ca(OH)_2$ 替代石灰石，以期同时起到脱磷和固结球团的作用。

2.5.1.1 $Ca(OH)_2$ 用量的影响

采用模具压球方法：每次称取 20g 原矿和一定量的煤、脱磷剂、黏结剂，加一定量水搅拌均匀置于模具中，在压力 100kN 条件下压制成球。添加剂用量以添加剂质量占铁矿石质量的百分比表示。煤用量用 C/O 的物质的量的比（后文中简称为 C/O 比）表示，其中 C 为所使用的煤中固定碳的物质的量，挥发分中的碳忽略不计；O 是指铁矿石中 Fe_2O_3 的含氧的物质的量。C/O 为 1 时表示添加的煤中的固定碳刚好将赤铁矿中的铁全部还原为金属铁。

焙烧温度为 1200℃，焙烧时间为 40min；焙烧产物采用两段磨矿、磁选，一段磨矿时间 10min，一段磁选场强为 88kA/m；二段磨矿时间 40min，二段磁选场强也为 88kA/m。采用-1mm 宁夏烟煤为还原剂，C/O 比为 0.82（换成煤用量相当于原矿量的 25%），原矿粒度为-1mm，$Ca(OH)_2$ 用量对提铁降磷的影响如图 2-43 所示。

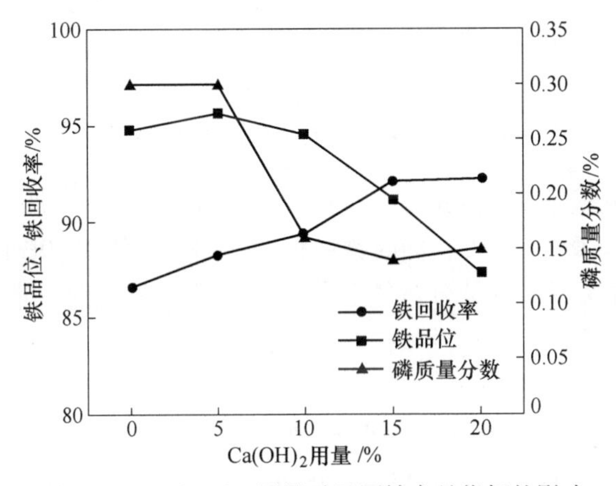

图 2-43 $Ca(OH)_2$ 用量对还原铁产品指标的影响

从图 2-43 可见，$Ca(OH)_2$ 用量对还原铁产品指标有明显影响。在不添加 $Ca(OH)_2$ 的情况下，还原铁产品中的磷含量高达 0.30%，铁品位和铁回收率分别为 94.76%和 86.58%。随着 $Ca(OH)_2$ 用量的增加，还原铁产品磷含量大幅度下降，同时铁回收率快速增加。还原铁产品品位先随 $Ca(OH)_2$ 用量增加而小幅增加，当 $Ca(OH)_2$ 用量为 5%时，铁品位为 95.64%，继续增加 $Ca(OH)_2$ 用量导致铁品位下降。在 $Ca(OH)_2$ 用量为 15%时，还原铁产品磷质量分数为 0.14%，铁品位和铁回收率分别为 91.14%和 92.13%。继续增加 $Ca(OH)_2$ 用量，磷质量分数和铁回收率变化不大，但铁品位继续快速下降。$Ca(OH)_2$ 的最佳用量为 15%。

2.5.1.2 Na_2CO_3 用量的影响

在 $Ca(OH)_2$ 用量为 15%的条件下，Na_2CO_3 用量对提铁降磷的影响如图2-44所示。从图可见，Na_2CO_3 用量对还原铁产品品位和磷含量有明显影响。随着 Na_2CO_3 用量的增加，还原铁产品中磷含量逐渐降低，同时铁品位显著提高，铁回收率则变化不大。在 Na_2CO_3 用量为 3%时，磷质量分数为 0.07%，铁品位为 93.28%，铁回收率为 92.30%。继续增加 Na_2CO_3 用量，磷含量变化不明显，因此确定 Na_2CO_3 的最佳用量为 3%。

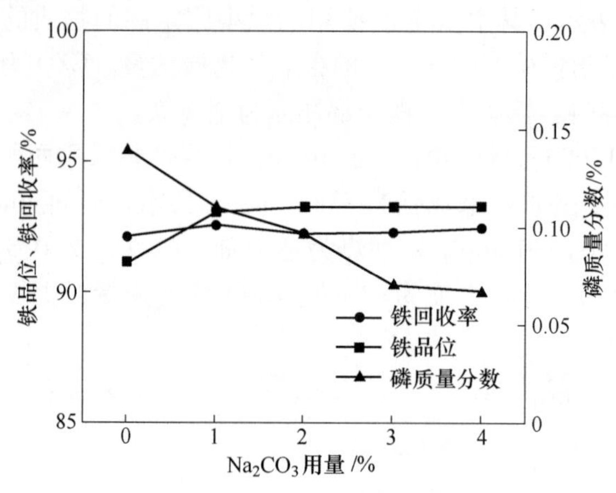

图 2-44 Na_2CO_3 用量对还原铁产品指标的影响

由以上结果可见，采用 $Ca(OH)_2$ 和 Na_2CO_3 的组合脱磷剂能够将直接还原铁的磷质量分数降至0.1%以下，同时铁品位和铁回收率均在90%以上。由此说明，采用 $Ca(OH)_2$ 替代石灰石是可行的。因此，在最佳脱磷剂用量下，考察其他条件对提铁降磷的影响。

2.5.1.3 C/O 比的影响

在 $Ca(OH)_2$ 和 Na_2CO_3 用量分别为15%和3%、焙烧温度为1200℃、焙烧时间为40min 时，C/O 比对焙烧效果的影响如图 2-45 所示。

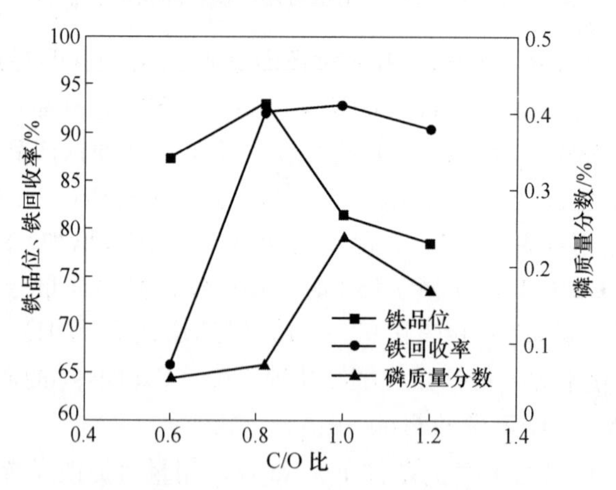

图 2-45 C/O 比对还原铁产品指标的影响

从图 2-45 可见，C/O 比对还原铁产品品位、铁回收率和磷质量分数均有明显的影响。当 C/O 比从 0.6 增加到 0.82 时，还原铁产品品位从 89.03%增加到 93.28%，继续增加 C/O 比，铁品位反而快速下降；当 C/O 比为 1.2 时，铁品位仅为 78.51%；铁回收率随 C/O 比的增加先增加后减小，当 C/O 比从 0.6 增加到

1.0 时，铁回收率从 65.63%增加到 93.02%，继续增加 C/O 比至 1.2，铁回收率下降至 90.46%。当 C/O 比从 0.4 增加到 1.0 时，还原铁产品的磷质量分数从 0.06%增加到 0.24%，但是继续增加 C/O 比至 1.2 时，磷质量分数又下降为 0.17%。综合考虑，球团焙烧时最佳 C/O 比为 0.82。

2.5.1.4 焙烧温度的影响

C/O 比为 0.82，其他条件不变时，焙烧温度对提铁降磷的影响如图 2-46 所示。

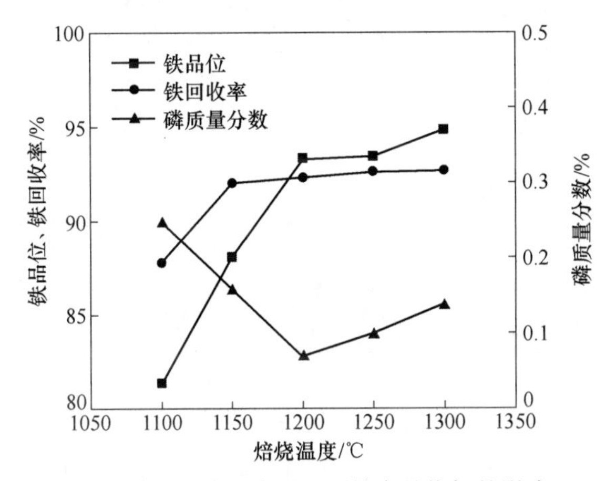

图 2-46 焙烧温度对还原铁产品指标的影响

从图 2-46 可见，球团焙烧时焙烧温度对还原铁产品指标影响很大。当焙烧温度从 1100℃提高到 1300℃时，还原铁产品品位从 81.43%增加到 94.85%。当焙烧温度从 1100℃增加到 1150℃时，铁回收率从 87.77%增加到 92.03%，进一步提高焙烧温度，铁回收率增加缓慢。还原铁产品的磷质量分数随焙烧温度的上升先下降后上升。当焙烧温度从 1100℃增加到 1200℃时，磷质量分数从 0.25%下降到 0.07%，继续提高焙烧温度，磷质量分数则缓慢上升，在 1250℃和 1300℃时，磷质量分数分别为 0.10%和 0.14%。这是因为焙烧温度是赤铁矿和氟磷灰石热碳还原及金属铁颗粒生长的主要影响因素之一，提高焙烧温度有利于赤铁矿的还原及金属铁颗粒的长大，因此能够提高铁品位和铁回收率。但是提高焙烧温度也会促进氟磷灰石还原，导致更多的磷溶入金属铁中，从而增加金属铁中的磷含量。

2.5.1.5 焙烧时间的影响

焙烧时间的影响如图 2-47 所示。从图可见，焙烧时间对还原铁产品指标也有明显影响。随焙烧时间的延长，还原铁产品品位和铁回收率增加。焙烧时间从 20min 增加到 40min 时，铁品位和铁回收率分别从 82.88%和 84.21%增加到 93.28%和 93.30%。继续延长焙烧时间，铁品位和铁回收率提高较少，在焙烧时间为 80min 时，铁品位和铁回收率分别为 94.86%和 94.25%。还原铁产品的磷质量分数随焙烧时间的增加先减少后增加，当焙烧时间从 20min 延长到 40min 时，磷质量分数从 0.24%降低到 0.07%；当焙烧时间延长到 60min 和 80min 时，磷质量分数分别增加到 0.17%和 0.26%。

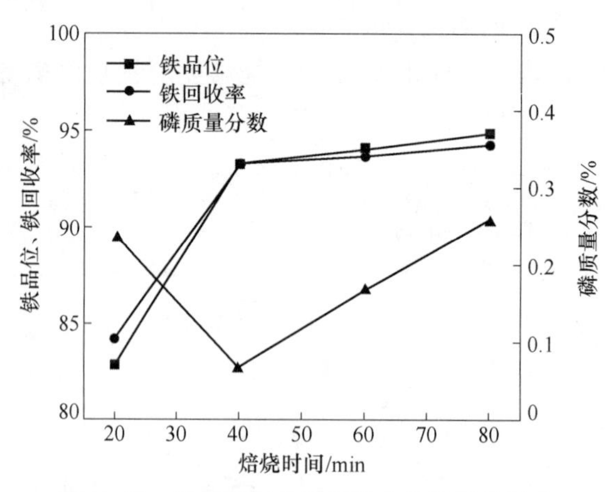

图 2-47　焙烧时间对还原铁产品指标的影响

延长焙烧时间有利于赤铁矿的还原及金属铁颗粒的长大，因此能够提高还原铁产品品位和铁回收率，但也会增加氟磷灰石的还原率，更多的磷进入金属铁中，导致金属铁的磷质量分数上升。当焙烧时间从 20min 增加到 40min 时，铁品位上升而磷质量分数下降，这说明在此阶段磷元素主要以脉石的形式进入精矿中。随着焙烧时间延长，金属铁粒度增大，金属铁与脉石的单体解离条件得到优化，精矿中含磷脉石减少，因此铁品位增加而磷质量分数降低。当焙烧时间从 40min 增加到 80min 时，铁品位增加且磷质量分数也增加，这说明在此阶段还原铁产品中的磷主要是溶入金属铁中的磷。

2.5.2　高磷鲕状赤铁矿含碳球团的性能

采用对辊压球机压球方式为：每次用原矿为 1kg，将矿、煤、脱磷剂加适量水（8%~12%）混匀后给入压球机中压球，取完整球（14mm×25mm×25mm）进行强度测试及后续的焙烧试验。脱磷剂用量以脱磷剂质量占铁矿石质量的百分比表示。

湿球落下强度用测试方法：取完整球团自 0.5m 自由落下至 10mm 厚的钢板上，若球团落下第 n 次时出现裂缝或破裂，则取 $n-1$ 为球团的落下强度。每次测 5 个球团，取平均值为球团的最终落下强度，单位为次/0.5m。

湿球抗压强度测试方法：将完整球团置于强度测试仪上，均匀施压，取球团破裂时仪器所显示的数值为球团的抗压强度。每次测试 5 个球团，取平均值为球团最终抗压强度，单位为 N/个。

干球团落下和抗压强度测试方法：对辊压球机所得湿球在空气中晾干 3 天后，测试其落下和抗压强度，测试方法和湿球强度的测试方法一致。

高温抗压强度测试方法：高温抗压强度采用含碳球团高温焙烧冷却后的抗压强度表示，虽然此强度不能完全代表含碳球团在高温下的抗压强度，但是在一定意义上能够表征含碳球团的高温强度性能。具体方法为：焙烧试验在马弗炉中进行，每次将 3 个球团装入石墨坩埚中，待炉内温度升到 1200℃后，将坩埚放入炉膛，达到焙烧时间后将坩埚取出迅速盖煤粉冷却，然后测试球团的抗压强度。取 3 个球团抗压强度的平均值为最终抗压强度。

球团孔隙率测试方法：球团的孔隙率按以下公式计算：

$$孔隙率 = \frac{真密度 - 表观密度}{真密度} \times 100\%$$

其中，球团的真密度采用比重瓶法测定，表观密度采用蜡封排水法测试。

强度是评价含碳球团质量的重要指标，含碳球团必须有足够的强度保证在运输和焙烧过程中不粉碎，因为含碳球团的粉化将严重影响设备的正常运行和焙烧效果。如对竖炉而言，炉料的粉化将破坏炉膛的透气性。而在回转窑中，球团粉化可能导致严重的结圈问题。另外，球团在焙烧过程中还可能出现膨胀、黏结等现象，这也将对设备造成不利影响。因此，有必要对含碳球团的低温强度和高温性能进行研究。

2.5.2.1 高磷鲕状赤铁矿含碳球团生球强度

A 压球机压力对含碳球团强度的影响

在 $Ca(OH)_2$ 用量 15%、Na_2CO_3 用量 3%、还原剂为宁夏烟煤、C/O 比为 0.82、原矿和煤的粒度均为-1mm 的条件下，压球机压力对球团强度的影响见表 2-15。球团强度随压球机压力的提高而上升，当压球机压力为 20MPa 时，湿球落下强度和抗压强度分别为 3.0 次/0.5m 和 41.54N/个，干球落下强度和抗压强度分别为 4.4 次/0.5m 和 152.8N/个。因为试验用压球机的最大工作压力为 20MPa，因此在以下试验中，压球机的压力均设为 20MPa。

表 2-15 压球机压力对含碳球团强度的影响

压力/MPa	湿球落下强度 /次 · $0.5m^{-1}$	湿球抗压 /N · 个$^{-1}$	干球落下强度 /次 · $0.5m^{-1}$	干球抗压强度 /N · 个$^{-1}$
10	2.0	20.56	3.1	125.8
15	2.6	31.69	3.6	132.1
20	3.0	41.54	4.4	152.8

B 物料粒度对含碳球团强度的影响

物料的粒度是影响球团强度的重要因素之一。在 $Ca(OH)_2$ 和 Na_2CO_3 用量分别为 15%和 3%、压球和压力为 20MPa 的条件下，分别研究原矿和煤的粒度对球团强度的影响。还原剂宁夏烟煤、矿石的粒度分布见表 2-16。粒度对含碳球团强度的影响见表 2-17。其他条件为 $Ca(OH)_2$ 用量 15%，Na_2CO_3 用量 3%，压球机压力为 20MPa。

表 2-16 原矿和宁夏烟煤的粒级分布

物　料	粒级/mm	-4+2	-2+1	-1+0.1	-0.1
-4mm 原矿	分布率/%	32.09	21.26	35.50	11.15
-4mm 煤		13.47	11.65	42.65	32.23
物　料	粒级/mm	-1+0.5	-0.5+0.074	-0.074+0.045	-0.045
-1mm 原矿	分布率/%	31.81	47.22	7.58	13.39
-1mm 煤		23.37	47.00	11.05	18.58
物　料	粒级/mm	-0.1+0.074	-0.074+0.045	-0.045+0.025	-0.025
-4mm 原矿	分布率/%	4.81	30.98	11.91	52.30
-4mm 煤		7.13	22.12	14.51	56.24

表 2-17 物料粒度对含碳球团强度的影响

物料粒度		含碳球团强度			
原矿粒度/mm	煤粒度/mm	湿球落下强度/次·$0.5m^{-1}$	湿球抗压强度/N·个$^{-1}$	干球落下强度/次·$0.5m^{-1}$	干球抗压强度/N·个$^{-1}$
-4	-1	2.4	36.14	3.8	135.4
-1		3.0	41.54	4.4	152.8
-0.1		3.8	81.98	10.0	229.7
-1	-4	2.8	35.56	3.2	98.3
	-0.1	3.4	42.98	6.8	181.7

从表 2-17 可见，固定煤粒度为-1mm 时，球团的落下强度和抗压强度均随原矿的粒度减小而增加。在原矿粒度为-1mm 的条件下，减小煤的粒度也能提高球团强度。减小物料的粒度可以增加压球过程中物料的流动性，提高球团的压实度，因此有利于提高球团强度。另外，减小物料粒度还可以减少易碎的大颗粒，这也有利于提高球团强度。

C 含碳球团冷固结机理

对原矿、煤、$Ca(OH)_2$ 及 Na_2CO_3 的混合物料和采用相同混合料制备的球团进行的 XRD 分析如图 2-48 所示。原矿和煤的粒度均为-1mm，$Ca(OH)_2$ 及 Na_2CO_3 用量分别为 15%和 3%。

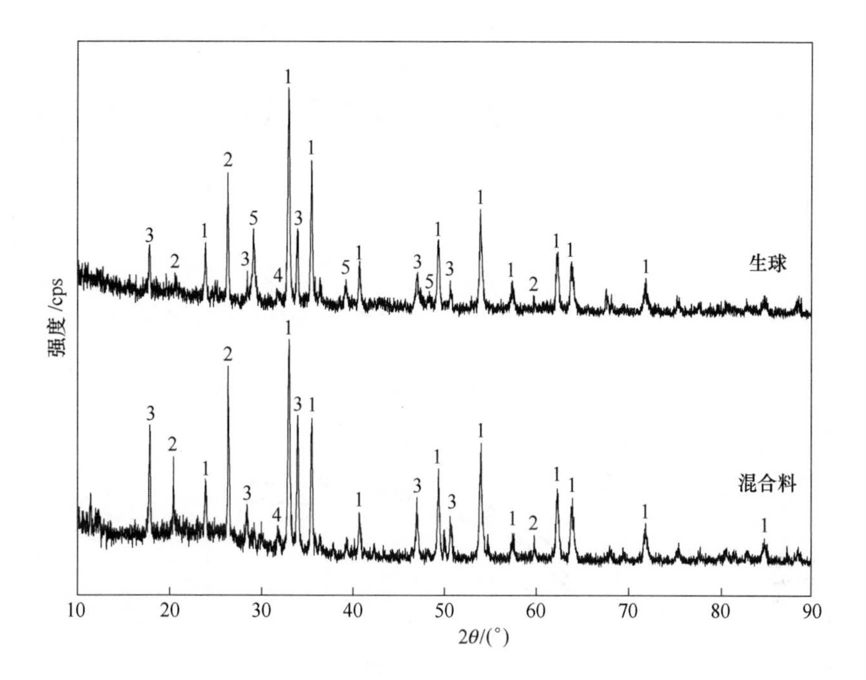

图 2-48 混合料与生球的 XRD 图

1—赤铁矿；2—石英；3—氢氧化钙；4—氟磷灰石；5—碳酸钙

从图 2-48 可见，与混合料相比，生球中 $Ca(OH)_2$ 的衍射峰明显下降，同时出现了碳酸钙的衍射峰。这说明含碳球团中的 $Ca(OH)_2$ 吸收空气中的 CO_2 发生了碳酸化固结反应，反应方程式如式（2-3）所示[9]。

$$Ca(OH)_2 + CO_2 + nH_2O = CaCO_3 \downarrow + (n+1)H_2O \quad (2-3)$$

Na_2CO_3 能起传递 CO_2 的作用，因此可以促进碳酸化固结。另外从图 2-48 中还可看出，生球中还有部分 $Ca(OH)_2$ 存在，说明在此条件下碳酸化不完全，这是因为空气中的 CO_2 浓度太低，碳酸化固结速率很慢。

2.5.2.2 物料粒度对含碳球团焙烧效果的影响

A 原矿粒度的影响

原料的粒度对球团的强度影响很大，减小物料粒度可以提高球团强度。而物料粒度也可能对焙烧的效果产生影响。固定煤的粒度为-1mm，改变原矿粒度，采用对辊压球机压球，研究原矿粒度对焙烧效果的影响。焙烧温度 1200℃，$Ca(OH)_2$和 Na_2CO_3 用量分别为 15%和 3%。磨矿和磁选条件同前。原矿粒度对还原铁产品指标的影响如图 2-49 所示。

从图 2-49(a) 可见，在相同焙烧时间下，铁回收率随原矿粒度的减小而增加。但随着焙烧时间的延长，不同粒度原矿所得的铁回收率之间的差距缩小。当

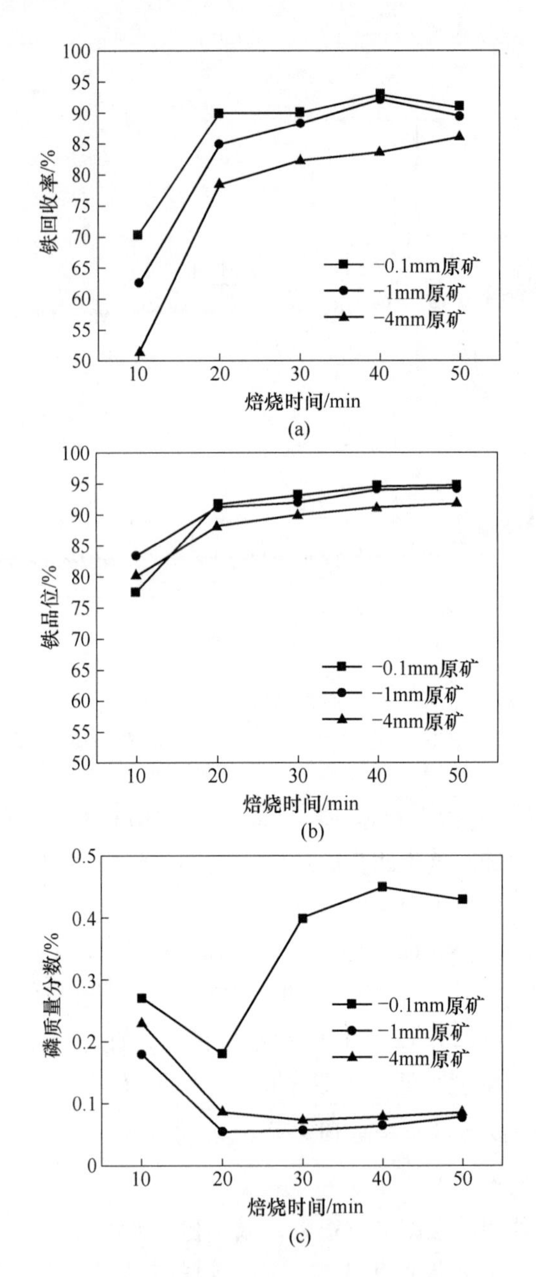

图 2-49　原矿粒度对还原铁产品指标的影响

焙烧时间为 10min 时，-4mm、-1mm 和-0. 1mm 原矿制成的球团焙烧所得的铁回收率分别 51. 40%、62. 59%和 70. 4%；当焙烧时间增加到 40min 时，-1mm 和-0. 1mm原矿制成的球团焙烧所得的铁回收率分别为 92. 90%和 92. 20%，差距很小。但此时原矿粒度为-4mm 所得的铁回收率只有 83. 54%，仍明显低于前两者。

原因是赤铁矿煤基直接还原反应主要是被煤气化产生的 CO 还原。赤铁矿与 CO 的气固反应速率与赤铁矿的粒度密切相关，依照未反应核模型，反应速率随着原矿粒度的增加而减小。因此为达到相同的还原率，粗粒级的原矿比细粒级原矿需要的焙烧时间更长。

从图 2-49(b) 可见，在保持煤的粒度-1mm 不变的情况下，细粒度原矿制成的球团焙烧得到的铁品位要高于粗粒度原矿，铁品位随焙烧时间的延长而提高。

从图 2-49(c) 可见，在保持煤的粒度为-1mm 的条件下，原矿粒度为-0.1mm制成球团所得到的还原铁产品中的磷质量分数明显高于粒度为-4mm 和-1mm时的磷质量分数。当焙烧时间从 10min 延长到 20min 时，三个粒度的原矿所得还原铁产品中的磷质量分数均下降，但是焙烧时间继续增加时，原矿粒度为-0.1mm 的所得的还原铁产品中的磷质量分数急剧增加，到焙烧时间为 40min 时，磷质量分数达 0.45%。而原矿粒度为-4mm 和-1mm 所得还原铁产品的磷质量分数并没有明显的差距。原矿粒度为-4mm 时，在焙烧时间为 30min 时磷质量分数达到最低值 0.072%，然后随焙烧时间的延长而小幅上升；原矿粒度为-1mm 时，在焙烧时间为 20min 时磷质量分数达到最低值 0.056%，然后也随焙烧时间的延长出现小幅上升。总体来说原矿粒度为-1mm 时所得还原铁产品中的磷质量分数要略低于-4mm 原矿所得还原铁产品的磷质量分数。

综上所述，减小原矿的粒度有助于提高铁回收率和铁品位，但是粒度过细将导致还原铁产品磷质量分数升高。

B 煤的粒度的影响

为了考察煤的粒度对焙烧效果的影响，固定原矿的粒度为-1mm，改变煤的粒度，压球进行焙烧，结果如图 2-50 所示。

从图 2-50(a) 可知，采用细粒级的煤压球焙烧得到的铁的回收率高于粗粒级煤。随着焙烧时间的延长，不同粒度煤所得的铁回收率之间的差距在缩小。与矿石的粒度相比，煤的粒度对铁回收率产生的影响要小得多。

从图 2-50(b) 可知，在焙烧时间为 20~50min 的范围内，采用粒度为-4mm 和-1mm 的煤压球焙烧所得还原铁产品的品位略高于-0.1mm。在焙烧时间为 40min 时，煤粒度为-4mm、-1mm 和-0.1mm 压球焙烧所对应的还原铁品位分别为 92.97%、94.03%和 91.70%。

从图 2-50(c) 可知，煤的粒度对压球还原铁产品的磷质量分数的影响不及原矿的粒度影响大。与图 2-50(b) 进行比较可以发现，还原铁产品的磷质量分数与铁品位成反比，铁品位高则磷质量分数低。这说明，在此条件下氟磷灰石的还原被抑制，磷主要是以未单体解离的含磷脉石的形式进入精矿中。

2.5.2.3 黏结剂种类对含碳球团强度的影响

从压球试验结果可见，虽然在 $Ca(OH)_2$ 和 Na_2CO_3 的固结作用下，含碳球团

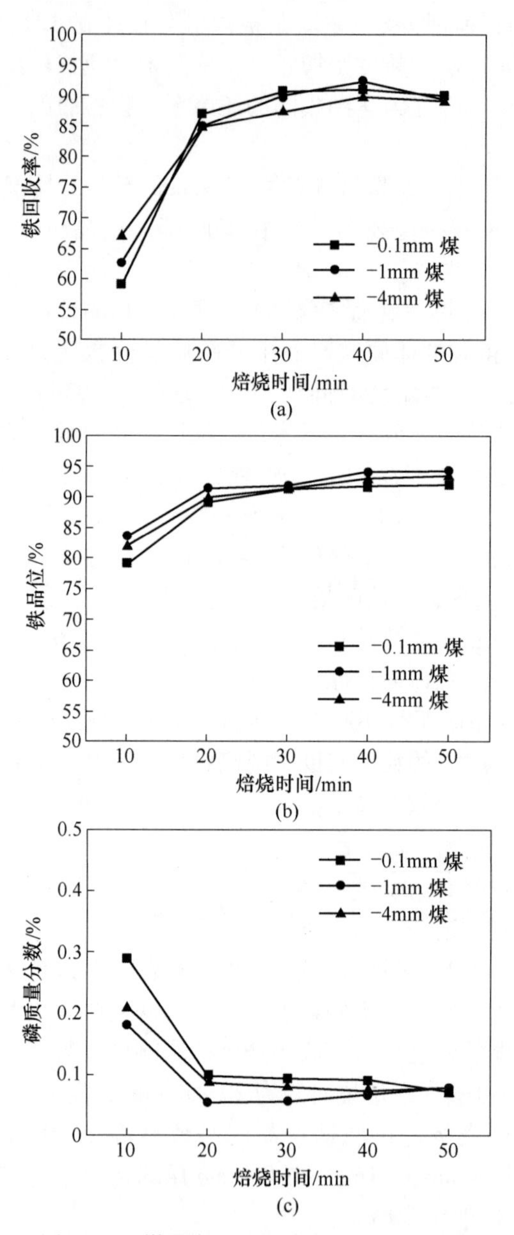

图 2-50 煤粒度对还原铁产品指标的影响

获得了一定的强度，但是其强度值总体偏低。因此需要再加入其他黏结剂以提高球团强度。

在原矿粒度为-1mm、还原剂为-1mm 宁夏烟煤、压球机压力为 20MPa 的条件下，用羧甲基纤维素钠（Na-CMC）、糖浆、水玻璃、可溶性淀粉和膨润土为黏结剂，考察它们对球团强度的影响。其中糖浆、水玻璃、可溶性淀粉和膨润土用量均为原矿质量的8%，羧甲基纤维素钠（Na-CMC）为原矿质量的0.5%，结果见表2-18。

表2-18 黏结剂种类对含碳球团强度的影响

黏结剂	用量/%	湿球落下强度 /次·$0.5m^{-1}$	湿球抗压强度 /N·个$^{-1}$	干球落下强度 /次·$0.5m^{-1}$	干球抗压强度 /N·个$^{-1}$
无		3.0	41.54	4.4	152.8
Na-CMC	0.5	7.8	38.70	12.3	250.2
糖浆	8	6.2	61.84	25.8	273.8
水玻璃	8	7.0	53.98	10.2	166.1
膨润土	8	8.8	75.24	12.2	232.0
可溶性淀粉	8	>40	95.56	>50	404.6

从表2-18可见，在添加15% $Ca(OH)_2$ 和3% Na_2CO_3 基础上，再加入黏结剂，球团的强度都有不同程度的提高。当以Na-CMC为黏结剂时，湿球落下强度和抗压强度分别为7.8次/0.5m和38.7N/个，而干球落下强度和抗压强度分别达到12.3次/0.5m和250.2N/个。Na-CMC作为含碳球团的黏结剂时，一方面降低了铁矿石和煤粒表面的疏水性，另一方面在颗粒之间形成具有一定强度的“连接桥”网络，从而提高球团强度。当加入糖浆为黏结剂时，湿球落下强度和抗压强度分别为6.2次/0.5m和61.84N/个，而干球落下强度和抗压强度分别为25.8次/0.5m和273.8N/个。由此可见，糖浆对提高球团的干球落下强度非常明显，其原理可能不仅是糖浆自身的黏结作用，糖浆还可催化 $Ca(OH)_2$ 的碳酸化固结。加入黏结剂水玻璃时，湿球落下强度和抗压强度分别提高为7.0次/0.5m和53.98N/个，而干球落下强度和抗压强度分别提高为10.2次/0.5m和166.1N/个。水玻璃在水中形成黏性液体将颗粒黏结起来，干燥后形成一种坚硬的、类似玻璃的物质，因此能够提高球团强度。以膨润土为黏结剂时，湿球落下强度和抗压强度分别提高为8.8次/0.5m和75.24N/个，而干球落下强度和抗压强度分别提高为12.2次/0.5m和232.0N/个。膨润土为氧化球团生成的标准黏结剂，遇水膨胀，在颗粒之间产生固结作用。以可溶性淀粉为黏结剂时，湿球落下强度大于40次/0.5m，湿球抗压强度为95.56N/个，干球落下强度大于50次/0.5m，干球抗压强度为404.6N/个。淀粉可在颗粒间形成桥链将颗粒固结起来[10]。

由此可见，可溶性淀粉的效果最佳，而水玻璃的效果最差。如果要求冷固结球团的抗压强度大于240N/个才有可能在回转窑上应用，那么以糖浆、Na-CMC和淀粉为黏结剂的含碳球团可以满足这一要求。

2.5.2.4 含碳球团高温强度

含碳球团的生球强度主要是为了保证球团在装卸、运输过程中不发生粉碎，而进入焙烧炉后，含碳球团内发生一系列的物理化学反应，也可能出现球团强度下降，导致球团粉化的问题。如果粉化严重，将影响设备的正常运转和焙烧效果，因此有必要对球团的高温强度进行测试。

A 含碳球团高温强度的变化

不同黏结剂所得含碳球团在1200℃焙烧时，球团的强度随焙烧时间的变化如图 2-51 所示。

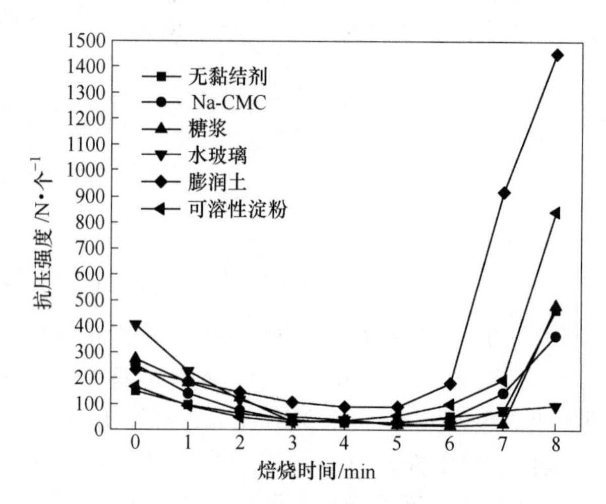

图 2-51 含碳球团高温强度的变化

从图 2-51 可见，所有含碳球团的抗压强度在焙烧初期都出现明显下降。无黏结剂和 Na-CMC、糖浆、水玻璃、膨润土和可溶性淀粉为黏结剂的含碳球团的最低抗压强度分别为 27. 6N/个、30. 3N/个、8. 43N/个、30. 2N/个、90. 1N/个和 22. 4N/个，对应的焙烧时间分别为 5min、4min、6min、3min、5min 和 6min。所有球团强度在前 3min 下降速度最快，与未焙烧球团强度相比球团强度分别下降了 73. 58%、85. 54%、88. 25%、81. 80%、53. 48% 和 87. 37%。另外还可发现，含碳球团的高温强度与冷态强度没有必然联系。如采用可溶性淀粉为黏结剂时，含碳球团的抗压强度为 404. 6N/个，高于其他任何黏结剂球团，而它在高温下的最低强度为 22. 4N/个，仅高于糖浆的最低强度 8. 4N/个。强度达到最低值之后，焙烧时间继续延长，除添加可溶性淀粉的球团外，其他球团强度均快速增加。

由此可见，虽然不同黏结剂球团的生球强度差异较大，但是在高温下它们的强度变化规律及最低值都很相近。除以膨润土为黏结剂的含碳球团外，其他含碳球团的最低强度仅为 30N/个左右。

含碳球团在焙烧升温过程中强度大幅度下降，会引起球团的破裂和粉化，从而影响设备得到正常操作。如果球团在竖炉中焙烧，强度太低，会造成粉化严重，从而破坏竖炉的透气性，影响设备的正常运行。如果在回转窑中焙烧，球团粉化严重则可能导致严重的结圈问题。如果以转底炉为焙烧设备，因为球团与炉底之间没有相对移动而且料层的厚度一般只有 1~2 层，球团在焙烧过程中承受的压力很小，因此转底炉工艺对含碳球团的强度要求很低。如果单从球团的强度考虑，仅以 15%的 $Ca(OH)_2$ 和 3%的 Na_2CO_3 为黏结剂，球团强度即可满足转底炉生产的要求[11]。

B 含碳球团焙烧过程中孔隙率的变化

焙烧过程中球团的孔隙率变化是影响球团强度的主要原因之一，对含碳球团焙烧后的孔隙率变化进行了研究。选取不另加黏结剂的含碳球团和分别以可溶性淀粉和膨润土为黏结剂的含碳球团，研究它们高温下孔隙率的变化，结果如图 2-52所示。

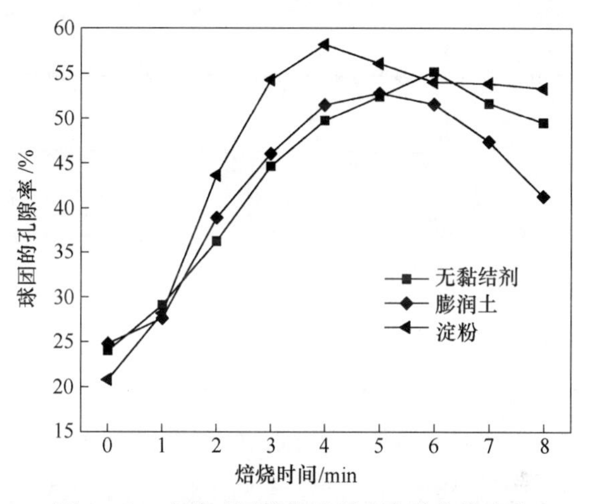

图 2-52 含碳球团焙烧过程中孔隙率的变化

由图 2-52 可知，3 种含碳球团的孔隙率在焙烧初期随焙烧时间的增加而增加，达到峰值后下降。不加黏结剂的球团孔隙率由焙烧时间前的 24.01%增加到焙烧 6min 时的 55.19%，达到最大值。然后孔隙率随着焙烧时间的进一步延长而下降。淀粉球团和膨润土球团的孔隙率与焙烧时间的关系也是如此。将此结果与图 2-51 结果对比可以发现，抗压强度与孔隙率密切相关，反应初期孔隙率增大，球团的抗压强度下降，而后随着孔隙率的降低，球团强度又开始上升。

2.6 含碳球团直接还原焙烧反应机理

2.6.1 含碳球团焙烧过程中物相的变化

为了考察焙烧过程中球团内物相的变化对强度的影响，将不添加黏结剂的含碳球团在 1200℃下焙烧不同时间得到的焙烧产物进行 XRD 分析，结果如图 2-53 所示。

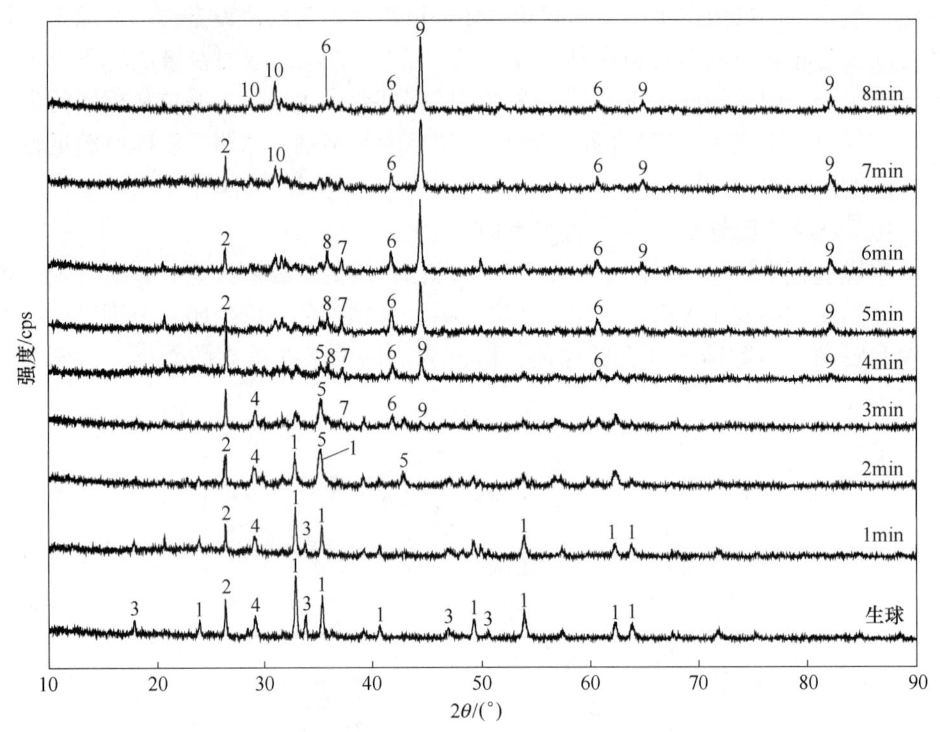

图 2-53　不同焙烧时间含碳球团的 XRD 图

1—赤铁矿；2—石英；3—氢氧化钙；4—碳酸钙；5—磁铁矿；6—浮氏体；
7—氧化钙；8—铁橄榄石；9—金属铁；10—镁黄长石

从图 2-53 可见，随着焙烧时间的延长，碳酸钙的峰逐渐减弱，到 4min 基本消失。随着焙烧时间的延长，赤铁矿按 $Fe_2O_3 \rightarrow Fe_3O_4 \rightarrow FeO \rightarrow Fe$ 的次序被还原成金属铁。同时生成了一些新的脉石矿物，如焙烧 4min 以后出现了铁橄榄石，5min 后出现镁黄长石。低熔点铁橄榄石和金属铁可能成为球团内新的黏结相，导致球团强度升高。如前所述，在焙烧过程中，含碳球团在前 3min 强度下降最明显，从物相变化的角度来看，除了经历碳酸钙分解外，赤铁矿向磁铁矿转变会造成 25%左右的体积膨胀[12]，也将导致强度下降，而新的黏结相铁橄榄石和金属铁此时还未生成。

2.6.2　含碳球团焙烧过程中微观结构的变化

为更好地解释含碳球团高温强度的变化，采用 SEM 对生球及焙烧不同时间的含碳球团的显微结构进行研究，结果如图 2-54 所示。

从图 2-54(a) 和 (b) 可见，在生球内部，铁矿石、煤粉和脱磷剂在机械力作用下，相互契合，加上 $Ca(OH)_2$ 的碳酸化作用，形成紧密的结构，所以具有较高的强度。另外，球团中可见几条裂缝，这可能是制样过程生成的。

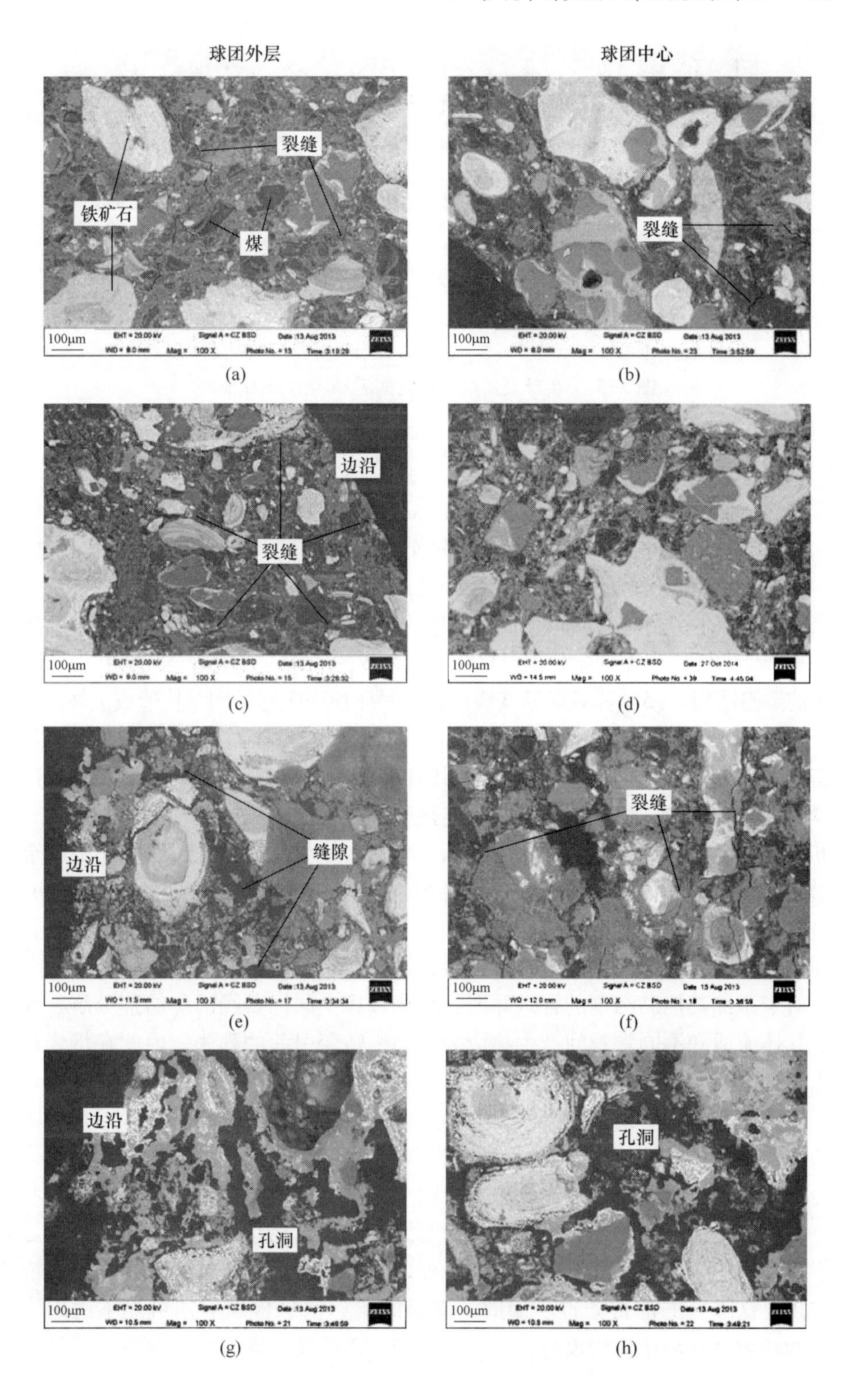
球团外层
球团中心
裂缝
铁矿石
煤
100μm
(a)
裂缝
100μm
(b)
边沿
裂缝
100μm
(c)
100μm
(d)
缝隙
边沿
100μm
(e)
裂缝
100μm
(f)
边沿
孔洞
100μm
(g)
孔洞
100μm
(h)

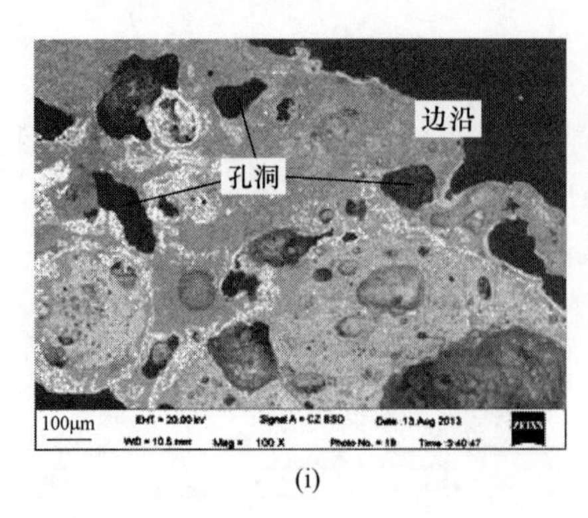

(i)

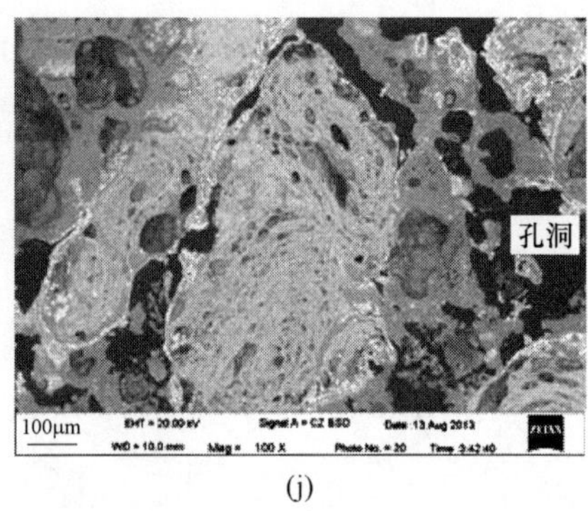

(j)

图 2-54 生球及焙烧不同时间后球团的 SEM 照片
(a), (b) 生球; (c), (d) 焙烧 2min; (e), (f) 焙烧 4min;
(g), (h) 焙烧 6min; (i), (j) 焙烧 8min

当焙烧 2min 后 [见图 2-54(c) 和 (d)], 球团内部的裂缝增多, 这可能是由几方面的原因造成的: (1) 碳酸钙分解, 使得不同颗粒之间失去固结力。(2) 煤气化后留下空隙。(3) 不同的颗粒因为热传导和热膨胀系数不一样, 受热时相互之间产生了热应力。(4) 反应产生的气体的流通, 包括煤中的挥发分、碳酸钙分解产生的气体、煤气化和铁氧化物还原生成的气体, 这些气体向外扩散破坏了球团的致密结构。(5) 赤铁矿转变为磁铁矿时体积膨胀对球团结构造成破坏。

当焙烧 4min 后 [见图 2-54(e) 和 (f)], 球团外层的空隙继续增大, 原本致密的结构变得很疏松, 所以此时球团的抗压强度达到最低。同时球团外层出现了少量金属铁颗粒, 但是铁颗粒很少连接起来, 物相还没有烧结。当焙烧进行到第 6min 时 [见图 2-54(g) 和 (h)], 裂缝发展为大的孔洞, 球团外层的金属铁增多, 并向中心蔓延, 而且外层已经出现熔融现象。当焙烧进行到第 8min 时 [见图 2-54(i) 和 (j)], 熔融程度加剧, 熔融相填补了孔洞。另外生成的金属铁颗粒增多, 部分金属铁颗粒形成链接, 这都有利于球团强度的提高。

对于添加其他黏结剂的含碳球团, 焙烧过程中同样要经历黏结剂分解、煤气化、气体流通和不同颗粒间产生热应力和晶格转变引起的膨胀, 因此在焙烧初期也出现强度急剧下降现象。

在本研究中, 所谓的高温强度并不是球团在高温下实际的强度, 而是球团冷却后的强度。虽然随焙烧时候延长, 因为球团熔融程度加剧和形成金属铁链, 球团冷却后的强度上升。但是, 高温下球团熔融可能会造成球团相互黏结的不利情况, 在回转窑中球团相互黏结可能会引起结圈问题, 在竖炉中球团相互黏结可能会影响炉料的正常运动和腐蚀炉壁。另外, 含碳球团焙烧过程中产生一定的液相是实现提铁降磷的前提条件。因此, 高磷鲕状赤铁矿含碳球团可能不适用于竖炉、回转炉等移动床焙烧设备。

2.6.3 含碳球团膨胀行为

研究中发现，高磷鲕状赤铁矿含碳球团直接还原过程中也出现了异常膨胀现象，不同因素对球焙烧过程中膨胀的影响不同。

A 煤的种类对含碳球团膨胀的影响

赤铁矿和煤的粒度均为-1mm，以不同种类的煤为还原剂，C/O 比保持为 1.0，焙烧温度和焙烧时间分别为 1200℃和 40min。含碳球团焙烧后的形貌如图 2-55所示。

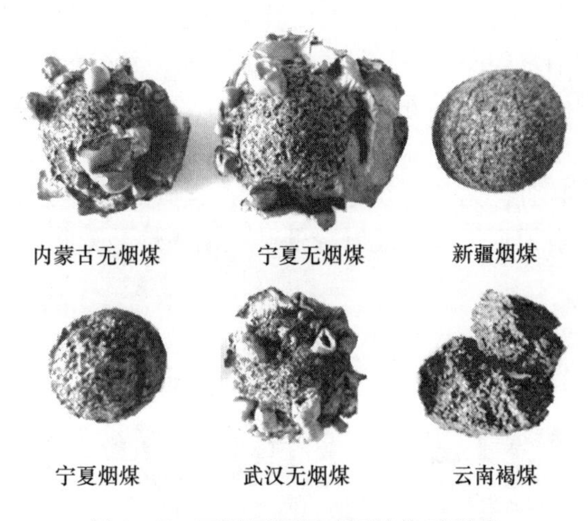

图 2-55 不同还原剂球团焙烧后形貌

从图 2-55 可见，用内蒙古无烟煤、宁夏无烟煤和武汉无烟煤为还原剂时，含碳球团焙烧后均出现明显膨胀现象，在球团表面生成气泡；以新疆烟煤和宁夏烟煤为还原剂时，球团没有出现膨胀现象，基本保持生球的形状；以褐煤为还原剂时，球团开裂，部分粉化。由此可见，煤的种类对高磷鲕状赤铁矿含碳球团的膨胀行为有重要影响，以无烟煤为还原剂时，含碳球团出现膨胀现象，以烟煤和褐煤为还原剂时，不发生膨胀。

B C/O 比和煤粒度对含碳球团熔融膨胀的影响

以粒度为-1mm 的宁夏无烟煤为还原剂，研究 C/O 比对含碳球团膨胀程度的影响，焙烧温度和焙烧时间分别为 1200℃和 40min，结果如图 2-56 所示。由图可见，以-1mm 的宁夏无烟煤为还原剂时，含碳球团的膨胀程度随 C/O 的降低而增加。C/O 比为 1.5 时，球团膨胀不明显，只是在表面冒出很多“气泡”；C/O 比为 1.0 时，球团体积严重膨胀，同时在表面生成很多“气泡”；C/O 比为 0.5 时，球团已完全失去原型，焙烧产物几乎填满整个坩埚。

C/O 比保持为 1.0，分别采用-0.9+0.6mm(粗粒)、-0.45+0.1mm(中粒)

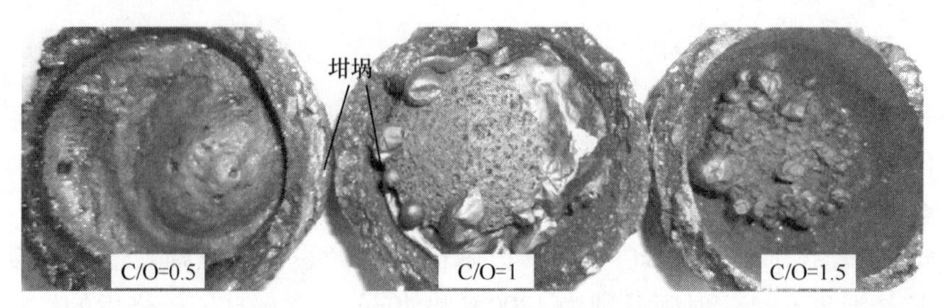

图 2-56 不同 C/O 比焙烧后球团的形貌

和-0.074mm(细粒) 三个粒级的宁夏无烟煤为还原剂，考察煤粒度对含碳球团膨胀程度的影响，结果如图 2-57 所示。从图可见，采用粗粒无烟煤为还原剂时，含碳球团焙烧后发生了严重的膨胀，两个球团已完全融为一体，形成多孔结构。采用中粒无烟煤为还原剂时，球团的熔融膨胀程度有所下降，在球团表面形成了很多“气泡”。采用细粒无烟煤为还原剂时，含碳球团焙烧后基本没有出现膨胀。由此可见，减小无烟煤粒度能够降低甚至消除熔融膨胀现象。

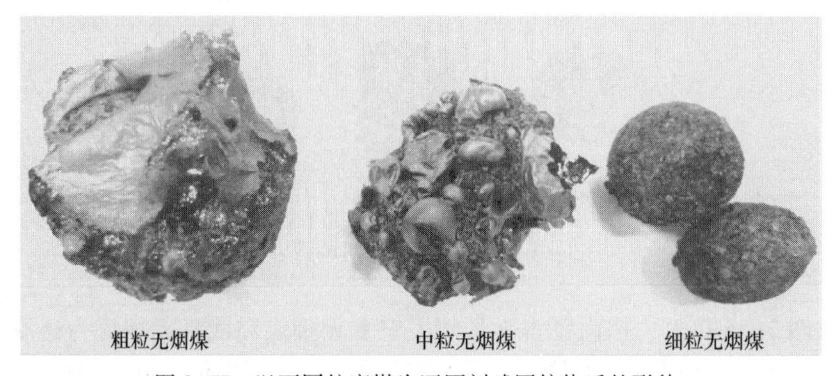

图 2-57 以不同粒度煤为还原剂球团焙烧后的形貌

C 焙烧条件对含碳球团熔融膨胀的影响

以粗粒宁夏无烟煤为还原剂，在 C/O 比为 1.0、焙烧时间为 40min 时，焙烧温度对含碳球团膨胀的影响如图 2-58 所示。

从图 2-58 可知，焙烧温度为 1050℃时，没有出现膨胀现象，当焙烧温度上升到 1100℃时，出现轻微膨胀。继续升高温度至 1150℃时，膨胀程度加剧，而当焙烧温度为 1200℃，膨胀有所下降，可能是形成的气泡在高温下破灭了。

以粗粒宁夏无烟煤为还原剂时，在 C/O 比为 1.0、焙烧温度为 1200℃的条件下，焙烧时间对含碳球团膨胀行为的影响如图 2-59 所示。

从图 2-59 可见，当焙烧时间为 5min 时，球团没有出现膨胀，当焙烧时间为 10min 时，球团表面形成了一层膜，焙烧时间为 15min 时，开始出现膨胀现象。当焙烧时间为 20min，含碳球团出现严重膨胀，继续延长焙烧时间至 40min，球

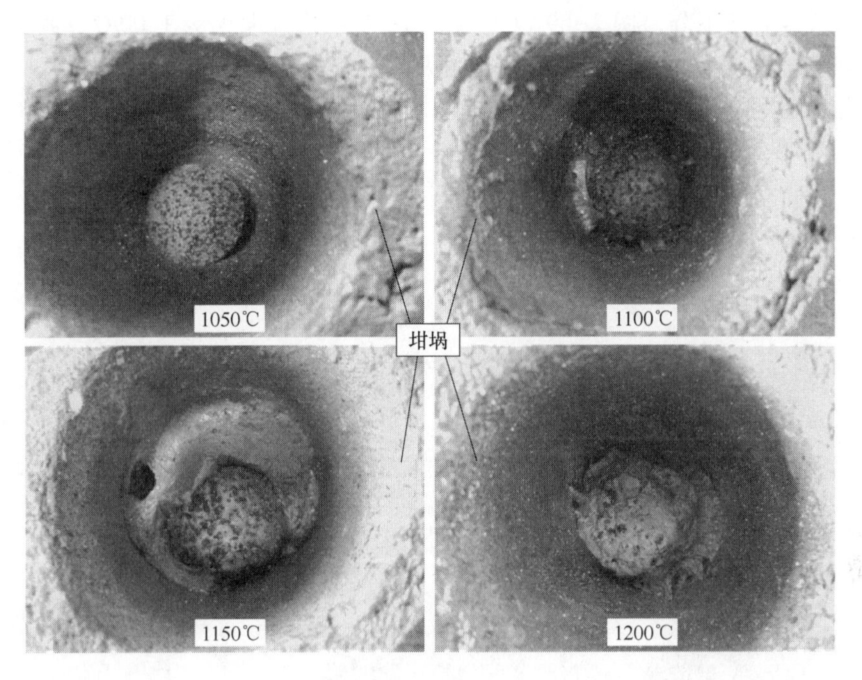

图 2-58 无烟煤含碳球团在不同焙烧温度焙烧后的形貌

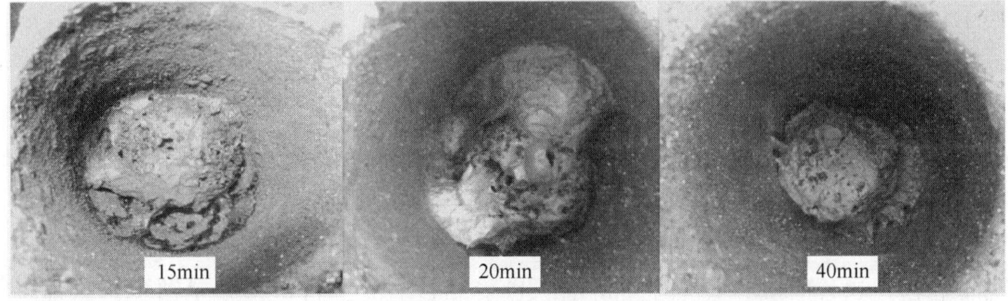

图 2-59 不同焙烧时间粗粒无烟煤含碳球团焙烧后形态

团膨胀程度有所下降。图 2-59 也说明图 2-58 中焙烧温度为 1200℃球团的膨胀程度较焙烧温度为 1150℃有所下降是因为气泡在高温下破灭了。

作为对照，以粗粒（-0.9+0.6mm）新疆烟煤为还原剂，其他条件一致，含碳球团焙烧不同时间的形态变化如图 2-60 所示。由图可知，以粗粒新疆烟煤为还原剂时，含碳球团在焙烧温度为 1200℃时没有出现熔融膨胀现象，焙烧时间超过 20min，球团反而略有收缩。

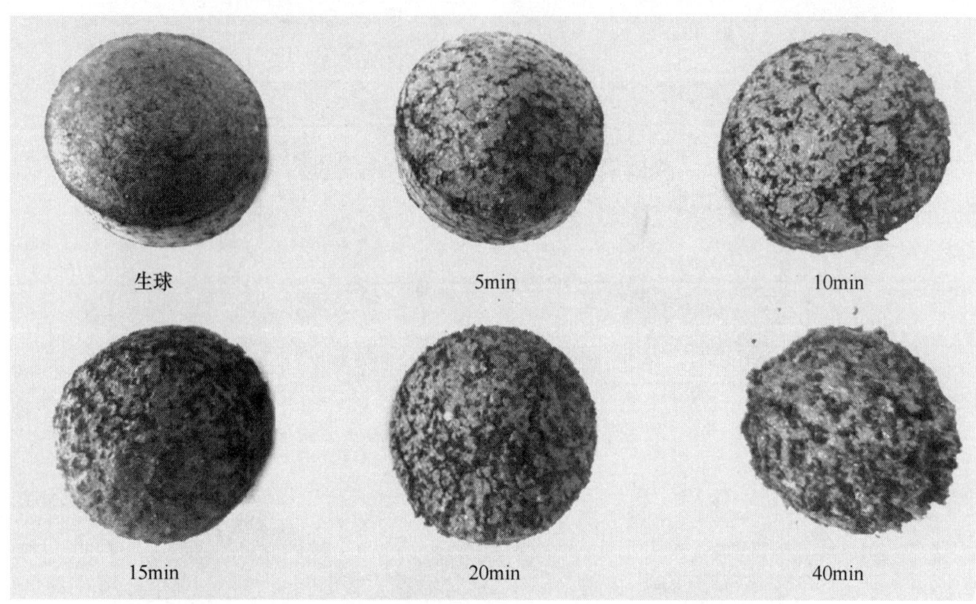

图 2-60 不同焙烧时间粗粒烟煤含碳球团焙烧后形态

D 含碳球团膨胀机理研究

为查明含碳球团熔融膨胀的形成机理，以粗粒宁夏无烟煤为还原剂，考察含碳球团在 1200℃下不同焙烧时间过程中的物相变化。同时以不发生膨胀的粗粒新疆烟煤含碳球团作为对照。焙烧后球团的 XRD 衍射结果分别如图 2-61 和图2-62 所示。

从图 2-61 可见，以粗粒宁夏无烟煤为还原剂，当焙烧时间为 5min 时，焙烧产物中主要含铁相为磁铁矿、赤铁矿和浮氏体，表明此时含碳球团正经历 Fe_2O_3 →Fe_3O_4→FeO 的过程；当焙烧时间为 10min 时，焙烧产物中的主要含铁相为铁橄榄石和少量的金属铁及铁尖晶石，同时石英明显降低。这说明此时有大量的 FeO 与 SiO_2 及 Al_2O_3 反应生成铁橄榄石和铁尖晶石，同时有部分 FeO 被继续还原为金属铁。焙烧时间延长到 15min 时，铁尖晶石消失，石英也几乎消失，其他物质则变化不大。当焙烧时间延长到 20min 时，铁橄榄石显著下降，同时石英增加，说明有部分铁橄榄石和铁尖晶石被还原。当焙烧时间为 40min 时，铁橄榄石

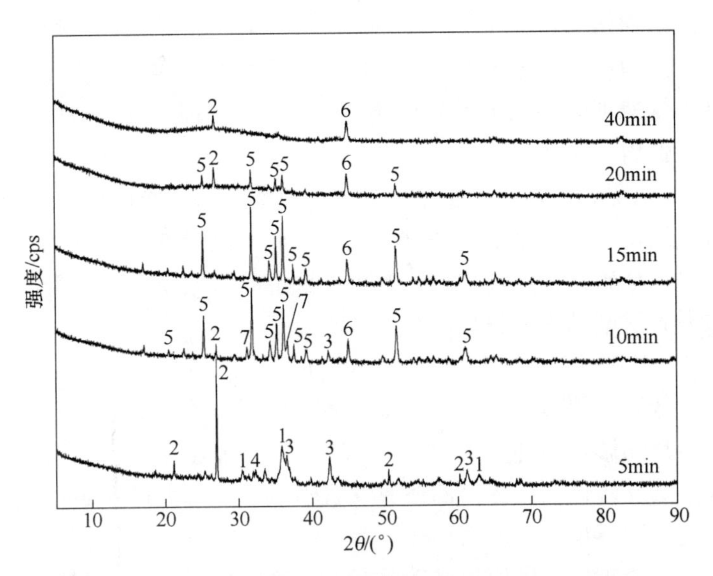

图 2-61 宁夏无烟煤含碳球团焙烧不同后的 XRD 谱图

1—赤铁矿；2—石英；3—浮氏体；4—氟磷灰石；
5—铁橄榄石；6—金属铁；7—铁尖晶石

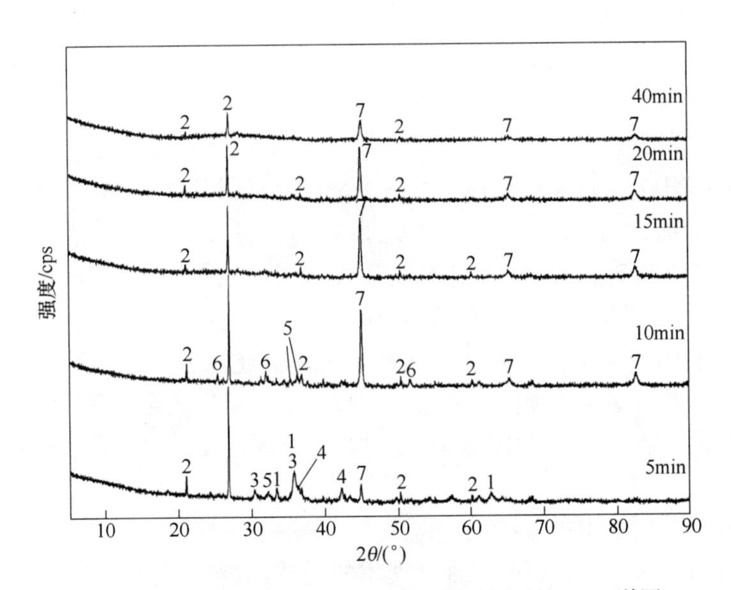

图 2-62 新疆烟煤含碳球团焙烧不同时间后的 XRD 谱图

1—赤铁矿；2—石英；3—磁赤铁矿；4—浮氏体；
5—氟磷灰石；6—铁橄榄石；7—金属铁

几乎消失，焙烧产物中主要为金属铁和石英。此外还可看出，当焙烧时间为30min 和 40min 时，在衍射角度为 20°～35°的范围内出现了明显的“馒头峰”，这说明含碳球团在焙烧过程中生成了一定的液相渣，当被从高温炉中取出后，因为温度急剧下降液相渣来不及结晶而生成了玻璃相的物质。由此可推断，铁橄榄石和铁尖晶石快速下降，除了是被C还原外，还有可能是与脉石中的其他组分反应生成了其他低熔点物质。

从图2-62可见，以粗粒新疆烟煤为还原剂时，当焙烧时间为5min时，焙烧产物中即有金属铁生成，其他含铁物相有赤铁矿、磁赤铁矿和浮氏体。当焙烧时间为10min时，金属铁明显增加，另外可见少量的铁橄榄石。当焙烧时间继续延长后，铁橄榄石逐渐消失，只剩了金属铁和石英。

对比图2-61和图2-62可见，二者最大的区别在于发生膨胀的含碳球团在焙烧初期生成的低熔点物质铁橄榄石更多。据此推断含碳球团的膨胀机理为：在焙烧初期，受传热的影响，还原反应从球团表面向内部逐渐进行。当以无烟煤为还原剂时，因为其反应性差，提供的还原气氛不足，导致大量的FeO没有被还原为金属铁，而是与脉石反应生成铁橄榄石等低熔点的物质，高温下这些低熔点的物质相互黏结形成渣相层。同时，各类还原反应产生的气体，包括煤气化生成的CO，铁氧化物还原产生的CO_2，因为渣相层的阻碍不能顺利地排出球团外。随着气体的积累，球团内部的气压增大，气体向外扩张最后导致球团膨胀。通过增加C/O或减小煤粒度等加强还原气氛的手段，能够抑制低熔点渣相在反应初期过多形成，使得球团内部产生的气体能够顺利排出球团外，因此能够消除膨胀现象。

上述研究表明：

(1) $Ca(OH)_2$和Na_2CO_3在制备球团过程中起到了黏结剂的作用。用质量分数为15%$Ca(OH)_2$和3%Na_2CO_3为组合脱磷剂，因为$Ca(OH)_2$的碳酸化固结作用，高磷鲕状赤铁矿含碳球团的干球抗压强度达到152.8N/个，干球落下强度为4.4次/0.5m，能够满足转底炉对球团强度的要求。

(2) 物料的粒度不仅影响球团强度，还影响还原铁产品指标。减小矿石和煤的粒度均能够提高球团强度。减小矿石粒度能够提高铁品位和铁回收率，但是粒度太细会造成还原铁产品中的磷含量过高。宁夏烟煤的粒度对还原铁产品指标的影响较小。

(3) 在组合脱磷剂的基础上，再加入Na-CMC、糖浆、水玻璃、膨润土和可溶性淀粉为黏结剂，均能够提高含碳球团的生球强度。当添加8%的淀粉时，含碳球团获得最大干球抗压强度为404.6N/个，干球落下强度大于50次/0.5m。

(4) 以不同黏结剂制备的含碳球团在升温过程中其强度会急剧下降，球团的强度与球团孔隙率的变化密切相关，球团强度随孔隙率的增加而减小。

(5) 球团高温强度下降是由于碳酸钙的分解、煤的气化、赤铁矿转变为磁铁矿时引起体积膨胀、反应产生的气体的流通及热应力等多种因素作用的结果。

随着焙烧时间的延长，球团发生熔融现象，熔融相填补了煤粒气化后留下的空隙，同时生成金属铁颗粒增加，且部分金属铁颗粒形成链接，使球团强度提高。鉴于高磷鲕状赤铁矿含碳球团在焙烧前期强度急剧下降，而后期又必须出现熔融，因此可能不适用于回转窑、竖炉等移动床设备。

（6）采用反应性差的无烟煤为还原剂时，含碳球团在焙烧过程中可能出现熔融膨胀现象，其膨胀程度受 C/O 比、煤粒度、焙烧温度和时间影响。减小煤的粒度可以消除膨胀。机理为：采用反应性差的还原剂时，因为无法提供足够的还原气氛，大量的 FeO 与脉石反应生成低熔点渣相，高温下相互黏结的渣相阻碍了气体向外扩散，随着球团内部积累的气体增多，气压增大导致膨胀。

2.6.4 高磷鲕状赤铁矿煤基直接还原热力学

高磷鲕状赤铁矿含碳球团直接还原过程中涉及的热力学问题主要包括铁氧化物还原、氟磷灰石还原和渣相反应等过程。有关纯铁氧化物和用铁精矿进行的还原热力学的研究已经有很多，但高磷鲕状铁矿石的性质与铁精矿有很大差距，其中脉石含量高，含有磷灰石，特别是还原过程中需要添加石灰石和碳酸钠为脱磷剂才能取得好的效果。研究中还发现，还原过程中生成的液相渣是实现高效提铁降磷的关键，但是生成液相渣的过程则几乎不可能通过简单的热力学计算进行研究。通过相图可以计算部分体系在一定条件下的液相量，但是对于多元体系（三元以上）也很难采用相图进行计算，一方面是缺乏相关的相图，另一方面是多元体系的计算过程非常繁琐。

FactSage 是化学热力学领域中世界上完全集成数据库最大的计算系统之一。其最新版本 FactSage 6.4 拥有 4776 种化合物的热力学数据和数百种金属溶液、氧化物液相与固相溶液、锍、熔盐、水溶液等溶液数据库。它包含 Reaction、Equilib、Phase Diagram 等 17 个功能模块。利用 Reaction 模块可快捷地计算化学反应的热力学数据。Equilib 模块是基于吉布斯自由能最小原理开发的，利用它可以计算多种化合物反应达到平衡时各物相的含量[13]。

首先采用 FactSage 6.4 的 Reaction 模块研究高磷鲕状赤铁矿煤基直接还原过程中一些重要反应的热力学，然后采用 Equilib 模块模拟高磷鲕状赤铁矿含碳球团在不同条件下磷灰石还原和液相渣的生成情况，从热力学上阐明脱磷剂的作用机理，并采用 XRD 和 SEM-EDS 手段进行验证。

2.6.5 低品位赤铁矿煤基直接还原热力学

2.6.5.1 Fe_2O_3 的煤基直接还原热力学

铁矿石的煤基直接还原主要是铁氧化物被煤气化所产生的 CO 还原，赤铁矿被 CO 还原的历程如下[14]：

$T>570$℃

$$3Fe_2O_3 + CO \xlongequal{} 2Fe_3O_4 + CO_2 \tag{2-4}$$

$$Fe_3O_4 + CO \xlongequal{} 3FeO + CO_2 \tag{2-5}$$

$$FeO + CO \xlongequal{} Fe + CO_2 \tag{2-6}$$

$T<570$℃

$$1/4Fe_3O_4 + CO \xlongequal{} 3/4Fe + CO_2 \tag{2-7}$$

以煤为还原剂时，还包括煤气化反应：

$$C + CO_2 \xlongequal{} 2CO \tag{2-8}$$

采用热力学软件 FactSage 6.4 的 Reaction 模块对以上反应进行热力学计算，获得反应的标准吉布斯自由能变（$\Delta_r G_m^\ominus$）、反应标准平衡常数（$K^\ominus$）与温度（T）的关系。各反应的 $\Delta_r G_m^\ominus$ 与 T 的关系如图 2-63 所示，各反应的 $K^\ominus$ 与 T 的关系如图 2-64 所示。

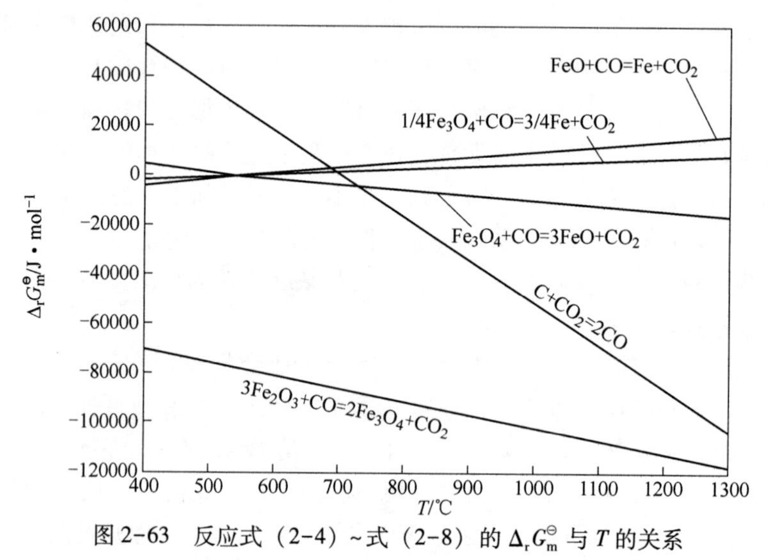

图 2-63　反应式（2-4）~式（2-8）的 $\Delta_r G_m^\ominus$ 与 T 的关系

利用各温度下各个反应平衡时的 CO 体积分数［φ(CO)］与 $K^\ominus$ 的关系绘制 CO 还原氧化铁平衡图和 C 的 CO_2 气化的平衡图。

对于反应式（2-4）~式（2-7）：

$$K^\ominus = \frac{p_{CO_2}}{p_{CO}} = \frac{\varphi(CO_2)}{\varphi(CO)} \tag{2-9}$$

式中　$K^\ominus$——反应的标准平衡常数，无量纲；

p_{CO_2}——气体中 CO_2 的分压，Pa；

p_{CO}——气体中 CO 的分压，Pa；

$\varphi(CO_2)$——CO_2 的体积分数,%；

$\varphi(CO)$——CO 的体积分数,%。

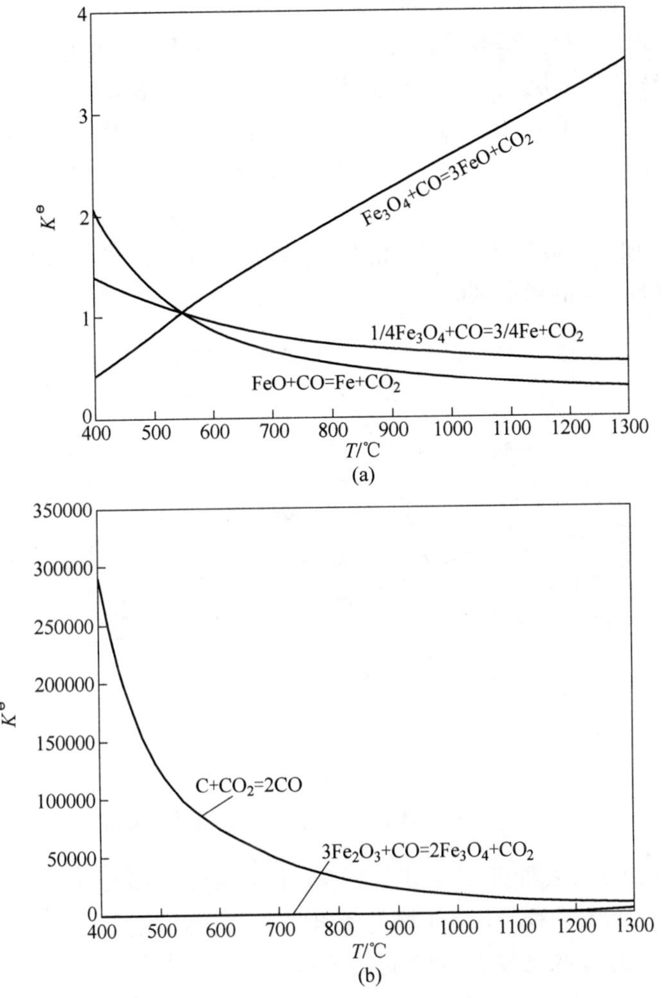

图 2-64 反应式（2-4）~式（2-8）的 $K^{\ominus}$ 与 T 的关系

假设反应过程中没有其他气体，则有

$$\varphi(CO) + \varphi(CO_2) = 100\%$$

所以

$$\varphi(CO) = \frac{100}{1 + K^{\ominus}}\% \tag{2-10}$$

对于反应式（2-8）：

$$K^{\ominus} = \frac{p_{CO}^2}{p_{CO_2}} = \frac{\varphi^2(CO)}{100\varphi(CO_2)} \tag{2-11}$$

假设

$$\varphi(CO) + \varphi(CO_2) = 100\%$$

所以

$$\varphi(CO) = 50 \times K^{\ominus}\left(\sqrt{1 + \frac{4}{K^{\ominus}}} - 1\right)\% \tag{2-12}$$

CO 还原铁氧化物及 C 气化的平衡相图如图 2-65 所示。从图可见，反应式（2-4）的平衡 φ(CO) 非常低，说明 Fe_2O_3 还原为 Fe_3O_4 所需 CO 浓度非常低，反应非常容易进行。反应式（2-5）和式（2-6）平衡 φ(CO) 曲线在反应式（2-4）之上，说明 FeO 还原为 Fe 所需的 CO 浓度远高于 Fe_2O_3 和 Fe_3O_4 的还原，因此 FeO 的还原最难进行。另外，反应式（2-8）的平衡 φ(CO) 曲线与反应式（2-5）和式（2-6）的平衡 φ(CO) 曲线分别相交于 *A* 点（约 650℃）和 *B* 点（约 700℃），说明 700℃以上为 Fe 的稳定区间，650～700℃为 FeO 的稳定区间，650℃以下为 Fe_3O_4 的稳定区间。

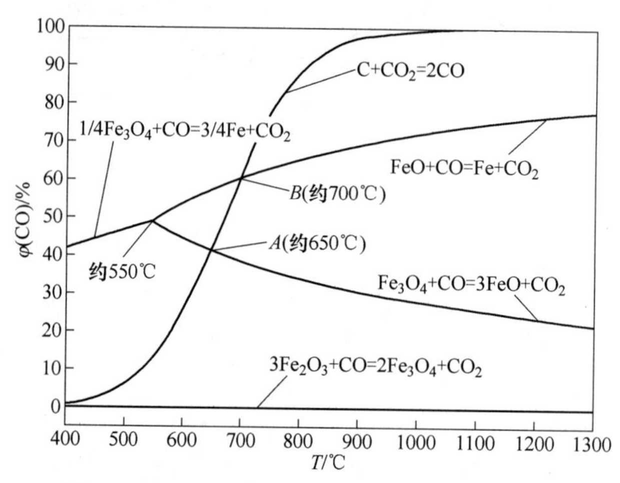

图 2-65 CO 还原铁氧化物及 C 气化的平衡相图

另外可见，反应式（2-5）～式（2-7）的平衡 φ(CO) 曲线交于 550℃，而非一般认为的 570℃，这是因为热力学数据来源不同造成的。

2.6.5.2 酸性脉石参与反应的热力学研究

高磷鲕状赤铁矿为酸性矿石，含有大量的 SiO_2 和 Al_2O_3 等脉石成分，在其煤基直接还原过程中，脉石成分也可能与铁氧化物反应。因为 $Fe_2O_3 \rightarrow Fe_3O_4 \rightarrow FeO \rightarrow Fe$ 流程中，最后一步最难进行，因此在还原气氛下脉石成分主要是与 FeO 发生反应，反应如式（2-13）和式（2-14）。

$$2FeO + SiO_2 \xlongequal{} Fe_2SiO_4 \tag{2-13}$$

$$FeO + Al_2O_3 \xlongequal{} FeAl_2O_4 \tag{2-14}$$

反应式（2-13）、式（2-14）及反应式（2-8）的 $\Delta_r G_m^{\ominus}$ 与 T 关系如图 2-66 所示。

从图 2-66 可见，在计算的温度范围内生成铁橄榄石和铁尖晶石反应的 $\Delta_r G_m^{\ominus}$ 都小于零，说明在热力学上此反应可以进行。铁橄榄石为低熔点的矿物（1205℃），在高温下熔化，会堵塞球团内的孔洞，不利于气体的扩散，进一步抑

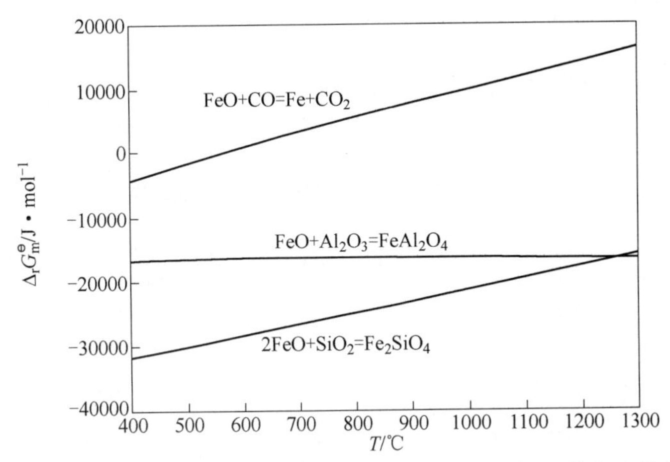

图 2-66 反应式（2-6）、式（2-13）、式（2-14）的 $\Delta_r G_m^{\ominus}$ 与 T 的关系

制还原反应的进行。因此，铁橄榄石和铁尖晶石的生成被认为是导致铁回收率不高的主要原因。

另外还可看出，反应式（2-13）和式（2-14）$\Delta_r G_m^{\ominus}$ 的小于反应式（2-6）的 $\Delta_r G_m^{\ominus}$，说明在标态下反应式（2-13）和式（2-14）较反应式（2-6）更容易进行。但是从图 2-65 可见，在高磷鲕状赤铁矿煤基直接还原系统中，对于反应式（2-6），除了与反应式（2-8）交点外，其他条件下都不是标准状态，所以应该采用吉布斯自由能变（$\Delta_r G_m$）而不是 $\Delta_r G_m^{\ominus}$ 来比较反应式（2-6）、式（2-13）、式（2-14）进行的难易程度。因为反应式（2-13）和式（2-14）与气相成分无关，所以只需按式（2-15）计算反应式（2-6）的 $\Delta_r G_m$。

$$\Delta_r G_m = \Delta_r G_m^{\ominus} + R(273.15 + T)\ln K \tag{2-15}$$

式中 R——理想气体常数，8.31451J/(mol·K)；

K——反应平衡常数，无量纲。

反应式（2-6）的平衡常数 $K = \dfrac{p_{CO_2}}{p_{CO}} = \dfrac{\varphi(CO_2)}{\varphi(CO)} = \dfrac{100 - \varphi(CO)}{\varphi(CO)}$。因为 CO 由反应式（2-8）提供，因此将反应式（2-8）平衡时的 $\varphi(CO)$ 带入上式计算出 K 值，即可得到煤基直接还原体系中反应式（2-6）的 $\Delta_r G_m$，为方便与反应式（2-13）和式（2-14）比较，将后两个反应的 $\Delta_r G_m$ 数据一起绘图，结果如图 2-67所示。

从图 2-67 可见，反应式（2-6）与式（2-13）和式（2-14）分别相交于约 826℃和约 876℃，即当温度高于 826℃时，反应式（2-6）的 $\Delta_r G_m$ 小于反应式（2-14）的 $\Delta_r G_m$；当温度高于 876℃时，反应式（2-6）的 $\Delta_r G_m$ 小于反应式（2-13）的 $\Delta_r G_m$。也就是说 FeO 是被还原为 Fe 还是与 SiO_2、Al_2O_3 反应生成铁

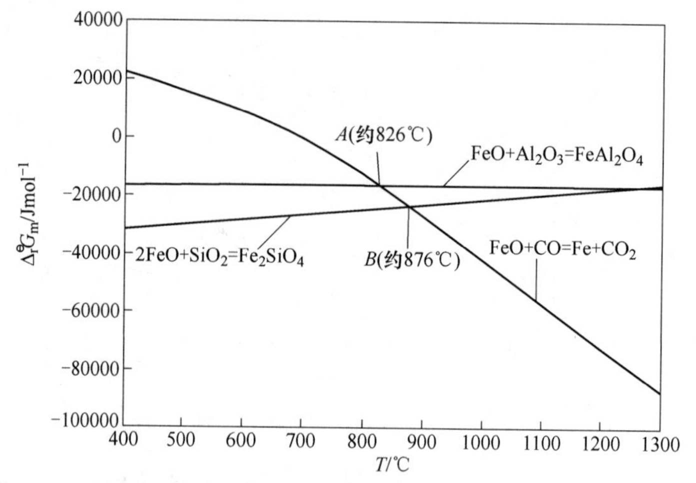

图2-67　反应式（2-6）、式（2-13）、式（2-14）的 $\Delta_r G_m$ 与 T 的关系

橄榄石和铁尖晶石取决于焙烧温度。因为反应式（2-6）的 $\Delta_r G_m^{\ominus}$ 随温度的增加而升高，而 $\Delta_r G_m$ 随温度的增加而降低，所以 $\ln K$ 应为负值，且其负值越大，反应式（2-6）的 $\Delta_r G_m$ 越小。又因为 $K=\dfrac{p_{CO_2}}{p_{CO}}=\dfrac{\varphi(CO_2)}{\varphi(CO)}=\dfrac{100-\varphi(CO)}{\varphi(CO)}$，所以气氛中的 $\varphi(CO)$ 越大，也就是还原气氛越强，FeO 被还原为金属铁的趋势越大；若环境中的 $\varphi(CO)$ 减小，即还原气氛减弱，则生成铁橄榄石和铁尖晶石的可能性增大。实际焙烧效果表明，采用反应性差的无烟煤为还原剂时，焙烧初期生成了大量的铁橄榄石和少量铁尖晶石，而采用反应性好的烟煤为还原剂时，生成的铁橄榄石很少，就是因为烟煤提供了更强的还原气氛，抑制了铁橄榄石的生成。

2.6.5.3　脱磷剂作用的热力学研究

在煤基直接还原过程中，Fe_2SiO_4 和 $FeAl_2O_4$ 可以被 C 还原为金属铁，反应式如下：

$$Fe_2SiO_4 + 2C = 2Fe + SiO_2 + 2CO \tag{2-16}$$

$$\Delta_r G_m^{\ominus}=0 \text{ 时，} T=805.28℃$$

$$FeAl_2O_4 + C = Fe + Al_2O_3 + CO \tag{2-17}$$

$$\Delta_r G_m^{\ominus}=0 \text{ 时，} T=831.63℃$$

在 CaO、Na_2O 存在的情况下，反应如下：

$$Fe_2SiO_4 + CaO + 2C = 2Fe + CaSiO_3 + 2CO \tag{2-18}$$

$$\Delta_r G_m^{\ominus}=0 \text{ 时，} T=417.43℃$$

$$FeAl_2O_4 + CaO + C = Fe + CaAl_2O_4 + CO \tag{2-19}$$

$$\Delta_r G_m^{\ominus}=0 \text{ 时，} T=600.26℃$$

$$Fe_2SiO_4 + Na_2O + 2C = 2Fe + Na_2SiO_3 + 2CO \tag{2-20}$$

$$\Delta_r G_m^{\ominus}=0 \text{ 时}, T=63.54℃$$

$$FeAl_2O_4 + Na_2O + C = Fe + 2NaAlO_2 + CO \tag{2-21}$$

$$\Delta_r G_m^{\ominus}=0 \text{ 时}, T=-202.74℃$$

反应式（2-16）~式（2-21）的 $\Delta_r G_m^{\ominus}$ 与 T 的关系如图 2-68 所示。

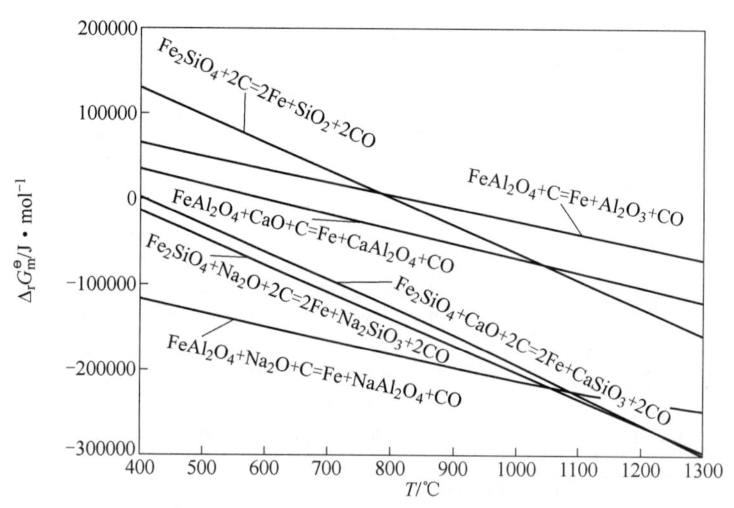

图 2-68　反应式（2-16）~式（2-21）的 $\Delta_r G_m^{\ominus}$ 与 T 的关系

从图 2-68 可见，随焙烧温度的提高，Fe_2SiO_4 和 $FeAl_2O_4$ 被还原的趋势增加。Fe_2SiO_4 和 $FeAl_2O_4$ 被 C 还原的起始温度分别为 805.28℃ 和 831.63℃，在 CaO 参与的情况下，反应起始温度分别下降为 417.43℃和 600.26℃。在 Na_2O 参与的情况下，反应起始温度分别下降为 63.54℃和−202.74℃。焙烧过程中添加的 Na_2CO_3、CaO、$Ca(OH)_2$ 和 $CaCO_3$ 作用机理是参与了以上反应。其他研究者也提出了类似的看法[15]。

但是应该注意的是，铁橄榄石和铁尖晶石并不是铁矿石还原必经之过程，在 CaO 存在的情况下，若 SiO_2 和 Al_2O_3 优先与 CaO 反应，将直接抑制铁橄榄石和铁尖晶石的生成，而不必待铁橄榄石和铁尖晶石生成后再从中将 FeO 还原出来，CaO 与 SiO_2 和 Al_2O_3 的反应如下：

$$SiO_2 + CaO = CaSiO_3 \tag{2-22}$$

$$Al_2O_3 + CaO = CaAl_2O_4 \tag{2-23}$$

反应式（2-22）、式（2-23）、式（2-13）和式（2-14）的 $\Delta_r G_m^{\ominus}$ 与 T 的关系如图 2-69 所示。

从图 2-69 中可见，SiO_2 和 Al_2O_3 与 CaO 反应的热力学驱动力远大于与 FeO 反应的热力学驱动力。这说明，CaO 能够直接抑制铁橄榄石和铁尖晶石的生成。因此，CaO 提高铁回收率的作用机理可能是 CaO 直接抑制了铁橄榄石和铁尖晶石的生成，而不是将铁橄榄石和铁尖晶石中的 FeO 置换出来。Na_2O 的作用机理也

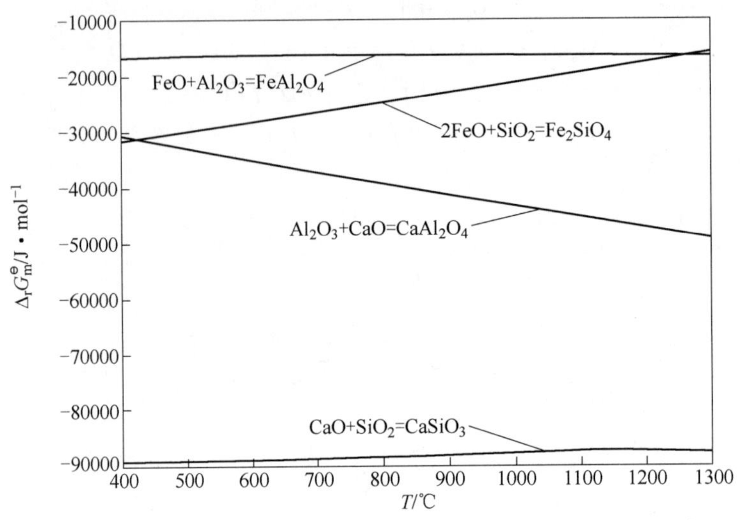

图 2-69　反应式（2-22）、式（2-23）、式（2-13）和式（2-14）的 $\Delta_r G_m^{\ominus}$ 与 T 的关系

可同理分析。同时，CaO 和 Na_2O 也有催化煤气化的作用，从而增强还原气氛，也会抑制铁橄榄石的生成，提高铁回收率。

2.6.5.4　液相渣的生成量

铁橄榄石为低熔点物质，它还可能与矿石中的其他组分反应生成熔点更低的物质，当焙烧温度超过其熔点时，这些物质将以液相渣形式存在。如前所述，焙烧过程中生成的液相渣对金属铁的迁移有重要意义，它决定了磨矿—磁选阶段铁分离的效果。因此，非常有必要研究含碳球团焙烧过程中形成液相渣的反应。但是对于生成液相渣的反应很难采用单个反应来表示，可采用 FactSage 6.4 的 Equilib 模块来解决这一问题。

根据原矿的多元素和物相分析结果，将原矿成分进行简化处理，结果见表 2-19。简化方式是将含量非常少的组分按比例分配到其他组分。因为赤铁矿和氟磷灰石是主要考察的对象，因此它们采用矿物的形式表达，其他组分均以氧化物形式表达。Fe_2O_3 和 $Ca_{10}(PO_4)_6F_2$ 的含量采用原矿的 Fe 品位和磷含量进行推算，假设原矿中的 Fe 和磷全部分别以 Fe_2O_3 和 $Ca_{10}(PO_4)_6F_2$ 形式存在。CaO 含量为原矿中 CaO 含量减去氟磷灰石中的 CaO 含量。

表 2-19　简化后的原矿成分　　（质量分数/%）

组分	Fe_2O_3	SiO_2	Al_2O_3	$Ca_{10}(PO_4)_6F_2$	CaO	MgO	总计
含量	65.70	18.02	9.78	4.75	1.13	0.62	100.00

选择 FactPS（纯物质数据库）和 FToxid（氧化物数据）两个数据库，在一个大气压下（后文中所有的 FactSage 模拟压力均为一个大气压），模拟高磷鲕状赤铁

矿含碳球团在升温过程中的物质平衡。为了更直观地查看结果，将原矿质量设为100g，各组分的质量按表2-19设置。输出结果中除液相渣量以质量分数（%）表示外，其他各组分含量均以质量（g）表示。液相渣含量按式（2-24）计算。

$$液相渣含量=\frac{液相渣质量}{铁矿石质量+还原剂质量+添加剂质量-气相质量}\times 100\% \tag{2-24}$$

铁橄榄石吸收矿石中其他组分生成液相渣的反应实质上是部分FeO参与造渣的过程，因此可以通过改变C/O比来模拟参与造渣的FeO量与生成液相渣量的关系。1200℃下，C/O比对含碳球团体系平衡产物的影响，如图2-70所示。软件模拟结果中一般都有十几种产物，其中部分含量很低且与研究对象没有密切关系的物质没有列出，在后文中也做同样处理，不再说明。

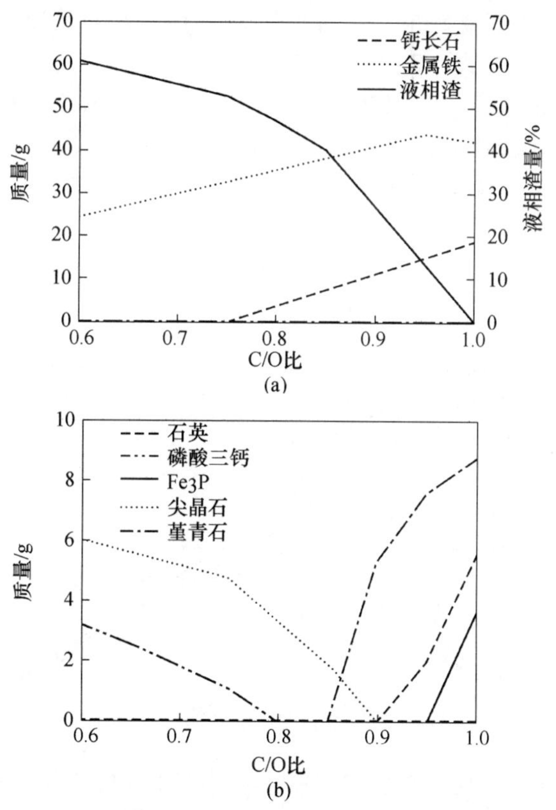

图2-70 C/O比对含碳球团1200℃焙烧体系平衡产物的影响

从图2-70(a)可见，随着C/O比的增加，体系中生成金属铁的量增加而液相渣含量减少，这说明随着参与造渣的FeO增多，生成的液相渣量增加。如前所述，还原气氛减弱，则生成铁橄榄石和铁尖晶石的可能性增大，结合此部分结果则可以归纳为：生成液相渣量取决于还原气氛，随着还原气氛增强，生成的液相量减少。当 C/O 比为 1.0 时，铁氧化物全部被还原为金属铁（部分金属铁与单质磷反应），液相渣消失，说明若没用 FeO 参与造渣，鲕状铁矿石的脉石成分的熔点高于 1200℃。前文已分析，添加 $Ca(OH)_2$ 可以促进铁氧化物还原，意味着进入渣相的 FeO 数量减少。因此，从参与造渣的 FeO 数量的角度推断，添加 $Ca(OH)_2$ 将减少液相渣的生成量。

此外，还可看出当 C/O 比超过 0.9 后，未参加反应的石英增加，磷酸三钙（$Ca_3(PO_4)_2$）的量随 C/O 比的增加而降低。说明在模拟的 C/O 比范围内，氟磷灰石都能够被还原，其还原率随 C/O 比的增加而增加，当 C/O 超过 0.95，开始生成 Fe_3P。

2.6.5.5　氟磷灰石热碳还原热力学

通过计算氟磷灰石或磷酸三钙的热碳还原反应的 $\Delta_r G_m^\ominus$ 来判断在一定条件下铁矿石中磷灰石是否发生反应。只考虑矿石中的 SiO_2 对反应的影响，可能发生的反应如式（2-25）~式（2-28）。

$$Ca_{10}(PO_4)_6F_2 + 15C = CaF_2 + 3P_2 + 15CO + 9CaO \quad (2-25)$$

$$Ca_{10}(PO_4)_6F_2 + 15C + 4.5SiO_2 = CaF_2 + 3P_2 + 15CO + 4.5Ca_2SiO_4 \quad (2-26)$$

$$Ca_{10}(PO_4)_6F_2 + 15C + 6SiO_2 = CaF_2 + 3P_2 + 15CO + 3Ca_3Si_2O_7 \quad (2-27)$$

$$Ca_{10}(PO_4)_6F_2 + 15C + 9SiO_2 = CaF_2 + 3P_2 + 15CO + 9CaSiO_3 \quad (2-28)$$

采用 FactSage 6.4 软件的 Reaction 模块分别对以上反应进行热力学计算，各反应的 $\Delta_r G_m^\ominus$ 与 T 的关系如图 2-71 所示。

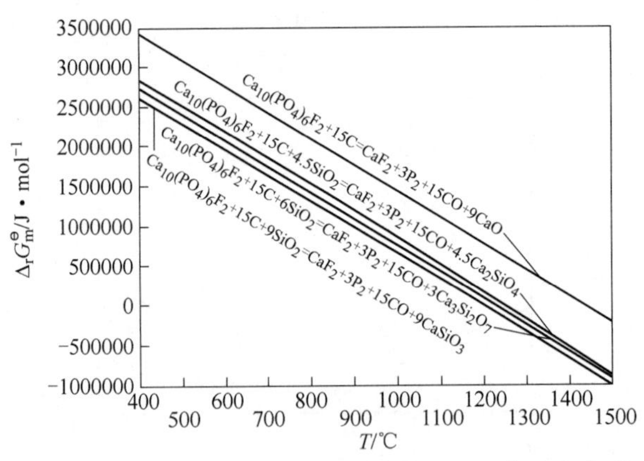

图 2-71　反应式（2-25）~式（2-28）的 $\Delta_r G_m^\ominus$ 与 T 的关系

对于反应式（2-25），$\Delta_r G_m^\ominus = 0$ 时，$T = 1440.38$℃；

对于反应式（2-26），$\Delta_r G_m^\ominus = 0$ 时，$T = 1251.92$℃；

对于反应式（2-27），$\Delta_r G_m^\ominus = 0$ 时，$T = 1230.10$℃；

对于反应式（2-28），$\Delta_r G_m^\ominus = 0$ 时，$T = 1201.50$℃。

由此可知，在没有 SiO_2 参与反应时，氟磷灰石热碳还原的起始温度为1440.38℃。加入 SiO_2 可以降低反应起始温度，且随 CaO/SiO_2 的降低，起始温度不断下降。$CaO/SiO_{2(m)}<1$ 时，氟磷灰石的还原起始温度为1201.50℃。球团高磷鲕状赤铁矿的 $CaO/SiO_{2(m)}$ 仅为0.22，按反应式（2-28）计算，其中的氟磷灰石的反应温度为1201.50℃。

因为氟磷灰石较赤铁矿更难还原，在高磷铁矿石热碳还原过程中，在氟磷灰石开始还原之前，即可能有金属铁生成。当氟磷灰石被还原生成 P_2 后，P_2 能迅速被金属铁吸收，反应如式（2-29）所示。

$$6Fe + P_2 = 2Fe_3P \tag{2-29}$$

反应的 $\Delta_r G_m^{\ominus}$ 与温度 T 的关系如图2-72所示。

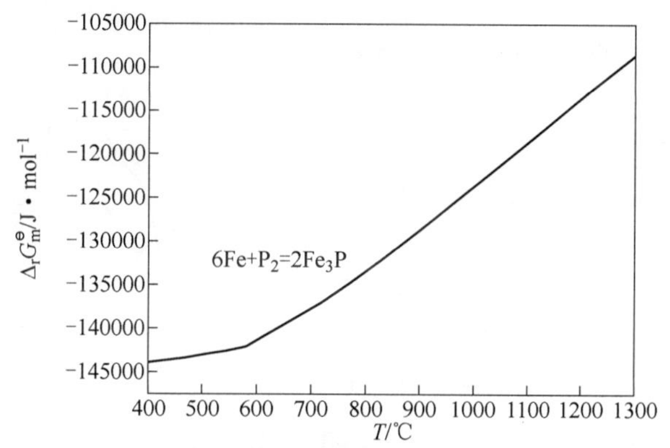

图2-72 反应式（2-29）的 $\Delta_r G_m^{\ominus}$ 与 T 的关系

由图2-72可知，反应式（2-29）的 $\Delta_r G_m^{\ominus} \ll 0$，说明它可自发进行。若将反应式（2-29）与反应式（2-28）合并，得总反应式（2-30）。

$$Ca_{10}(PO_4)_6F_2 + 15C + 9SiO_2 + 18Fe = CaF_2 + 6Fe_3P + 15CO + 9CaSiO_3 \tag{2-30}$$

反应式（2-30）的 $\Delta_r G_m^{\ominus}$ 与温度 T 的关系如图2-73所示。

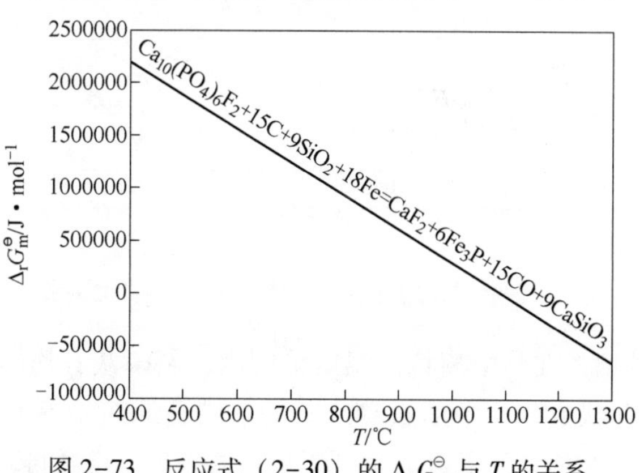

图2-73 反应式（2-30）的 $\Delta_r G_m^{\ominus}$ 与 T 的关系

当 $\Delta_r G_m^\ominus = 0$ 时，$T = 1095.33$℃。

由此说明，Fe 和 P_2 的反应降低了氟磷灰石还原反应的起始温度。

原矿组分复杂，除 SiO_2 和金属铁外，其他组分均可能对氟磷灰石的还原产生影响。为进一步模拟高磷鲕状赤铁矿含碳球团直接还原过程中氟磷灰石的还原行为，采用 FactSage 软件的 Equilib 模块进行热力学模拟，矿石成分仍按表2-19设置。从图 2-70 可知，当 C/O 比超过 0.95 开始生成 Fe_3P，因为生成 Fe_3P 是导致还原铁产品的磷含量高的主要原因之一，为了体现不同温度下 Fe_3P 生成的情况，将 C/O 比设置为 1.0。温度对平衡产物的影响结果如图2-74所示。

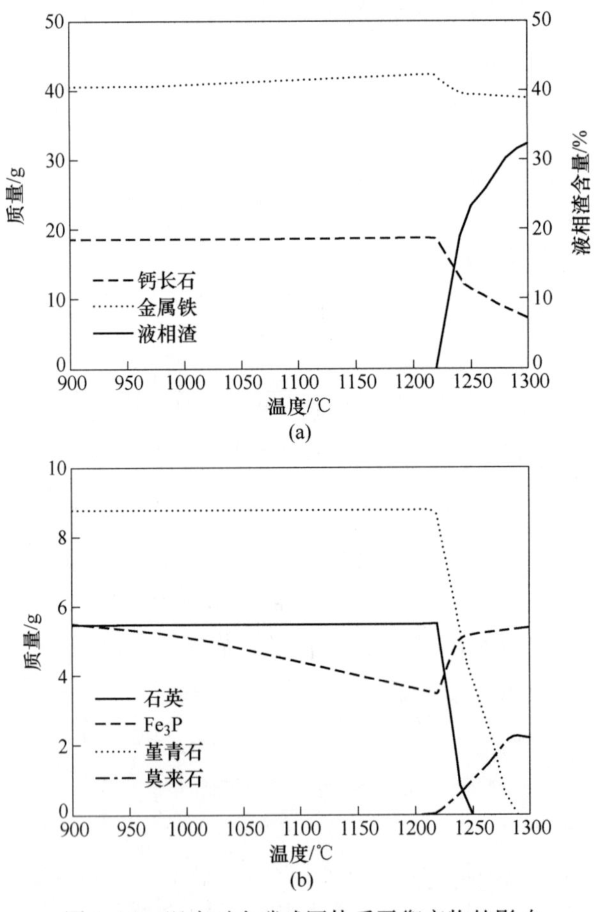

图 2-74　温度对含碳球团体系平衡产物的影响

从图 2-74 可见，在整个模拟的温度范围内，氟磷灰石均已消失，同时生成了 Fe_3P，这说明鲕状铁矿石中的氟磷灰石的热碳还原起始温度远低于氟磷灰石自身及有 SiO_2 参与时的还原温度，也低于反应式（2-30）的起始温度。

2.6.5.6 $Ca(OH)_2$ 作用机理

A FactSage 模拟

工艺研究表明，在1200℃下添加 $Ca(OH)_2$ 能够降低还原铁产品的磷含量，同时对铁品位和铁回收率也有影响。采用 FactSage 的 Equilib 模块模拟 $Ca(OH)_2$ 用量对高磷鲕状铁矿石含碳球团热平衡的影响。因为 $Ca(OH)_2$ 在500℃即可分解为 CaO 和 H_2O，H_2O 以蒸汽的形式挥发，参与后续反应的可能性较小，因此将 $Ca(OH)_2$ 换算为 CaO。原矿的成分按表 2-29 设置，原矿按 100g 计算，温度为 1200℃，C/O 比为 1.0。CaO 用量对含碳球团体系平衡产物的影响如图 2-75 所示。

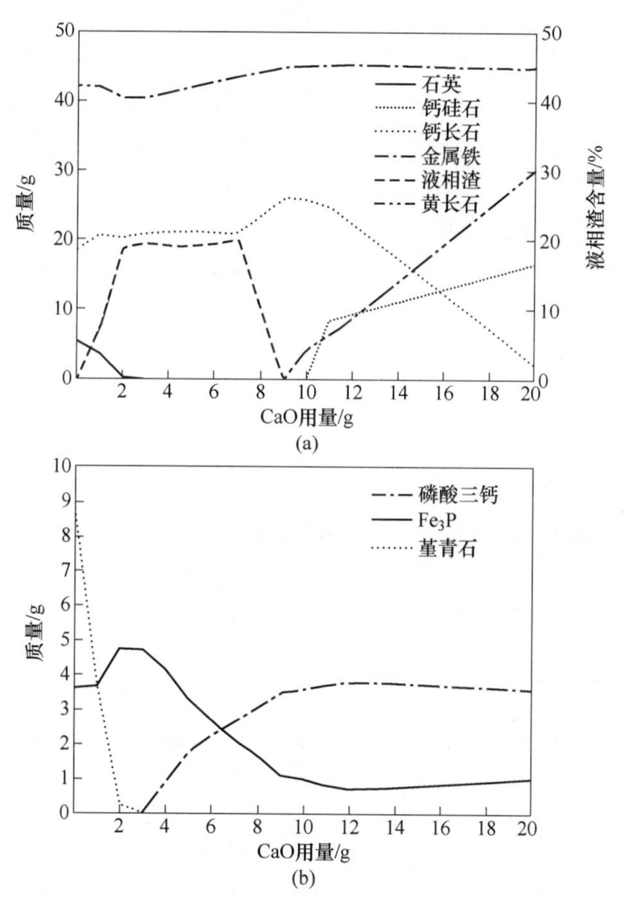

图 2-75 CaO 用量对含碳球团体系平衡产物的影响

由图 2-75(a) 可知，CaO 用量对体系中生成的液相渣量影响很大。随着 CaO 用量的增加，体系中生成的液相渣量先增加，在 CaO 用量为 2~7g 的范围内，液相渣量基本不变，当 CaO 用量超过 7g 后，液相渣量急剧下降。CaO 用量为 9g 时，液相基本消失。可以看出，添加适量的 CaO 也能使体系中生成液相渣，但是 CaO 过量，液相渣又消失。

从图 2-75(b) 可知，当 CaO 添加量超过 3g，生成的 Fe_3P 的量随 CaO 添加量的增加而降低，同时磷酸三钙的量增加。这说明在此用量范围内 CaO 的加入抑制了磷酸三钙的还原。当 CaO 用量超过 12g 以后，Fe_3P 的量趋于平衡。相同条件下焙烧球的磁选结果表明，当 $Ca(OH)_2$ 用量超过 15%时，相当于 CaO 用量超过 11.35g，还原铁产品的磷含量趋于平衡，说明模拟结果与试验结果比较吻合。另外，当 CaO 用量超过 9g 以后，开始生成黄长石，而钙长石的量逐渐减少，超过 10g 后，开始生成钙硅石。

B　$Ca(OH)_2$ 对焙烧产物中物相的影响

采用 XRD 验证 FactSage 模拟结果，在焙烧温度为 1200℃、焙烧时间为 40min、C/O 比为 0.82 的条件下，添加质量分数为 15%的 $Ca(OH)_2$ 前后焙烧产物的 XRD 如图 2-76 所示。从图 2-76 可见，没有 $Ca(OH)_2$ 时，焙烧产物中的结晶物相主要是金属铁、石英和钙长石，氟磷灰石的衍射峰非常微弱，这说明氟磷灰石大部分被还原。添加质量分数为 15%的 $Ca(OH)_2$ 后，氟磷灰石的衍射峰明显增强，说明添加 $Ca(OH)_2$ 抑制了氟磷灰石的还原。同时石英和钙长石衍射峰减弱，新生成了钙铝黄长石的衍射峰。另外，添加质量分数为 15%的 $Ca(OH)_2$ 后金属铁的衍射峰增强，说明添加 $Ca(OH)_2$ 促进了铁氧化物的还原。此外，还可看出，未添加 $Ca(OH)_2$ 的焙烧产物中，在衍射角度为 20°~35°的范围内形成了“馒头峰”，表示焙烧产物中有非晶态物质存在，这是液相渣在急冷条件下形成的。添加质量分数为 15%的 $Ca(OH)_2$ 的焙烧产物中，没有发现明显的“馒头峰”，说明在此条件下，高温下生成的液相渣很少。

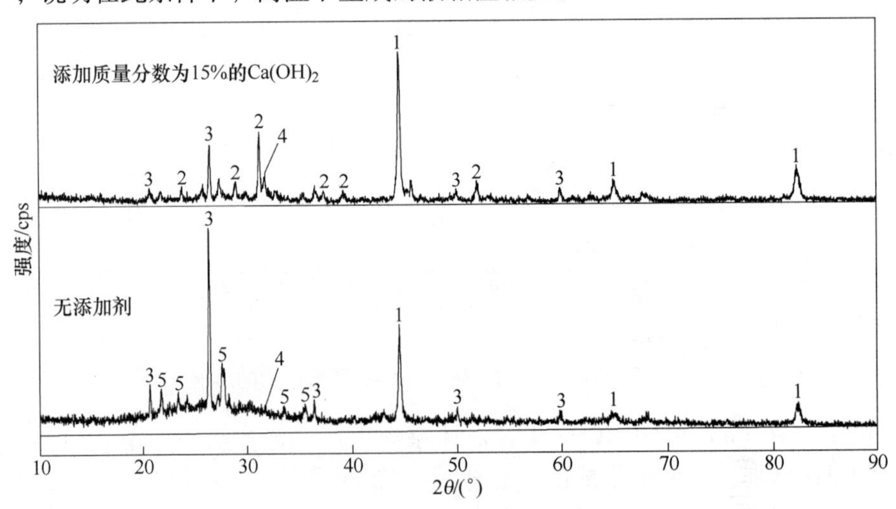

图 2-76　不同脱磷剂焙烧后产物的 XRD 谱图

1—金属铁；2—钙铝黄长石；3—石英；4—氟磷灰石；5—钙长石

在图 2-75 的 FactSage 模拟结果中，未添加 $Ca(OH)_2$ 时，未参加反应的石英为 5.5g 左右，当 CaO 用量超过 2g 时，石英消失。但是在实际焙烧产物的衍射峰中，添加 $Ca(OH)_2$ 后，石英的衍射峰减弱但并未消失；在 FactSage 模拟结果中，含磷矿物为氟磷灰石脱氟后的产物磷酸三钙，而在 XRD 图谱中依然是氟磷灰石。这说明 FactSage 模拟结果和实际情况比较吻合，但也有一定差距。其原因为 FactSage 模拟结果为反应平衡时的情况，不考虑动力学过程，但是实际焙烧过程很难完全达到平衡状态。

FactSage 无法直接模拟 CaO 促进铁氧化物还原的作用。因为若要模拟 CaO 促进铁氧化物还原的作用，首先需保证渣相中含有 FeO，为实现这一目的，则要将 C/O 设置在 1.0 以下。但在 C/O 小于 1.0 时，即使 CaO 能够提高 FeO 的反应活性，因为没有足够的还原剂，也不可能将其还原出来。

C　$Ca(OH)_2$ 对焙烧产物微观结构的影响

热力学模拟结果和物相分析结果只能说明反应生成了哪些产物及其大致含量，而实际分离的效果不仅与产物的种类和数量有关，还与产物的内部结构特别是金属铁颗粒的大小有关，因此有必要对焙烧产物的微观结构进行研究。在焙烧温度为 1200℃、焙烧时间为 40min、C/O 比为 0.82 的条件下，不同 $Ca(OH)_2$ 用量焙烧后球团的 SEM 照片及元素分析结果如图 2-77～图 2-79 所示。

从图 2-77(a) 可见，不添加 $Ca(OH)_2$ 时，原矿中的鲕状结构完全被破坏，焙烧产物中的金属铁聚集长大。对该视域进行铁元素和磷元素的面扫描分析，结果如图 2-77(c) 和 (d) 所示。从图中可见，磷元素的分布区域与铁元素的分布区域高度重合。对金属铁进行能谱分析发现金属铁中含有较高的磷，如图2-77(b) 所示。这说明在 1200℃ 的条件下，氟磷灰石发生了还原反应，生成的单质磷进入到了金属铁中。这部分磷是不可能通过物理分选的方法与金属铁分离的，所以焙烧球团经过磨矿、磁选后得到的还原铁产品中磷含量偏高。

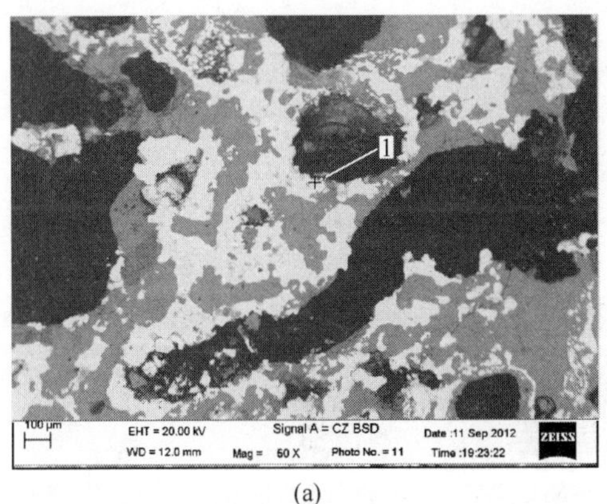

(a)

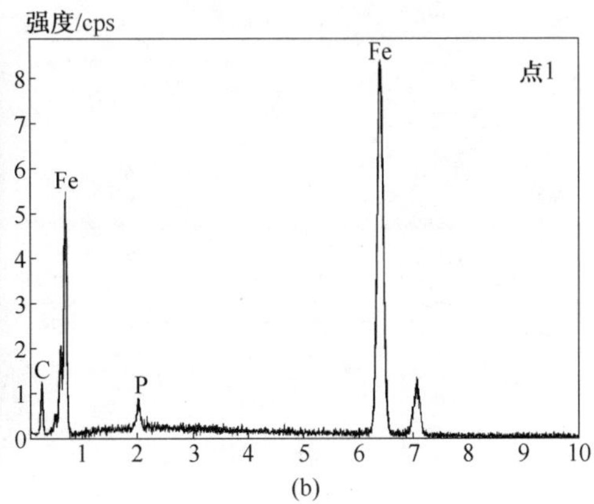

(b)

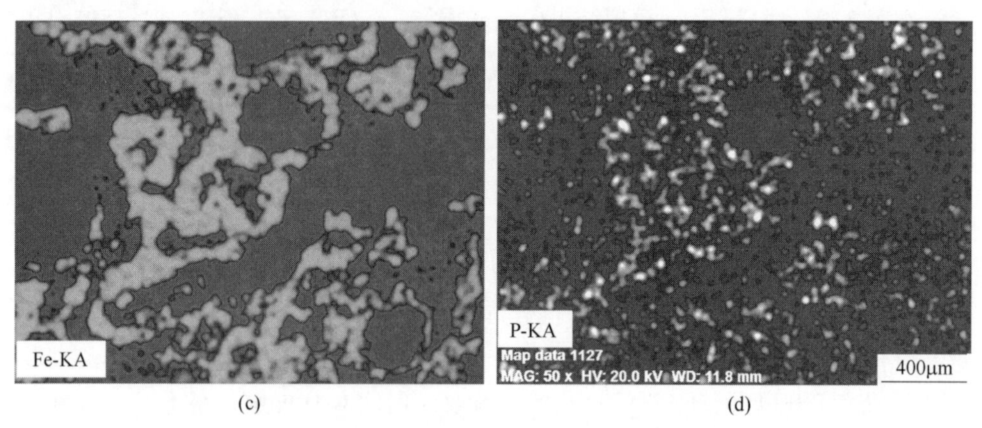

图 2-77　不添加 $Ca(OH)_2$ 时焙烧产物的 SEM 照片及 EDS 分析结果

（a）SEM 图片；（b）金属铁 EDS 结果；（c）铁元素面扫描结果；（d）磷元素面扫描结果

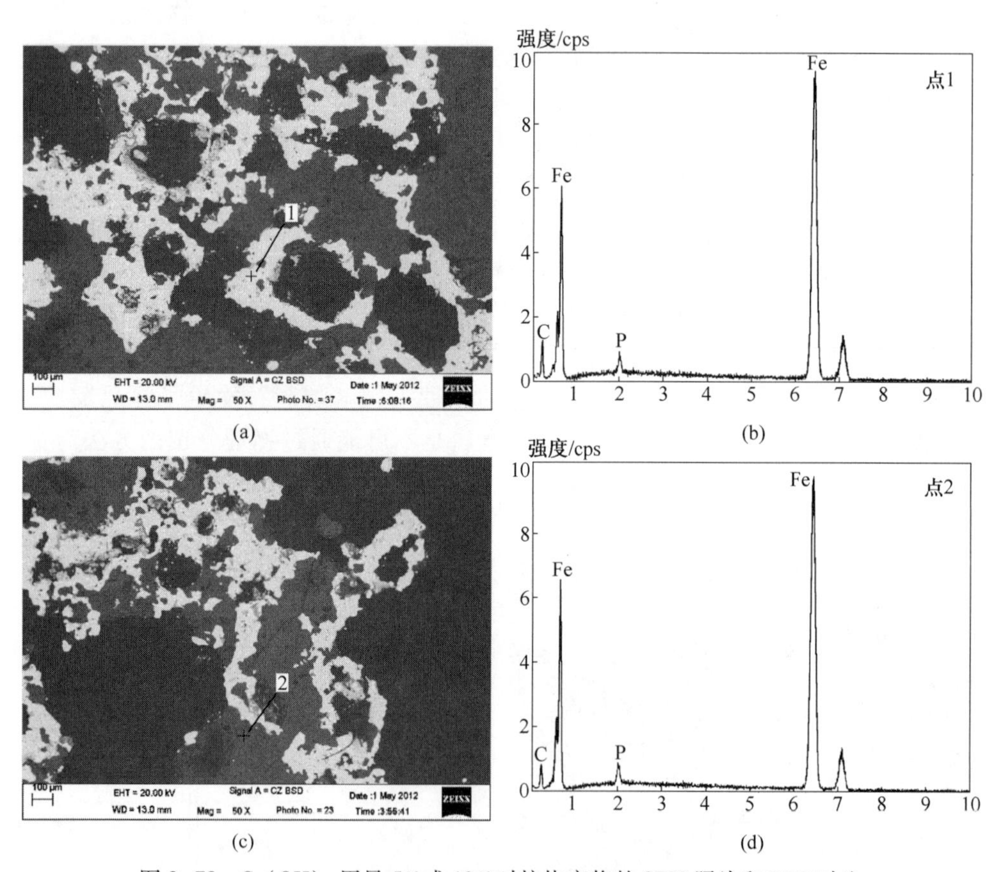

图 2-78　$Ca(OH)_2$ 用量 5%或 10%时焙烧产物的 SEM 照片和 EDS 对比

（a）用量 5%时的 SEM 图片；（b）用量 5%时金属铁的 EDS 结果；

（c）用量 5%时的 SEM 图片；（d）用量 5%时金属铁的 EDS 结果

从图 2-78(a) 可见，添加质量分数为 5%的 $Ca(OH)_2$ 后，焙烧产物的熔融程度较不添加 $Ca(OH)_2$ 时有所增加，金属铁颗粒的粒度也略微增大。从图 2-78(c) 可见，添加质量分数为 10%的 $Ca(OH)_2$ 时，金属铁颗粒的粒度略有下降。分别对图 2-78(a) 和 (c) 中有代表性的金属铁颗粒进行能谱分析发现，金属铁中均含有较高的磷元素。说明在此 $Ca(OH)_2$ 用量下，矿石中的氟磷灰石还原率还是比较高。

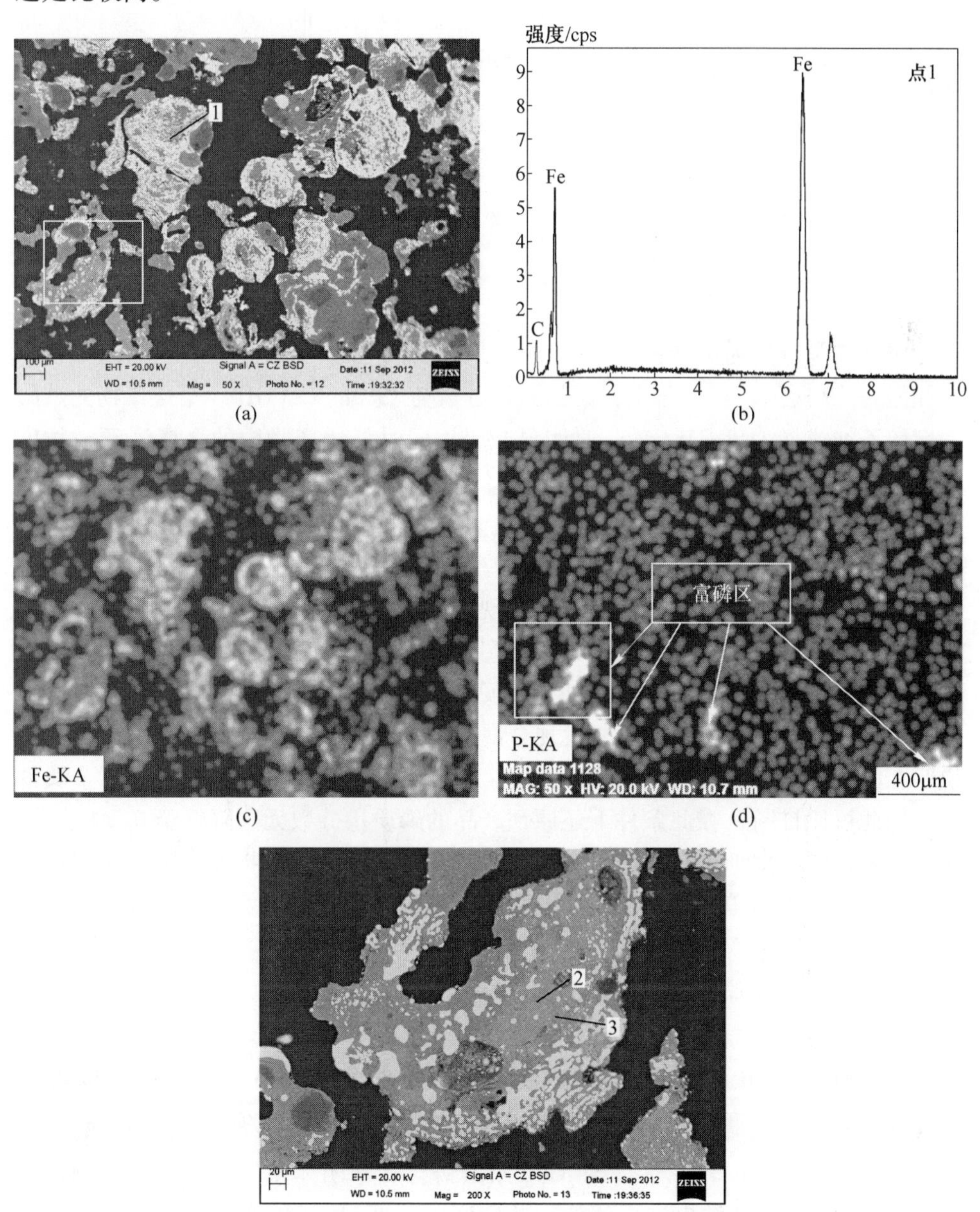

(e)

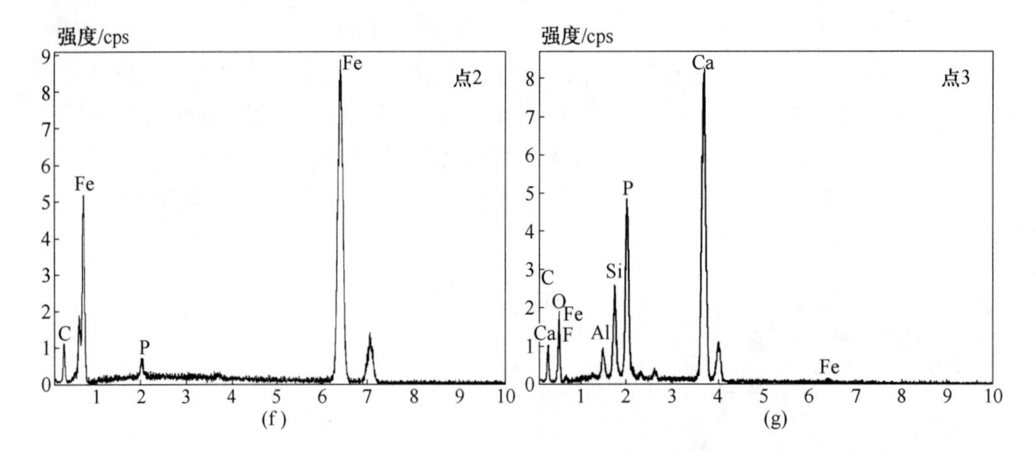

图 2-79 添加质量分数为 15%的 $Ca(OH)_2$ 焙烧产物的 SEM 和 EDS 结果

（a）SEM 图片；（b）图（a）中金属铁的 EDS 结果；（c）铁元素面扫描结果；（d）磷元素面扫描结果；（e）图（a）中方框区域放大图；（f）图（e）中金属铁的 EDS 结果；（g）图（e）中脉石的 EDS 结果

添加质量分数为 15%的 $Ca(OH)_2$ 焙烧产物的 SEM 观察和金属铁能谱分析结果如图 2-79 所示。可以看出，添加质量分数为 15%的 $Ca(OH)_2$ 焙烧产物的熔融程度较不加或加少量 $Ca(OH)_2$ 时明显减轻。同时焙烧产物中的金属铁颗粒粒度非常小，原矿中的鲕粒并没有完全被破坏，很多鲕粒还清晰可见。该视域的面扫描分析结果［见图 2-79(c) 和 (d)］表明，焙烧产物中磷元素比较集中，铁元素和磷元素的分布区域没有明显重合。对其中一处没有磷元素富集的区域中的金属铁进行能谱分析，金属铁中没有发现磷元素，如图 2-79(b) 所示。由此说明，加入 $Ca(OH)_2$ 抑制了氟磷灰石的还原。对其中一处磷元素富集的区域放大并进行能谱分析发现，氟磷灰石清晰可见，如图 2-79(e) 所示。但是对磷富集区域附近的铁颗粒进行扫描分析发现金属铁中含有少量磷，如图 2-79(f) 所示，说明在此条件下还是有少量氟磷灰石发生了还原，生成的单质磷进入到了金属铁中。因此可以推断，在此条件下还原铁产品的磷质量分数无法降低至 0.1%以下，一方面是铁颗粒太细，在磨矿、磁选过程中部分含磷脉石矿物没有与金属铁单体解离而进入到了精矿产品中；另一方面是少量氟磷灰石发生了还原生成磷进入金属铁中。

2.6.5.7 Na_2CO_3 的作用机理

A FactSage 模拟

前述研究表明，在添加质量分数为 15% 的 $Ca(OH)_2$ 的基础上再添加 Na_2CO_3，可以继续降低还原铁产品的磷含量。为考察在此条件下 Na_2CO_3 的作用机理，采用 FactSage 软件模拟 Na_2CO_3 用量对含碳球团体系平衡产物的影响，然后结合 XRD 和 SEM 结果进行分析。当 CaO 用量为 11.35g、C/O 比为 1.0、焙烧温度为1200℃时，FactSage模拟结果如图2-80所示。

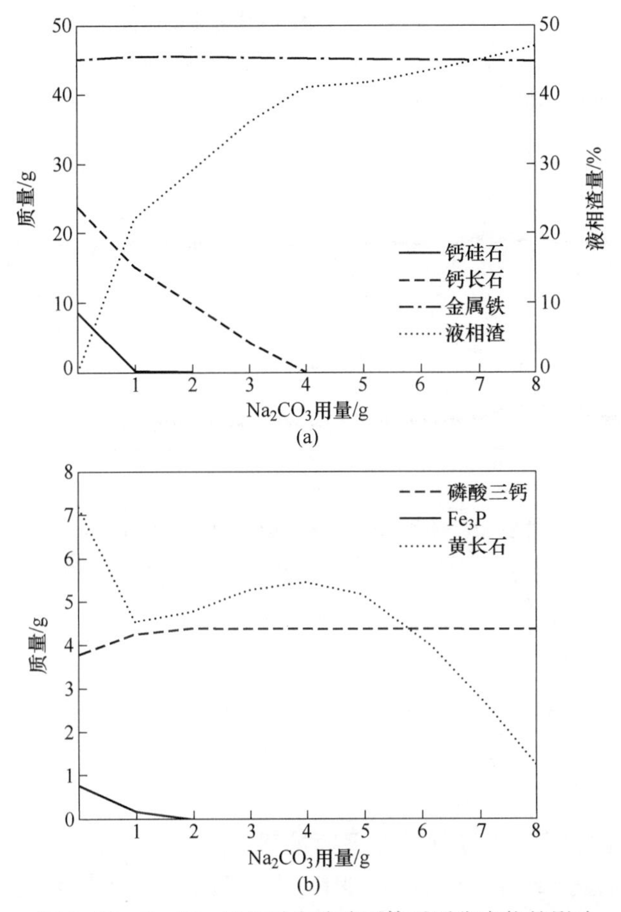

图2-80 Na_2CO_3 用量对含碳球团体系平衡产物的影响

从图2-80(a)可知，体系中生成的液相渣量随 Na_2CO_3 用量的增加而增加，当 Na_2CO_3 用量为3g时，液相渣量为36.01%。此外，从图2-80(a)可知，Fe_3P 的量随 Na_2CO_3 用量的增加而降低，而 $Ca_3(PO_4)_2$ 的量随 Na_2CO_3 用量的增加而增加。当 Na_2CO_3 用量为2g时，Fe_3P 基本消失，同时磷酸三钙的量也趋于稳定。由此说明在添加11.35g CaO的基础上，继续加入 Na_2CO_3 进一步抑制了磷酸三钙的还原，同时增加了体系中生成的液相渣量。

B Na_2CO_3 对焙烧产物物相的影响

同时添加质量分数为15%的 $Ca(OH)_2$ 和3%的 Na_2CO_3 的焙烧产物的XRD分析，结果如图2-81所示，为了与不添加任何脱磷剂和只添加质量分数为15%的 $Ca(OH)_2$ 的焙烧产物对比，将后两者的结果一并列出。

从图2-81可见，同时添加质量分数为15%的 $Ca(OH)_2$ 和3%的 Na_2CO_3 的

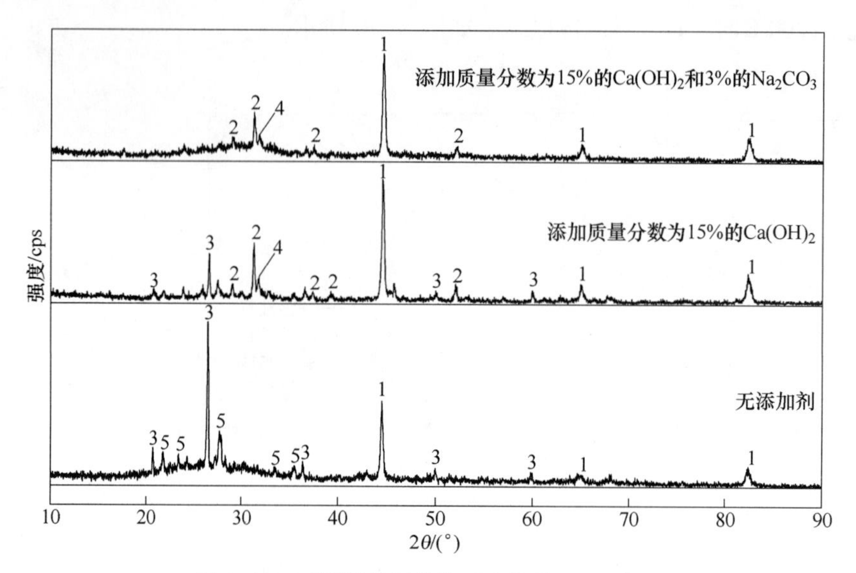

图 2-81　不同脱磷剂焙烧后产物的 XRD 谱图

1—金属铁；2—钙铝黄长石；3—石英；4—氟磷灰石；5—钙长石

焙烧产物中，主要脉石矿物为钙镁黄长石，氟磷灰石的衍射峰依然存在，石英的衍射峰基本消失。在衍射角度为 25°～40°的范围内出现了“馒头峰”，这也说明与只加质量分数为 15%的 $Ca(OH)_2$ 的焙烧产物相比，加入 Na_2CO_3 的焙烧产物中生成了更多的液相渣，这与图 2-80 的模拟结果是一致的。液相渣增多将有利于金属铁颗粒的长大。

C　Na_2CO_3 对焙烧产物微观结构的影响

同时加入质量分数为 15%的 $Ca(OH)_2$ 和 3%的 Na_2CO_3 的焙烧产物的 SEM 和 EDS 结果，如图 2-82 所示。与只添加质量分数为 15%的 $Ca(OH)_2$ 的焙烧产物的显微结构［见图 2-79(a)］相比，加入质量分数为 3%的 Na_2CO_3 后，焙烧产物的

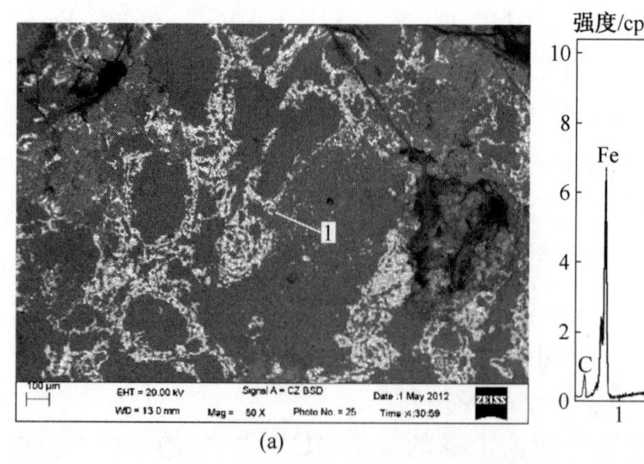

(a)

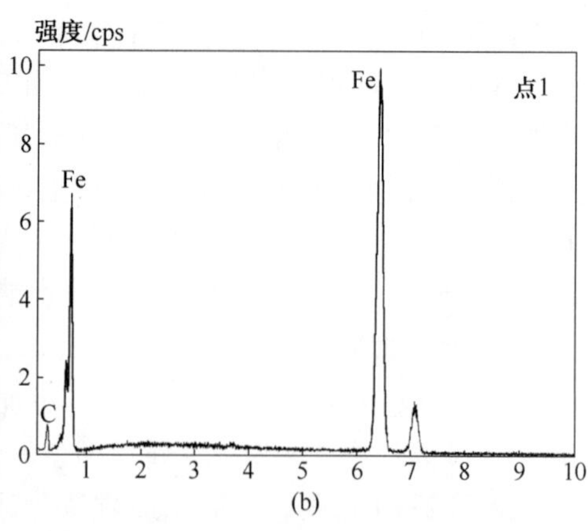

(b)

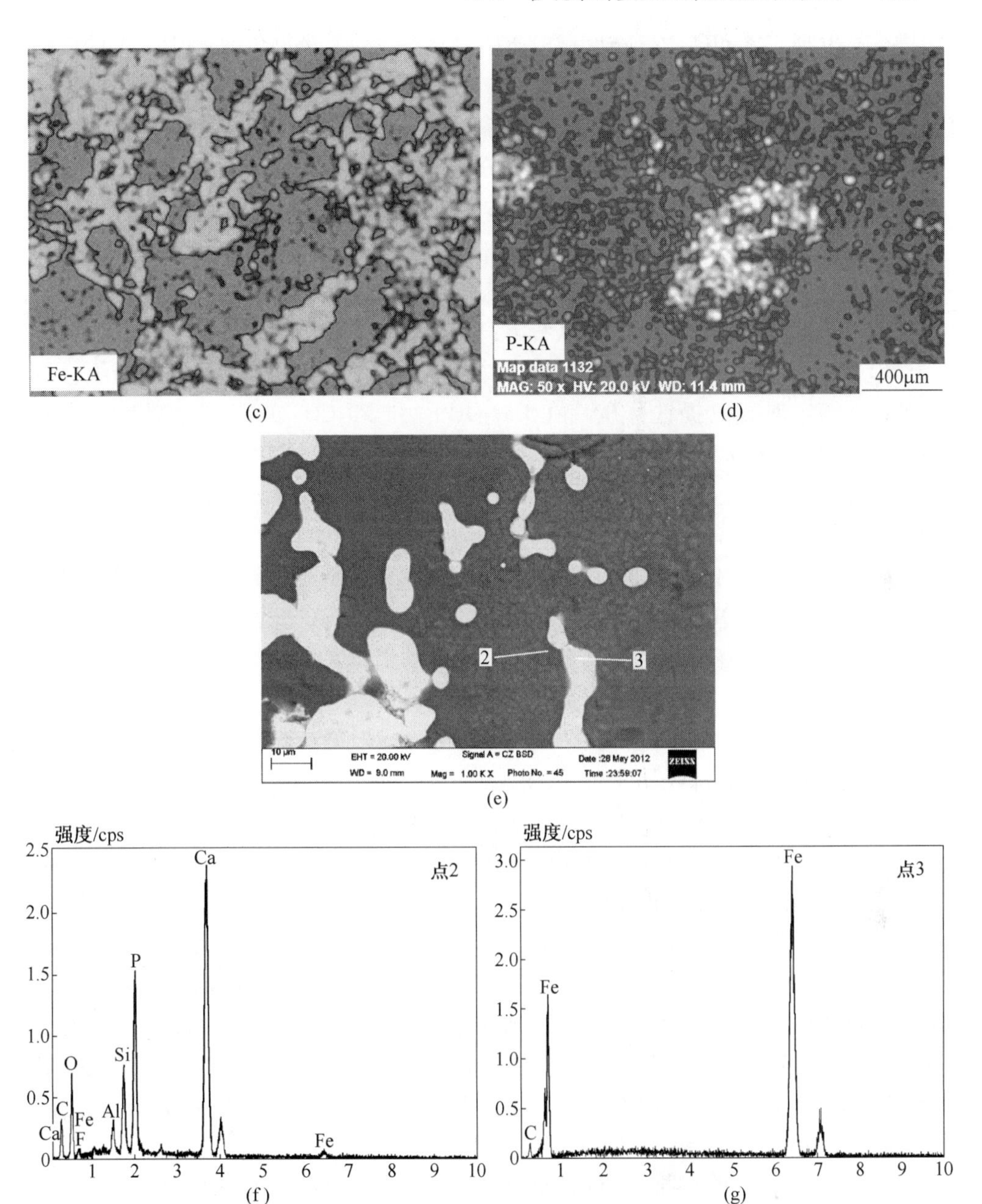

图 2-82 添加 15% $Ca(OH)_2$+3% Na_2CO_3 焙烧后产物的 SEM 图片和 EDS 结果

(a) SEM 图片；(b) 图 (a) 中金属铁的 EDS 结果；(c) 铁元素面扫描结果；(d) 磷元素面扫描结果；(e) 磷富集区域放大图；(f) 图 (e) 中金属铁颗粒 EDS 结果；(g) 图 (e) 中脉石成分 EDS 分析结果

熔融程度明显增加，这与模拟结果是一致的。另外，金属铁颗粒也有明显长大，虽然某些区域还存在鲕粒轮廓，但内部结构已基本被破坏。铁元素和磷元素的面扫描分析发现，铁和磷的分布区域没有明显重合。对某处磷元素集中分布的区域进行能谱分析发现［见图 2-82(e)］，磷元素还是以氟磷灰石的形式存在［见图 2-82(f)］，附近的金属铁中没有检测出磷元素［见图 2-82(g)］。

综上所述，1200℃下，在添加质量分数为 15%的 $Ca(OH)_2$ 的基础上继续添加 Na_2CO_3 实现进一步的提铁降磷，其作用机理有两方面：一是进一步抑制氟磷灰石的还原，从而减少溶入金属铁中的磷元素的量；二是增加了生成的液相渣量，促进金属铁颗粒的生长，优化了金属铁与含磷脉石的解离条件。

通过含碳球团焙烧研究，可以看出：

(1) 以 $Ca(OH)_2$ 和 Na_2CO_3 为高磷鲕状赤铁矿含碳球团直接还原的组合脱磷剂，能够实现高效提铁降磷。在 $Ca(OH)_2$ 和 Na_2CO_3 的用量分别为 15%和 3%，在 C/O 比为 0.82(宁夏烟煤)、焙烧温度为 1200℃、焙烧时间为 40min 的条件下进行还原焙烧，焙烧后球团经两段磨矿—磁选，获得了铁品位为 93.28%，磷质量分数为 0.07%的还原铁产品，铁回收率为 92.30%。

(2) $Ca(OH)_2$ 和 Na_2CO_3 在压球过程中起到了黏结剂的作用。在仅加入质量分数为 15%的 $Ca(OH)_2$ 和 3%的 Na_2CO_3 的情况下，含碳球团的干球落下强度为 4.4 次/0.5mm，抗压强度为 152.8N/个，能够满足转底炉的生产要求。

(3) 在最佳脱磷剂用量的基础上再加入 Na-CMC、糖浆、水玻璃、膨润土和淀粉为黏结剂，均能够提高含碳球团的生球强度。但是在高温焙烧过程中，所有含碳球团在前几分钟都经历了强度的急剧下降，而后期又出现熔融现象。因此，若采用移动床的焙烧设备，则可能出现焙烧初期含碳球团粉化严重，而后期球团相互黏结的不利情况。据此提出高磷鲕状赤铁矿含碳球团直接还原—磁选工艺的工业化应采用固定床焙烧设备。

(4) 高磷鲕状赤铁矿含碳球团在特定的焙烧条件下出现了熔融膨胀现象。采用反应性差的无烟煤为还原剂时，含碳球团在焙烧过程中可能出现熔融膨胀现象，其膨胀程度受 C/O 比、煤粒度、焙烧温度和焙烧时间影响。减小煤粒度可以消除膨胀。其膨胀机理为：以反应性差的无烟煤为还原剂时，过早地生成大量低熔点渣相，阻碍了气体向外扩散，随着积累的气体增多，球团内部气压增大导致膨胀。

(5) 热力学计算表明，在酸性低品位铁矿石煤基直接还原过程中，FeO 被还原为金属铁还是与脉石反应生成铁橄榄石和铁尖晶石取决于还原气氛。还原气氛越强，生成金属铁的趋势越大；还原气氛越弱，则生成铁橄榄石和铁尖晶石的趋势越大。铁橄榄石与其他脉石组分高温下反应生成液相渣，FactSage 模拟结果表明，还原气氛越强，生成的液相渣越少。

(6) FactSage 模拟结果表明，鲕状赤铁矿煤基直接还原过程中氟磷灰石的还原起始温度远低于氟磷灰石自身的还原起始温度；采用质量分数为 15%的

$Ca(OH)_2$和3%的Na_2CO_3为组合脱磷剂，既能抑制氟磷灰石的还原，又能保证生成一定的液相渣。XRD和SEM-ESD结果也验证了这一结果。在$Ca(OH)_2$和Na_2CO_3的联合作用下，氟磷灰石的还原受到抑制，金属铁颗粒长大，破坏了鲕粒结构，因此能够实现高效脱磷。

2.7 煤泥做还原剂对高磷鲕状赤铁矿还原的影响

作为煤炭工业副产品之一的煤泥，产量巨大，但因其具有粒度细、持水性强、灰分高、黏度大、发热量低的缺点，目前尚未被有效利用，这造成了环境的污染和资源的浪费[16]。本节研究了煤泥作为高磷鲕状赤铁矿直接还原焙烧还原剂的可行性。

2.7.1 煤泥的性质

选用5种不同产地的煤泥，对其进行了工业分析。为叙述方便，把不同产地煤泥用代号表示，结果见表2-20。由表可知，5种煤泥的水分质量分数均在3%以下，煤泥中的挥发分质量分数小于30%，其中煤泥H的挥发分质量分数最高，达到29.15%；不同种类煤泥的固定碳质量分数差别较大，如煤泥W的固定碳质量分数是32.50%，而煤泥T固定碳的质量分数却高达42.90%；不同种类煤泥的灰分质量分数同样具有很大差异，煤泥W和煤泥S的灰分质量分数是5种煤泥中最高的，分别为46.00%和44.55%，而灰分质量分数最少的是煤泥F，只有27.25%。

表2-20 不同产地煤泥的空干基工业分析结果 （质量分数/%）

产地	来 源	代号	水分	挥发分	固定碳	灰分
望峰	浮选煤泥	W	0.60	20.90	32.50	46.00
山西1	浮选煤泥	S	2.03	23.92	29.50	44.55
山西2	煤泥水浮选	T	1.42	26.37	42.90	29.31
铁峰	浮选煤泥	F	2.48	26.76	43.51	27.25
红杉	浮选煤泥	H	0.35	29.15	40.83	29.67

2.7.2 煤泥做还原剂对焙烧效果的影响

为了叙述方便，将煤泥W作为还原剂使用时获得的还原铁产品的铁品位、铁回收率、磷质量分数分别简称为W还原铁铁品位、W还原铁铁回收率、W还原铁磷质量分数，其他煤泥以此类推。

2.7.2.1 煤泥对还原铁产品铁品位的影响

为了与煤作为还原剂时获得的还原铁指标进行对比，煤泥为还原剂时的焙烧条件与煤的相同，具体为：$CaCO_3$ 和 Na_2CO_3 组合脱磷剂，其中 $CaCO_3$ 用量为 20%，Na_2CO_3 用量为 2.5%；还原焙烧温度为 1150℃，焙烧时间为 60min；焙烧产物经过两次阶段湿式磨矿—磁选获得还原铁产品，其中一段磨矿 -74μm 占 53%，二段磨矿-43μm 占 80%，两段磁选的磁选强度均为 87.58kA/m，结果如图 2-83 所示。

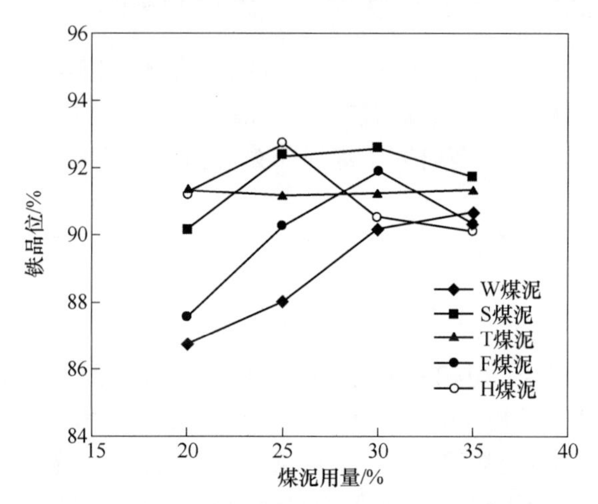

图 2-83 煤泥种类及用量对还原铁铁品位的影响

从图 2-83 可知，煤泥种类对还原铁铁品位的影响规律有明显不同。在煤泥用量由 20%增加至 25%时，除煤泥 T 外，其他煤泥获得的还原铁的铁品位均上升，其中 S 还原铁铁品位增加的幅度最大，由 90.12%增加到 92.35%，H 还原铁铁品位为 5 种煤泥中最高，为 92.73%。当继续增加煤泥用量，W 还原铁铁品位、S 还原铁铁品位和 F 还原铁铁品位继续增加，H 还原铁铁品位有下降趋势；不论煤泥用量如何改变，T 铁品位变化较小，均保持在 91%左右。

由上述结果可知，煤泥 S、煤泥 F、煤泥 H 做还原剂获得的还原铁的铁品位均呈现为先上升后下降的规律。T 还原铁铁品位基本保持不变，W 还原铁铁品位随煤泥用量的增加一直呈现增加趋势。除此以外，不同煤泥的还原铁的铁品位出现拐点时的煤泥用量是不相同的，例如煤泥 S 和煤泥 F 的还原铁的铁品位拐点均出现在煤泥用量为 30%时，而 H 煤泥的还原铁的铁品位拐点是在用量为 25%时，这可能是与不同种类的煤泥在还原焙烧过程中形成的金属铁颗粒和脉石矿物之间的结构不同。在相同磨矿条件下，焙烧产物中铁颗粒和脉石矿物解离度不同，从而导致不同煤泥所得还原铁的铁品位的拐点不同。虽然铁品位拐点不同，但是在煤泥用量大于 25%后，所有煤泥为还原剂均可获得铁品位大于 90%的还原铁产品。

2.7.2.2 煤泥对还原铁铁回收率的影响

不同种类煤泥用量不同时对还原铁产品铁回收率的影响如图 2-84 所示。从图可知，还原铁产品铁回收率虽然随煤泥用量的增加而增加，但是增加的幅度与煤泥的种类有关。

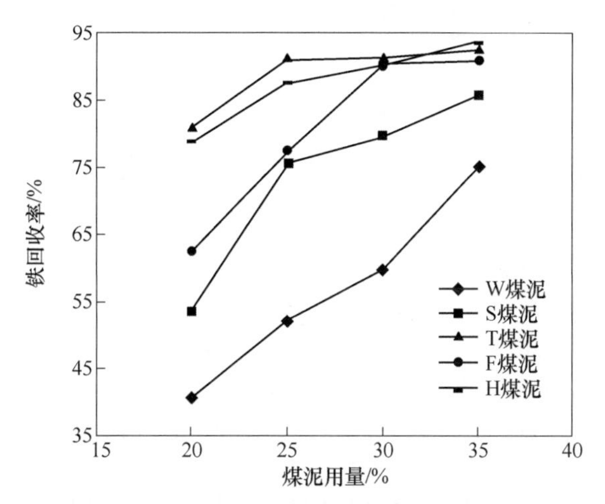

图 2-84 煤泥种类及用量对还原铁铁回收率的影响

首先，在煤泥用量均为 20%时，F、T 和 H 还原铁铁回收率均高于煤泥 S 和煤泥 W，这是因为前者的固定碳和挥发分含量综合高于后者，而固定碳和挥发分在焙烧过程中是促进高磷鲕状赤铁矿中赤铁矿还原的主要物质；其次，煤泥 W 不适合作为还原剂，原因是煤泥 W 用量在 20%~35%的范围内，铁回收率低，尤其在用量增加至 35%时所获得的还原铁铁回收率也仅为 75. 20%；如果增加 W 煤泥的用量，还原铁的铁指标中铁回收率有可能会大于 80%，但用量太高会造成能耗增加；同时，提高 W 煤泥的用量也会导致还原铁中磷质量分数大于 0. 08%。由图 2-84 结果也可知，根据还原铁铁指标的要求，部分产地的煤泥可以替代粉煤作为还原剂进行使用，例如煤泥 F 用量由 20%增加到 35%时，还原铁的铁回收率由 62. 62%增加到 91. 12%，并且这种煤泥用量和铁回收率的规律与粉煤做还原剂时基本相同。

2. 7. 2. 3 煤泥对还原铁磷质量分数的影响

不同种类煤泥在用量变化时对还原铁中磷质量分数影响的结果如图 2-85 所示。

由图 2-85 可知，还原铁产品中磷质量分数随煤泥用量的增加均呈现增加的趋势，在煤泥用量为 20%时，不同种类的煤泥获得的还原铁的磷质量分数均小于 0. 08%，其中 W 还原铁磷质量分数是 5 种煤泥里最低的，仅为 0. 057%，W 煤泥用量在 20%~35%时，W 还原铁磷质量分数均低于 0. 08%。

图 2-85 同时表明，不同种类的煤泥作为还原剂获得的还原铁产品的磷质量分数增加的幅度相差较大。S 煤泥用量从 20%增加至 35%时，还原铁磷质量分数

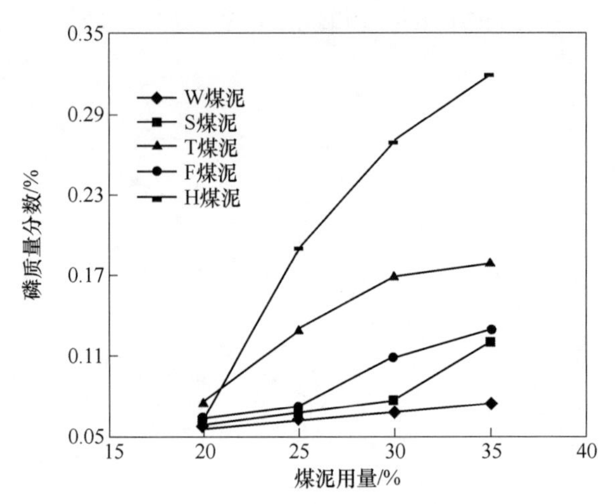

图 2-85 煤泥种类和用量对还原铁磷质量分数的影响

从 0.059%增加到 0.12%，即后者的还原铁磷质量分数是前者还原铁磷质量分数的 2.03 倍；而 H 煤泥的用量从 20%增加至 35%时，还原铁中磷质量分数从 0.062%增加至 0.32%，提高了 5.16 倍。除此以外，当煤泥用量均为 35%时，T 还原铁磷质量分数为 0.18%，F 还原铁磷质量分数为 0.13%，而 H 煤泥做还原剂获得的还原铁磷质量分数却高达 0.32%。由表 2-24 可知，H 煤泥的灰分含量较低，S 煤泥的灰分含量最高，结合工艺结果可推断出，煤泥 H 与煤泥 F 和煤泥 T 的灰分矿物组分应是不同的，而灰分中的某些矿物可能会对直接还原焙烧过程的脱磷造成一定影响。

综上可得，在这几种煤泥中，煤泥 T 最适宜作为还原剂用于原矿的直接还原焙烧。在煤泥 T 用量为 20%，焙烧温度为 1150℃，焙烧时间 60min，经过两段阶段磨矿—磁选，可获得铁品位为 91.35%、铁回收率为 81.13%、磷质量分数为 0.076%的还原铁产品。除此以外，由煤泥的工业分析结果（见表 2-20）可知，煤泥 T 和煤泥 H 的性质非常接近，但还原焙烧的结果却有很大差异，这可能与煤泥灰分的矿物成分不同有关。用 H 煤泥和 T 煤泥作为还原剂，用量为 20%和 30%，用以查明造成两者对焙烧结果有差异的原因。

2.7.3 焙烧温度对煤泥 H、T 还原铁指标的影响

在煤泥 H、T 作为还原剂时，在其用量为 20%和 30%的条件下，焙烧温度对还原铁铁品位和铁回收率影响如图 2-86 所示。

由图 2-86 可知，不同焙烧温度时煤泥 H 和煤泥 T 获得的还原铁的铁品位和铁回收率均用量为 30%高于 20%，另外煤泥 H、T 不论用量是 20%还是 30%，还原铁的铁品位和铁回收率均随焙烧温度的提高而增加。

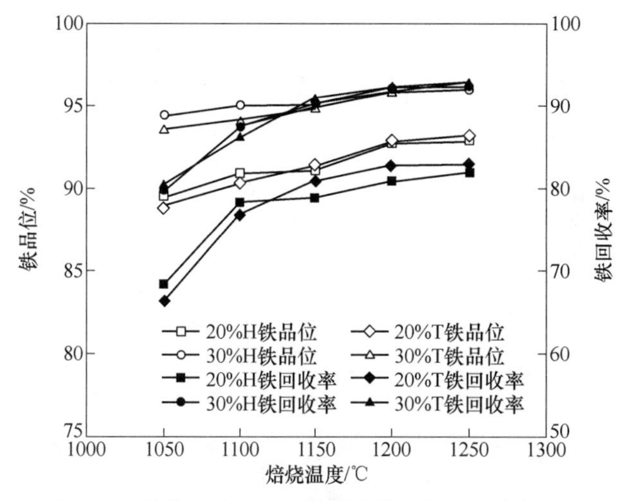

图 2-86 焙烧温度对还原铁铁品位和铁回收率的影响

当焙烧温度为 1100℃、煤泥用量为 20%时，H 还原铁铁品位为 90.89%，回收率为 78.4%，T 还原铁铁品位为 90.36%，回收率为 77.10%。而煤泥用量为 30%时，H 还原铁铁品位和回收率分别为 90.13%和 87.56%，T 还原铁铁品位和回收率分别为 88.33%和 86.43%。与此同时，随着焙烧温度的继续提高，该趋势更加明显。

图 2-86 结果也表明，H 和 T 还原铁铁品位和回收率均随焙烧温度的升高而升高，且提高的幅度基本相同。例如在煤泥用量均为 30%、焙烧温度由 1050℃升高至 1250℃时，煤泥 H 和煤泥 T 获得的还原铁铁回收率均增加 15 个百分点左右，煤泥 H、T 在用量和焙烧温度相同时，所获得还原铁铁品位和铁回收率也基本相同，可能是因为两种煤泥中挥发分和固定碳的含量基本相同，因此对铁氧化物的还原效果也基本相同。

还原焙烧温度对 H、T 还原铁磷质量分数的影响如图 2-87 所示。由图可知，煤泥 H、T 作为还原剂时，还原铁产品磷质量分数随着焙烧温度的升高先下降后上升。在相同的焙烧温度下，30%煤泥用量焙烧获得的还原铁产品磷质量分数要高于用量 20%的产品，在相同的焙烧温度和用量下，煤泥 H 获得的还原铁的磷质量分数高于煤泥 T 的。造成这种结果的原因是：在焙烧温度较低时，一方面原矿中的氟磷灰石未被还原，另一方面还原气氛不足造成焙烧产物中铁颗粒细小，与含磷脉石矿物关系密切，仅通过细磨磁选不能去除产品中的磷，因此还原铁磷含量较高；焙烧温度升高，促进了铁颗粒的长大和聚集，会促进金属铁与脉石矿物界限清晰，此时温度提升的幅度还不足以实现氟磷灰石被还原，因此在焙烧温度为 1150℃时，还原铁磷质量分数降低；而温度继续升高，会促进氟磷灰石还原为单质磷而进入到金属铁颗粒中，造成还原铁产品中磷质量分数升高。

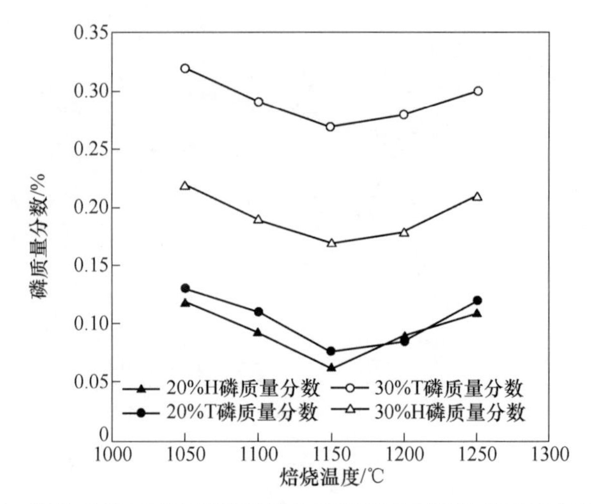

图 2-87 焙烧温度对不同煤泥种类和用量所得还原铁磷质量分数的影响

上述结果表明：

（1）煤泥可作为高磷鲕状赤铁矿直接还原焙烧—磁选回收铁的还原剂，并获得合格的还原铁产品，实现了煤泥和高磷鲕状赤铁矿的同时利用。

（2）不同种类煤泥对还原效果有不同影响。煤泥 T 作为还原剂时效果最好，在其用量为 20%条件下可获得铁品位为 91. 35%、铁回收率为 81. 13%、磷质量分数为 0. 076%的还原铁产品。

（3）煤泥 H、煤泥 T 作为还原剂时，还原铁的磷质量分数随还原焙烧温度的升高，呈现先降低后升高的变化规律，最佳焙烧温度为 1150℃。

（4）煤泥灰分中可能存在不利于降低还原铁中磷质量分数的组分，需要进一步的研究。

2. 8 煤泥还原焙烧高磷鲕状赤铁矿的反应机理

对不同煤泥的灰分、焙烧产物和还原铁产品进行了 XRD 和 SEM 分析，阐释煤泥对高磷鲕状赤铁矿直接还原焙烧的作用机理。

2. 8. 1 煤泥灰分对直接还原的影响机理研究

煤泥灰分含量有很大的差异，即使性质非常接近，如表 2-20 中煤泥 T 和煤泥 H，但它们分别做还原剂时还原焙烧的结果却有很大差异，因此有必要研究煤泥灰分对直接还原的影响机理。

2. 8. 1. 1 煤泥灰分的矿物成分分析

所用 5 种煤泥灰分的 XRD 如图 2-88 所示。由图可知，煤泥 T 灰分的矿物组成与其他几种煤泥不同，主要是由硅酸盐类矿物组成。而其他几种煤泥主要矿物成分是石英，尤其是煤泥 S 和煤泥 H 的灰分中石英含量较多。

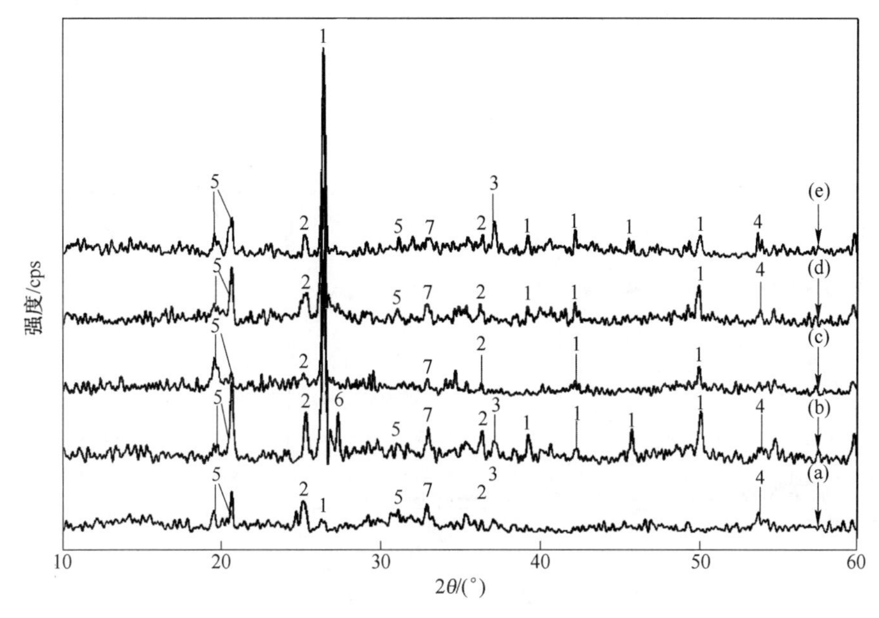

图 2-88　5 种煤泥灰分的 XRD 谱

（a）煤泥 T 灰分；（b）煤泥 S 灰分；（c）煤泥 W 灰分；（d）煤泥 F 灰分；（e）煤泥 H 灰分
1—石英；2—镁绿泥石；3—云母；4—沸石；5—石膏；6—硅钙石；7—黑柱石

2.8.1.2　煤泥灰分对焙烧产物的矿物组成的影响研究

选用煤泥 T 和煤泥 H，在用量分别为 20%和 30%时的焙烧产物分别进行了矿物组成分析，结果如图 2-89 所示。

由图 2-89 可知，焙烧过程中高磷鲕状赤铁矿中的赤铁矿、鲕绿泥石、石英和煤泥灰分中的矿物基本消失，同时铁的衍射峰强度增强明显。这说明原矿中的赤铁矿在煤泥还原作用下逐渐被还原为金属铁，同时煤泥灰分的大部分矿物也参与了反应。由图 2-89 也可知，在煤泥用量较少时，会有一定量的含铁弱磁性矿物生成如紫钠闪石、含铁堇青石生成，这些弱磁性矿物均不能在磁选过程中回收，因此造成了铁的损失，降低了铁回收率，这是煤泥用量较少时铁回收率较低的主要原因。

煤泥用量为 20%时焙烧磁选所得还原铁产品中磷质量分数小于 0.08%，煤泥用量为 30%时还原铁产品的磷质量分数迅速升高，尤其是煤泥 H 做还原剂时还原铁的磷质量分数高达 0.27%。这可能是煤泥灰分中的石英起了作用，可能发生的反应如式（2-31）所示。

$$Ca_{10}(PO_4)_6F_2 + 15C + 9zSiO_2 = 3P_2 + 15CO + 9[CaO(SiO_2)_z] + CaF_2 \tag{2-31}$$

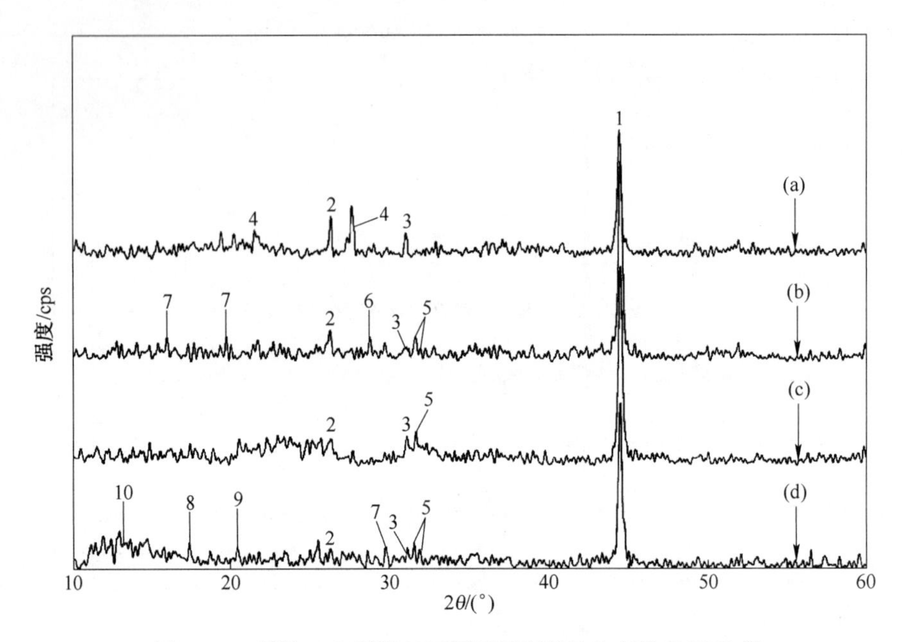

图 2-89 煤泥 H 和煤泥 T 不同用量所得焙烧产物的 XRD 谱

(a) 20%煤泥 H；(b) 30%煤泥 H；(c) 20%煤泥 T；(d) 30%煤泥 T

1—金属铁；2—镁绿泥石；3—钙铝黄长石；4—钙长石；5—氟磷灰石；6—大隅石；7—紫钠闪石；8—戈硅钠铝石；9—堇青石；10—钙沸石

由式（2-31）可知，石英是氟磷灰石发生还原反应的必要条件，煤泥 H 灰分中，石英是其主要组成部分，如图 2-88(e) 所示，在煤泥 H 用量为 30%时，焙烧产物的磷灰石衍射峰非常弱，与原矿中的磷灰石峰对比可知氟磷灰石在焙烧过程中确实发生了还原反应，生成的磷单质会进入到金属铁颗粒中，结果导致还原铁中磷质量分数高达 0.27%。图 2-89(b) 和（d）中磷灰石的衍射峰高度大于图 2-89(a) 和（c）的，这也直接证明了在还原气氛不充足的条件下，磷主要还是以氟磷灰石形式存在，不能被还原。原因是虽然此时石英含量也比较高，但由于煤泥用量低，还原气氛弱，氟磷灰石也不能被还原。而煤泥 T 中石英的含量远小于煤泥 H，因此在还原气氛充足的条件下原矿中氟磷灰石也仅少部分被还原，所以当煤泥 T 和煤泥 H 在用量增加相同时，还原铁的磷质量分数增加的幅度前者要小于后者。

2.8.2 煤泥对焙烧产物中铁颗粒形态及矿物嵌布关系的影响

煤泥 T 和煤泥 H 在不同用量获得的焙烧产物的 SEM 如图 2-90 和图 2-91 所示。从图中可知，随着煤泥用量的增加，焙烧产物中的金属铁颗粒逐渐聚集长大，并且铁颗粒的形态也发生了变化。

从图 2-90 可知，焙烧过程中高磷鲕状赤铁矿的鲕状结构遭到破坏，随着煤泥 T 用量的增加，焙烧产物中的铁颗粒逐渐增大并且有铁连晶的生成。在煤泥 T 用量为 20%的 SEM 图［见图 2-90（a）］中可以发现大量的含铁脉石矿物。在煤泥 T 用量为 30%的 SEM 图［见图 2-90（d）］中已少见枝晶状的含铁脉石矿物，这是因为随着还原剂用量的增加还原气氛得到加强，大量的含铁脉石矿物被还原

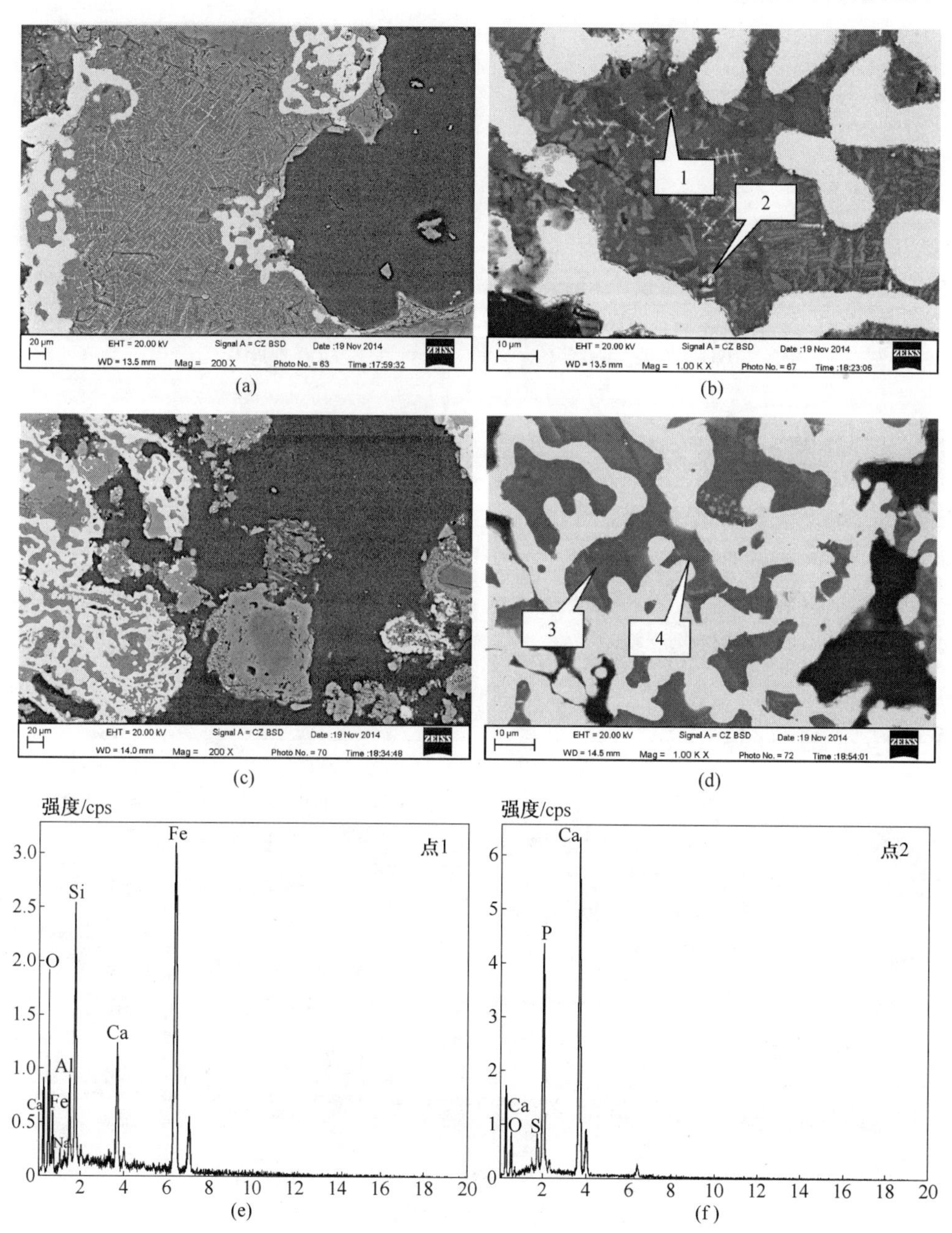

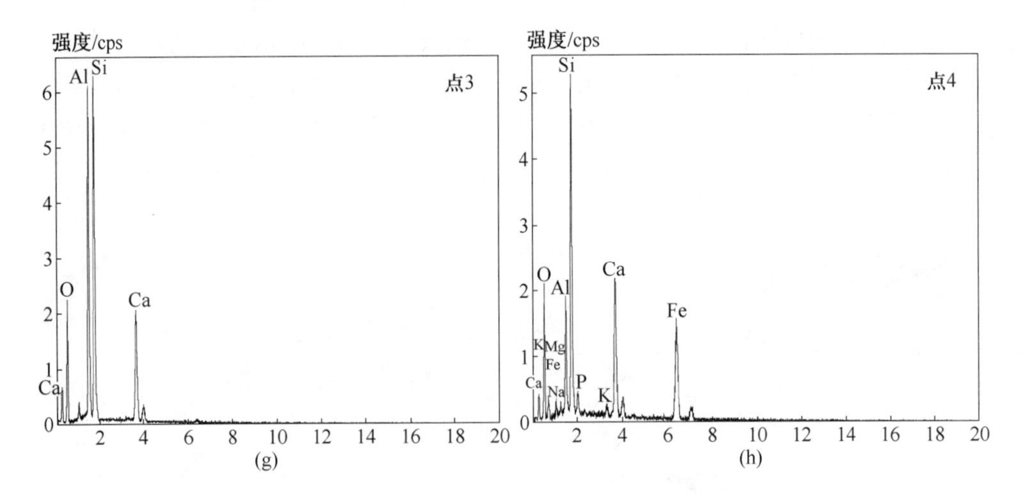

图 2-90 煤泥 T 不同用量时焙烧产物的 SEM 像及 EDS 能谱

（a）20%T，200 倍；（b）20%T，1000 倍；（c）30%T，200 倍；

（d）30%T，1000 倍；（e）~（h）点 1~点 4 的 EDS 能谱图

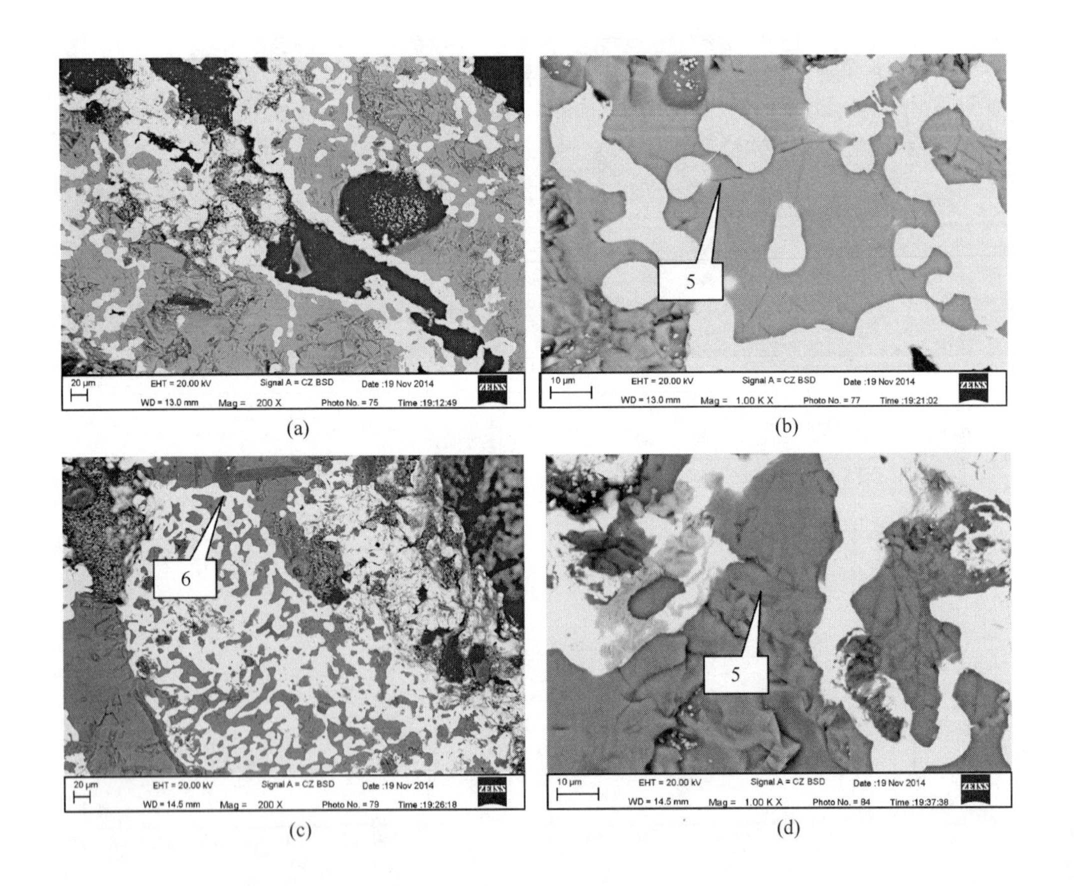

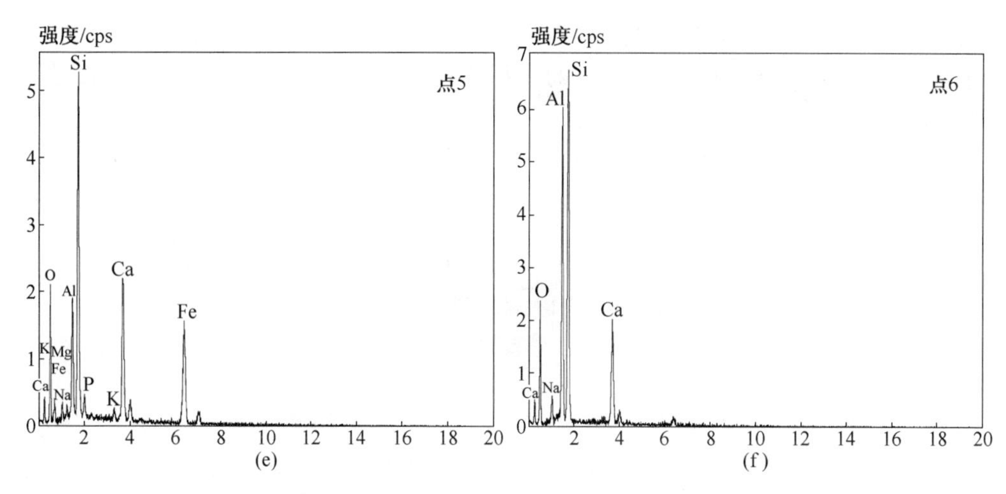

图 2-91 煤泥 H 不同用量时所得焙烧产物的 SEM 照片及 EDS 能谱

（a）20%H，200 倍；（b）20%H，1000 倍；（c）30%H，200 倍；（d）30%H，1000 倍；（e），（f）点 5 和点 6 的 EDS 能谱图

为金属铁而消失。图 2-90（a）与图 2-90（c）对比结果表明，在煤泥 T 用量为 30%时，大量金属铁颗粒的生成并连接成网状；而在煤泥 T 用量为 20%时，铁颗粒不仅数量较少而且沿着脉石边缘生成。这是因为煤泥 T 中的固定碳首先与原矿石边缘接触而发生还原反应，随着铁颗粒在边缘的熔融，煤泥中挥发分和固定碳的气化会进入到矿石颗粒内部不断将赤铁矿还原出来。

煤泥 H 作为还原剂时获得的焙烧产物的 SEM-EDS 结果如图 2-91 所示。在煤泥用量均为 20%时，虽然煤泥 H 具有还原成分的挥发分和固定碳含量的总和与煤泥 T 的基本相同，但是图 2-91（b）结果表明，灰色区域难找到含铁的脉石矿物，也未见有晶相完好的镁铁橄榄石或铁钙橄榄石产出。在还原剂用量为 30%时，煤泥 H 和煤泥 T 的铁颗粒结晶状态基本相同。对比图 2-91（a）和图 2-91（c）可知，还原剂用量增加后，铁颗粒聚集长大且形成铁连晶，铁连晶的网状结构也更加明显。在网状结构的铁颗粒中可见有部分脉石，而点 5 的 EDS 能谱结果显示，脉石区域含有磷，这在后续的磨矿过程中因为铁颗粒的塑性变形导致这部分脉石矿物包裹在铁颗粒中，造成铁品位的下降、磷含量升高。

2.8.3 煤泥挥发分对直接还原的影响机理研究

煤泥的工业分析结果表明，不同产地和种类的煤泥均含有一定量的挥发分，挥发分在直接还原焙烧中的作用一直是有争议的问题，此问题不仅在煤泥为还原剂时存在，用煤为还原剂时也同样存在。用不同种类的煤研究了煤和煤泥中挥发分对还原的影响。试验装置如图 2-92 所示，坩埚上层放原矿，下层放置不同种类的煤，中间为 Al_2O_3 粉末，目的是使还原剂和原矿不直接接触。

焙烧温度为1150℃，焙烧时间为60min，将焙烧产物进行磨矿-磁选，其中选别条件与上述研究相同，以还原铁的铁品位和铁回收率判定挥发分的作用，结果见表2-21。

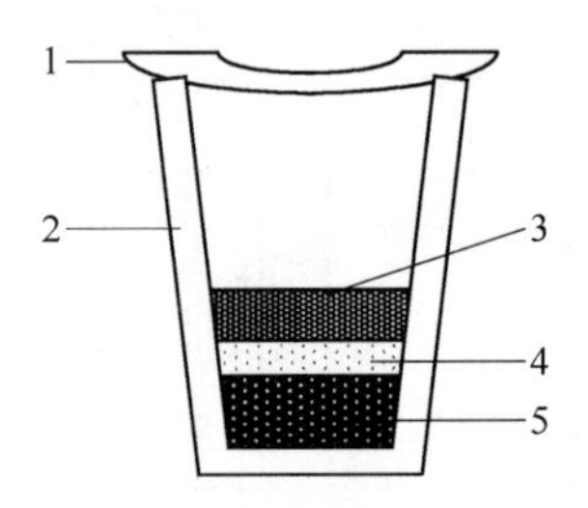

图2-92　挥发分作用探索试验装置剖面图

1—气氛保护盖；2—坩埚；3—原矿；4—Al_2O_3粉末；5—不同种类煤

表2-21　不同煤种空干基工业分析及还原效果

煤种类	代号	煤工业分析指标/%				还原铁指标/%		
		水分	挥发分	固定碳	灰分	Fe品位	Fe回收率	P质量分数
宁夏烟煤	N_1	11.77	24.86	45.81	17.56	89.75	42.54	0.050
惠民褐煤	M_1	13.18	43.52	37.09	6.21	86.28	35.34	0.096

选用两种挥发分相差较大宁夏烟煤和惠民褐煤为还原剂，具体分析指标见表2-21。宁夏烟煤和惠民褐煤空干基的水分质量分数相近，但挥发分质量分数差异较大，宁夏烟煤的挥发分质量分数为24.86%，惠民褐煤的挥发分质量分数为43.52%，同时两种煤的灰分质量分数也较低。焙烧效果也列于表2-21中。

表2-21表明，挥发分具有提高铁回收率的作用。在宁夏烟煤用量为50%时，可获得铁品位为89.75%、铁回收率为42.54%的还原铁产品，同时惠民褐煤可获得铁品位为86.28%、铁回收率为35.34%的还原铁产品。通过上述探索研究可知，挥发分具有提高铁回收率的作用，但挥发分的作用仍不完全清楚。从表2-21可以看出，惠民褐煤的挥发分比宁夏烟煤高，但得到的还原铁产品的铁回收率却是宁夏烟煤高于惠民褐煤，这说明不是挥发分高的煤效果更好，说明挥发分的作用比较复杂。

为进一步研究煤泥的挥发分的影响机理，仍用宁夏烟煤和惠民褐煤为试样，采用高温干馏的方法去除其中的挥发分后作为还原剂，比较焙烧效果。

2.8.3.1　制备不含挥发分的还原剂

因为还原焙烧过程的温度为1150℃，所以制备不含挥发分的还原剂的温度也选择为1150℃，将这种制备还原剂的方法称为类高温干馏，以下简称干馏。干馏后获得的还原剂的工业分析结果见表2-22，为叙述方便，把不同还原剂用代号表示。

表 2-22 还原剂代号及性质 (质量分数/%)

还原剂种类	煤种类	代号	组成			
			水分	挥发分	固定碳	灰分
还原剂 N	宁夏烟煤	N_1	11.77	24.86	45.81	17.56
	干馏宁夏烟煤	N_2	0.79	0.32	75.91	22.98
还原剂 M	惠民褐煤	M_1	13.18	43.52	37.09	6.21
	干馏惠民褐煤	M_2	2.92	2.15	79.48	15.45

由表 2-22 可知，宁夏烟煤干馏后还原剂 N_2 和惠民褐煤经制备后的还原剂 M_2 挥发分质量分数已经很低。比如，N_1 干馏前挥发分质量分数为 28.18%，干馏后 N_2 的挥发分仅为 0.32%，M_1 干馏前挥发分 43.52%，干馏后的 M_2 挥发分仅有 2.15%。

2.8.3.2 挥发分对还原铁指标的影响

将含挥发分的还原剂与无挥发分的还原剂试验结果对比，得到挥发分对还原焙烧效果的作用规律。条件为：在 N_1 作为还原剂时获得的还原铁的铁回收率大于 85%的条件下进行，其用量为 25%；为了考察挥发分的作用和保证 N_2 作为还原剂使用时可以取得同 25%用量 N_1 相同的还原铁指标，改变 N_2 的用量分别为 15.84%、20.15%和 25.20%。脱磷剂的用量和焙烧磨矿—磁选条件与煤泥为还原剂时相同，结果如图 2-93 所示。

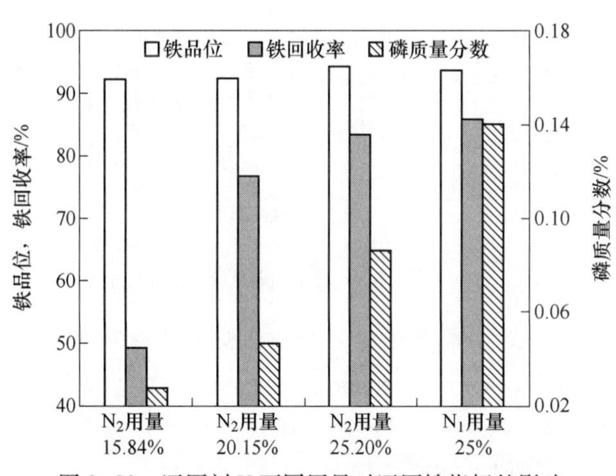

图 2-93 还原剂 N 不同用量对还原铁指标的影响

由图 2-93 可知，用不同种类还原剂焙烧磁选，还原铁产品铁品位均在 90%以上，但铁回收率和磷质量分数却有较大变化。根据 N_1 和 N_2 固定碳质量分数计算，N_2 用量为 15.84%时其中的固定碳质量分数与用量为 25%N_1 相同，但二者所得还原铁产品中铁回收率却有较大差异。含有挥发分的还原剂 N_1 用量为 25%

时，铁回收率为85.72%。而不含挥发分的 N_2 此时的回收率仅有49.02%，说明挥发分起了重要作用，有利于提高还原铁的铁回收率。如果得到与含挥发分的 N_1 相同的效果，N_2 的用量要增加到25%，此时添加的固定碳的质量分数比 N_1 要高很多，即如果没有挥发分的作用，要达到同样的焙烧效果，需要添加更多的固定碳。

图2-93还表明，还原铁的磷质量分数随还原剂 N_2 用量的增加而提高，当还原剂 N_2 用量由20.15%增加到25.20%时，还原铁中的磷质量分数也由0.046%增加到0.086%。但此时还原铁产品的磷质量分数仍明显低于 N_1 用量为25%时的0.14%，两种还原剂获得的还原铁的磷质量分数差异很大，因此可以得出挥发分有利于提高还原铁的铁回收率，但对降低还原铁的磷质量分数不利。

用还原剂M进行的类似试验结果如图2-94所示。与还原剂N相同，都说明煤中的挥发分对焙烧效果有重要影响，即挥发分具有提高铁回收率的作用，但对降低还原铁中的磷质量分数不利。

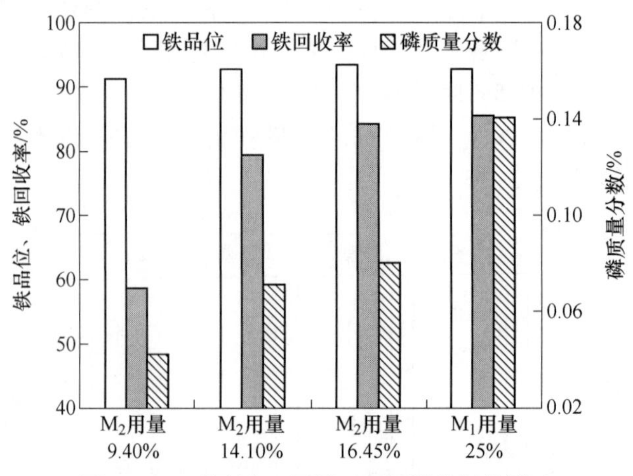

图2-94 还原剂M用量对还原铁指标的影响

2.8.3.3 挥发分对焙烧产物的矿物组成影响变化研究

选取 N_2 用量为15.84%，M_2 用量为9.40%的焙烧产物进行分析，同时将 N_1 和 M_1 做还原剂固定碳含量相同时获得的焙烧产物一并分析，结果如图2-95所示。结果表明，不同还原剂焙烧产物中金属铁是相同的，但生成脉石矿物不同，因为脉石矿物含量较低，而金属铁含量高，完整的XRD图谱不易比较，因此将最强的铁衍射峰去掉，仅列出衍射角10°~42.5°范围内的结果。

由图2-95可知，不同还原剂所得焙烧产物生成的脉石矿物有明显不同。还原剂 M_2 的焙烧产物矿物组分比还原剂 N_2 的要简单，还原剂 M_1 和 N_1 的焙烧产物脉石成分基本相同，由氟磷灰石、钙铝黄长石、斜硅钙石和铁堇青石组成。

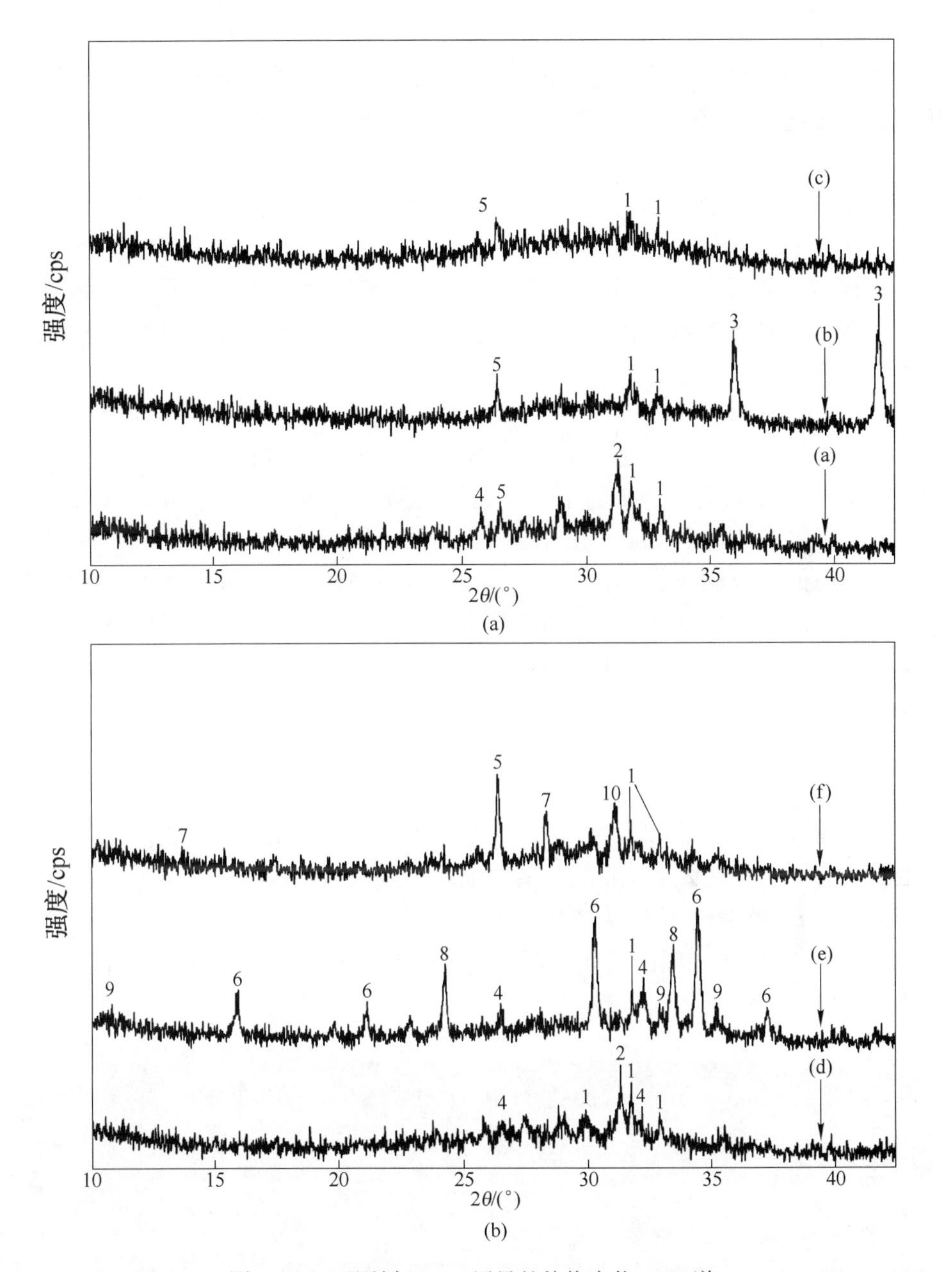

图 2-95 还原剂 M、N 用量的焙烧产物 XRD 谱

(a) M_1 用量 25%；(b) M_2 用量 9.40%；(c) M_2 用量 14.10%；

(d) N_1 用量 25%；(e) N_2 用量 15.84%；(f) N_2 用量 20.15%

1—氟磷灰石；2—钙铝黄长石；3—浮氏体；4—斜硅钙石；5—铁堇青石；6—铁钙橄榄石；

7—黄磷铝铁矿；8—黑铁钙石；9—镁铁钠闪石；10—镁黄长石

M_2 和 N_2 经干馏制备的还原剂获得的焙烧产物的脉石矿物也显著不同。图 2-95（a）中，脉石矿物主要是浮氏体和铁堇青石，由于这两种含铁脉石矿物是弱磁性矿物，在磁选中不能被回收，所以导致还原铁铁回收率的降低。

N_2 作为还原剂使用时所得焙烧产物的脉石矿物组分非常复杂，铁钙橄榄石、黑铁钙石、镁铁钠闪石均是含铁脉石的主要组成成分，大量的含铁脉石生成，在工艺结果表现为铁回收率的降低。脉石中还有不含铁的矿物，诸如斜硅钙石、镁黄长石等，这是因为原矿和灰分以及脱磷剂共同发生反应的结果，因为这些脉石对铁的回收率没有影响，并且在后续的磨矿—磁选中会被去除，所以不再讨论。

图 2-95(a) 和（b）的 XRD 结果表明，虽然不同还原剂的焙烧产物中氟磷灰石的衍射强度不同，但是氟磷灰石仍然是磷的主要赋存状态。在 N_2 用量为 15.15%时，少量黄磷铝铁矿的生成说明氟磷灰石在焙烧过程中可能与原矿中的脉石发生了复杂的化学反应。分析结果也表明，挥发分对焙烧产物的生成物有较大影响，有挥发分的还原剂，焙烧产物的矿物组成相对简单；无挥发分的还原剂，焙烧产物的矿物组成复杂。结合分析结果对比可知，挥发分可以有效抑制含铁脉石矿物的生成，这有利于提高还原铁铁回收率。类高温干馏制备后无挥发分的还原剂，所得的焙烧产物成分复杂，并且同一种还原剂随用量的改变，焙烧产物中脉石矿物也有不同。

综上可得，挥发分在直接还原焙烧过程中可以减少含铁脉石矿物的生成，磷主要仍以氟磷灰石的形式赋存。但工艺结果也表明，挥发分对焙烧产物中磷的赋存也有重要影响，这仅从矿物组成的角度还不能说明。

2.8.3.4 挥发分对焙烧产物矿物嵌布的影响

对与图 2-95 中相同的焙烧产物进行 SEM-EDS 及元素面分布分析，结果如图 2-96 所示。

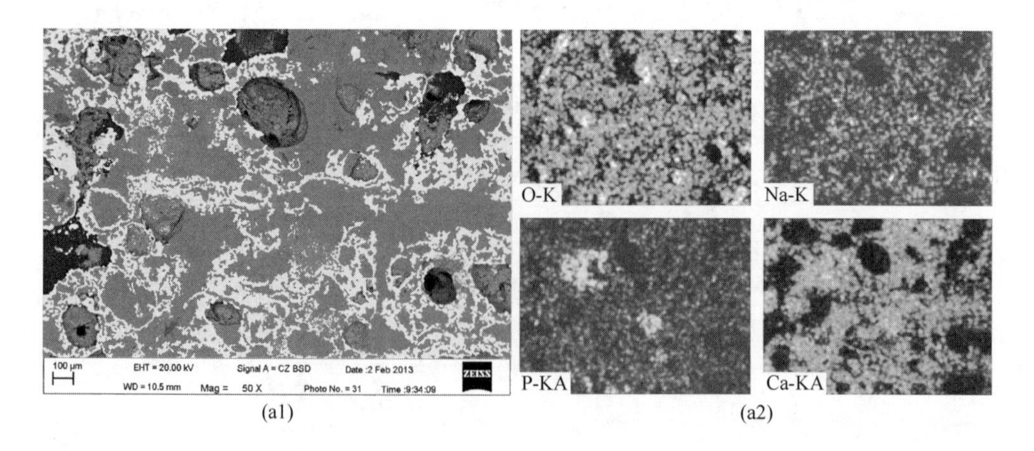

(a1) (a2)

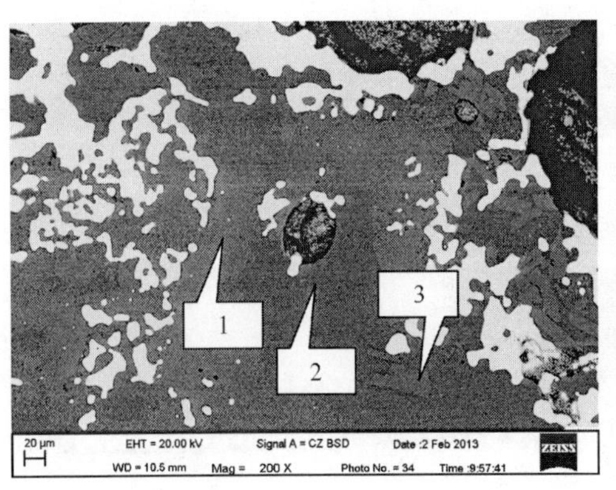
1
2
3
20 μm
EHT = 20.00 kV
Signal A = CZ BSD
Date :2 Feb 2013
WD = 10.5 mm
Mag = 200 X
Photo No. = 34
Time :9:57:41
ZEISS

(a3)

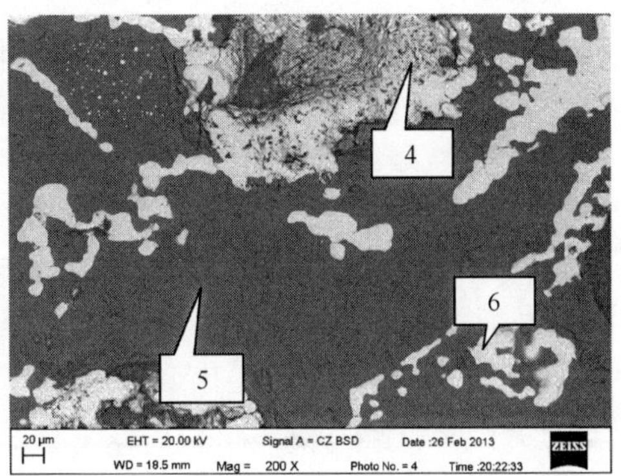
4
5
6
20 μm
EHT = 20.00 kV
Signal A = CZ BSD
Date :26 Feb 2013
WD = 18.5 mm
Mag = 200 X
Photo No. = 4
Time :20:22:33
ZEISS

(b1)

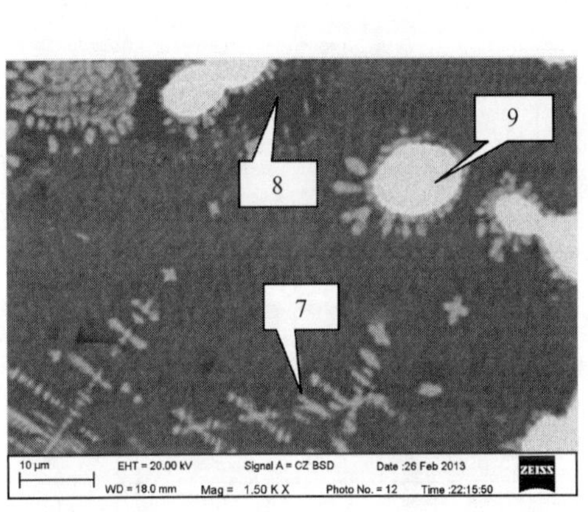
8
9
7
10 μm
EHT = 20.00 kV
Signal A = CZ BSD
Date :26 Feb 2013
WD = 18.0 mm
Mag = 1.50 K X
Photo No. = 12
Time :22:15:50
ZEISS

(b2)

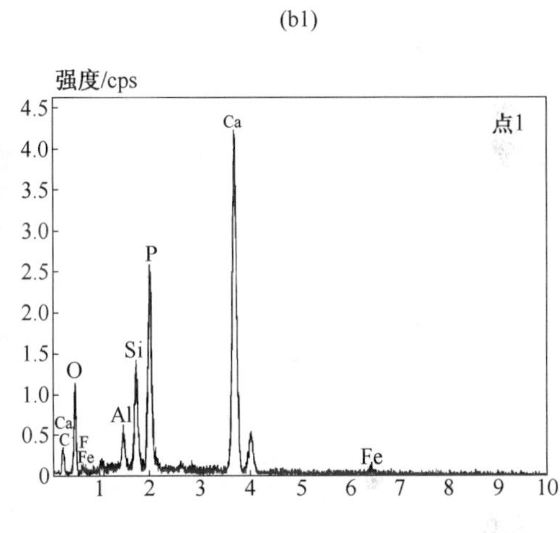
强度/cps
点1
Ca
P
Si
O
Al
Ca
C
F
Fe
Fe

(c)

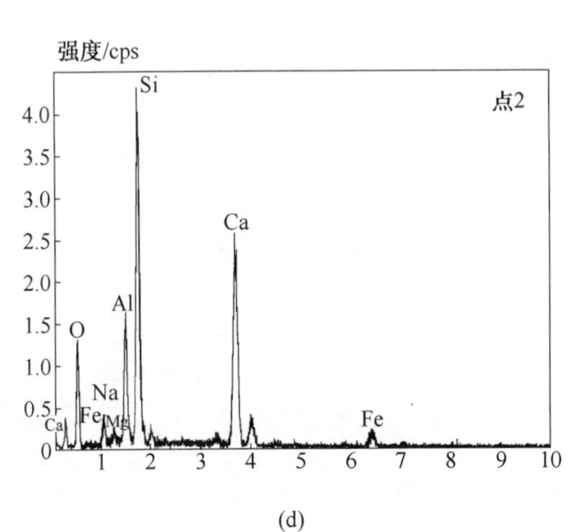
强度/cps
点2
Si
Ca
Al
O
Na
Ca
Fe
Mg
Fe

(d)

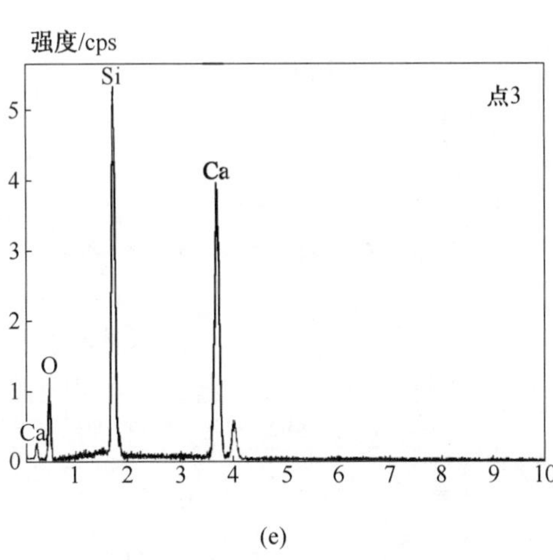
强度/cps
点3
Si
Ca
O
Ca

(e)

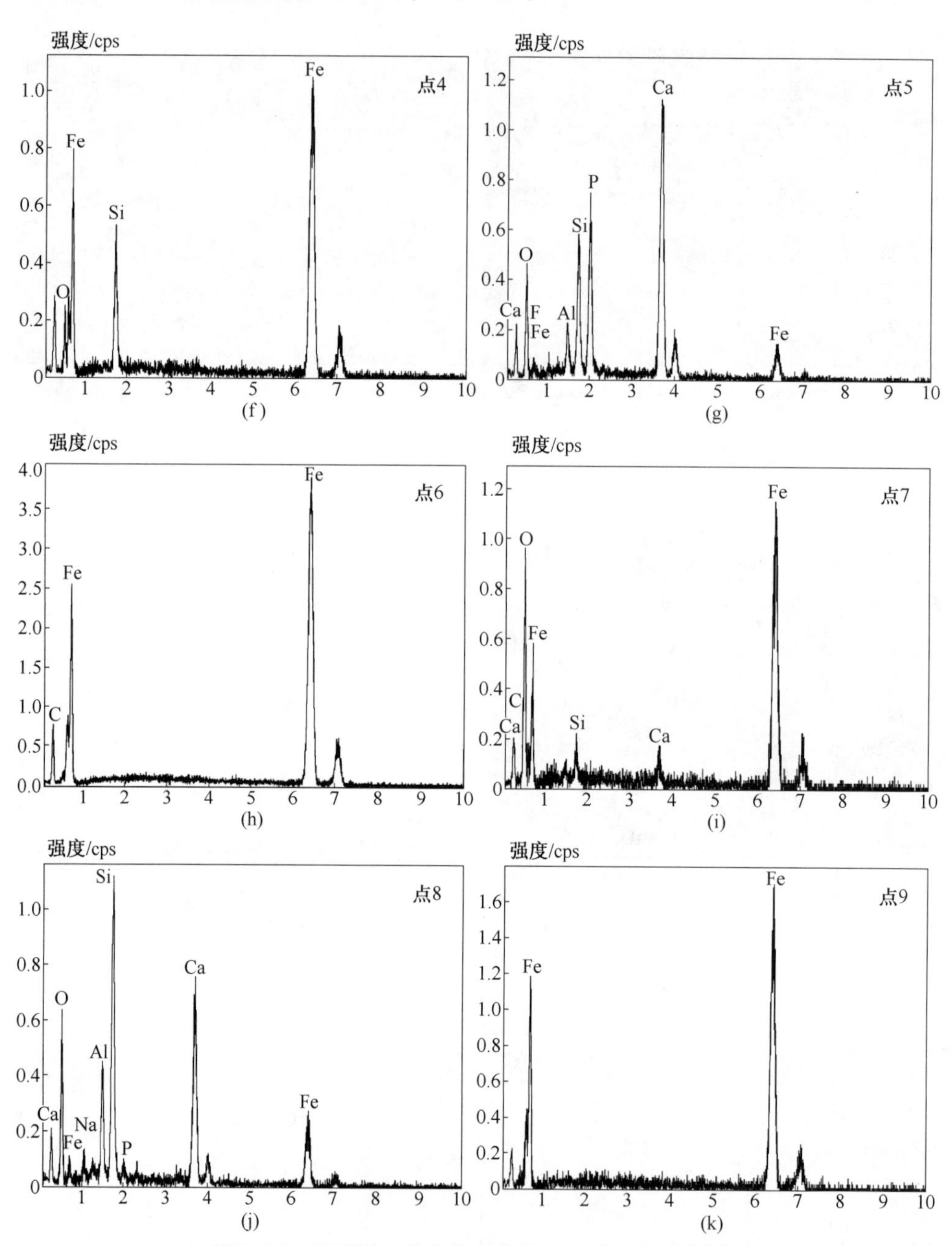

图 2-96 还原剂 N 的焙烧产物的 SEM 像及 EDS 能谱

（a1）N_1 用量 25%；（a2）图（a1）的面扫描；（a3）N_1 用量 25%；（b1）N_2 用量 15.84%；（b2）N_2 用量 20.15%；（c）~（k）点 1~点 9 的 EDS 能谱图

从图 2-96 可知，直接还原焙烧过程中高磷鲕状赤铁矿的鲕状结构被破坏，铁颗粒聚集长大为铁连晶，EDS 结果同时表明新生成的脉石矿物不但成分复杂，而且不同区域的脉石磷含量也不相同。现将 SEM-EDS 分析结果与 XRD 的结果相结合对焙烧产物中的矿物成分进行辨别。

还原剂为 N_1 时，在图 2-96(a3) 中，点 1 为氟磷灰石的聚集区域，且与斜硅钙石紧密共生，点 2 代表钙铝黄长石的聚集区域，点 3 为斜硅钙石的单体矿物。图 2-96(a2) 是焙烧产物部分区域的面扫描，在图中清晰可见磷元素和钙元素的聚集区域，因此该区域为氟磷灰石，故在 XRD 谱中可见氟磷灰石的衍射峰。同时面扫描结果显示磷元素和铁颗粒嵌布关系紧密，呈现交互共生。图 2-96(a3) 中这种嵌布紧密的关系更清晰可见。靠近铁颗粒处的点 1 磷的含量要高于其他的区域，而远离铁颗粒点 2 代表的区域却不含磷。这种共生紧密的含磷矿物在后续的磨矿过程中很容易因为铁颗粒塑性变形而被包裹于金属铁中造成磷含量升高。

N_2 作为还原剂获得的焙烧产物的 SEM 照片如图 2-96(b1) 和 (b2) 所示。点 4 是铁钙橄榄石和黑铁钙石的共同聚集区域，点 5 为镁铁钠闪石的聚集区域，点 6 点 9 是铁颗粒，EDS 能谱结果显示铁颗粒中无磷元素。由图 2-96 还可以看出，在 N_2 用量不足时有生成枝晶状的含铁脉石矿物生成（点 7），这与 FeO 与原矿和灰分矿物发生反应有关。图 2-96(b1) 和 (a3) 是在相同放大倍数下焙烧产物的 SEM 照片，结果显示，点 5 的脉石区域与点 1 区域相比，与其说靠近铁颗粒区域的磷含量少，不如说磷是均匀分布于脉石区域，这与点 1 的结果不同。

从图 2-96(b2) 还可以看出，在还原剂 N_2 用量为 15.15%时，焙烧产品中少量的黄磷铝铁矿产出（点 8）。这可能是因为还原气氛不足时，赤铁矿还原生成的浮氏体与脉石反应生成铁尖晶石（$FeAl_2O_4$），铁尖晶石与氟磷灰石发生反应所致。

N_1 作为还原剂时，磷元素聚集的区域表明，挥发分对氟磷灰石的聚集具有作用，即在焙烧过程中促进了含磷矿物向铁颗粒靠近，这使得铁磷分离变得困难。

还原剂 M_1 用量为 25%、M_2 用量为 9.40%的焙烧产物，如图 2-97 所示。可以看出，M 作为还原剂时，焙烧产物的矿物组成成分同样复杂，各矿物嵌布粒度较细，多种新生成的矿物熔融在一起，点 14 的 EDS 能谱显示在 M_2 作为还原剂

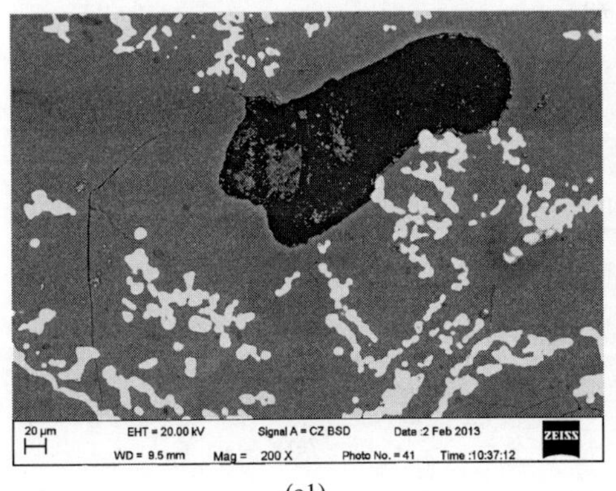

(a1)

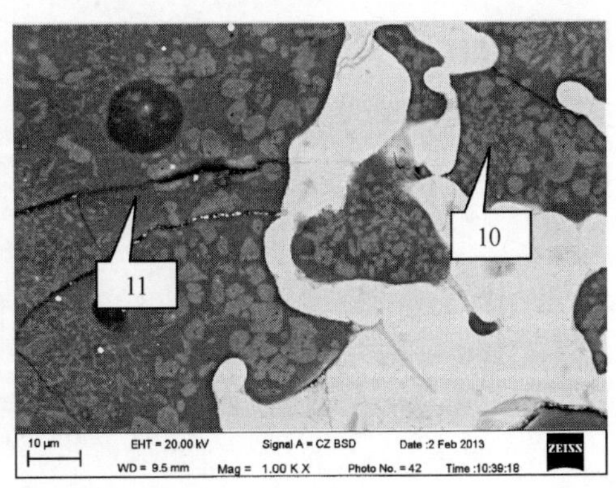

(a2)

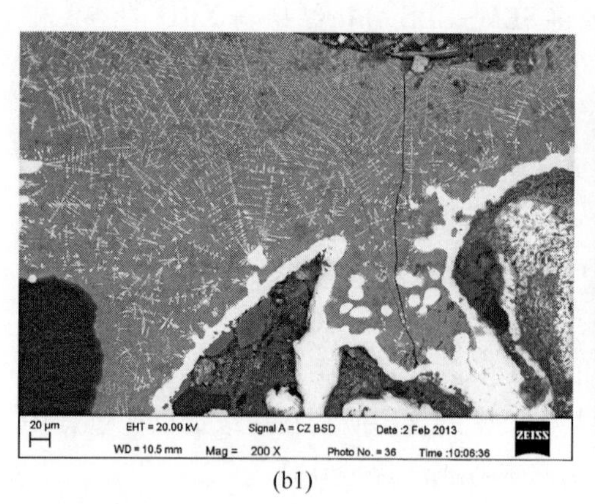
20 μm
EHT = 20.00 kV
Signal A = CZ BSD
Date :2 Feb 2013
WD = 10.5 mm
Mag = 200 X
Photo No. = 36
Time :10:06:36
ZEISS

(b1)

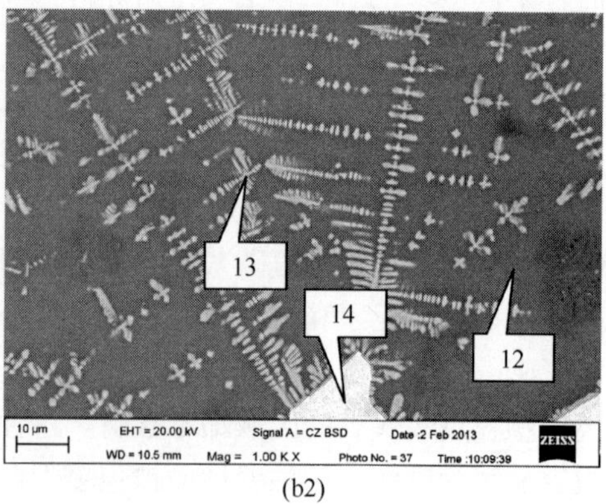
13
14
12
10 μm
EHT = 20.00 kV
Signal A = CZ BSD
Date :2 Feb 2013
WD = 10.5 mm
Mag = 1.00 K X
Photo No. = 37
Time :10:09:39
ZEISS

(b2)

SE Si P Ca Fe
Map data 2120
MAG: 1000 x HV: 20.0 kV WD: 10.7 mm
2μm

(b3)

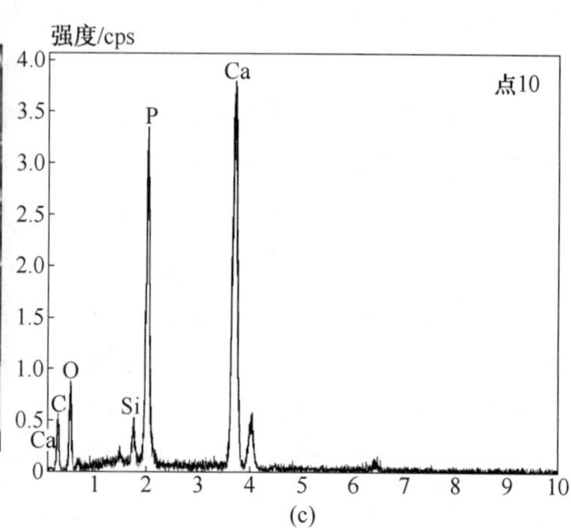
强度/cps
点10
Ca
P
Si
O
C
Ca
0
0.5
1.0
1.5
2.0
2.5
3.0
3.5
4.0
1
2
3
4
5
6
7
8
9
10

(c)

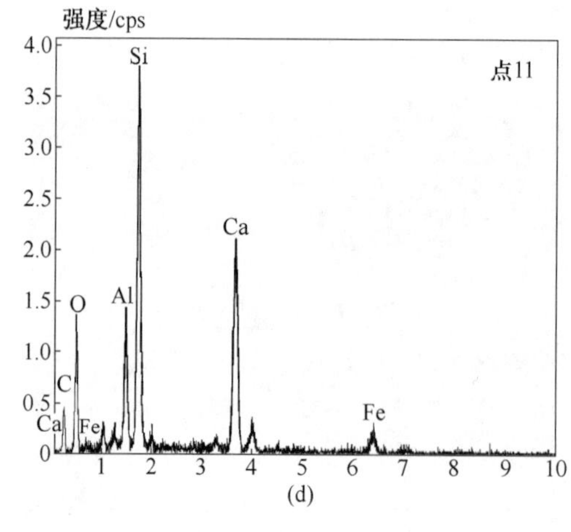
强度/cps
点11
Si
Ca
O
Al
C
Ca
Fe
Fe
0
0.5
1.0
1.5
2.0
2.5
3.0
3.5
4.0
1
2
3
4
5
6
7
8
9
10

(d)

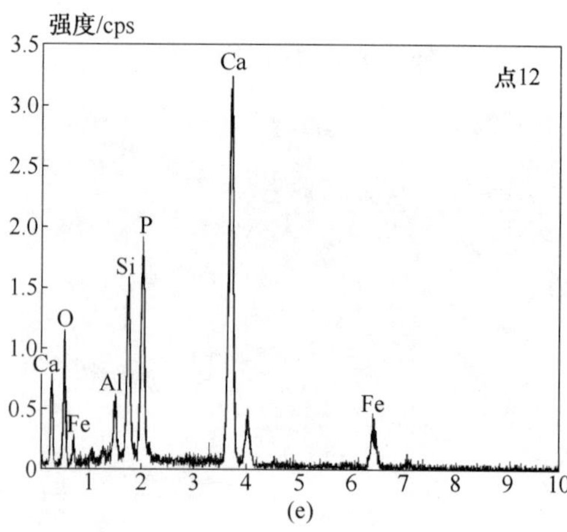
强度/cps
点12
Ca
P
Si
O
Ca
Al
Fe
Fe
0
0.5
1.0
1.5
2.0
2.5
3.0
3.5
1
2
3
4
5
6
7
8
9
10

(e)

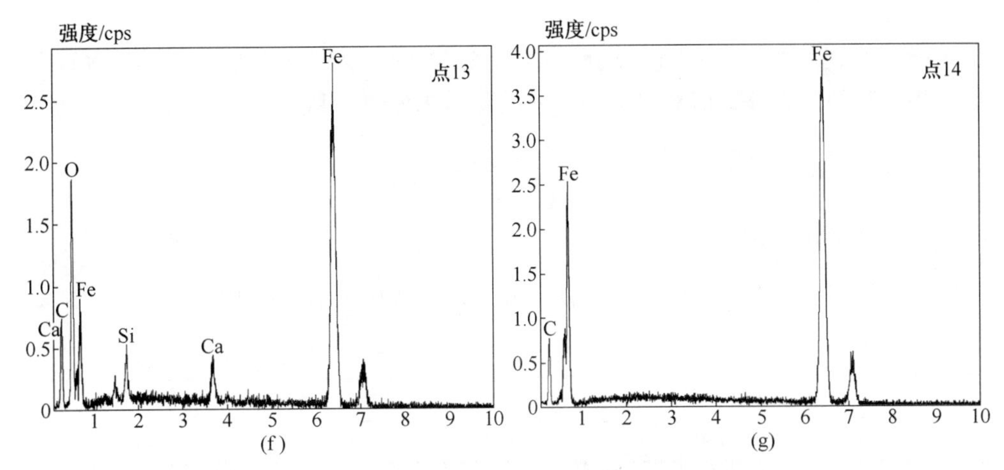

图 2-97 还原剂 M 的焙烧产物的 SEM 像及 EDS 能谱

（a1）25%的 M_1；（a2）25%的 M_1；（b1）9.40%的 M_2；（b2）9.40%的 M_2；（b3）图（b2）的元素面分布；（c）~（g）点 10~点 14 的 EDS 能谱图

时铁颗粒中不含磷。结合还原剂 M_1 和 M_2 焙烧产物 XRD 的结果可知，相比于还原剂 N 所得焙烧产物生成的脉石矿物成分相对简单。SEM-EDS 分析可知，点 10 是氟磷灰石和部分硅酸盐聚集区域，点 11 是钙铝黄长石矿物，对于钙铝黄长石生成可能的化学方程式如式（2-32）所示。

$$4Ca_5(PO_4)_3F + 9Al_2O_3 + 9SiO_2 + 30CO = 9(2CaO \cdot Al_2O_3 \cdot SiO_2) + 6P_2 + 30CO_2 + 2CaF_2 \tag{2-32}$$

这说明原矿和煤泥灰分中的鲕绿泥石和石英在还原焙烧气氛下会发生复杂的化学反应，生成钙铝黄长石。

图 2-97(b1)、(b2) 是 M_2 用量为 9.40%焙烧产物的 SEM 图片，可以看出，在还原剂 M_2 用量较少时会有枝晶状的含铁脉石生成。例如点 13 代表的区域是浮士体，也含有少部分硅酸铁；点 12 区域为氟磷灰石和铁堇青石的聚集区。图 2-98(b3) 的电镜面扫面结果也表明点 12 确是氟磷灰石的聚集区域。因此，还原剂 M_1 的焙烧产物中含磷矿物和还原剂 N_1 的相同，但是 EDS 结果和 XRD 结果同时显示，M_2 与 N_2 分别为还原剂焙烧时生成的脉石矿物成分并不相同。

综上可得出如下结论：

（1）煤泥可以作为高磷鲕状赤铁矿直接还原焙烧—磁选的还原剂。在最佳工艺条件下，可获得铁品位为 91.35%、铁回收率为 81.13%、磷质量分数为 0.076%的合格还原铁产品。

（2）煤泥种类对还原效果的影响因自身性质差异而不同。虽然不同种类煤泥的灰分矿物组分基本相同，但矿物含量有较大差异。煤泥灰分中含量较高的石英在还原气氛充足时对氟磷灰石的还原具有促进作用，会造成还原铁产品中磷质量分数的升高。

（3）煤泥的挥发分在直接还原焙烧反应过程中能够抑制含铁脉石矿物的生成，提高铁的回收率，但对降低还原铁的磷质量分数不利。

2.9 高炉灰做还原剂对焙烧效果的影响

2.9.1 高炉灰的性质

使用的高炉灰来自河北省某钢铁企业，其工业分析结果见表2-23。

表2-23 高炉灰的工业分析结果 （质量分数/%）

高炉灰	水分（M_{ad}）	灰分（A_{ad}）	挥发分（V_{ad}）	固定碳（FC_{ad}）
质量分数	2.92	55.43	8.82	32.83

由表2-23可知，高炉灰固定碳质量分数为32.83%，挥发分质量分数为8.82%，挥发分质量分数很低，灰分质量分数较高，为55.43%。高炉灰的性质与煤泥和煤性质有很大差异，将其用于原矿还原焙烧中，其工艺条件和对作用机理不同于煤泥和煤。

高炉灰X射线荧光分析结果见表2-24。

表2-24 高炉灰的XRF分析结果 （质量分数/%）

成　分	MgO	Al_2O_3	SiO_2	P_2O_5	SO_3	K_2O	CaO	TiO_2
质量分数	3.32	5.93	13.41	0.14	8.70	0.44	6.82	0.35
成　分	MnO	Fe_2O_3	ZnO	SrO	PbO	Bi_2O_3	F	其他
质量分数	0.19	51.56	7.40	0.025	0.51	0.06	0.50	0.68

由表2-24可知，高炉灰的主要组成成分为Fe_2O_3、MgO、Al_2O_3、SiO_2、SO_3和CaO。其中，Fe_2O_3中的铁是有用成分且质量分数达到51.56%，应回收。SiO_2质量分数也较高。

高炉灰XRD分析结果如图2-98所示。由图可知，高炉灰主要矿物成分有赤铁矿、磁铁矿、石英和石膏，铁的赋存物相是磁铁矿、赤铁矿。在XRD图谱的10°~30°未出现明显的“馒头峰”，这说明高炉灰大部分为晶态的物质组成。同时，图2-98中未发现碳的衍射峰，这说明高炉灰中的碳是无定形碳，未石墨化，这与煤中碳的形态是相同的。

高炉灰进行了SEM-EDS分析结果如图2-99所示。由图可知，高炉灰中矿物的粒度很细，基本在20μm以下，因此常规的选矿工艺很难从该种高炉灰中回收赤铁矿。EDS分析结果表明，点1是石膏，点2石英，点3是赤铁矿，点4的EDS分析中含有Zn的衍射峰，因为其含量较少，所以在XRD衍射峰中未显示。

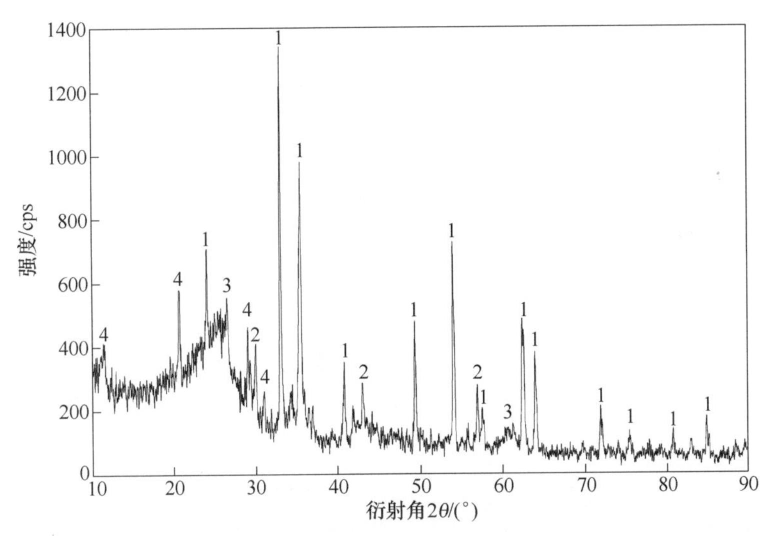

图 2-98 高炉灰的 XRD 分析结果

1—赤铁矿（Fe_2O_3）；2—磁铁矿（Fe_3O_4）；3—石英（SiO_2）；4—石膏（$CaSO_4(H_2O)_2$）

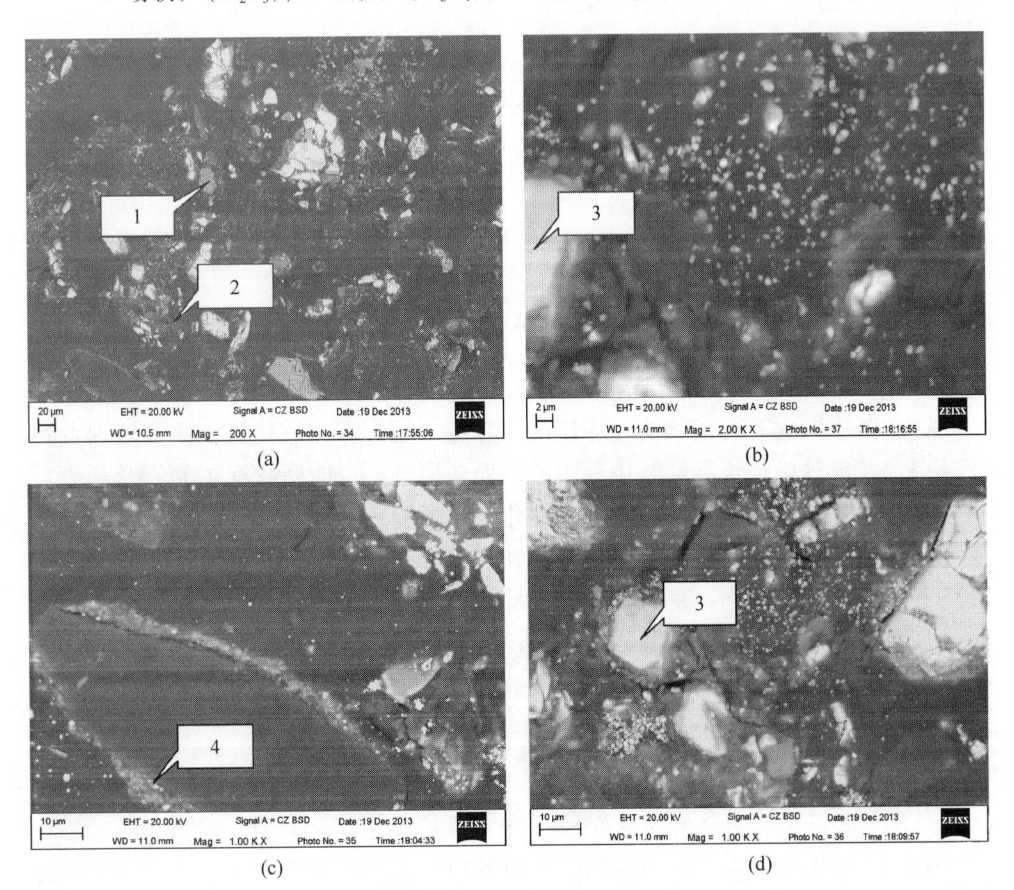

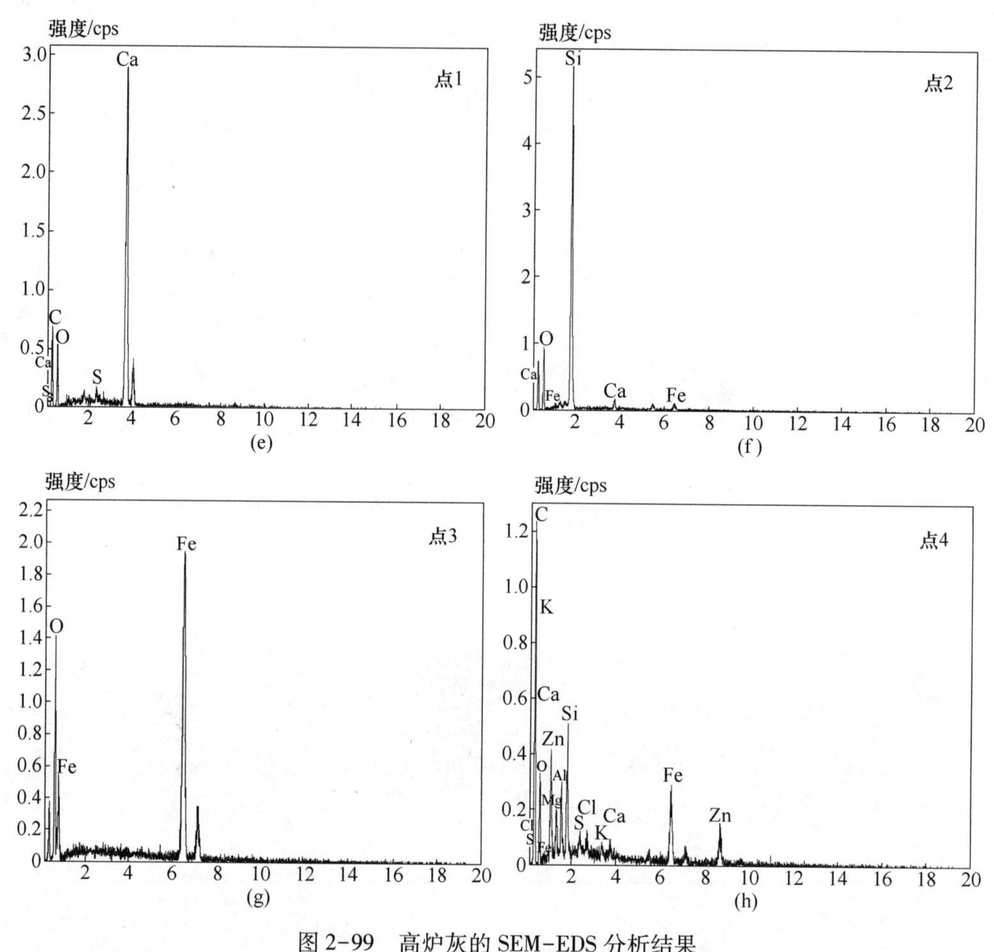

图 2-99 高炉灰的 SEM-EDS 分析结果

(a)~(d) 高炉灰不同放大倍数 SEM 照片；(e)~(h) 点 1~点 4 的 EDS 能谱图

高炉灰中既含有可起到还原作用的固定碳，也含有铁氧化物，作为还原剂用于高磷鲕状赤铁矿焙烧既能利用其中的碳做还原剂，也能回收其中的铁及高炉灰做还原剂还原高磷鲕状赤铁矿中的铁氧化物，也能还原自身含有的铁氧化物。为了与其他还原剂相区别，把该过程称为共还原。与其他研究类似，将共还原焙烧后的产物称为焙烧产物，将磁选获得的产品称为还原铁产品。以还原铁铁品位、总铁回收率和还原铁的磷质量分数作为还原铁产品的评价指标，其中总铁回收率是指包括高炉灰中和高磷鲕状赤铁矿中铁的总回收率。

2.9.2 高炉灰对还原铁指标的影响研究

2.9.2.1 高炉灰用量对还原铁产品指标的影响

高炉灰的用量对还原铁指标的影响结果如图 2-100 所示。其他条件与煤泥作为还原剂时相同，即：脱磷剂为 $CaCO_3$ 和 Na_2CO_3 的组合，$CaCO_3$ 用量为 20%，Na_2CO_3 用量为 2.5%；焙烧温度为 1150℃，焙烧时间为 60min；焙烧产物经过两段磨矿、磁选，一段磨矿-74μm 为 53%，二段磨矿-43μm 为 80%，两段磁选的场强均为 87.58kA/m。

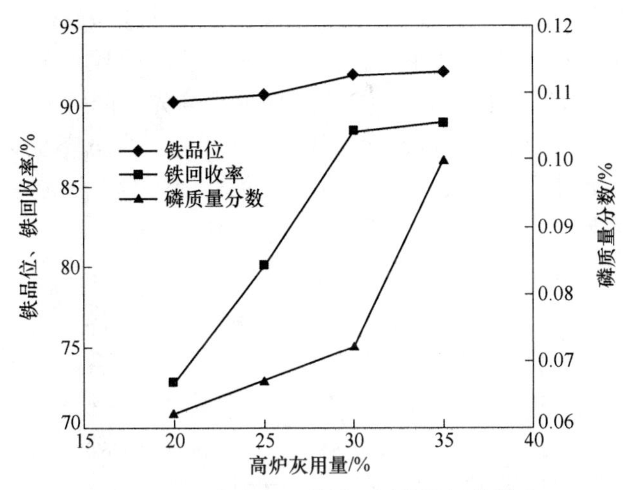

图 2-100 高炉灰用量对还原铁指标的影响

由图 2-100 可知，高炉灰与高磷鲕状赤铁矿共还原是可行的。随着高炉灰用量的增加，还原铁铁品位逐渐增加。如高炉灰用量由 20%增加至 35%时，铁品位由 90.28%增加到 92.12%，此时总铁回收率也随高炉灰用量的增加而逐渐升高至基本不变。当高炉灰用量为 20%时，总铁回收率为 70.16%，增加高炉灰用量至 30%，总铁回收率增加到 88.38%。继续增加高炉灰用量到 35%时，总铁回收率仅有小幅提升，而在此条件下总铁回收率为 88.95%，并未再有显著的提升。另一方面，还原铁中的磷质量分数也随高炉灰用量的增加而增加，其中在高炉灰用量由 30%增加至 35%时，还原铁的磷质量分数增加幅度最大，磷质量分数由 0.062%增加到 0.1%，而高炉灰用量由 20%增加至 30%时，还原铁中磷质量分数是呈现线性增加关系的，在该条件下还原铁的磷质量分数由 0.062%增加到 0.072%。

同时也发现，固定碳质量分数为 23.96%的高炉灰在用量为 30%时，已经可以获得铁品位大于 90%、铁回收率为 88.38%、磷质量分数为 0.062%的还原铁产品。但对于煤作为还原剂，若想取得上述还原铁指标，宁夏烟煤和惠民褐煤的煤用量应在 25%以上，根据两者的工业分析可知，宁夏烟煤的固定碳质量分数为 45.81%，惠民褐煤的固定碳质量分数为 37.09%。对比可得，取得相同还原铁铁指标时，高炉灰的固定碳的用量实际是小于煤的，即在高磷鲕状赤铁矿与高炉灰的共还原中，高炉灰在用量较少时焙烧效果优于煤。

2.9.2.2 共还原焙烧温度的影响

高炉灰用量为30%，其他还原焙烧—磁选条件同上，焙烧温度的影响如图2-101所示。由图可知，还原铁的铁品位和总铁回收率均随焙烧温度的提高而提高。温度从1050℃升高到1150℃，铁品位和总铁回收率增加幅度最大，铁品位由87.53%增加到91.88%，总铁回收率由70.16%增加到88.38%。焙烧温度增加到1250℃，铁品位达到最高值，为92.02%，总铁回收率也达到最高，为91.92%。还原铁中的磷质量分数随焙烧温度的提高先下降后升高，这与煤和煤泥做还原剂时磷质量分数随温度改变的变化规律相同。当焙烧温度由1050℃升高到1150℃，还原铁中磷质量分数由0.13%降低到0.072%，还原焙烧温度继续升高到1250℃，磷质量分数却由0.072%又升高到0.13%。

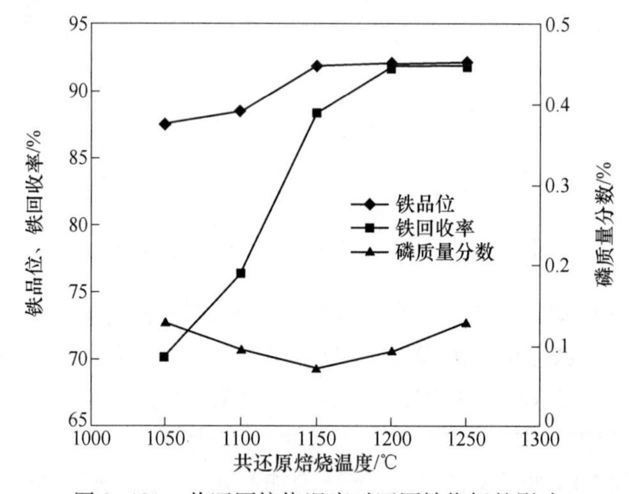

图2-101 共还原焙烧温度对还原铁指标的影响

综上可知，升高焙烧温度有利于提高还原铁的铁品位和总铁回收率，温度高于1250℃时，铁品位和总铁回收率趋于不变。随着温度的提升，还原铁中的磷质量分数会在降低之后迅速升高。结合还原铁铁指标的要求，共还原焙烧温度1150℃为宜。

2.9.2.3 共还原焙烧时间的影响

焙烧时间对焙烧效果的影响如图2-102所示。由图可知，延长焙烧时间有利于还原铁铁品位和总铁回收率的提高。焙烧时间延长至120min时这两个指标基本到达最高值，此时铁品位91.92%，总铁回收率为94.85%，继续延长焙烧时间，已无意义。在焙烧时间为20~60min时，还原铁中的磷质量分数均小于0.08%，最高为0.072%，此时焙烧时间为60min。在焙烧时间为60~120min范围内，磷质量分数升高最为显著，由0.072%增加到0.12%，但在焙烧时间为120min时还原铁的磷质量分数已经大于0.08%，所以焙烧时间应小于120min。

综上可得，最佳的焙烧时间为60min。

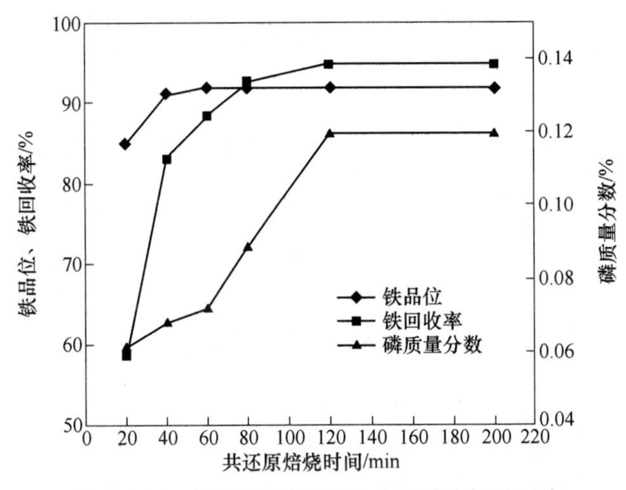

图 2-102 共还原焙烧时间对还原铁指标的影响

结合前述的分析结果可知，高炉灰可作为还原剂用于高磷鲕状赤铁矿的共还原焙烧中，在高炉灰用量为30%、焙烧温度为1150℃、焙烧时间为60min时，焙烧产物经过两段磨矿—磁选可获得铁品位为91.88%、铁回收率为88.38%、磷质量分数为0.072%的还原铁产品。

2.9.3 共还原焙烧脱磷剂组合的最佳配比

2.9.3.1 $CaCO_3$ 用量的影响

仅添加 $CaCO_3$ 的条件下，还原铁指标的变化规律如图 2-103 所示。由图可知，还原铁的铁品位随 $CaCO_3$ 用量的增加基本保持不变，均在90%以上。例如，在不添加 $CaCO_3$ 时，还原铁产品铁品位已达90.82%，增加 $CaCO_3$ 用量至20%，铁品位仅升高为91.36%。随 $CaCO_3$ 用量的增加总铁回收率升高也有限。因此，在无 Na_2CO_3 加入时，$CaCO_3$ 对提高铁品位和总铁回收率作用不显著。

对冷却后的焙烧产物观察发现，焙烧产物随 $CaCO_3$ 用量的增加而逐渐松散，其烧结程度越来越轻，这说明焙烧过程中低熔点矿物生成得越来越少，因此 $CaCO_3$ 的加入不利于焙烧过程中低熔点矿物的生成。

图 2-103 结果还表明，$CaCO_3$ 对降低还原铁产品中磷质量分数的作用非常显著。在 $CaCO_3$ 用量为0、10%、15%、20%时，还原铁产品的磷质量分数分别为0.2%、0.12%、0.092%和0.082%。高炉灰为还原剂时，$CaCO_3$ 适宜的用量为20%。

2.9.3.2 Na_2CO_3 用量的影响

不添加 $CaCO_3$，仅添加 Na_2CO_3 对共还原效果的影响如图 2-104 所示。

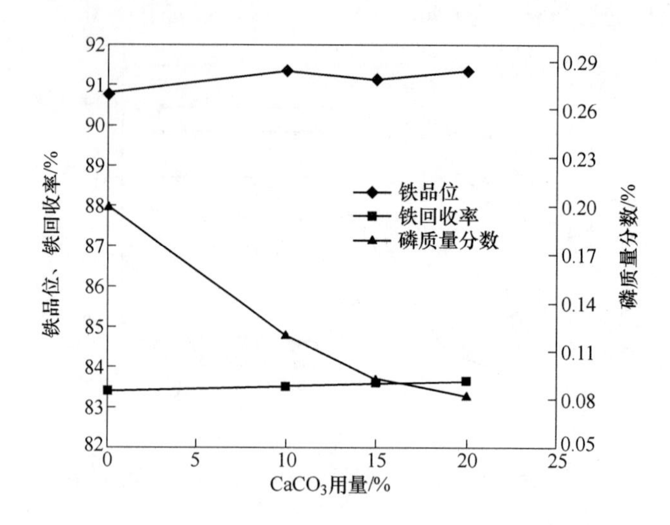

图 2-103 $CaCO_3$ 用量对还原铁产品指标的影响图

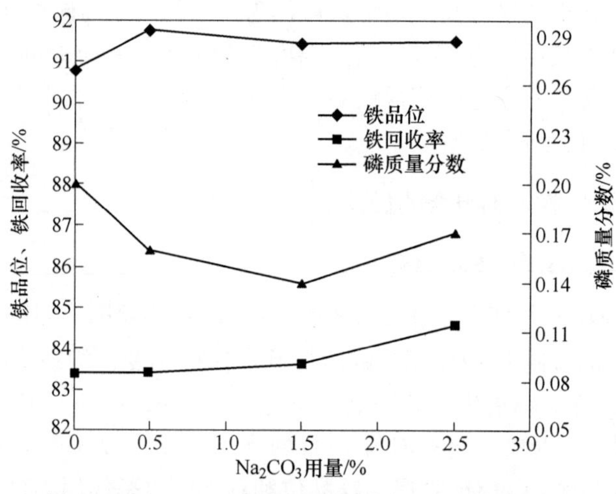

图 2-104 Na_2CO_3 用量对还原铁产品指标的影响图

对焙烧产物的烧结程度进行考察发现，随着 Na_2CO_3 用量的增加，焙烧产物的烧结程度越来越重，这说明焙烧产物中生成的低熔点的矿物越来越多，即 Na_2CO_3 的加入有利于低熔点矿物的生成。

由图 2-104 结果可知，Na_2CO_3 对还原铁产品铁品位和总铁回收率有提高作用。Na_2CO_3 用量由 0 增加到 0.5%，还原铁产品铁品位提高到 91.78%，之后继续增加用量到 2.5%时获得的焙烧效果与用量为 1.5%基本相同，此时铁品位为 91.49%。Na_2CO_3 对总铁回收率的提高作用明显，由 0 增加到 2.5%时，总铁回收率由 83.65%增加到 91.92%。随着 Na_2CO_3 用量的增加还原铁产品磷质量分数先下降后上升，在 Na_2CO_3 用量为 0 时还原铁产品中磷质量分数为 0.2%，Na_2CO_3 用量增加到 1.5%时，磷质量分数为 0.14%，再增加 Na_2CO_3 用量磷质量分数又会升高。Na_2CO_3 可以提高总铁回收率，并在一定程度上降低还原铁产品的磷质量分数。

2.9.3.3 $CaCO_3$ 和 Na_2CO_3 组合使用对共还原焙烧的影响

因为 $CaCO_3$ 具有显著的降磷作用，但单独使用时总铁回收率偏低，而 Na_2CO_3 可以显著提高总铁回收率，但单独使用时对降低还原铁产品中的磷质量分数作用却不显著。因此将 Na_2CO_3 和 $CaCO_3$ 进行组合，不同条件下获得的还原铁产品指标见表 2-25。

表 2-25 $CaCO_3$ 和 Na_2CO_3 对还原铁产品铁指标的影响 （质量分数/%）

$CaCO_3$ 用量	Na_2CO_3 用量为 0.5%			Na_2CO_3 用量为 1.5%			Na_2CO_3 用量为 2.5%		
	铁品位	铁回收率	磷质量分数	铁品位	铁回收率	磷质量分数	铁品位	铁回收率	磷质量分数
10	92.35	83.46	0.088	91.71	83.66	0.083	91.78	83.41	0.16
15	92.70	84.07	0.078	91.62	84.87	0.068	91.42	86.54	0.14
20	92.98	85.51	0.069	92.40	87.86	0.065	91.49	88.38	0.17

由表 2-25 可知，$CaCO_3$ 和 Na_2CO_3 在共还原焙烧过程中具有协同作用，焙烧过程中不添加 Na_2CO_3 时，$CaCO_3$ 对总铁回收率作用不明显，当添加一定量 Na_2CO_3 后，$CaCO_3$ 也具有了一定提高总铁回收率的作用。在 Na_2CO_3 用量为 1.5%时，$CaCO_3$ 的用量由 10%增加到 20%，总铁回收率由 83.66%增加到了 87.86%。同时在 $CaCO_3$ 的作用下，Na_2CO_3 提高铁回收率的作用也更加显著。在 $CaCO_3$ 用量为 20%，Na_2CO_3 用量由 0.5%增加到 2.5%时，总铁回收率由 85.51%增加到了 88.38%。在 $CaCO_3$ 用量增加后，Na_2CO_3 降低还原铁产品中磷的作用变得不再明显，例如在 $CaCO_3$ 用量为 15%时，Na_2CO_3 用量由 0.5%增加到 2.5%后，磷质量分数先由 0.078%下降到 0.068%之后又上升为 0.014%。然而在 Na_2CO_3 的作用下，$CaCO_3$ 降低还原铁产品中磷的作用却非常显著，在 Na_2CO_3 用量为 1.5%时，$CaCO_3$ 用量为 10%、15%、20%时，还原铁产品的磷质量分数分别为 0.083%、0.068%和 0.065%，因此在 Na_2CO_3 和 $CaCO_3$ 的共同组合下，降低还原铁产品中的磷效果显著。

综上可得到如下结论：

（1）$CaCO_3$ 具有降低还原铁产品中磷质量分数的作用，Na_2CO_3 对提高总铁回收率作用明显，因此 Na_2CO_3 和 $CaCO_3$ 需要按照一定比例添加。

（2）随着 Na_2CO_3 和 $CaCO_3$ 用量的增加，还原铁产品中指标也趋于稳定。高炉灰和原矿共还原焙烧，Na_2CO_3 最佳用量为 1.5%，$CaCO_3$ 最佳用量为 20%。

2.9.4 最佳脱磷剂配比下高炉灰对共还原焙烧的影响研究

2.9.4.1 高炉灰用量对还原铁产品指标的影响

最佳脱磷剂用量条件下高炉灰用量对还原铁产品指标的影响，如图 2-105 所示。由图可知，还原铁产品铁品位随着高炉灰用量的增加而逐渐提高，之后基本保持不变。在高炉灰用量为 20%时，还原铁产品铁品位是 90. 18%，增加高炉灰用量到 30%时，铁品位也增加到 92. 08%。总铁回收率随高炉灰用量的增加而逐渐提高，其中在 20%~30%的用量范围内还原铁产品的铁回收率增加幅度最大，总铁回收率由 71. 52%增加到了 87. 85%。之后再增加高炉灰的用量到 35%时，总铁回收率的增加就不明显。还原铁产品磷质量分数随高炉灰用量的增加也逐渐增加，但当高炉灰用量为 35%时，磷质量分数为 0. 093%，大于还原铁磷质量分数应小于 0. 08% 的要求。在高炉灰用量为 30% 时，还原铁产品磷质量分数为 0. 065%，此时铁的回收率为 87. 85%，铁品位为 92. 09%。

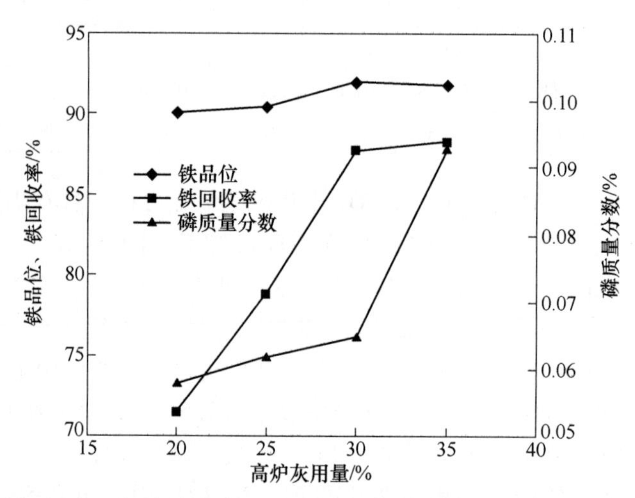

图 2-105 最佳脱磷剂下高炉灰用量对还原铁产品指标的影响

2.9.4.2 最佳脱磷剂配比下共还原焙烧温度的影响

在最佳脱磷剂配比下焙烧温度对还原铁产品指标的影响，如图 2-106 所示。由图可知，还原铁产品的铁品位和总铁回收率均随焙烧温度的提高而增加，在焙烧温度高于 1200℃时还原铁产品的铁品位基本保持不变，为 92. 43%。当焙烧温度由 1050℃升高到 1150℃时，总铁回收率由 72. 68%增加至 87. 85%。在焙烧温度增加到 1250℃时，总铁回收率也达到最高的 92. 66%。还原铁产品磷质量分数随焙烧温度的提高先下降后升高，温度由 1050℃升高到 1150℃，还原铁产品的磷质量分数由 0. 11%降低到 0. 065%，当温度继续升高到 1250℃时，磷质量分数却由 0. 065%又升高到 0. 13%。共原焙烧温度最佳为 1150℃。

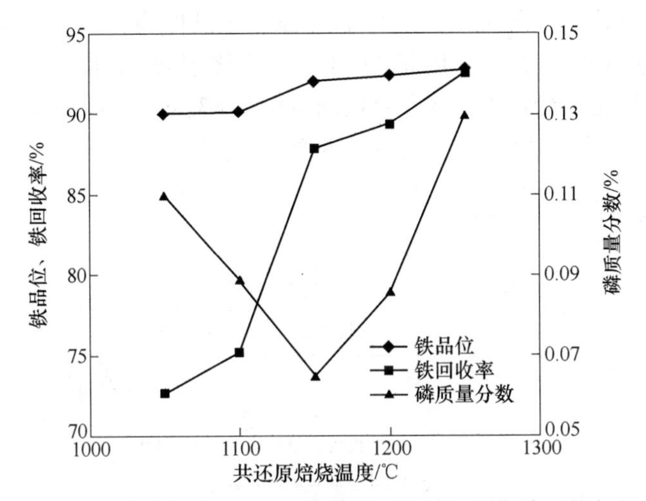

图 2-106 最佳脱磷剂配比下共还原焙烧温度对还原铁产品指标的影响

2.9.4.3 最佳脱磷剂配比下共还原焙烧时间的影响

共还原焙烧时间对还原铁产品指标的影响，如图 2-107 所示。

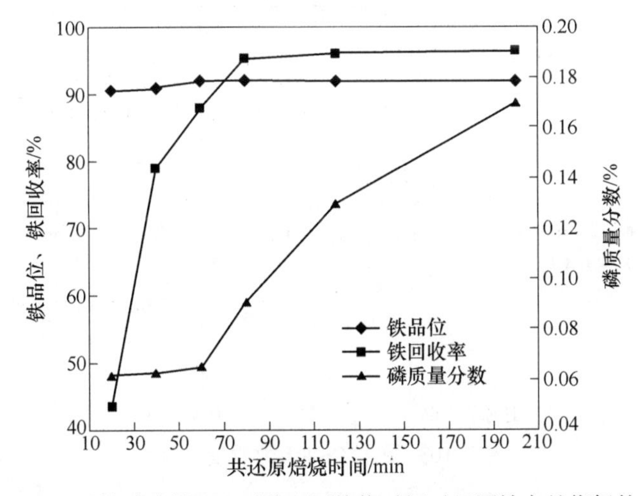

图 2-107 最佳脱磷剂配比下共还原焙烧时间对还原铁产品指标的影响

由图 2-107 可知，在焙烧时间由 20min 增加到 60min 时，铁品位由 90.18%增加到 92.09%，之后再延长焙烧时间，铁品位基本保持在 91%左右不变。总铁回收率随焙烧时间的延长呈逐渐上升之后保持不变。还原铁产品的磷质量分数随焙烧时间的延长逐渐增加，在 0～60min 焙烧时间的区间内，还原铁产品的磷质量分数变化不大，在焙烧时间为 60min 获得的还原铁产品的磷质量分数为 0.065%。当焙烧时间增加到 200min 时，还原铁产品的磷质量分数高达 0.17%。焙烧最佳时间选为 60min。

综上可得，高炉灰与原矿共还原的最佳工艺条件为：Na_2CO_3 用量为 1.5%，$CaCO_3$ 用量为 20%，高炉灰用量为 30%，焙烧温度为 1150℃，焙烧时间为 60min。可获得铁品位为 92.16%，总铁回收率为 87.89%，磷质量分数为 0.072% 的还原铁产品。图 2-108 是最佳条件下的数质量流程图。

图例：产率/%；铁品位/%；P 含量/% ／ 铁回收率/%；P 分布率/%

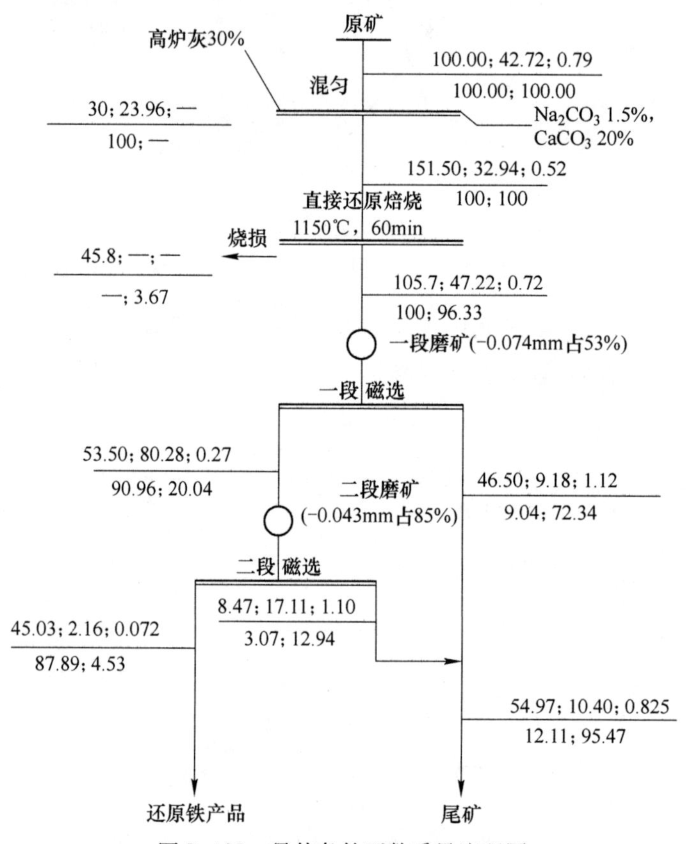

图 2-108　最佳条件下数质量流程图

上述研究表明：

（1）高炉灰与高磷鲕状赤铁矿共还原焙烧，可以达到既利用高炉灰中的碳，又回收高炉灰和高磷鲕状赤铁矿中铁的目的。

（2）取得相同还原铁产品指标时，与煤相比，高炉灰的用量较少，并且高炉灰作为还原剂时的焙烧效果也优于煤。

（3）在共还原焙烧中，高炉灰作为还原剂时，$CaCO_3$ 具有降低还原铁产品磷质量分数的作用，Na_2CO_3 具有提高总铁回收率的作用，在二者的共同作用下达到还原铁产品提铁降磷的目的，$CaCO_3$ 的最佳用量为 20%，Na_2CO_3 最佳用量为1.5%。

（4）在最佳条件下可获得铁品位为92.16%、总铁回收率为87.89%、磷质量分数为0.072%的还原铁产品。

2.10 高炉灰在直接还原焙烧中的机理

2.10.1 高炉灰与煤焙烧结果的对比与讨论

铁氧化物还原为金属铁机理有两种，即固相—固相或气相—固相反应，这两种不同类型的还原反应在还原气氛改变时是可以相互转化的，固相—固相还原机理认为碳直接去还原铁氧化物，还原反应可以按照式（2-33）进行：

$$2Fe_2O_3(s) + 3C(s) = 4Fe(s) + 3CO_2(g) \tag{2-33}$$

气相—固相还原机理认为反应可能按照式（2-34）~式（2-37）进行：

$$C(s) + CO_2(g) = 2CO(g) \tag{2-34}$$

$$3Fe_2O_3(s) + CO(g) = 2Fe_3O_4(s) + CO_2(g) \tag{2-35}$$

$$Fe_3O_4(s) + CO(g) = 3FeO(s) + CO_2(g) \tag{2-36}$$

$$FeO(s) + CO(g) = Fe + CO_2(g) \tag{2-37}$$

其中还原反应式（2-34）~式（2-37）本质上的化学方程式为式（2-38）：

$$Fe_2O_3(s) + 3CO(g) = 2Fe(s) + 3CO_2(g) \tag{2-38}$$

固相—固相直接还原反应和气相—固相间接还原反应的两种机理均能较好地描述含碳球团的还原过程。由上述反应式（2-33）~式（2-38）可知，不同反应类型对碳的消耗是不同的，因此研究引入C/Fe比的概念。所谓C/Fe比是指在直接还原反应中，加入到反应体系中实际参加还原反应的固定碳C的物质的量与在该条件下实际得到的还原铁产品中金属Fe的物质的量的比值，按式（2-39）计算。

$$C/Fe = \frac{n_1}{n_2} \tag{2-39}$$

式中 n_1——还原反应的添加的还原剂中固定C的物质的量；

n_2——还原铁产品中金属铁的物质的量。

由固相—固相化学还原反应式（2-33）和气相—固相化学还原反应式（2-34）~式（2-38）可知，若体系全部发生固相—固相反应，那么体系C/Fe比值为0.75。如果体系发生气相—固相反应，即反应式（2-38），CO/CO_2有不同的分压值，该化学反应是动态平衡过程，此时的C/Fe比值将大于0.75。当反应体系的式（2-34）生成的CO仅有一半的量参与到气相—固相的反应式（2-38）时，C/Fe比值为1.5。因此，当反应体系以固相—固相反应为主时，C/Fe比值的比值应向0.75靠近，靠近的程度越大则体系发生固相—固相反应的比例也就越大。而当反应体系以气相—固相反应为主时，C/Fe比值会向0.75远离，远离得越多则体系发生气相—固相反应的比例也就越大。

高炉灰与原矿共还原获得的工艺条件为：$CaCO_3$ 的用量为 20%，Na_2CO_3 用量为 2.5%，高炉灰作为还原剂使用的效果优于煤，分别计算出以煤和高炉灰为还原剂时的 C/Fe 比，结果的比较见表 2-26。

表 2-26 不同还原剂试验对比结果

还原剂名称	用量/%	C/Fe	铁品位/%	铁回收率/%	磷质量分数/%
宁夏烟煤	25	1.46	93.59	85.72	0.14
惠民褐煤	25	1.20	92.58	85.39	0.14
高炉灰	20	0.89	90.28	72.78	0.062
	25	0.98	90.72	80.08	0.067
	30	1.04	91.88	88.38	0.072
	35	1.14	92.12	92.26	0.12

由表 2-26 可知：（1）烟煤和褐煤在总铁回收率为 85%左右时，C/Fe 比分别为 1.46 和 1.20，而高炉灰为还原剂是总铁回收率达到 88.38%时，C/Fe 比仅为 1.04，小于煤的 C/Fe 比值；（2）以烟煤和褐煤为还原剂时，在总铁回收率达到 85%时，还原铁产品中磷质量分数均高达 0.14%，而此时高炉灰所得还原铁产品的磷质量分数仅为 0.072%，即使铁回收率增加到 92.96%时，磷质量分数仍然低于煤为还原剂的 0.12%。显然，当高炉灰作为还原剂，C/Fe 比是 0.89、0.98、1.04 时，反应以固相—固相反应为主。与高炉灰相比，煤作为还原剂时，当铁回收率大于 85%，烟煤和褐煤的 C/Fe 比值分别为 1.46 和 1.20，反应气相—固相所占比例将更高。与气相—固相反应相比，固相—固相反应有利于提高铁回收率，使固定碳的利用率更高。所以，高炉灰作为还原剂，还原以固相—固相反应为主时，总铁回收率高。这就是高炉灰作为还原剂焙烧效果优于煤的原因。同时也可以得出，固相—固相反应有利于降低还原铁产品中的磷质量分数。

2.10.2 高炉灰对焙烧产物铁颗粒形态的影响

高炉灰和煤作为还原剂时焙烧产物的 SEM 观察结果如图 2-109 所示。从图可以看出，焙烧产物中部分金属铁的形态是沿亮白色颗粒的最外沿分布，形成了 A1、B1、C1、D1、E1、F1 的链条状铁连晶，这是发生固相—固相反应的金属铁颗粒形态，原因是在还原反应中，高炉灰中的固体碳首先与赤铁矿颗粒的表面接触发生固相—固相反应，生成的铁颗粒会在表面聚集长大成为铁连晶。

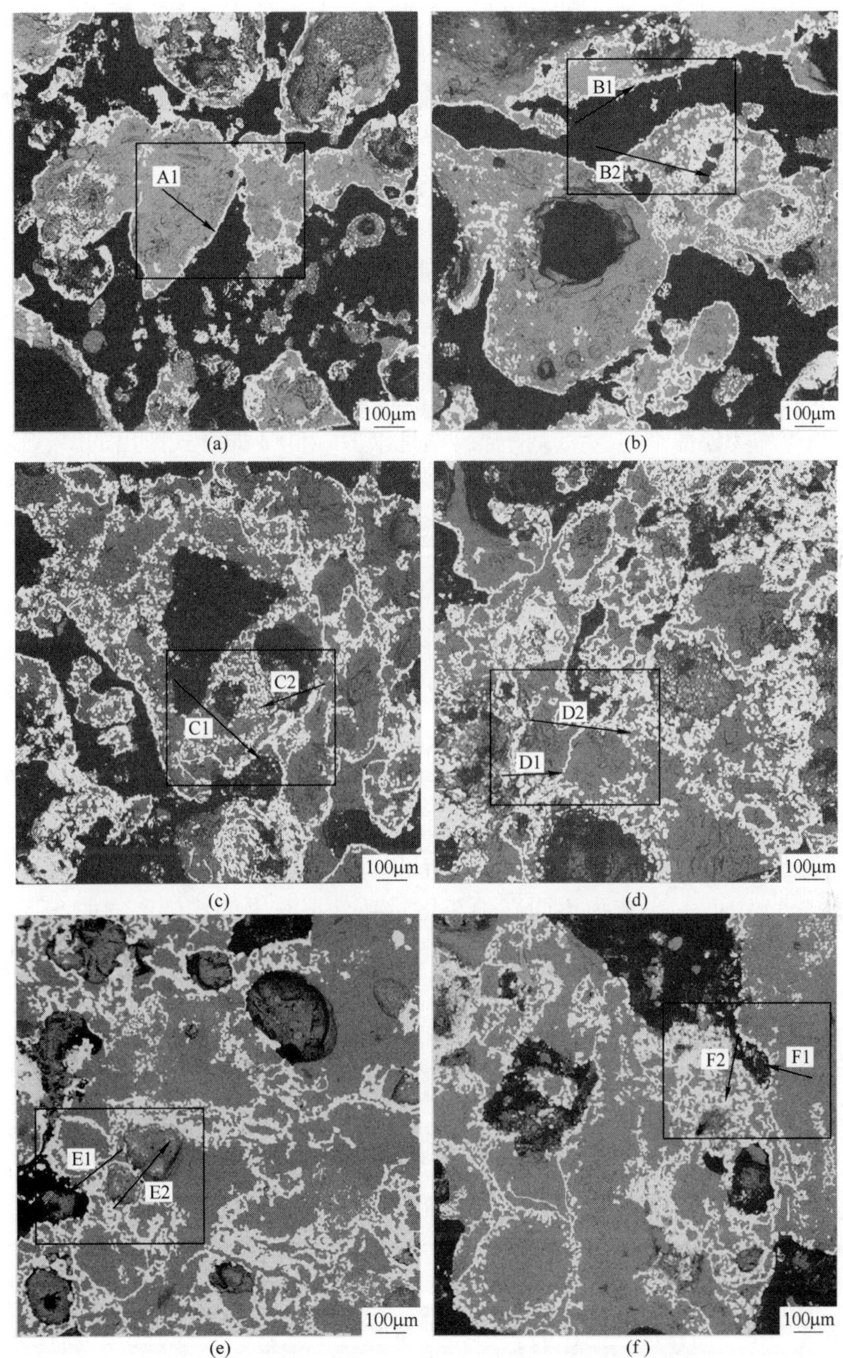

图 2-109 不同还原剂在不同用量时焙烧产物的 SEM 图

（a）高炉灰用量 20%；（b）高炉灰用量 25%；（c）高炉灰用量 30%；
（d）高炉灰用量 35%；（e）烟煤用量 25%；（f）褐煤用量 25%

随着固相—固相反应的持续进行，链状铁连晶致使固体碳和赤铁矿的接触不再紧密甚至会中断。这时固体碳也会发生气化反应生成的CO，通过焙烧产物的裂隙或间隙进入焙烧产物的内部，与铁氧化物发生气相—固相反应，而生成金属铁。此时，金属铁铁颗粒出现在焙烧产物的内部，并且铁颗粒以点B2、C2、D2、E2、F2所示的棒状或蠕虫状形态产出，而不再仅是聚集在边沿以链状铁连晶的形态产出。图2-109(c)、(d) 和 (a)、(b) 这种铁颗粒在焙烧产物内部聚集长大的现象更加明显。这表明在高炉灰用量逐渐增加时，体系的主要还原反应由固相—固相反应向气相—固相反应转变。

焙烧产物内部铁颗粒的多少也表明了气相—固相反应的强弱，明显看出，图2-109(e) 和 (f) 的焙烧产物内部的分散形态的铁颗粒远多于图2-109(c) 和 (d)。当煤作为还原剂时，大量的金属铁是以E2和F2的形式产出的，这说明此时反应体系确实是气相—固相反应占有很大的比例，同时也证明在铁回收率大于85%时，与高炉灰相比，煤更容易发生气相—固相反应。

2.10.3 高炉灰对焙烧产物中磷元素分布的影响

在高磷鲕状赤铁矿的直接还原焙烧中，铁和磷的关系密切，煤为还原剂，铁回收率大于85%时，还原铁产品的磷质量分数一般均会超过0.08%。与煤相比，即使在铁回收率为88.38%时，以高炉灰为还原剂所得还原铁产品中的磷质量分数仍没有超过0.08%，即使铁回收率高达92.26%时，还原铁产品中的磷质量分数仍是低于以烟煤和褐煤为还原剂。为了查明高炉灰的这种作用，对不同条件获得的焙烧产物进行了SEM-EDS分析，结果如图2-110所示。

图2-110(a) ~ (d) 为不同高炉灰用量条件下获得的焙烧产物的SEM-EDS分析结果，图中白色颗粒为金属铁，灰色区域为脉石。在高炉灰用量为20%和25%时，即体系以固相—固相反应为主时，图2-110(a) 和 (b) 的点1的EDS分析结果显示，磷分布于脉石中，且脉石矿物与铁颗粒界线清晰，能谱结果也表明铁颗粒中不含磷。在高炉灰用量为30%和35%时，即体系以气相—固相反应占较大比例时，图2-110(c) 和 (d) 中点1和点3的EDS能谱结果表明，磷不但分布于脉石中，还赋存于氟磷灰石中。很明显，从图2-110可知，氟磷灰石颗粒的数量不但随着高炉灰用量的增加而逐渐增多，而且氟磷灰石向铁颗粒周边聚集的现象更加明显。

即当体系以固相—固相反应为主时，磷主要分布于脉石矿物区域，而当反应体系转向气相—固相反应为主时，磷将大量赋存于氟磷灰石颗粒中，并且氟磷灰石聚集于铁颗粒周围与铁颗粒嵌布关系紧密，而这种紧密的嵌布关系导致较难实现铁和磷的单体解离，最终造成了还原铁产品的磷质量分数升高。

同理可知，若煤作为还原剂的体系是以气相—固相反应为主时，磷也应大量

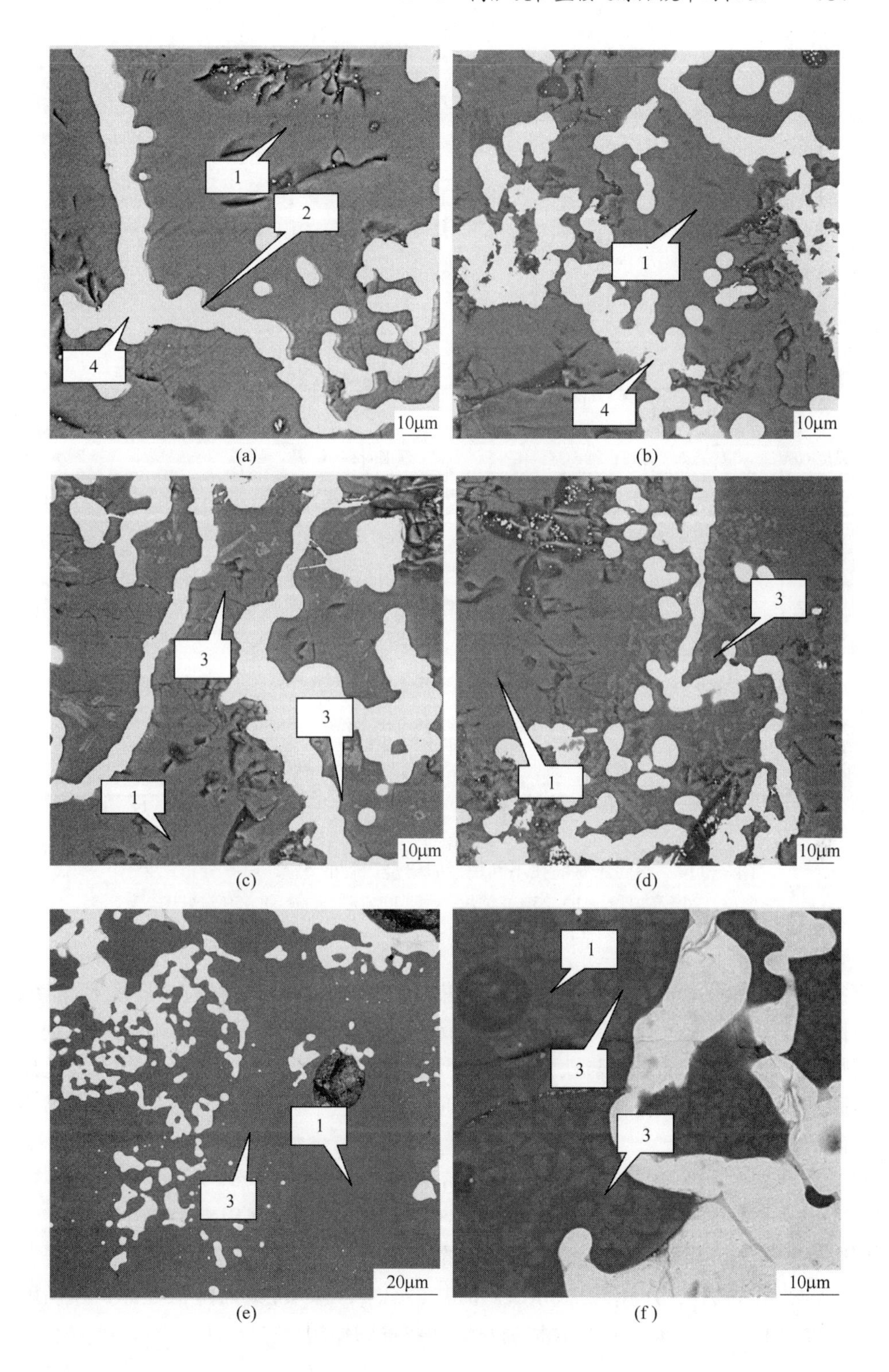

(a) (b) (c) (d) (e) (f)

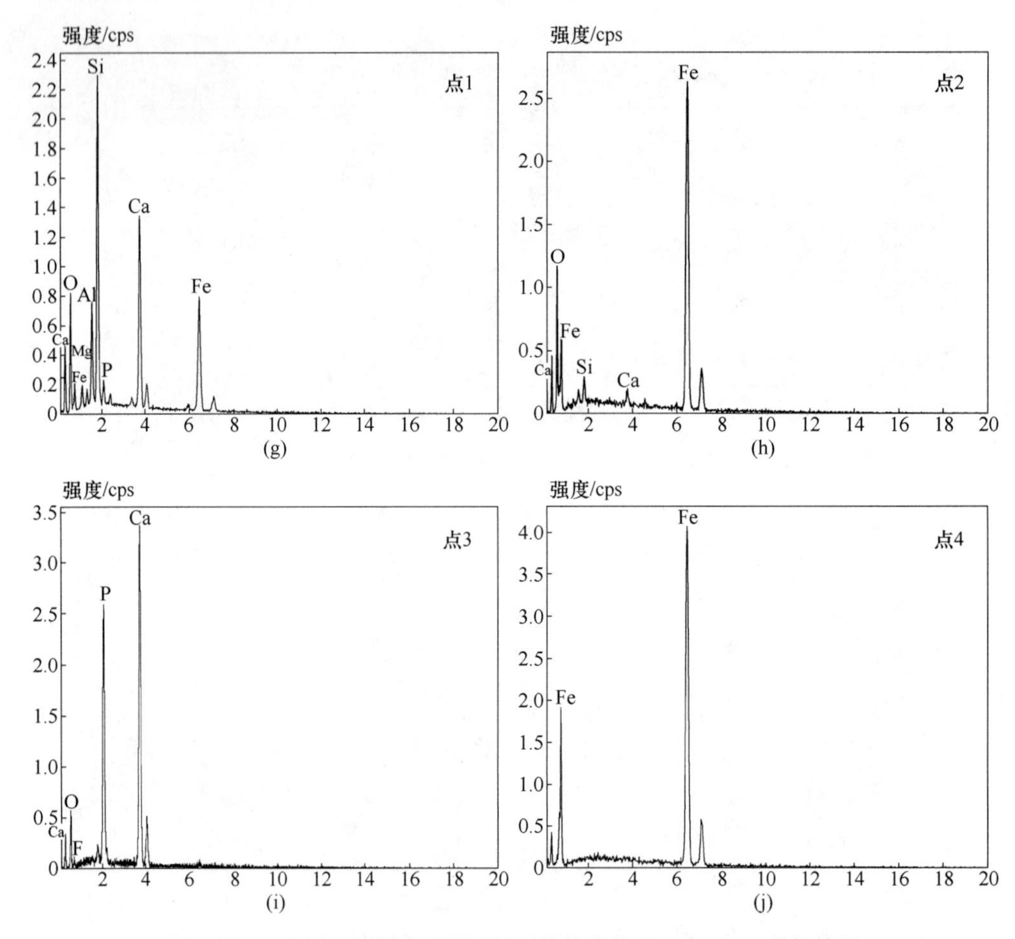

图 2-110 不同还原剂在不同用量时焙烧产物的 SEM-EDS 分析结果

(a) 20%高炉灰；(b) 25%高炉灰；(c) 30%高炉灰；(d) 35%高炉灰；
(e) 25%烟煤；(f) 25%褐煤；(g)~(j) 点 1~点 4 的 EDS 能谱图

富集于氟磷灰石中，并且氟磷灰石会聚集于铁颗粒周围与铁颗粒嵌布关系紧密。由图 2-110(e) 和 (f) 与图 2-110(c) 和 (d) 对比结果可知，煤作为还原剂所得焙烧产物显示氟磷灰石与铁颗粒的共生现象的确更加明显，且磷也更大量地以氟磷灰石颗粒的形式存在，向铁颗粒附近聚集也更明显，最终导致还原铁产品中的磷质量分数升高。

高炉灰与高磷鲕状赤铁矿共还原研究表明：

(1) 高炉灰可与高磷鲕状赤铁矿共还原，达到了既利用高炉灰中的碳，又回收高炉灰和高磷鲕状赤铁矿中铁的目的。

(2) 在高炉灰与高磷鲕状赤铁矿的共还原中，$CaCO_3$ 具有降低还原铁产品磷质量分数的作用，Na_2CO_3 具有提高总铁回收率的作用。

（3）高炉灰和高磷鲕状赤铁矿共还原的最佳条件为高炉灰用量为30%，$CaCO_3$ 用量为20%，Na_2CO_3 用量为1.5%，焙烧温度为1150℃，焙烧时间为60min。可获得铁品位为92.16%、总铁回收率为87.89%、磷质量分数为0.072%的还原铁产品。

（4）高炉灰与高磷鲕状赤铁矿更易发生固相—固相反应，而煤较易发生气相—固相反应，固相—固相还原反应的碳利用率高于气相—固相反应。

（5）固相—固相反应使还原后的铁颗粒聚集长大呈铁连晶形式赋存于脉石矿物的外边沿，而气相—固相反应使铁颗粒聚集产出于脉石矿物的内部。

（6）固相—固相反应使磷赋存于脉石矿物中，这有利于降低还原铁产品中的磷含量，气相—固相反应使磷赋存于氟磷灰石，并且促进了氟磷灰石向铁颗粒周围聚集，导致与金属铁颗粒嵌布关系紧密，易造成原铁产品中磷质量分数升高。

2.11 尼日利亚高磷铁矿石直接还原焙烧提铁降磷研究

2.11.1 尼日利亚铁矿石性质简介

2.11.1.1 多元素分析

尼日利亚铁矿石（为与中国高磷鲕状赤铁矿区别，以下简称尼原矿）多元素分析结果见表2-27。可以看出，尼原矿中铁品位很高，达到49.73%，磷质量分数为0.72%。主要的杂质是硅和铝，其中硅的含量要比铝低，这与其他高磷铁矿石有所不同，鄂西高磷铁矿石中铝的含量比硅的含量低。

表2-27 尼原矿多元素分析结果

成　分	Fe	SiO_2	Al_2O_3	CaO	MgO	K_2O	Na_2O	S	P	MnO
质量分数/%	49.73	4.96	7.88	0.28	0.17	0.01	0.042	0.016	0.72	0.23

2.11.1.2 铁物相分析

尼原矿铁的化学物相分析结果见表2-28。可以看出，尼原矿中的铁矿物主要是赤铁矿和褐铁矿，占铁矿物总量的88.43%。其次是硅酸铁，占铁矿物总量的11.32%。还有0.35%的铁存在于碳酸盐矿物中。

表2-28 尼原矿铁的化学物相分析结果

相　别	赤（褐）铁矿中Fe	碳酸盐矿物中Fe	硅酸盐中Fe	总Fe
质量分数/%	45.15	0.13	5.78	51.06
分配/%	88.43	0.25	11.32	100.00

2.11.1.3 尼原矿结构和构造

尼原矿主要为鲕状构造，其中的赤铁矿、褐铁矿以及与脉石矿物构成层间分布的鲕状构造。鲕粒的形态各异，直径在 0.3～1.5mm 之间，最常见的是直径 1mm 的鲕粒。鲕粒大多呈椭圆形，有些呈团块状，矿体边界为不规则姜结仁状；有的则包裹较多的碎屑矿物，成为假鲕粒。鲕粒内常包裹有石英砂粒和黏土矿物的碎屑，成分复杂。鲕粒的环带大多不完整，无法形成完整的环状，并且层数少，大都是由以粒径为 1μm 的微细粒半自形晶及包裹体形式的赤铁矿组成，还有部分是由含褐铁矿、赤铁矿及脉石矿物的胶结在一起组成。有的鲕粒则无核心、无环带，由铁质凝胶团粒组成。鲕粒间基质为褐铁矿、绿泥石及黏土矿物等的胶结物。

尼原矿中的铁矿物中普遍含有磷，随机选不同位置的铁矿物颗粒作 EDS 定量分析，随机选取的 7 个点中均含磷，质量分数最低的也有 0.55%。

采用选择性溶解法、浸出法、电渗析法和强磁选方法富集含磷矿物，继续进行研究。证明尼原矿中几乎不存在以胶磷矿形式存在的磷，也不存在吸附态的磷。发现存在含磷的独立矿物纤磷钙铝石 $CaAl_3(OH)_6(HPO_4)(PO_4)$。

2.11.2 直接还原焙烧磁选影响因素研究简介

只添加煤进行还原焙烧磁选研究表明，只添加煤为还原剂得到的还原铁产品的铁品位和铁回收率有较大提高，但磷的含量仍然较高，达不到脱磷的目的，因此，添加脱磷剂是必需的。

研究了 $CaCO_3$ 和 Na_2CO_3 分别做脱磷剂的影响。结果表明，只添加石灰石，还原铁产品磷的质量分数在 0.2%以上。不能实现有效的脱磷。而添加 Na_2CO_3 可以得到铁品位和铁回收率 90%以上、磷质量分数 0.1%以下的合格还原铁产品。这也说明，脱磷剂的种类对高磷铁矿石的直接还原焙烧的脱磷效果与矿石性质有关，特别可能与磷的存在状态有关。

研究还表明，还原剂的种类对于尼原矿直接还原磁选有较大影响。从提铁脱磷的指标来看，秸秆煤和尼日利亚煤提铁效果最好，内蒙古无烟煤次之，云南褐煤的效果最差。内蒙古无烟煤脱磷效果较差，秸秆煤效果最好，云南褐煤和尼日利亚煤次之。

磷在焙烧磁选过程中的分布研究表明，质量分数为 3.20%的磷存在于还原铁产品中，45.16%的磷存在于尾矿中，51.64% 的磷在磨矿磁选过程中进入矿浆中。说明尼原矿中的含磷矿物与 Na_2CO_3 反应生成了可溶于水的磷酸盐。

机理研究表明，在不添加碳酸钠时，尼原矿中的赤铁矿还原成金属铁的过程中，铁氧化物还原生成的浮氏体首先会和 SiO_2 结合生成铁橄榄石，在铁橄榄石的生成过程中，部分磷进入到了铁橄榄石中。当含有磷的铁橄榄石被还原成金属铁的过程中，铁橄榄石的磷会被还原以单质磷的形式进入到金属铁中，使所得还原铁产品中磷质量分数升高；碳酸钠的脱磷作用有三方面：（1）生成可溶性的Na_3PO_4；（2）碳酸钠的加入使得铁橄榄石无法生成，会阻断磷进入金属铁的过程；（3）碳酸钠破坏鲕粒结构并能促进金属铁颗粒的聚集长大[17]。

参考文献

[1] 杨雅秀．绿泥石族矿物热学性质的研究［J］．矿物学报，1992，12（1）：36-44.
[2] Liu G S，Strezov V，Lucas J A，Wibberley Louis J. Thermal investigations of direct iron ore reduction with coal［J］. Thermochimica Acta，2004，410（1-2）：133-140.
[3] Strezov V，Liu G S，Lucas J A. Computational calorimetric study of the Iron Ore reduction reactions in mixtures with coal［J］. Industrial & Engineering Chemistry Research，2005，44：621-626.
[4] 李文超．冶金热力学［M］．北京：冶金工业出版社，1995.
[5] 邱礼有，梁斌，江礼科．氟磷灰石固态还原过程的试验研究［J］．化工学部，1996，47（1）：65-71.
[6] 邱礼有，梁斌，江礼科，等．氟磷灰石热炭还原的动力学研究［J］．成都科技大学学报，1995（5）：1-8.
[7] 张志霞，解建军，韩涛，等．含铁粉尘再资源化利用与碳酸化球团工艺［J］．烧结球团，2011（2）：44-49.
[8] 张玉柱，石淼，胡长庆，等．含铁粉尘碳酸化球团孔的结构特性［J］．东北大学学报（自然科学版），2013（3）：388-391.
[9] 汪琦．铁矿石含碳球团技术［M］．北京：冶金工业出版社，2005.
[10] 沈素文，卞科．淀粉胶粘剂的研究及发展趋势［J］．粘接，2005（2）：36-38.
[11] 黄柱成，徐经沧，宗遐贵，等．冷固结球团直接还原工艺对入炉原料的要求［J］．烧结球团，1999（6）：24-27.
[12] 傅菊英，姜涛，朱德庆．烧结球团学［M］．长沙：中南工业大学出版社，1996.
[13] Bale C W，Chartrand E B P，Decterov S A，et al. Recent developments in factsage thermochemical software and databases［M］. John Wiley & Sons，Inc.，2014.
[14] 黄希祜．钢铁冶金原理（第3版）［M］．北京：冶金工业出版社，2011.
[15] Bai S，Wen S，Liu D，et al. Catalyzing carbothermic reduction of siderite ore with high content of phosphorus by adding sodium carbonate［J］. ISIJ International，2011，51：1601-1607.
[16] 武卫新．合理利用煤泥途径的探讨［J］．煤矿现代化，2004，60（3）：65-66.
[17] 许言．尼日利亚高磷铁矿石直接还原焙烧提铁降磷研究［D］．北京：北京科技大学，2014.

3 钛磁铁矿直接还原—磁选钛铁分离

3.1 钛磁铁矿性质

3.1.1 资源特性

钛磁铁矿是由磁铁矿显微连晶、钛铁晶石及少量钛铁矿片晶组成的复合矿物相[1]，成分可以表示为 $Fe^{2+}_{(1+x)}Fe^{3+}_{(2-2x)}Ti_xO_4$，其中 $0<x<1$，是磁铁矿中部分 Fe^{3+} 被 Ti^{4+} 代替的产物，也即富含钛的磁铁矿亚种，钛常为板状和柱状的钛铁矿及布纹状的钛铁晶石嵌于磁铁矿的晶粒中[2]。伴生的主要有用元素有铁、钛、钒、铬、钴、镍、铜等，含钒钛较多时称为钒钛磁铁矿，含铬时称为铬磁铁矿。

钛磁铁矿属等轴晶系，晶体呈八面体和菱形十二面体，通常呈粒状或块状集合体，具有强磁性，可被磁铁所吸引，且本身也能吸引铁屑等物质。钛磁铁矿可以作为炼钛和炼铁的矿物原料，当其中伴生有钒时，其中的钒也被广泛回收[3]。

钛磁铁矿矿床主要分为两种，一种是岩浆型钒钛磁铁矿（岩矿），另外一种是海滨砂矿（砂矿）。钛磁铁矿生成于还原条件下，广泛形成于内生作用和变质作用。常见于岩浆成因铁矿床、接触交代铁矿床、气化高温含稀土铁矿床、沉积变质铁矿床以及一系列与火山作用有关的铁矿床的铁矿石中，也常见于海滨砂矿中，是一种重要的铁矿石资源[4,5]。

海滨钛磁铁矿矿体普遍露出地表，原矿粒度均匀，含卵石且泥少，松散易挖，适合于露天开采。目前，海滨钛磁铁矿采矿主要有两种形式，一个是船采（又称为水采）；二是干采。由于矿层普遍含有地下潜水，当使用常规露天开采设备进行开采时，位于潜水面以下的部分矿体将无法开采利用，造成巨大的浪费，如果预先进行疏干或围帷注浆堵水，不仅成本巨大，而且可行性低。采用船采则可以有效开采潜水面以下的资源，因此船采是目前采用的主要采矿方法，具有投资省、生产成本低、资源回收率高、经济效益显著等特点[6]。

目前，处理海滨钛磁铁矿主要采用重选、磁选、电选、浮选以及其联合工艺，但此类工艺存在以下几方面的问题：

（1）传统选矿工艺得到的钛磁铁矿精矿中 Fe 品位低，一般低于 60%，且 TiO_2 质量分数高于 9%。此类钛磁铁矿精矿在冶炼时成本较高，冶炼困难，目前对此类精矿的冶炼实践较少，且高炉冶炼时必须以焦炭为还原剂，而焦炭具有不可再生、费用高以及污染环境等问题，综合考虑，此类钛磁铁矿的选冶工业在生产实践中不易推广。

（2）（钒）钛磁铁矿精矿在冶炼时仅能回收其中的铁（和钒），而钛矿物进入炉渣内，回收困难，目前尚无可行的工艺回收炉渣中的钛矿物，造成了钛资源的浪费。

（3）有些海滨钛磁铁矿中伴生有其他矿物种类，如钛铁矿、金红石等，处理此类海滨钛磁铁矿使其选矿工艺流程复杂，流程长，设备投资相对较大，且管理不便。

采用传统选矿工艺处理海滨钛磁铁矿有很大局限性，且不能实现其中的铁与钛的充分分离和有效利用，而在还原气氛下进行直接还原焙烧，可以将矿物中的铁还原为金属铁，通过磁选就可以将铁与钛充分分离。这样的选冶一体化工艺既可以简化传统复杂的工艺流程，也可以实现铁和钛资源的充分回收利用。

3.1.2 钛磁铁矿性质

3.1.2.1 化学组成

印尼某海滨钛磁铁矿（以下简称原矿）各元素的质量分数见表 3-1。原矿中有用成分为铁和钛，其中 Fe 品位为 51.85%，TiO_2 品位为 11.33%；主要的杂质元素有 Si、Al、Mg 和 Ca，其中 SiO_2、Al_2O_3 和 MgO 的质量分数分别为 7.29%、7.87%和 3.72%，而 CaO 质量分数较低，仅为 1.03%；S、P 质量分数均较低，其中 S 质量分数为 0.23%，P 质量分数仅为 0.03%；不含 V。

表 3-1 原矿化学多元素分析结果

成 分	TFe	TiO_2	SiO_2	Al_2O_3	MgO	CaO	S	P
质量分数/%	51.85	11.33	7.29	7.87	3.72	1.03	0.23	0.03

3.1.2.2 矿物组成

原矿矿物组成的 XRD 图谱如图 3-1 所示。可以看出，原矿中的矿物种类较少，仅含有钛磁铁矿（A）、钛铁矿（B）、石英（C）和橄榄石（D）四种矿物，其中主要有用矿物为钛磁铁矿和少量钛铁矿，脉石矿物为石英和橄榄石。

原矿矿物组成分析结果表明，原矿中铁主要存在于钛磁铁矿中，其次在钛铁矿中，少量存在于橄榄石中；钛主要存在于钛磁铁矿中，其次存在于钛铁矿中。

3.1.2.3 粒度组成分析

原矿的粒度组成、筛析结果和粒度特性曲线如图 3-2 所示。可以看出，原矿粒度比较细，均在 0.5mm 以下，且粒度分布均匀，主要集中在-0.2+0.074mm 粒级，分布率达到 95.85%。

3.1.2.4 微观结构分析

原矿在扫描电镜下的图像和主要组分如图 3-3 所示。

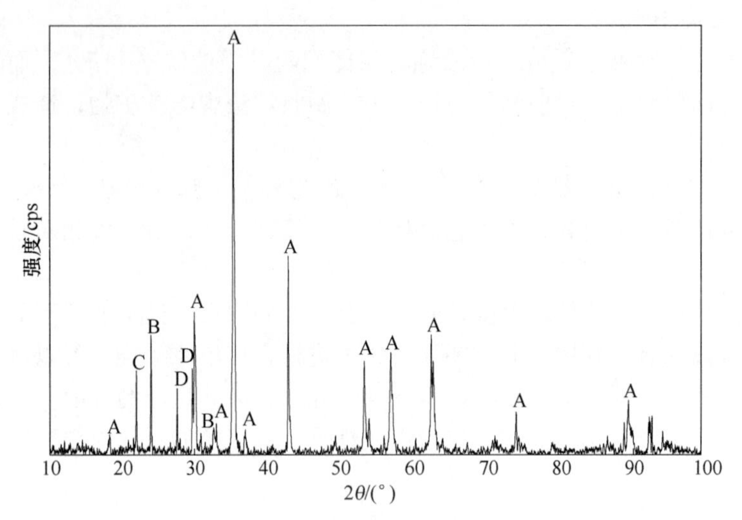

图 3-1 原矿的 XRD 图谱

A—钛磁铁矿（$Fe_{2.75}Ti_{0.25}O_4$）；B—钛铁矿（$FeTiO_3$）；C—石英（SiO_2）；

D—橄榄石［$(Mg_{1.2}Fe_{0.8})(SiO_4)$］

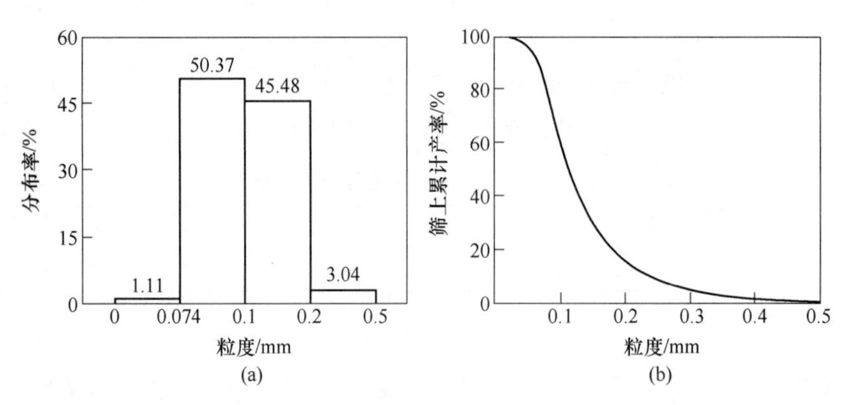

图 3-2 印尼某海滨钛磁铁矿原矿筛析结果及粒度特性曲线

（a）粒级分布率；（b）筛上累计产率

图 3-3(b) 的放大倍数为（a）的 4 倍，较亮的颗粒为钛磁铁矿，钛磁铁矿颗粒粒度较小，大部分颗粒粒度在 0.2mm 以下，且颗粒单体解离度较低，存在包裹现象［见图 3-3（b）中框线部分］。

图 3-3(b) 中，钛磁铁矿颗粒形状均匀，且颜色较均一。随机选取不同的钛磁铁矿颗粒进行 EDS 能谱分析（见图 3-3 中 1 点），结果表明，钛磁铁矿颗粒中除了 Fe、Ti 和 O 外，还含有少量的 Mg 和 Al。在磁铁矿中，当 Ti^{4+} 代替 Fe^{3+} 的量较高时磁铁矿就成为钛磁铁矿，此时在晶体结构中除了存在 Fe^{2+}、Ti^{4+} 代替 Fe^{3+} 以外，还伴随着 Mg^{2+}、Mn^{2+} 等代替 Fe^{2+} 和 V^{3+} 以及 Al^{3+} 等代替 Fe^{3+} 的现象，但由

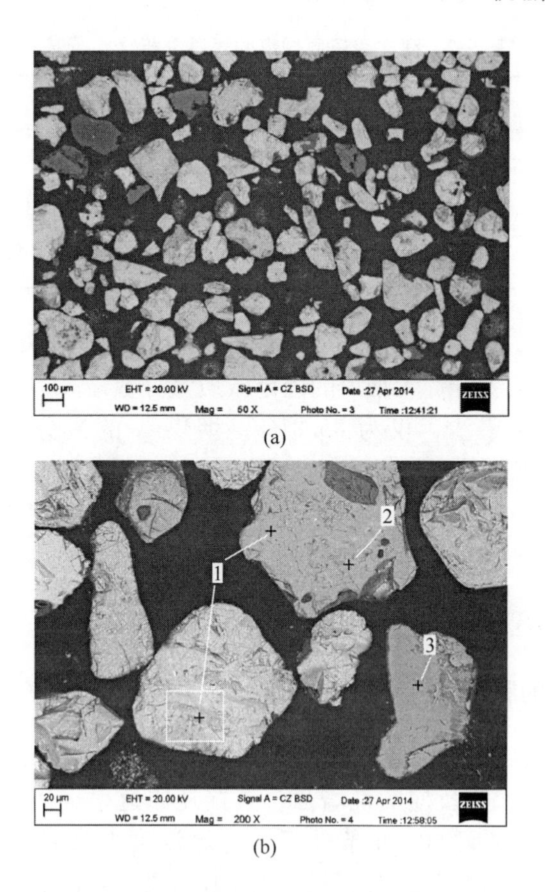

图 3-3 印尼某海滨钛磁铁矿原矿 SEM 图像

（a）放大 50 倍；（b）放大 200 倍

1—钛磁铁矿（$Fe_{2.75}Ti_{0.25}O_4$）；2—石英（SiO_2）；3—橄榄石［（$Mg_{1.2}Fe_{0.8}$）（SiO_4）］

于 Mg^{2+}、Mn^{2+}、Al^{3+}的含量低，因此在 XRD 图谱中并没有体现。此外，钛磁铁矿颗粒中有少量脉石矿物夹杂现象，结合原矿矿物组成分析结果可知，图 3-3 中矿物 3 为橄榄石。

由此可见，印尼某海滨钛磁铁矿中存在的类质同象元素有 Ti、Mg 和 Al，少量脉石矿物橄榄石镶嵌在钛磁铁矿颗粒内部，导致钛磁铁矿单体解离度低。由于钛磁铁矿特殊的类质同象结构，传统选矿工艺只能得到钛磁铁矿精矿，其中 Fe 与 Ti 仍共同存在于钛磁铁矿晶格中，无法将铁与钛相互分离。

3.1.3 还原剂煤的性质

对原矿进行直接还原焙烧所用的还原剂有宁夏烟煤 A、宁夏烟煤 B 和无烟煤三种，粒度均在 2mm 以下，煤质分析见表 3-2。

表 3-2 研究用还原剂煤的煤质分析（空干基） （质量分数/%）

煤种	固定碳	灰分	挥发分	水分
宁夏烟煤 A	45.81	17.56	24.86	11.77
宁夏烟煤 B	53.62	11.02	32.46	2.90
无烟煤	88.20	4.36	6.54	0.90

由表 3-2 可知，宁夏烟煤 A、宁夏烟煤 B（以下简称烟煤 A 和烟煤 B）和无烟煤之间性质有较大差异。无烟煤的固定碳质量分数最高，达到 88.20%，其次为烟煤 B，烟煤 A 最少，仅为 45.81%；烟煤 A 的灰分质量分数最高，为 17.56%，其次为烟煤 B，无烟煤最少，仅为 4.36%；无烟煤挥发分和水分最低，分别为 6.54%和 0.90%，烟煤 B 的挥发分最高，为 32.46%，烟煤 A 的水分则最高，为 11.77%。

3.2 直接还原焙烧工艺条件对钛铁分离的影响

3.2.1 焙烧温度的影响

还原焙烧的温度是直接还原过程的主要影响因素，随还原温度的升高，微观粒子的运动加快，反应活性增强，直接还原速率也加快。图 3-4 是烟煤 A 用量 20%、还原时间 60min 条件下，还原温度对钛铁分离效果的影响规律。焙烧产物磁选分离后得到的磁性产品为还原铁产品，非磁性产品为含钛产品。

由图 3-4 可知，还原温度对直接还原—磁选钛铁分离有明显影响。图 3-4（a）中，还原温度对还原铁产品中 Fe 品位、铁回收率和 TiO_2 质量分数均有较大影响，随还原温度的升高，还原铁产品中 Fe 品位逐渐提高，铁回收率先提高后降低，TiO_2 质量分数则逐渐降低。还原温度由 1200℃升高至 1350℃时，Fe 品位提高了 4.76%，由 88.64%提高到 93.40%；铁回收率在 87%~91%之间变动，当还原温度为 1250℃时铁回收率最高，为 90.58%；TiO_2 质量分数则逐渐降低，但降低缓慢，还原温度由 1200℃升高至 1350℃时，TiO_2 质量分数仅降低了 0.37%，由 1.88%降低至 1.51%。

由图 3-4(b) 可知，还原温度对含钛产品中 TiO_2 品位和回收率也有影响，含钛产品中 TiO_2 品位随还原温度的提高逐渐降低，而回收率则逐渐提高。由以上分析可知，升高还原温度，对还原铁产品中 Fe 品位、铁回收率和 TiO_2 质量分数均有较大影响，含钛产品中 TiO_2 品位和回收率也有较大影响。升高还原温度，可以促进钛铁分离。

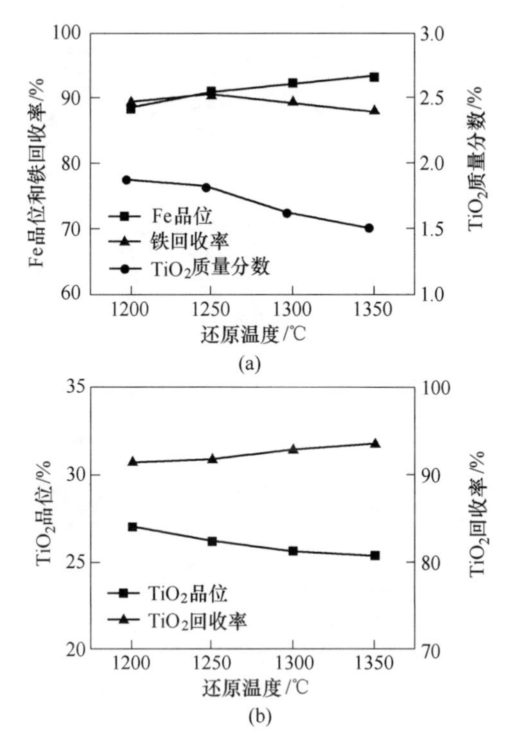

图 3-4 还原温度对直接还原—磁选钛铁分离的影响
（a）还原铁产品；（b）含钛产品

3.2.2 煤种类和用量的影响

不同性质的煤及用量对直接还原效果的影响较大，不仅影响铁矿石的还原，还影响被还原的铁颗粒的成核与长大。

3.2.2.1 烟煤 A 对钛铁分离的影响

烟煤 A 用量对直接还原钛铁分离效果的影响如图 3-5 所示。试验条件为：还原温度为 1200℃，还原时间为 60min，焙烧产物进行两段磨矿、两段磁选，一段磨矿时间 10min，二段磨矿时间 25min，磨矿浓度 67%；两段磁选磁场强度均为 151kA/m。

由图 3-5 可知，烟煤 A 用量对直接还原—磁选钛铁分离有明显影响。图 3-5（a）中，烟煤 A 对还原铁产品中 Fe 品位、铁回收率和 TiO_2 质量分数均有较大影响，随其用量的增加，还原铁产品中 Fe 品位降低，铁回收率提高，TiO_2 质量分数逐渐增加。烟煤 A 用量为 10%时，还原铁产品中 Fe 品位为 91.56%，铁回收率为 77.43%，TiO_2 质量分数为 0.81%；当烟煤 A 用量由 20%增加到 40%时，还原铁产品 Fe 品位由 88.64%降低到 84.57%，铁回收率由 89.24%提高到 92.40%，

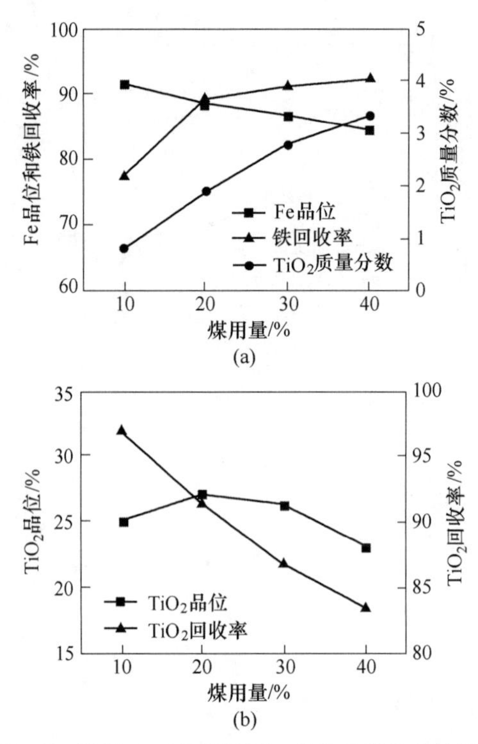

图 3-5 烟煤 A 对直接还原—磁选钛铁分离的影响

（a）还原铁产品；（b）含钛产品

TiO_2 质量分数则提高了 1.45%，由 1.88%提高到 3.33%。

图 3-5(b) 中，烟煤 A 对含钛产品中 TiO_2 品位和回收率也有影响，随其用量增加，TiO_2 品位先增加后降低，回收率则逐渐降低。烟煤 A 用量为 10%时，含钛产品中 TiO_2 回收率最高，为 96.87%，但此时有 22.57%的铁损失在含钛产品中，因此 TiO_2 品位较低，仅为 24.97%；烟煤 A 用量为 20%时，还原铁产品中铁回收率达到 89.24%，有 10.76%的铁损失在含钛产品中，含钛产品中 TiO_2 品位较高，为 27.06%；继续增加烟煤 A 用量至 40%，还原铁产品中铁回收率增加缓慢，仅增加了 3.16%，且其中 TiO_2 质量分数也增加，因此此时含钛产品中 TiO_2 回收率逐渐降低，TiO_2 品位也降低，当烟煤 A 用量由 20%增加到 40%时，TiO_2 品位降低到 23.01%，回收率降低到 83.35%。

由以上分析可知，当烟煤 A 用量为 20%时，虽然此时还原铁产品中的铁回收率大于 88%，但 Fe 品位小于 90%，且 TiO_2 质量分数小于 0.5%，钛铁分离效果并不理想。

3.2.2.2 烟煤 B 对钛铁分离的影响

在相同的直接还原—磁选条件下，烟煤 B 用量对钛铁分离效果的影响如图 3-6所示。

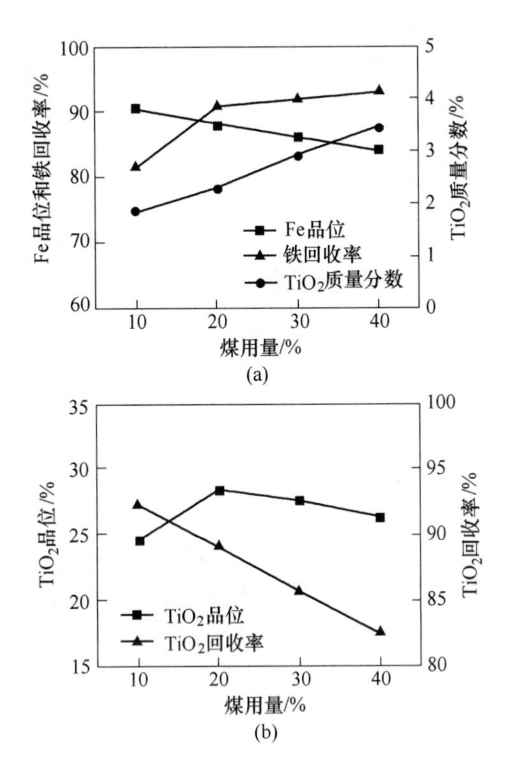

图 3-6 烟煤 B 对直接还原—磁选钛铁分离的影响

（a）还原铁产品；（b）含钛产品

由图 3-6 可知，烟煤 B 用量对直接还原—磁选钛铁分离有明显影响。图 3-6（a）中，烟煤 B 对还原铁产品中 Fe 品位、铁回收率和 TiO_2 质量分数均有较大影响，随其用量增加，还原铁产品中 Fe 品位降低，铁回收率提高，TiO_2 质量分数则逐渐增加。烟煤 B 用量为 10%时，还原铁产品 Fe 品位 90.55%，铁回收率 81.64%，TiO_2 质量分数为 1.85%；当烟煤 B 用量由 20%增加到 40%时，还原铁产品 Fe 品位由 88.12%降低到 84.27%，铁回收率由 90.75%提高到 93.21%，TiO_2 质量分数则提高了 1.16%，由 2.31%增加到 3.47%。

图 3-6(b) 中，烟煤 B 对含钛产品中 TiO_2 品位和回收率也有影响，随其用量增加，TiO_2 品位先增加后略有降低，回收率则逐渐降低。烟煤 B 用量为 10%时，含钛产品中 TiO_2 回收率最高，为 92.37%，但此时有 18.36%的铁损失在含钛产品中，因此 TiO_2 品位较低，仅为 24.62%；烟煤 B 用量为 20%时，还原铁产品中铁回收率达到 90.75%，有 9.25%的铁损失在含钛产品中，而此时还原铁产品中 TiO_2 质量分数也较低（2.31%），因此含钛产品中 TiO_2 品位较高，为 28.48%；继续增加烟煤 B 用量，还原铁产品中铁回收率增加缓慢，仅增加了

2.46%，且其中 TiO_2 质量分数也增加，此时含钛产品中 TiO_2 回收率逐渐降低，TiO_2 品位也略有降低，当烟煤 B 用量由 20%增加到 40%时，TiO_2 品位降低到 26.42%，回收率降低到 82.44%。

由以上分析可知，当烟煤 B 用量为 20%时，还原铁产品中 Fe 品位为 88.12%、铁回收率为 90.75%，TiO_2 质量分数为 2.31%，含钛产品中 TiO_2 品位为 28.48%，回收率为 89.11%，为烟煤 B 做还原剂时的最佳用量。此时还原铁产品中的铁回收率大于 88%，但 Fe 品位小于 90%，且 TiO_2 质量分数为 2.31%，钛铁分离效果仍然不理想。

3.2.2.3 无烟煤对钛铁分离的影响

在相同的直接还原—磁选条件下，无烟煤用量对钛铁分离效果的影响如图 3-7所示。

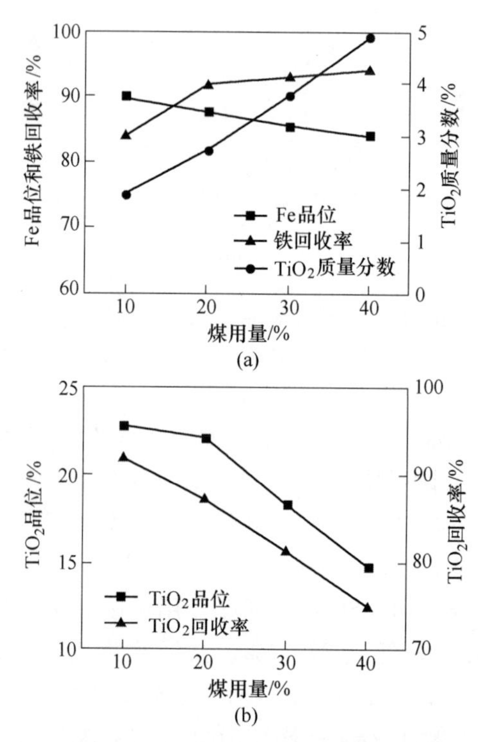

图 3-7 无烟煤对直接还原—磁选钛铁分离的影响
（a）还原铁产品；（b）含钛产品

由图 3-7 可知，无烟煤用量对直接还原—磁选钛铁分离有明显影响。图 3-7（a）中，无烟煤对还原铁产品中 Fe 品位、铁回收率和 TiO_2 质量分数均有较大影响，随其用量的增加，还原铁产品中 Fe 品位降低，铁回收率提高，TiO_2 质量分数逐渐增加。当无烟煤用量为 10%时，还原铁产品的 Fe 品位 89.81%，铁回收率

84.09%，TiO_2 质量分数为 1.90%；当无烟煤用量由 20%增加到 40%时，Fe 品位由 87.64%降低到 84.08%，铁回收率由 91.87%提高到 94.05%，TiO_2 质量分数则提高了 2.19%，由 2.71%增加到 4.90%。

图 3-7(b) 中，无烟煤对含钛产品中 TiO_2 品位和回收率也有影响，随其用量增加，TiO_2 品位和回收率均逐渐降低，且 TiO_2 品位在煤用量超过 20%后急速下降。无烟煤用量为 10%时，含钛产品中 TiO_2 品位和回收率均最高，分别为 22.75%和 91.86%；继续增加无烟煤用量，还原铁产品中铁回收率增加缓慢，而其中 TiO_2 质量分数增幅则较大，此时含钛产品中 TiO_2 品位和回收率均逐渐降低，当无烟煤用量由 10%增加到 40%时，TiO_2 品位降低到 14.77%，回收率降低到 74.92%。

当无烟煤用量为 20%时，还原铁产品中 Fe 品位为 87.64%，铁回收率为 91.87%，TiO_2 质量分数为 2.71%，含钛产品中 TiO_2 品位为 22.05%，回收率为 87.00%，仍然不是理想的分离效果。

3.2.2.4　煤种类对钛铁分离的影响比较

烟煤 A、烟煤 B 和无烟煤对还原铁产品指标的影响对比如图 3-8 所示，对含钛产品的影响对比如图 3-9 所示。

由图 3-8 可知，烟煤 A、烟煤 B 和无烟煤得到的还原铁产品指标不同，但影响规律一致，均为随煤用量增加，还原铁产品中 Fe 品位降低［见图 3-8(a)］，铁回收率先提高后基本不变［见图 3-8(b)］，TiO_2 质量分数逐渐增加［见图3-8(c)］。相同煤用量时，烟煤 A 为还原剂时得到的还原铁产品中 Fe 品位最高，其次是烟煤 B，无烟煤时 Fe 品位最低；无烟煤为还原剂时得到的还原铁产品中铁回收率最高，其次为烟煤 B，烟煤 A 最低；烟煤 A 为还原剂时得到的还原铁产品的 TiO_2 质量分数最低，其次是烟煤 B，无烟煤时 TiO_2 质量分数最高。三种煤对还原铁产品中 Fe 品位和铁回收率的影响幅度类似，但对 TiO_2 质量分数的影响差别较大，无烟煤为还原剂时 TiO_2 质量分数变化幅度最大，用量由 10%增加到 40%时，TiO_2 质量分数提高了 3%，由 1.9%增加到 4.9%，烟煤 A 其次，烟煤 B 变化幅度最小，TiO_2 质量分数仅提高了 1.62%，由 1.85%增加到 3.47%。

由图 3-9 可知，烟煤 A、烟煤 B 和无烟煤用量对含钛产品的影响不同，对 TiO_2 品位的影响有差异，但对 TiO_2 回收率的影响规律一致。随煤用量增加，烟煤 A 和烟煤 B 为还原剂时得到的含钛产品中 TiO_2 品位先增加后降低，无烟煤为还原剂时得到的含钛产品中 TiO_2 品位降低［见图 3-9(a)］，而 TiO_2 回收率均逐渐降低［见图 3-9(b)］。相同煤用量时，无烟煤为还原剂时得到的含钛产品中 TiO_2 品位最低；煤用量为 10%时，烟煤 A 为还原剂与烟煤 B 为还原剂时 TiO_2 品位相差很小，但当煤用量超过 10%后，烟煤 A 为还原剂则高于烟煤 B 为还原剂。

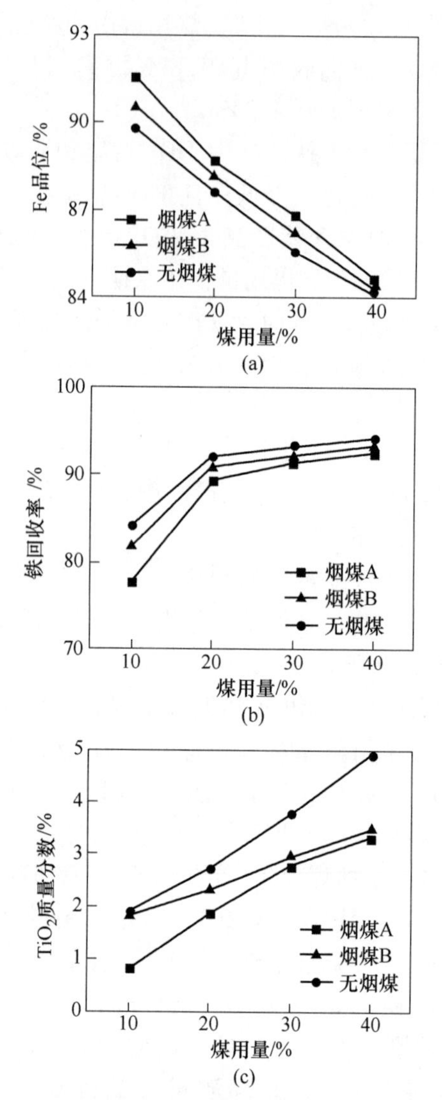

图 3-8 煤种及用量对还原铁产品指标的影响对比

（a）Fe 品位；（b）铁回收率；（c）TiO_2 质量分数

烟煤 A 为还原剂时得到的含钛产品中 TiO_2 回收率最高；煤用量为 10%时，烟煤 B 为还原剂与无烟煤为还原剂时 TiO_2 回收率相差很小，但当煤用量超过 10%后，烟煤 B 为还原剂则高于无烟煤为还原剂。三种煤对含钛产品中 TiO_2 品位和回收率的影响幅度不同，无烟煤对 TiO_2 品位和回收率的影响均较大，用量由 10%增加到 40%时 TiO_2 品位降低了 7.98%，回收率降低了 16.94%，烟煤 A 和烟煤 B 对 TiO_2 品位和回收率的影响较小，TiO_2 品位由最高降至最低分别降低了 4.05%和 2.06%，回收率则分别降低了 13.52%和 9.93%。

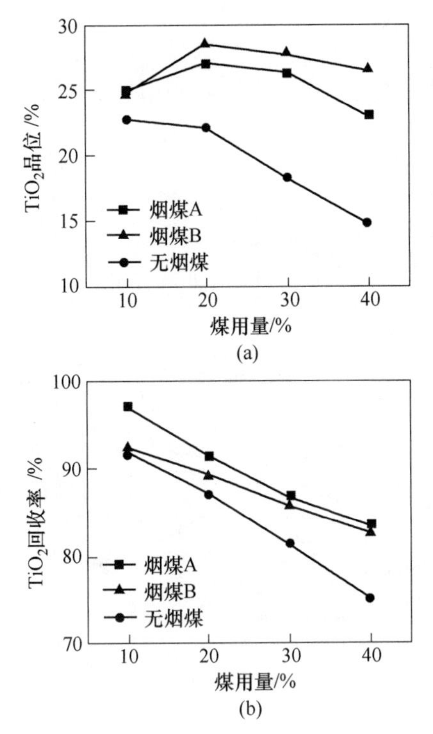

图 3-9 煤种及用量对含钛产品指标的影响对比

(a) TiO_2 品位；(b) TiO_2 回收率

综上可知，当煤用量相同时，烟煤 B 为还原剂得到的还原铁产品的 Fe 品位、铁回收率和 TiO_2 质量分数均低于烟煤 A，烟煤 A 为还原剂得到的还原铁产品 Fe 品位高于无烟煤，铁回收率低于无烟煤，但 TiO_2 质量分数也低于无烟煤。含钛产品中，烟煤 A 为还原剂时 TiO_2 品位与烟煤 B 为还原剂时差距较小，且 TiO_2 回收率为三种煤中最高，因此，烟煤 A 相比其他两种还原剂对印尼海滨砂矿的还原效果最佳。

仅添加煤为还原剂时钛磁铁矿中大部分铁被还原为金属铁，未被还原的铁与钛、镁形成镁铁钛矿，增加煤用量镁铁钛矿不能被继续还原，且仅添加煤时铁颗粒的粒度小，不利于钛铁分离。

3.2.3 添加剂种类和用量的影响

3.2.3.1 碳酸钠对钛铁分离的影响

烟煤 A 为还原剂，用量 20%，还原温度 1250℃，还原时间 60min，其他条件不变时，碳酸钠用量对直接还原钛铁分离效果的影响如图 3-10 所示。

由图 3-10 可知，碳酸钠对直接还原—磁选钛铁分离有明显影响。图 3-10

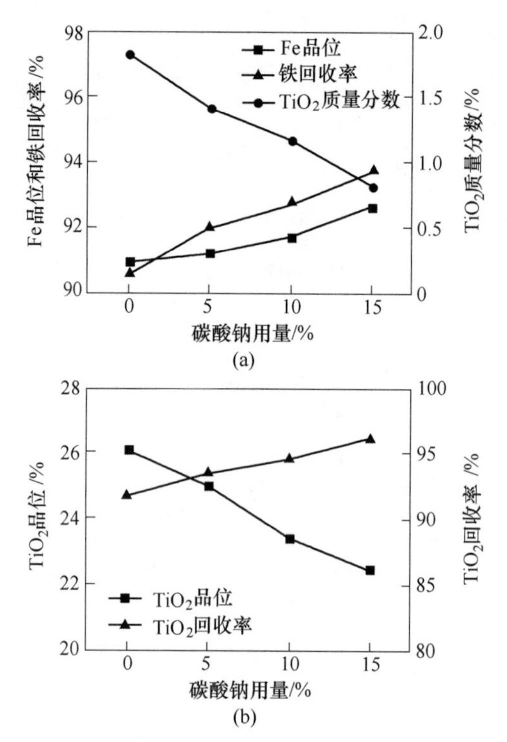

图 3-10 碳酸钠对直接还原—磁选钛铁分离的影响

（a）还原铁产品；（b）含钛产品

（a）中，碳酸钠用量对还原铁产品中 Fe 品位、铁回收率和 TiO_2 质量分数均有较大影响，随其用量的增加，还原铁产品中 Fe 品位和铁回收率提高，TiO_2 含量逐渐降低。无碳酸钠时，Fe 品位为 90.93%、铁回收率为 90.58%、TiO_2 质量分数为 1.82%；当碳酸钠用量增加到 15%时，Fe 品位增加到 92.66%、铁回收率提高到 93.73%，TiO_2 质量分数则降低了 1%，达到 0.82%。

由图 3-10(b) 可知，碳酸钠对含钛产品中 TiO_2 品位和回收率也有影响，随其用量增加，TiO_2 品位逐渐降低，回收率则逐渐提高。无碳酸钠时，含钛产品中 TiO_2 品位最高，为 26.14%，TiO_2 回收率最低，为 91.70%；增加碳酸钠用量，还原铁产品中 Fe 品位和铁回收率均有所提高，损失在含钛产品中的铁减少，但加入的碳酸钠经直接还原—磁选后的反应产物进入含钛产品中，致使其质量增加，因此虽然 TiO_2 回收率有所提高，但 TiO_2 品位降低。当碳酸钠用量增加到 15%时，含钛产品中 TiO_2 品位达到最低，仅为 22.45%，而此时 TiO_2 回收率最高，为 96.20%。但此条件下还原铁产品中 TiO_2 质量分数为 0.82%，仍未达到小于 0.5%的要求。

3.2.3.2 硫酸钠对钛铁分离的影响

烟煤 A 为还原剂用量 20%，还原温度 1250℃，还原时间 60min，其他条件不变时，硫酸钠用量对钛铁分离效果的影响如图 3-11 所示。

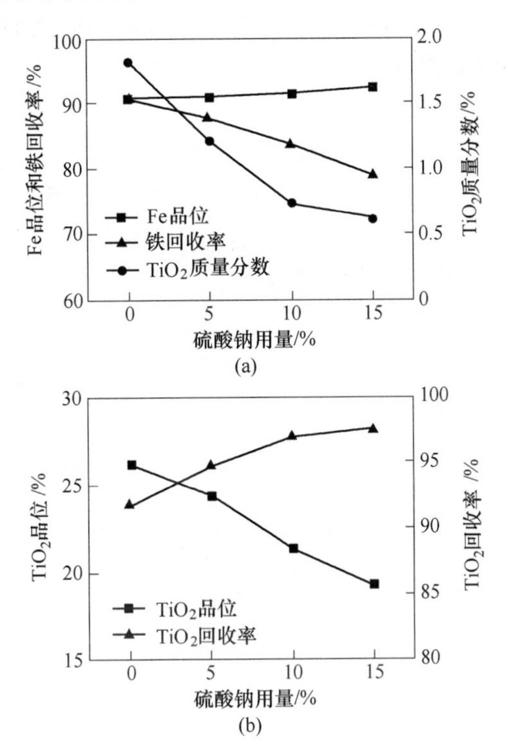

图 3-11 硫酸钠对直接还原—磁选钛铁分离的影响

（a）还原铁产品；（b）含钛产品

由图 3-11 可知，硫酸钠对直接还原—磁选钛铁分离有明显影响。图 3-11（a）中，硫酸钠用量对还原铁产品中 Fe 品位影响较小，但对铁回收率和 TiO_2 质量分数均有较大影响。加入硫酸钠后，还原铁产品中 Fe 品位略有提高，铁回收率逐渐降低，TiO_2 质量分数也逐渐降低，且随硫酸钠用量的增加，TiO_2 质量分数降低缓慢。加入 5%硫酸钠与不加相比，Fe 品位提高了 0.14%，铁回收率降低了 2.76%，TiO_2 质量分数降低了 0.6%；硫酸钠用量由 5%增加到 15%时，Fe 品位由 91.07%增加到 92.54%，铁回收率则由 87.82%降低到 78.98%，降低了 8.84%，TiO_2 质量分数由 1.22%降低到 0.62%，降低了 0.6%。

由图 3-11(b) 可知，硫酸钠对含钛产品中 TiO_2 品位和回收率也有影响。加入硫酸钠后，含钛产品中 TiO_2 品位降低，回收率提高，且随硫酸钠用量的增加，TiO_2 品位降低较快，回收率则增加较缓慢。与不加硫酸钠相比，加入 5%硫酸钠时，TiO_2 品位降低了 1.86%，由 26.14%降低到 24.28%，回收率则提高了 2.92%，由 91.70%提高到 94.62%，这是由于加入的硫酸钠经直接还原—磁选后的反应产物也进入含钛产品中，致使其 TiO_2 品位降低。硫酸钠用量由 5%增加到

15%时，还原铁产品中 Fe 品位略有提高，但铁回收率降低，损失在含钛产品中的铁增加，因此 TiO_2 品位降低较快，由 24.28%降低到 19.18%，而 TiO_2 回收率增加则较缓慢，由 94.62%提高到 97.58%。

由以上分析可知，当硫酸钠用量为 10%时，还原铁产品中 Fe 品位为 91.62%，铁回收率为 83.76%、TiO_2 质量分数为 0.74%，含钛产品中 TiO_2 品位为 21.26%，回收率为 96.96%，为硫酸钠为添加剂时的最佳用量。但当硫酸钠用量为 10%时，还原铁产品中 S 质量分数达到 0.289%，S 是有害元素，含量较高说明硫酸钠不利于还原铁产品质量的提高。

3.2.3.3 氟化钙对钛铁分离的影响

烟煤 A 为还原剂用量 20%，还原温度 1250℃，还原时间 60min，其他条件不变时，氟化钙用量对钛铁分离效果的影响如图 3-12 所示。

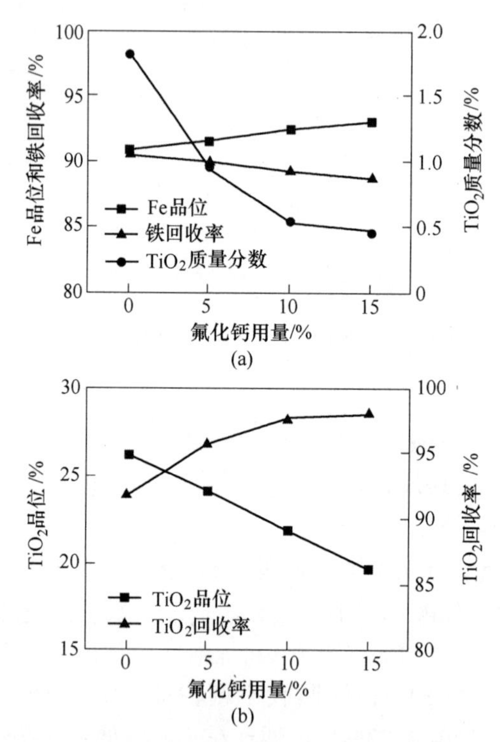

图 3-12 氟化钙对直接还原—磁选钛铁分离的影响

（a）还原铁产品；（b）含钛产品

由图 3-12 可知，氟化钙对直接还原—磁选钛铁分离有明显影响。图 3-12（a）中，氟化钙用量对还原铁产品中 Fe 品位和铁回收率的影响较小，但对 TiO_2 质量分数有较大影响，随其用量的增加，TiO_2 质量分数明显降低，当氟化钙用量超过 10%时，TiO_2 质量分数降低缓慢。加入 5%氟化钙与不加相比，Fe 品位仅提高了 0.67%，铁回收率降低了 0.57%，但 TiO_2 质量分数降低了 0.85%，由 1.82%降低到 0.97%；氟化钙用量由 5%增加到 15%时，Fe 品位由 91.60%增加到 93.11%，铁回收率由 90.01%降低到 88.71%，但 TiO_2 质量分数由 0.97%降低到 0.47%，尤其氟化钙用量由 5%增加到 10%时，TiO_2 质量分数由 0.97%降低到 0.53%。

由图 3-12(b) 可知，氟化钙用量对含钛产品中 TiO_2 品位和回收率也有影响，随氟化钙用量的增加，含钛产品中 TiO_2 品位降低，回收率则提高。与不加氟化钙相比，加入 5%氟化钙时，TiO_2 品位降低了 2.06%，由 26.14%降低到 24.08%，回收率提高了 3.94%，由 91.70%提高到 95.64%。加入的氟化钙经直接还原—磁选后的反应产物进入含钛产品中，使其质量增加，因此虽然 TiO_2 回收率有所提高，但 TiO_2 品位降低。氟化钙用量由 5%增加到 15%时，还原铁产品中铁回收率降低明显，因此损失在含钛产品中的铁增加，导致 TiO_2 品位降低，由 24.08%降低到 19.66%，而还原铁产品中 TiO_2 品位降低，因此 TiO_2 回收率提高，由 95.64%提高到 97.95%。

当氟化钙用量为 10%时，还原铁产品中 Fe 品位为 92.43%，铁回收率为 89.22%，TiO_2 质量分数为 0.53%，含钛产品中 TiO_2 品位为 21.82%，回收率为 97.66%，此时还原铁产品中 TiO_2 质量分数为 0.53%，为氟化钙为添加剂时的最佳用量。

3.2.3.4 添加剂种类对钛铁分离的影响比较

碳酸钠、硫酸钠和氟化钙对还原铁产品和含钛产品的影响对比如图 3-13 和图 3-14 所示。

由图 3-13 可知，碳酸钠、硫酸钠和氟化钙用量对还原铁产品指标的影响不同，对 Fe 品位和 TiO_2 质量分数影响规律一致，对铁回收率的影响规律不一致。随碳酸钠、硫酸钠和氟化钙用量的增加，还原铁产品中 Fe 品位均提高［见图 3-13(a)］，TiO_2 质量分数也均降低［见图 3-13(c)］，铁回收率的变化规律不同［见图 3-13(b)］，随碳酸钠用量的增加，铁回收率提高，随硫酸钠和氟化钙用量的增加，铁回收率则降低。相同用量时，氟化钙为添加剂时得到的还原铁产品的 Fe 品位最高，碳酸钠和硫酸钠为添加剂时得到的还原铁产品 Fe 品位相差较小；碳酸钠为添加剂得到的还原铁产品的铁回收率最高，其次为氟化钙，硫酸钠最低；碳酸钠为添加剂得到的还原铁产品的 TiO_2 质量分数最高，其次是硫酸钠，氟化钙时 TiO_2 质量分数最低。由此可以看出，三种添加剂均可促进钛铁分离，氟化钙的促进效果最好，硫酸钠和碳酸钠效果不理想。

由图 3-14 可知，碳酸钠、硫酸钠和氟化钙用量对含钛产品的影响不同，但变化规律一致，随用量增加，含钛产品中 TiO_2 品位逐渐降低［见图 3-14(a)］，TiO_2 回收率则逐渐提高［见图 3-14(b)］，尤其硫酸钠和氟化钙为添加

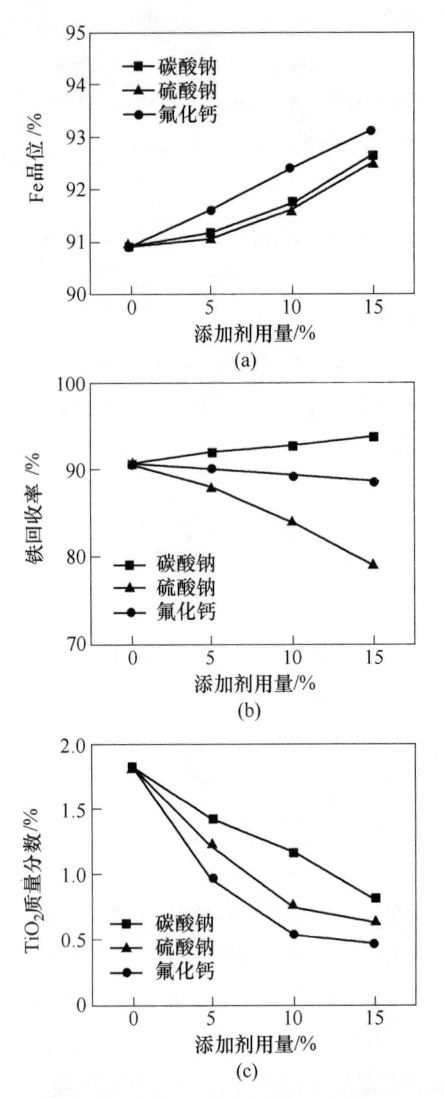

图 3-13　添加剂及用量对还原铁产品指标的影响对比

（a）Fe 品位；（b）铁回收率；（c）TiO_2 质量分数

剂时，含钛产品中 TiO_2 品位和回收率的变化幅度接近。相同用量时，碳酸钠为添加剂时得到的含钛产品中 TiO_2 品位高于硫酸钠和氟化钙，但回收率低于硫酸钠和氟化钙。与硫酸钠和氟化钙相比，碳酸钠为添加剂时，钛铁分离效果不理想，还原铁产品中 TiO_2 质量分数较高，因此含钛产品中的 TiO_2 回收率较低，但由于还原铁产品中铁回收率提高，损失在含钛产品中的金属铁减少，因此 TiO_2 品位较高。

由以上分析，综合考虑还原铁产品指标和含钛产品的指标，氟化钙分离效果较好，其次为硫酸钠，第三为碳酸钠。

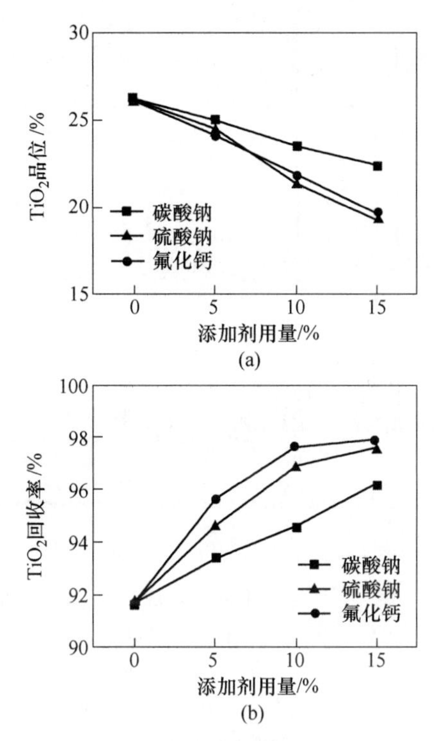

图 3-14 添加剂及用量对含钛产品指标的影响对比

（a）TiO_2 品位；（b）TiO_2 回收率

3.3 钛磁铁矿直接还原—磁选钛铁分离机理

3.3.1 焙烧温度对钛铁分离的影响机理

3.3.1.1 还原温度对焙烧产物中矿物组成的影响

1200~1350℃范围内印尼某海滨钛磁铁矿的焙烧产物 XRD 图谱如图 3-15 所示。当还原温度达到 1250℃时，焙烧产物中出现了正钛酸镁（I）；且随着还原温度的提高，正钛酸镁的衍射峰逐渐增强，但当温度达到 1350℃时，正钛酸镁的衍射峰消失。此外，当还原温度超过 1250℃以后，随着温度的提高，镁铁钛矿的衍射峰略有降低，钛铁矿的衍射峰则逐渐增强，说明此时仍达不到镁铁钛矿的还原条件；钛铁矿含量逐渐增多，这个结果导致磨矿磁选时还原铁产品的铁回收率逐渐降低。

3.3.1.2 还原温度对焙烧产物微观结构的影响

不同还原温度下焙烧产物的扫描电镜图像如图 3-16 所示。从图 3-16(a) ~ (d) 可以看出，随着还原温度的提高，金属铁颗粒逐渐聚集长大，颗粒内部纯

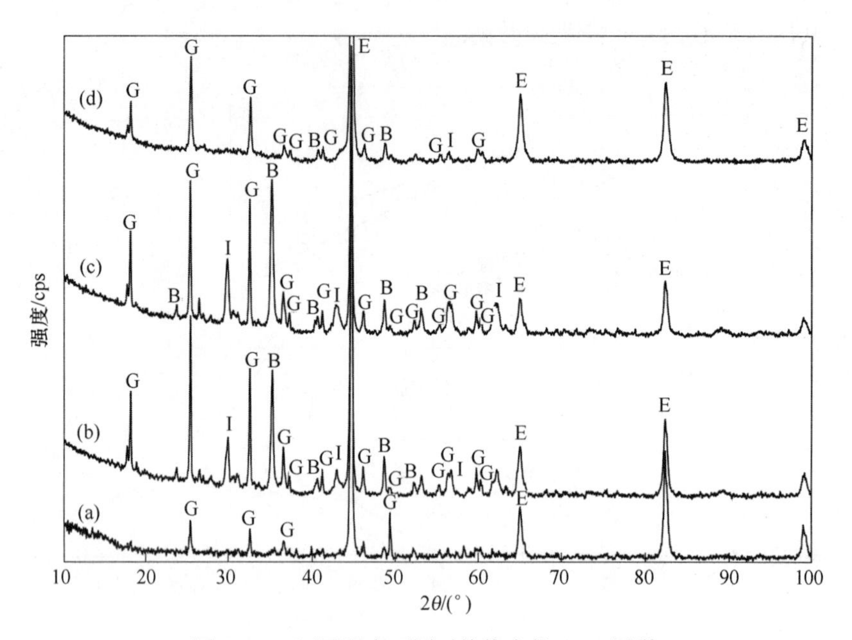

图 3-15 还原温度不同时焙烧产物 XRD 图谱

(a) 1200℃；(b) 1250℃；(c) 1300℃；(d) 1350℃

B—钛铁矿（$FeTiO_3$）；E—金属铁（Fe）；

G—镁铁钛矿［$(MgFe)(Ti_3Fe)O_{10}$］；I—正钛酸镁（Mg_2TiO_4）

净，无杂质，在磨矿时易达到单体解离，因此磨矿磁选得到的还原铁产品 Fe 品位逐渐提高，TiO_2 含量逐渐降低。但当温度达到 1350℃时，有镁铁钛矿和硅酸盐矿物被包裹在铁颗粒中间［见图 3-16(h) 中框线 1 和框线 2 部分］，此时的焙烧产物在磨矿时不易达到单体解离，因此还原温度不宜过高。

还原温度为 1250℃下的焙烧产物元素分布面扫描如图 3-17 所示。

由图 3-17 可以看出，金属铁颗粒与钛矿物有明显的边界，说明 Fe 与 Ti 分

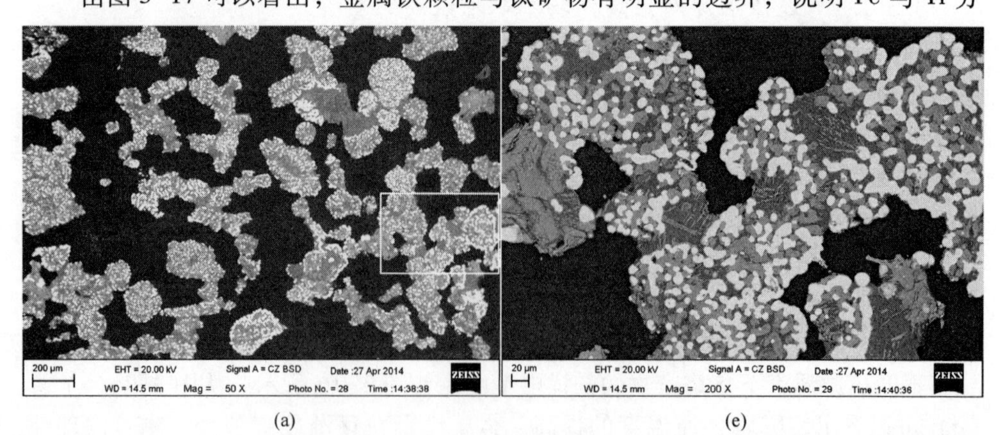

(a) (e)

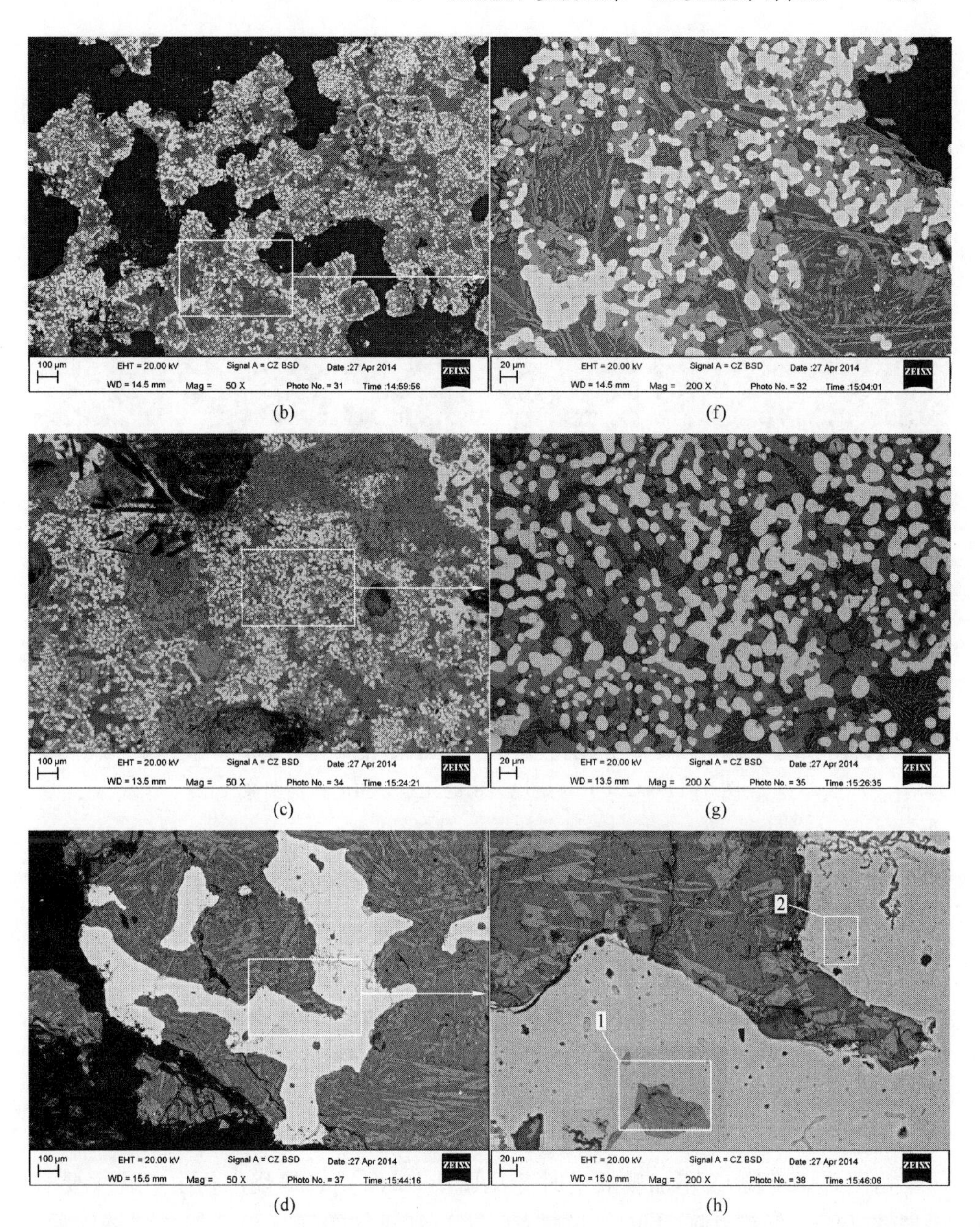

图 3-16 还原温度不同时焙烧产物 SEM 图像

(a)，(e) 1200℃；(b)，(f) 1250℃；(c)，(g) 1300℃；(d)，(h) 1350℃

布在不同的矿物中，为钛铁分离提供了基础。但是铁颗粒粒度较小，大部分铁颗粒在 10μm 或以下，因此钛铁分离效果差的原因可能是金属铁颗粒没有达到单体解离。

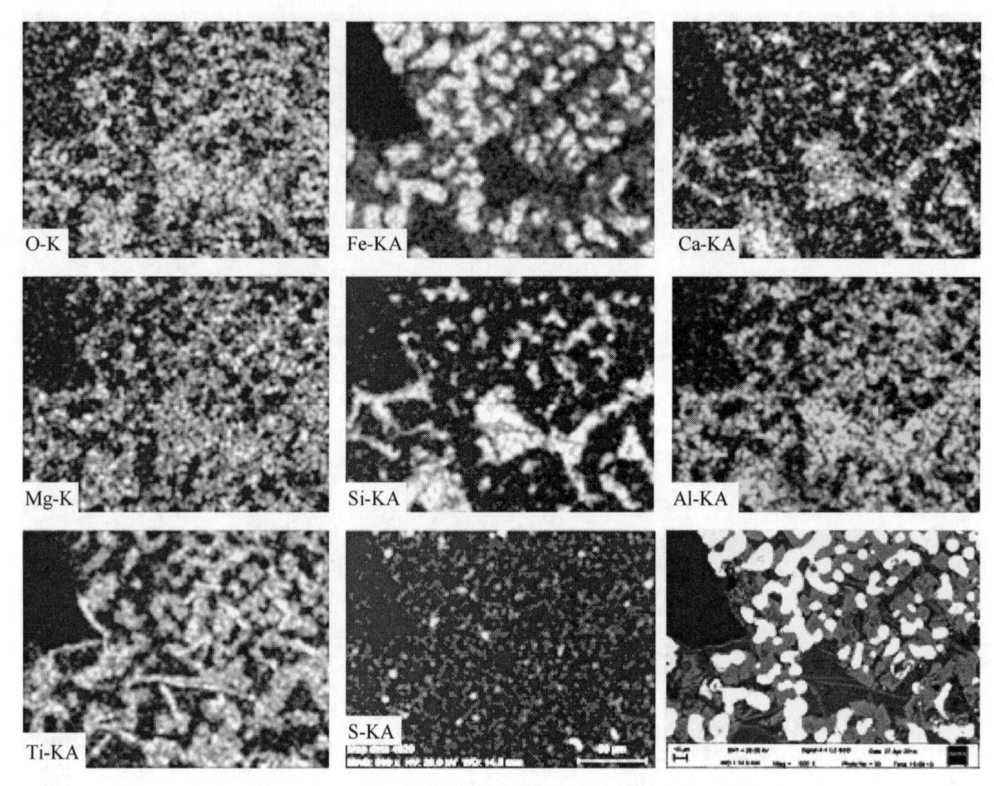

图 3-17 1250℃时焙烧产物的元素分布面扫描图像

3.3.2 碳酸钠对钛铁分离的影响机理

3.3.2.1 碳酸钠用量对焙烧产物中矿物组成的影响

由工艺试验可知，碳酸钠对钛铁分离有效果，随碳酸钠用量的增加，还原铁产品中 Fe 品位变化不大，铁回收率提高，TiO_2 质量分数逐渐降低，但碳酸钠用量为 15%时，还原铁产品中 TiO_2 质量分数仍高达 0.82%，钛铁分离效果不理想。

碳酸钠用量分别为 0、5%、10%和 15%时得到的焙烧产物 XRD 图谱如图 3-18 所示。

由图 3-18 可知，不加碳酸钠时［见图 3-18(a)］，焙烧产物中矿物主要有金属铁（E）、镁铁钛矿（G）、钛铁矿（B）和正钛酸镁（I）。加入碳酸钠后，焙烧产物中出现了霞石（J）的衍射峰，且随着碳酸钠用量的增加，霞石的衍射峰强度逐渐增强，说明随碳酸钠用量的增加，焙烧产物中霞石含量逐渐增多。加入碳酸钠［见图 3-18(b)～(d)］，镁铁钛矿的衍射峰也明显减弱，正钛酸镁的衍射峰则明显增强，说明碳酸钠促进了镁铁钛矿的还原，还原产物有正钛酸镁。随碳酸钠用量的增加，镁铁钛矿和钛铁矿的衍射峰均降低，说明碳酸钠在促进镁铁钛矿还原的同时，也促进了钛铁矿反应，当碳酸钠用量为 10%时［见图3-18(c)］，焙烧产物中出现矿物 Ti_2O_3（K）的衍射峰，碳酸钠用量达到 15%时［见图 3-18(d)］，钛铁矿的衍射峰消失，Ti_2O_3 的衍射峰明显增强，说明此时钛铁矿还原为 Ti_2O_3。由此可知，碳酸钠促进了镁铁钛矿和钛铁矿的还原，还原产物分别有正钛酸镁和 Ti_2O_3。

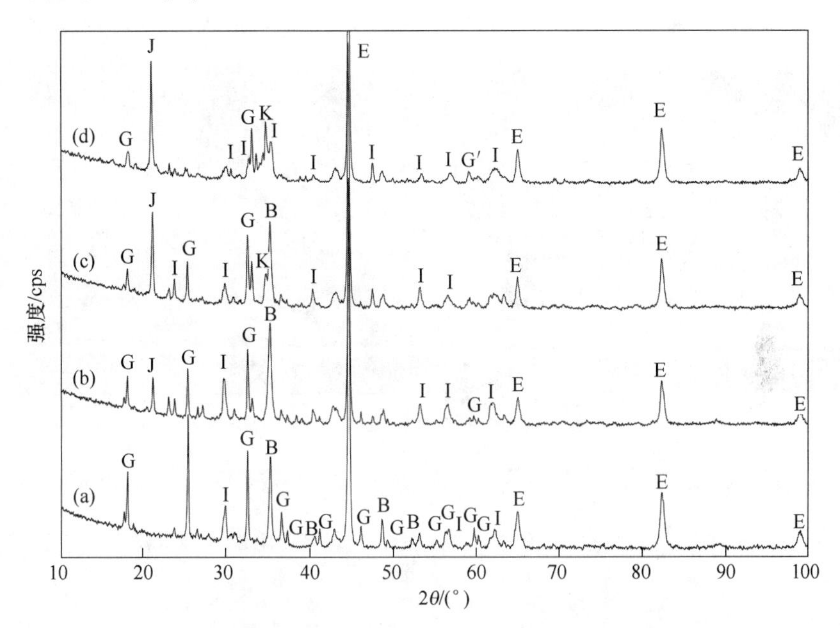

图 3-18 碳酸钠用量不同时焙烧产物 XRD 图谱

(a) 0；(b) 5%；(c) 10%；(d) 15%

B—钛铁矿（$FeTiO_3$）；E—金属铁（Fe）；G—镁铁钛矿［$(MgFe)(Ti_3Fe)O_{10}$］；

I—正钛酸镁（Mg_2TiO_4）；J—霞石（$Na_{1.45}Al_{1.45}Si_{0.55}O_4$）；K—$Ti_2O_3$

碳酸钠在焙烧过程中与硅酸盐矿物和铝硅酸盐矿物易发生反应，生成低熔点的霞石（熔点 700℃），降低了体系的熔点，有利于铁离子的迁移和铁颗粒的聚集长大。此外，镁铁钛矿和钛铁矿的衍射峰随碳酸钠用量的增加而逐渐减弱，说明碳酸钠促进了镁铁钛矿和钛铁矿的还原，而碳酸钠中的钠离子可以使矿物晶格的晶格能降低[7]，降低了界面还原的活化能，加快其界面的反应速率，从而促进镁铁钛矿的还原。该结果解释了工艺试验中随碳酸钠用量的增加，铁回收率逐渐提高的原因。

3.3.2.2 碳酸钠用量对焙烧产物微观结构的影响

直接还原过程中，碳酸钠用量对各矿物分布状况和矿物间的嵌布状态的影响如图 3-19 所示，其中（e）~(h) 为（a）~(d) 中框线部分的放大图像。

从图 3-19 可看出，无碳酸钠时，焙烧产物中金属铁颗粒数量较多，但其颗粒的粒度较小，且相对较分散，如图 3-19(a) 所示。加入碳酸钠后，焙烧产物中金属铁颗粒有聚集长大的趋势，且随碳酸钠用量的增加，聚集长大的趋势愈加明显，如图 3-19(b) ~ (d) 和 (f) ~ (h) 所示，但焙烧产物中仍有一些粒度较小的金属铁颗粒，即使碳酸钠用量达到 15%，仍有部分铁颗粒粒度较小，如图3-19(d) 和 (h) 中框线 1、框线 2 和框线 3 所示，说明加入碳酸钠时焙烧产物中

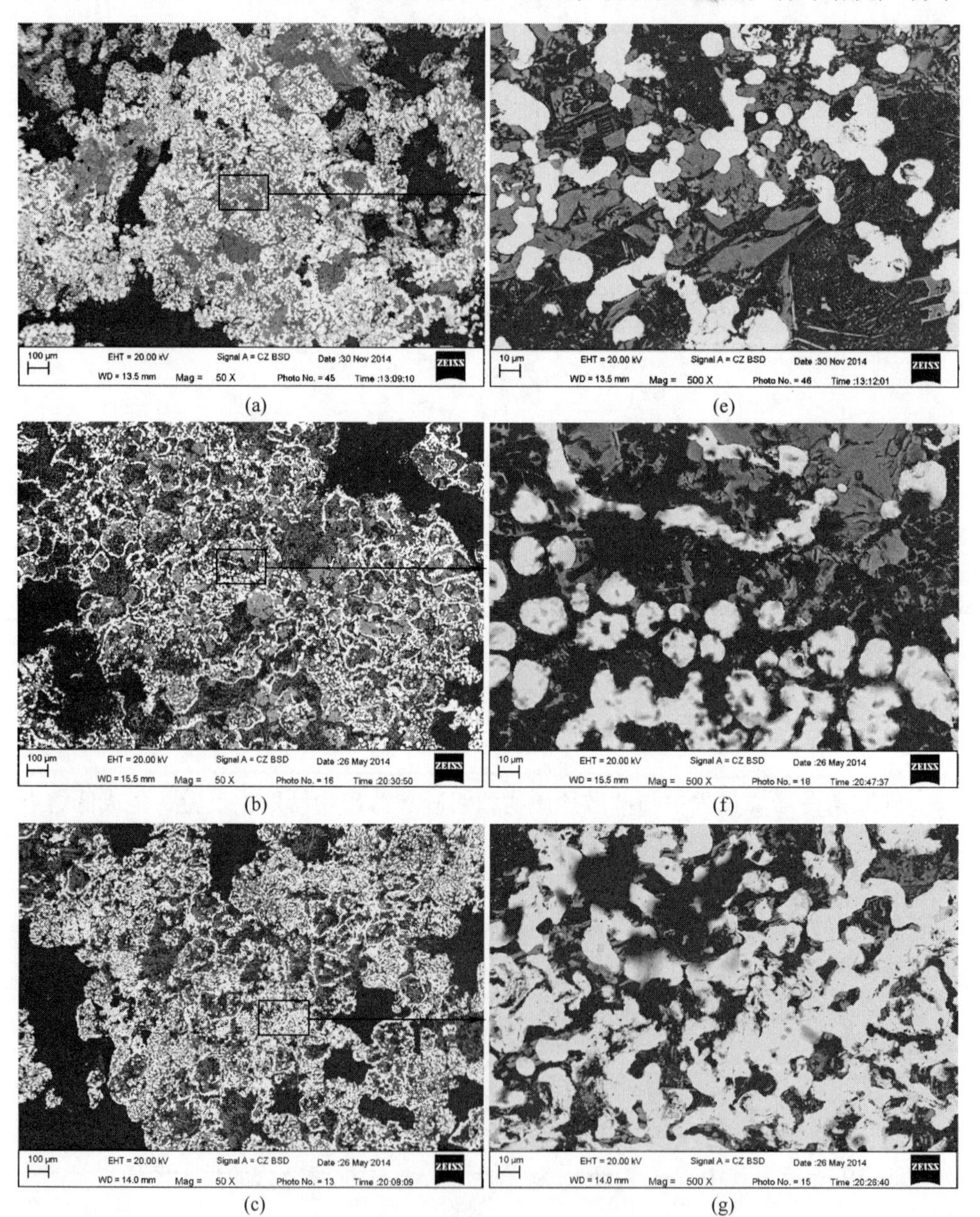

(a) (e)

(b) (f)

(c) (g)

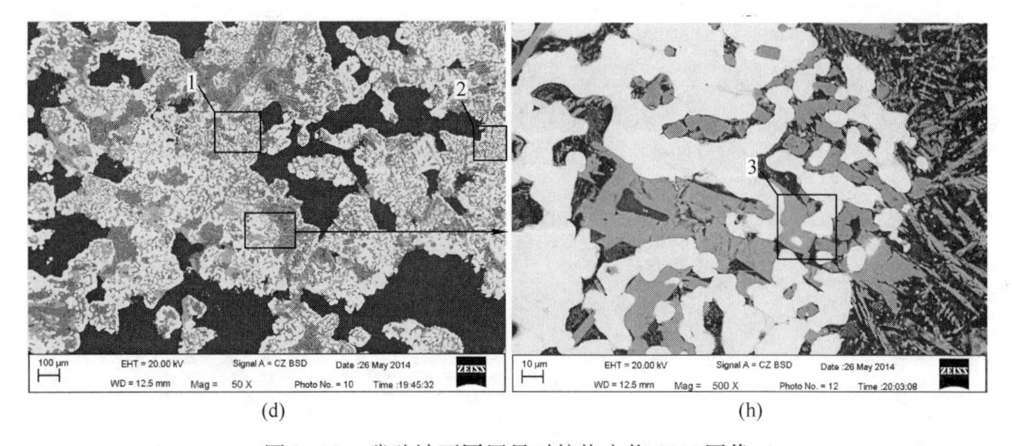

(d)　　　　　　　　(h)

图 3-19　碳酸钠不同用量时焙烧产物 SEM 图像

(a)，(e) 0；(b)，(f) 5%；(c)，(g) 10%；(d)，(h) 15%

铁颗粒粒度不均匀。在磨矿时较大的金属铁颗粒易于与含钛矿物分离，但较小的金属铁颗粒单体解离度低，磁选时，小粒度的金属铁颗粒会夹带脉石矿物进入还原铁产品中，因此随碳酸钠用量的增加，还原铁产品中 Fe 品位变化较小，TiO_2 质量分数逐渐降低。但即使碳酸钠用量达到 15%，还原铁产品中 TiO_2 质量分数仍较高（0.82%）。

不同碳酸钠用量的焙烧产物中 Fe 与 Ti 的分布及金属铁和钛矿物的嵌布状况，如图 3-20 所示。

由图 3-20 可知，加入碳酸钠的焙烧产物中，金属铁颗粒与钛矿物有明显的边界，Fe 与 Ti 分布在不同的矿物中。随碳酸钠用量的增加，金属铁颗粒与钛矿物的界限越来越明显，因此经过磨矿磁选得到的还原铁产品中 TiO_2 质量分数逐渐降低。

综合 XRD 分析和 SEM 分析可知，碳酸钠促进了镁铁钛矿的还原和金属铁颗粒的聚集长大，但由于焙烧产物中金属铁颗粒粒度不均匀，磨矿磁选时单体解离

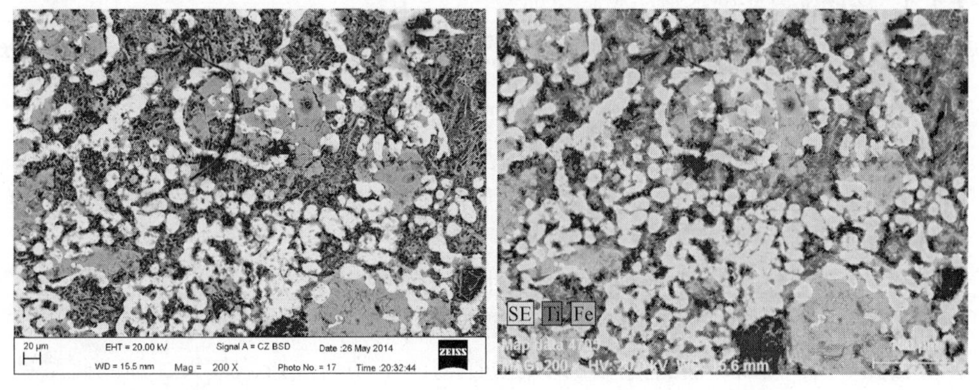

(a)

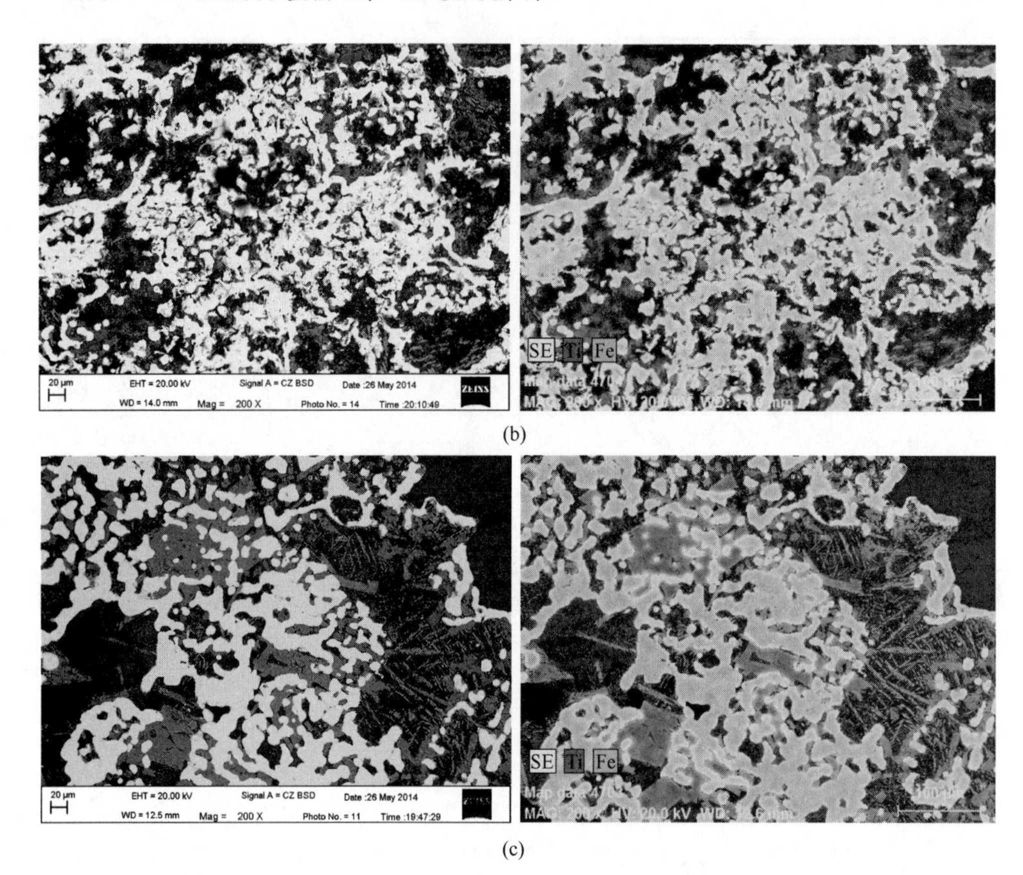

图 3-20 碳酸钠不同用量时焙烧产物中 Fe、Ti 元素面分布图像

（a）5%；（b）10%；（c）15%

度低，导致还原铁产品中 Fe 品位变化较小，铁回收率提高，TiO_2 质量分数降低，但即使碳酸钠用量达到 15%时，TiO_2 质量分数仍较高。

3.3.3 硫酸钠对钛铁分离的影响机理

工艺试验结果表明，硫酸钠用量可以降低还原铁产品中 TiO_2 质量分数，促进钛铁分离。随硫酸钠用量的增加，还原铁产品中 Fe 品位略有提高，铁回收率降低，TiO_2 质量分数也逐渐降低。当硫酸钠用量为 15%时，还原铁产品中 TiO_2 质量分数降低至 0.62%，钛铁分离效果仍不理想。硫酸钠的添加对钛铁分离的影响机理如下。

3.3.3.1 硫酸钠用量对焙烧产物中矿物组成的影响

不同硫酸钠用量时得到的焙烧产物的 XRD 图谱如图 3-21 所示。

由图 3-21 可知，硫酸钠用量对焙烧产物的矿物组成影响较大，加入硫酸钠后，焙烧产物中的矿物组成有明显变化。无硫酸钠时［见图 3-21(a)］，焙烧产

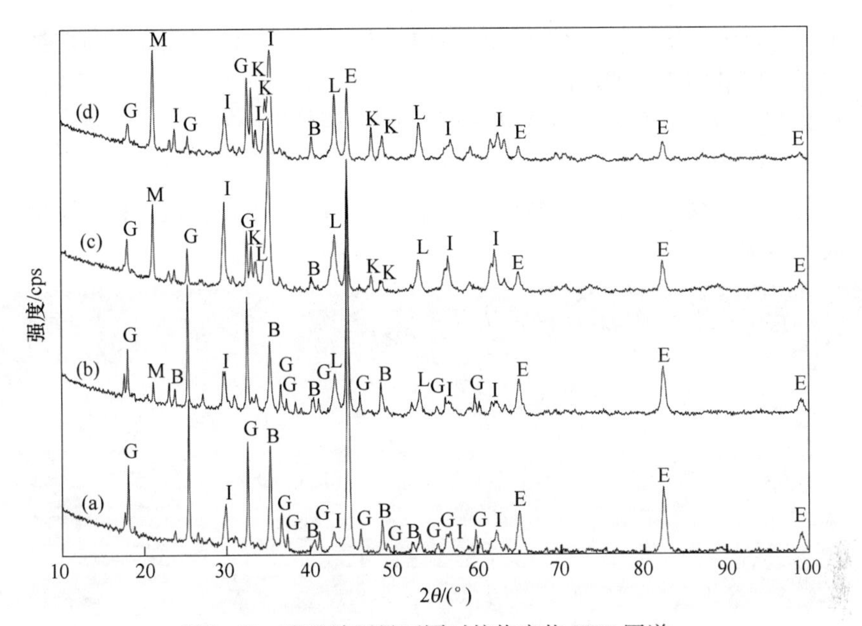

图 3-21 硫酸钠用量不同时焙烧产物 XRD 图谱

(a) 0; (b) 5%; (c) 10%; (d) 15%

B—钛铁矿 ($FeTiO_3$); E—金属铁 (Fe); G—镁铁钛矿 [$(MgFe)(Ti_3Fe)O_{10}$];

I—正钛酸镁 (Mg_2TiO_4); K—Ti_2O_3; L—陨硫铁 (FeS); M—三斜霞石 [$Na(AlSiO_4)$]

物中的矿物主要为金属铁 (E) 和镁铁钛矿 (G)、少量钛铁矿 (B) 和正钛酸镁 (I)。加入硫酸钠后 [见图 3-21(b)~(d)], 出现三斜霞石 (M)、陨硫铁 (L) 和 Ti_2O_3(K) 的衍射峰, 而且随硫酸钠用量增加, 陨硫铁、正钛酸镁、三斜霞石和 Ti_2O_3 的衍射峰明显增强, 说明焙烧产物中陨硫铁、正钛酸镁、三斜霞石和 Ti_2O_3 含量增加; 而镁铁钛矿和钛铁矿的衍射峰明显降低, 说明其含量降低, 当硫酸钠用量达到 10%时 [见图 3-21(c)], 钛铁矿的衍射峰消失。

硫酸钠在还原气氛下被还原, 还原产物与硅酸盐矿物和铝硅酸盐矿物易发生反应, 生成低熔点矿物, 因此, 硫酸钠在还原气氛下的反应如下:

$$Na_2SO_4 + 4CO \xlongequal{} Na_2S + 4CO_2(g) \tag{3-1}$$

$$Na_2S + FeO + 2SiO_2 + Al_2O_3 \xlongequal{} FeS + 2NaAlSiO_4 \tag{3-2}$$

$$3Na_2SO_4 + Na_2S \xlongequal{} 4Na_2O + 4SO_2(g) \tag{3-3}$$

硫酸钠在还原气氛下会还原生成 Na_2S [见式 (3-1)], 同时, 随钛磁铁矿的还原反应的进行, 体系中会出现大量的 FeO, Na_2S 与 FeO、SiO_2 和 Al_2O_3 发生反应, 生成低熔点的三斜霞石 [见式 (3-2)], 降低了体系的熔点, 有利于铁离子的迁移和铁颗粒的聚集长大。加入硫酸钠后, 生成碱金属氧化物 Na_2O [见式 (3-3)], 可以使矿物晶格发生畸变, 从而促进镁铁钛矿和钛铁矿的还原, 而还原产物有正钛酸镁和 Ti_2O_3。镁铁钛矿被还原, 铁回收率应该提高, 但由于加入硫酸钠时还生成了陨硫铁，且随硫酸钠用量的增加，陨硫铁的量逐渐增加，导致还原铁产品中铁回收率逐渐降低。

3.3.3.2　硫酸钠用量对焙烧产物微观结构的影响

不同硫酸钠用量时焙烧产物的 SEM 图如图 3-22 所示，其中（a）~（d）分别为不同硫酸钠用量时焙烧产物的 SEM 图像，（e）~（h）分别为相应图中框线部分的放大图像。

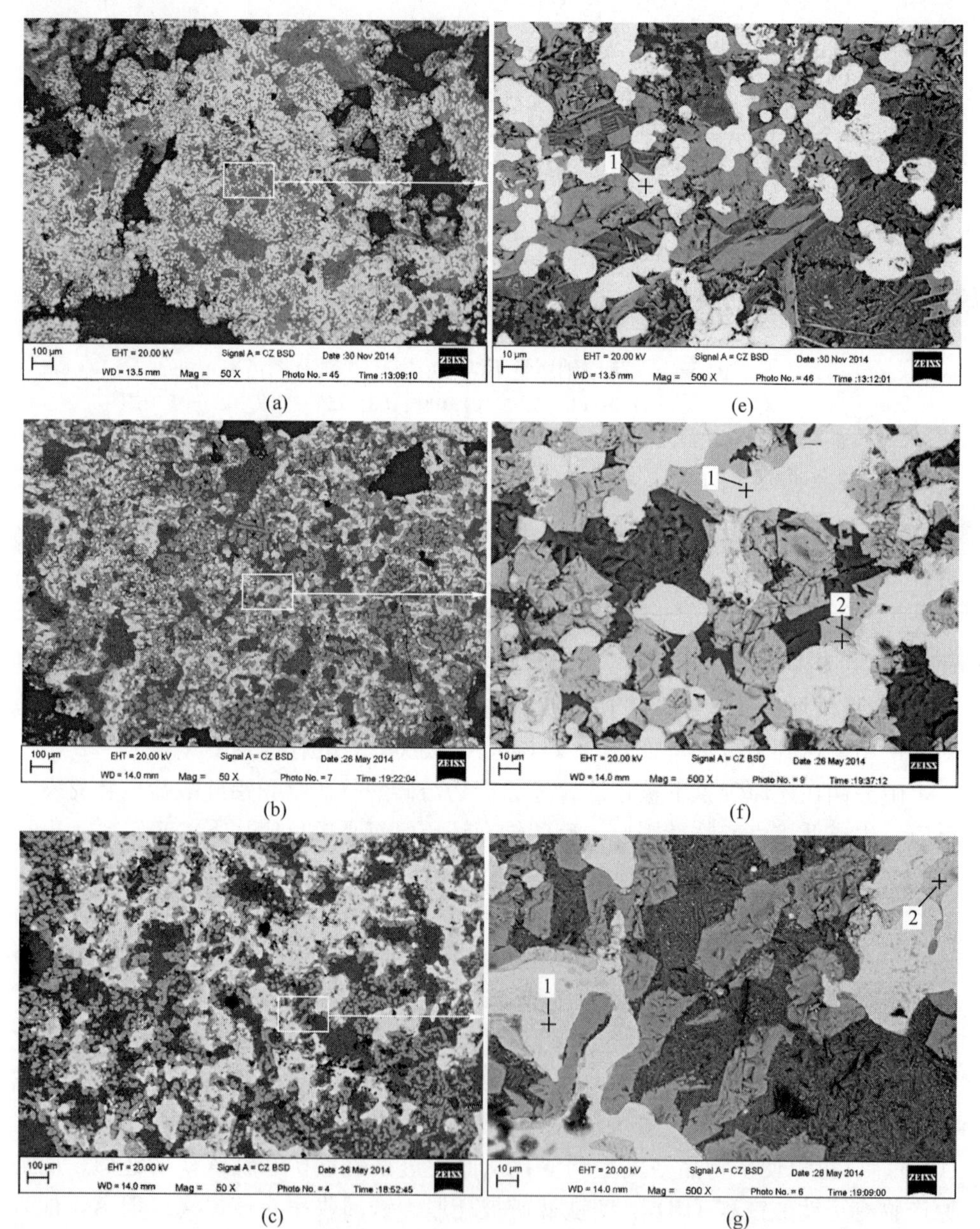

(a)　(e)

(b)　(f)

(c)　(g)

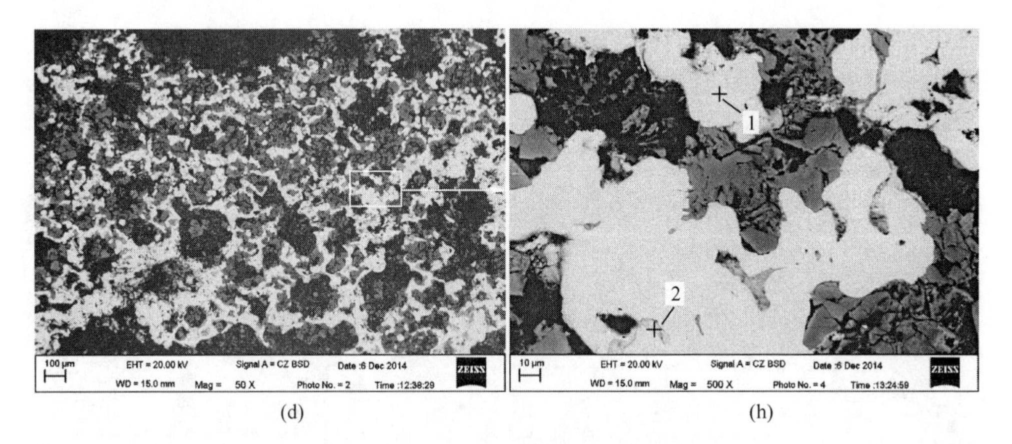

(d) (h)

图 3-22 不同硫酸钠用量时焙烧产物 SEM 图像及 EDS 能谱

(a)，(e) 0；(b)，(f) 5%；(c)，(g) 10%；(d)，(h) 15%

1—金属铁（Fe）；2—陨硫铁（FeS）

由图 3-22 可以看出，无硫酸钠时，焙烧产物中金属铁颗粒粒度较小［见图 3-22(a)、(e)］，但加入硫酸钠后，金属铁颗粒粒度明显增大，且随硫酸钠用量的增加，金属铁颗粒粒度逐渐长大［见图 3-22(f)～(h)］。在还原气氛下，硫酸钠的还原产物 Na_2S 与 SiO_2、Al_2O_3 发生反应得到低熔点矿物三斜霞石 $NaAlSiO_4$［见式（3-2）］，降低了体系的熔点，在相同的还原温度下可生成较多的液相，促进了金属铁的迁移和铁颗粒的聚集长大，因此加入硫酸钠后金属铁颗粒的粒度增大。

图 3-22 中 1 表示金属铁（Fe），2 表示陨硫铁（FeS）。不添加硫酸钠时，焙烧产物中没有 FeS，加入 5%的硫酸钠时，FeS 出现，且大部分集中在铁颗粒的边缘部分，随着硫酸钠用量的增加，FeS 包裹在金属铁颗粒内部，由此可知，FeS 可以促进金属铁的迁移和铁颗粒的聚集长大。研究表明，体系中有 FeS 和金属铁共同存在时，FeS 和金属铁可以形成低熔点的共熔合金（Fe-FeS），产生局部液相[8,9]，可以降低金属颗粒的表面张力和熔点，从而促进金属铁的迁移和铁颗粒的聚集长大，有利于单体解离。因此，添加硫酸钠时得到的还原铁产品中 Fe 品位提高，TiO_2 含量降低。

不同硫酸钠用量焙烧产物中 Fe 与 Ti 的分布及金属铁和钛矿物的嵌布状况如图 3-23 所示。由图 3-23 可直观看到，加入 5%的硫酸钠时，铁颗粒与钛矿物虽有明显边界，但铁颗粒粒度较小，磨矿过程中很难实现单体解离，因此磁选也不易分离；加入 10%硫酸钠时，金属铁颗粒明显较大，且与含钛矿物的界限较明显，磨矿磁选可以分离。当硫酸钠用量增加到 15%时［见图 3-23(c)］，焙烧产物中铁颗粒连接在一起，且将含钛矿物包裹在铁颗粒中间，由于金属铁具有延展性，此时包裹在铁颗粒内部的含钛矿物将不易与金属铁相互分离，因此经过磨矿磁选得到的还原铁产品中 TiO_2 质量分数幅度变小，硫酸钠用量为 10%时还原铁产品中 TiO_2 质量分数为 0.74%，而当用量增加到 15%时，TiO_2 质量分数仍为 0.62%，仅降低了 0.12%。

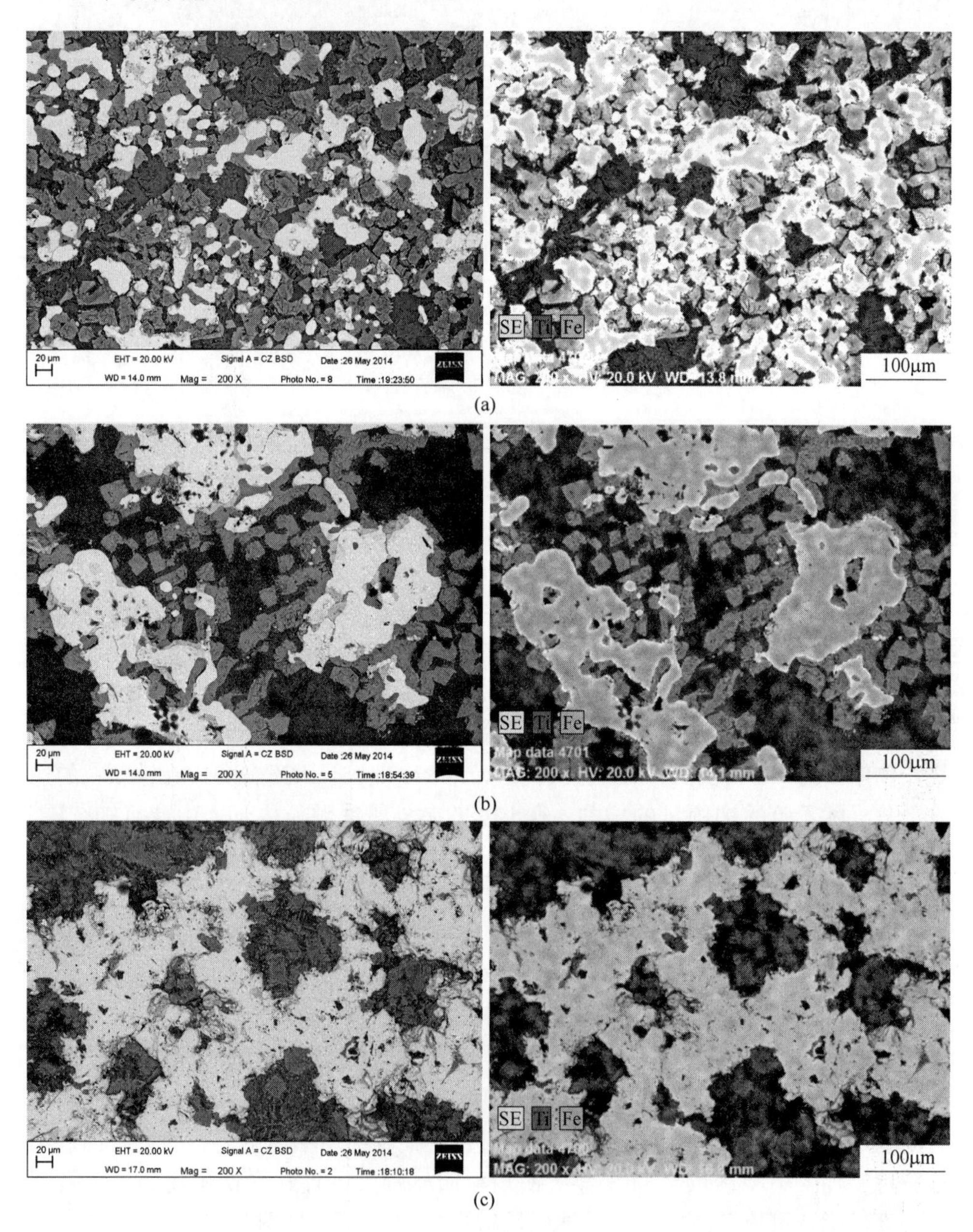

图 3-23 硫酸钠不同用量时焙烧产物中 Fe、Ti 元素面分布图像

(a) 5%；(b) 10%；(c) 15%

综合 XRD 分析和 SEM 分析可知，硫酸钠促进了镁铁钛矿的还原和金属铁颗粒的聚集长大，但当硫酸钠用量过大时，焙烧产物中铁颗粒连接在一起，并将含钛矿物包裹在铁颗粒中间，这也是导致钛铁分离效果不理想的原因之一。

3.3.4 氟化钙对钛铁分离的影响机理

工艺试验结果表明，氟化钙用量可以降低 TiO_2 含量，促进钛铁分离。随氟化钙用量的增加，Fe 品位略有提高，铁回收率降低，TiO_2 含量逐渐降低。不同氟化钙用量时得到的焙烧产物的矿物组成和微观结构如下。

3.3.4.1 氟化钙用量对焙烧产物中矿物组成的影响

氟化钙用量为 0、5%、10%和 15%时得到的焙烧产物 XRD 图谱如图 3-24 所示。

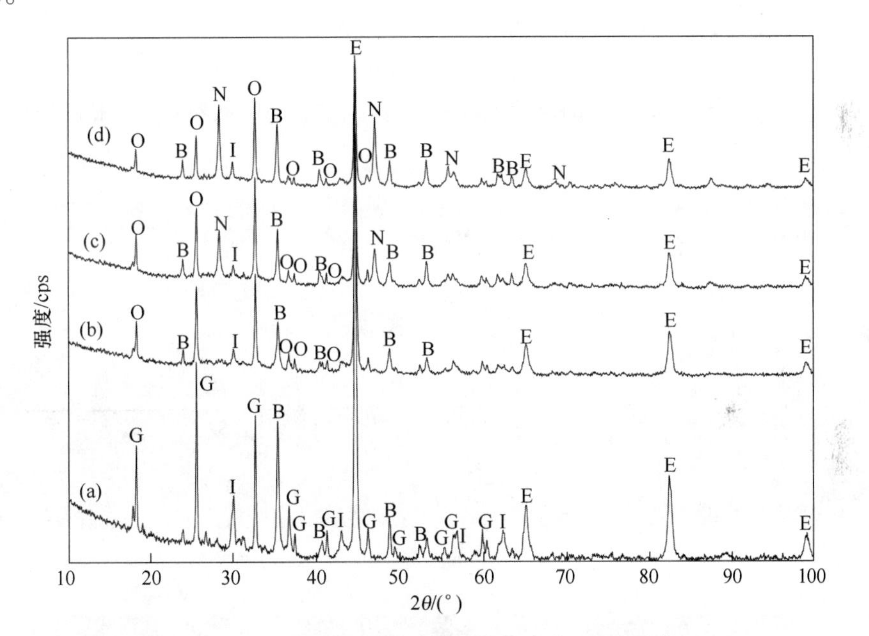

图 3-24 氟化钙用量不同时焙烧产物 XRD 图谱

(a) 0；(b) 5%；(c) 10%；(d) 15%

B—钛铁矿 ($FeTiO_3$)；E—金属铁 (Fe)；G—镁铁钛矿 [$(MgFe)(Ti_3Fe)O_{10}$]；
I—正钛酸镁 (Mg_2TiO_4)；N—氟化钙 (CaF_2)；O—二钛酸镁 ($MgTi_2O_5$)

氟化钙用量对焙烧产物的矿物组成影响较大。加入氟化钙后，焙烧产物中的矿物组成有明显变化。无氟化钙时 [见图 3-24(a)]，焙烧产物中的矿物主要为金属铁 (E)、镁铁钛矿 (G)、钛铁矿 (B) 和少量正钛酸镁 (I)。加入氟化钙后 [见图 3-24(b) ~ (d)]，镁铁钛矿的衍射峰消失，出现了新的矿物二钛酸镁 (O)，且随氟化钙用量增加，钛铁矿的衍射峰略有提高，二钛酸镁的衍射峰略有降低，说明加入氟化钙后镁铁钛矿被还原，产物除正钛酸镁外，还有二钛酸镁，但增加氟化钙用量，二钛酸镁的结晶变差，此外，钛铁矿的衍射峰增强，致使还原铁产品的铁回收率差异较小。当氟化钙用量超过 10%后［见图 3-24(c) 和 (d)］，焙烧产物中有氟化钙（N），说明此时氟化钙过量。

氟化钙在直接还原过程中可以降低还原反应的活化能[10,11]，加入氟化钙后，降低了镁铁钛矿还原反应的活化能，促进了镁铁钛矿的还原，在矿物组成方面为钛铁分离优化了条件。而随着焙烧产物中镁铁钛矿的减少，焙烧产物中钛铁矿的量逐渐增加，因此还原铁产品的铁回收率变化较小，而 TiO_2 含量则降低。但当氟化钙用量达到 10%时，焙烧产物中有剩余的氟化钙，说明此时焙烧体系中氟化钙过量，继续增加氟化钙用量，氟化钙对还原铁产品中 TiO_2 含量的影响变小。

3.3.4.2 氟化钙用量对焙烧产物微观结构的影响

不同氟化钙用量时得到的焙烧产物的扫描电镜图如图 3-25 所示，其中 (a)~(d) 分别为不同硫酸钠用量时焙烧产物的 SEM 图像，(e)~(h) 分别为相应图中框线部分的放大图像。

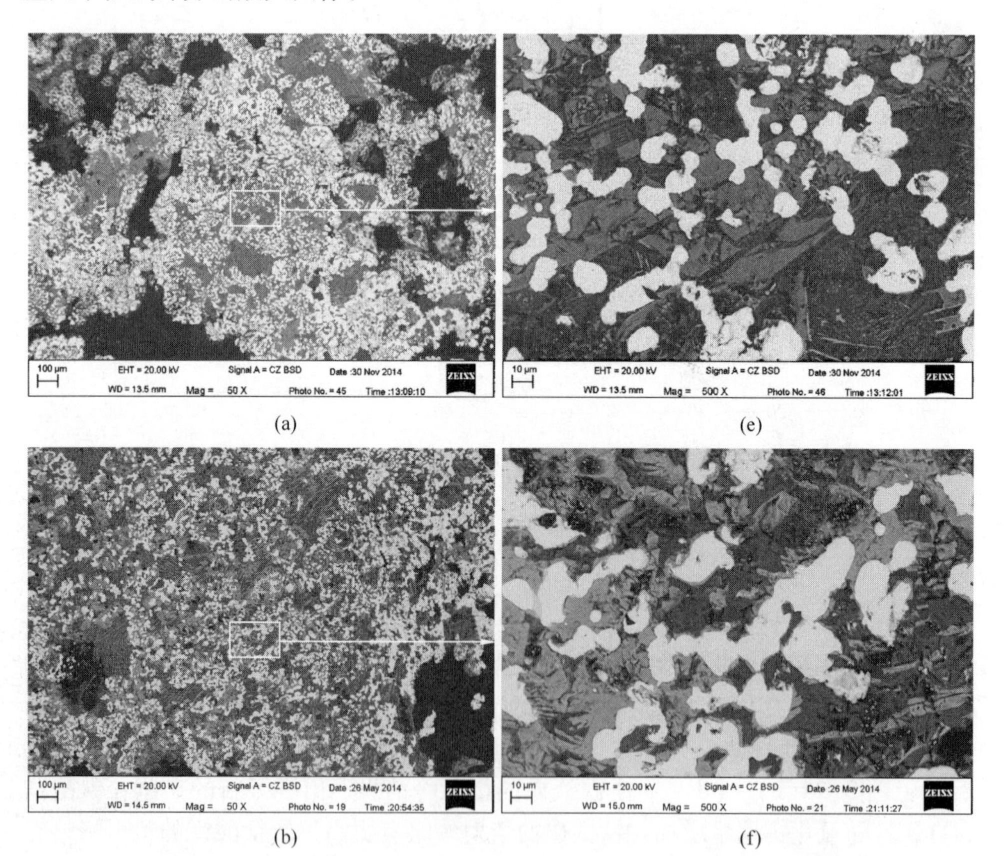

(a) (e)

(b) (f)

图 3-25 氟化钙不同用量时焙烧产物 SEM 图像

(a),(e) 0;(b),(f) 5%;(c),(g) 10%;(d),(h) 15%

由图 3-25 可以看出，无氟化钙时，焙烧产物中颗粒有明显的边界［见图 3-25(a) 和 (e)］，但铁颗粒粒度较小；加入氟化钙后，铁颗粒粒度明显增大，但随氟化钙用量的增加，金属铁颗粒的粒度变化不大，如图 3-25 (b)～(d) 和 (f)～(h) 所示。氟化钙可以降低固相反应体系的熔点，优化还原过程中的传热和传质条件，使体系中液相量增加，促进金属铁颗粒的聚集长大，因此加入氟化钙的焙烧产物中，金属铁颗粒较大，在磨矿磁选时有助于金属铁与其他矿物相互分离，得到的还原铁产品中 Fe 品位升高，TiO_2 含量降低。

由图 3-26 可直观看到，加入氟化钙后，铁颗粒粒度增大，同时，钛矿物也逐渐形成规则的条形矿物。对图中条形矿物进行 EDS 能谱分析可知，氟化钙用量由 5%增加到 15%时［见图 3-26(a)～(c)］，条形矿物中的元素种类基本没变化，且基本不含 Fe，说明此时镁铁钛矿中的铁被还原，得到产物正钛酸镁（见图 3-26 中 1～3 点）。

对比碳酸钠、硫酸钠和氟化钙对钛磁铁矿直接还原钛铁分离的影响机理发现，碳酸钠、硫酸钠和氟化钙促进海滨钛磁铁矿直接还原—磁选钛铁分离的影响机理不同，但均可促进镁铁钛矿的还原和金属铁颗粒的聚集长大，从而促进了钛铁分离。在还原体系中加入碳酸钠时，可形成低熔点的霞石，降低体系的熔点，促进金属铁颗粒的聚集长大；加入硫酸钠时，硫酸钠与原矿中的矿物组成发生反应，生成 FeS 和三斜霞石，FeS 和 Fe 形成低熔点的 Fe-FeS 共熔合金，二者也均可以降低体系的熔点，促进金属铁颗粒的聚集长大；而加入氟化钙时，氟化钙降低了固相反应的熔点，从而促进铁颗粒的聚集长大。

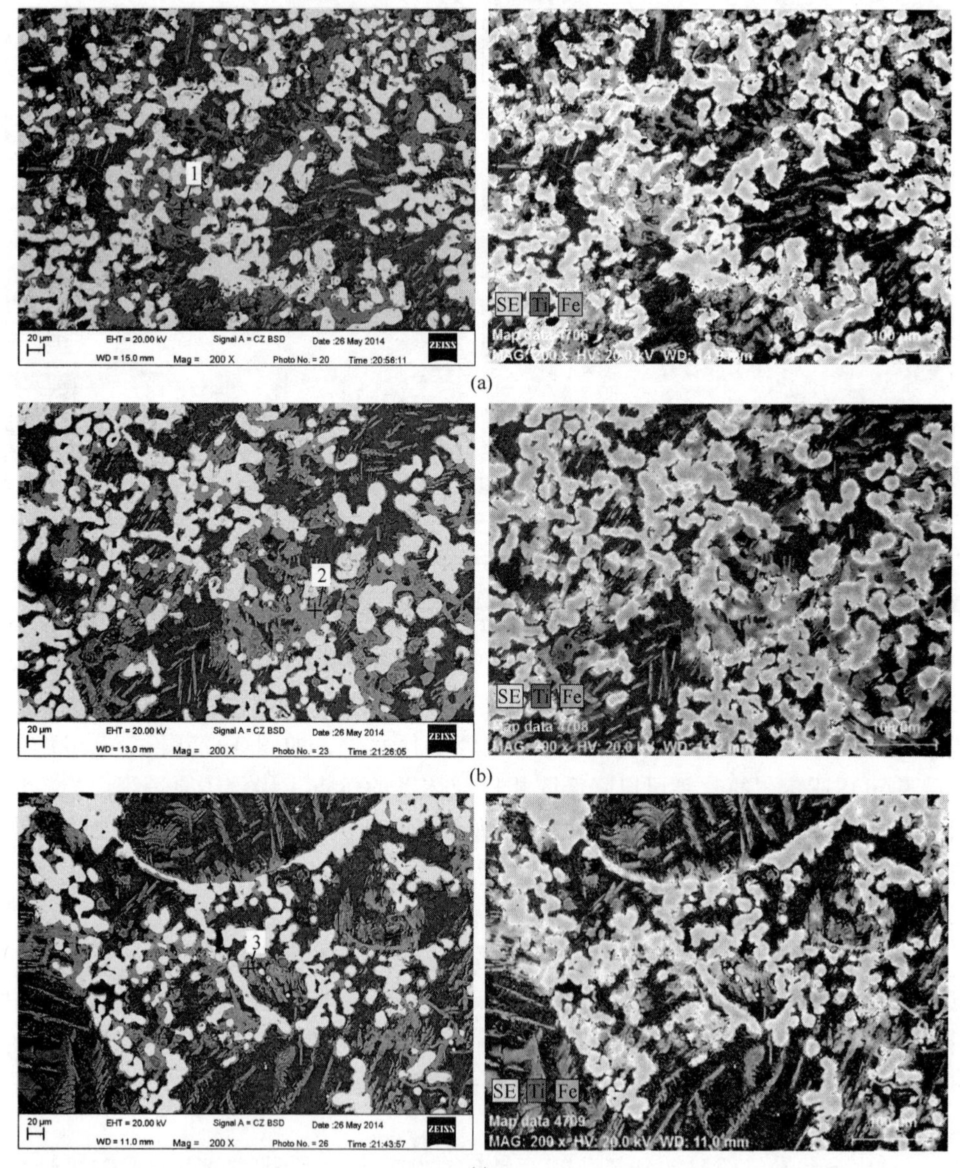

(a)
(b)
(c)

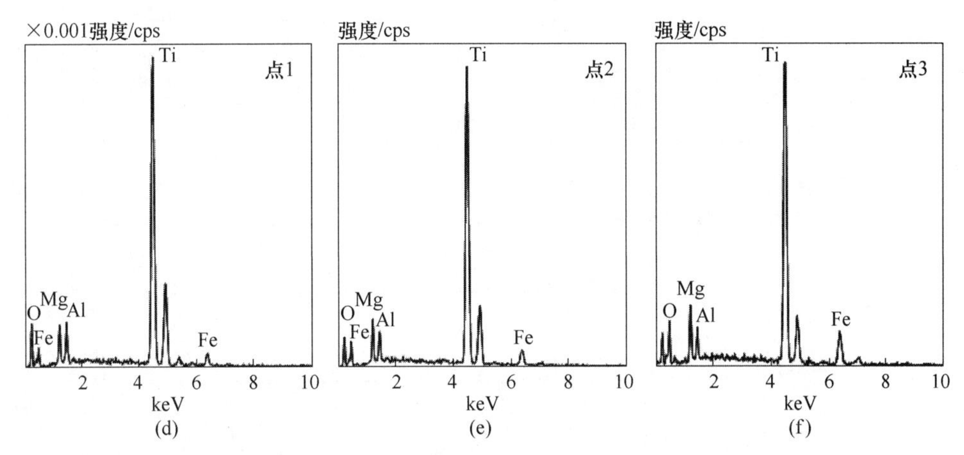

图 3-26 氟化钙不同用量时焙烧产物中 Fe、Ti 元素面分布图像及 EDS 能谱
（a）5%；（b）10%；（c）15%；（d）~（f）点 1~点 3 的 EDS 能谱图

3.3.5 煤种类对钛铁分离的影响机理

3.3.5.1 不同煤种及用量对焙烧产物矿物组成的影响

不同用量的烟煤和无烟煤得到的焙烧产物的 XRD 图谱如图 3-27 所示。从图 3-27 中可看到，煤种类和用量对焙烧产物的矿物组成影响较大。在煤用量为 10%时［见图 3-27(b) 和（f)］，烟煤 A 和无烟煤为还原剂得到的焙烧产物中主要矿物为金属铁（E）和钛铁矿物（F）［成分为（FeTi)$_3$O$_4$，此时，Mg 和 Al 仍以类质同象的形式存在于其中，钛磁铁矿还原的中间产物，为方便说明，文中将其称为钛铁矿物］，以及少量镁铁钛矿（G）。当煤用量少时，焙烧产物中存在大量钛铁矿物，说明钛磁铁矿还原不充分。随煤用量增加［见图 3-27(c) ~ (e) 和（g)~(i)］，镁铁钛矿的衍射峰逐渐增强，而钛铁矿物的衍射峰则逐渐减弱，且衍射峰面积变小，但没有完全消失，此时钛铁矿物含量降低，说明随煤用量的增加钛铁矿物中被还原的铁增多，但即便还原气氛充足，仍有部分钛铁矿物中的铁未被还原为金属铁。此外，当煤用量超过 30%时，以无烟煤为还原剂得到的焙烧产物中出现了大量的辉石（H）和橄榄石（D）的衍射峰，而烟煤 A 为还原剂的焙烧产物中只有少量的辉石和橄榄石。

随煤用量的增加，还原气氛增强，促进了钛铁矿物中的铁被还原为金属铁，此时得到的金属铁和镁铁钛矿也增多，因此经过磨矿磁选得到的还原铁产品回收率也逐渐增加；但当煤用量增加到一定值时，继续增加煤用量，还原气氛增强，但还原气氛对铁矿物还原的影响变小，此时煤用量对铁回收率的影响也减弱，因此还原铁产品中铁回收率的增加变缓。

钛磁铁矿［$Fe_{2.75}Ti_{0.25}O_4$，可以写为 $3(Fe_3O_4)\cdot Fe_2TiO_4$］的还原历程如图

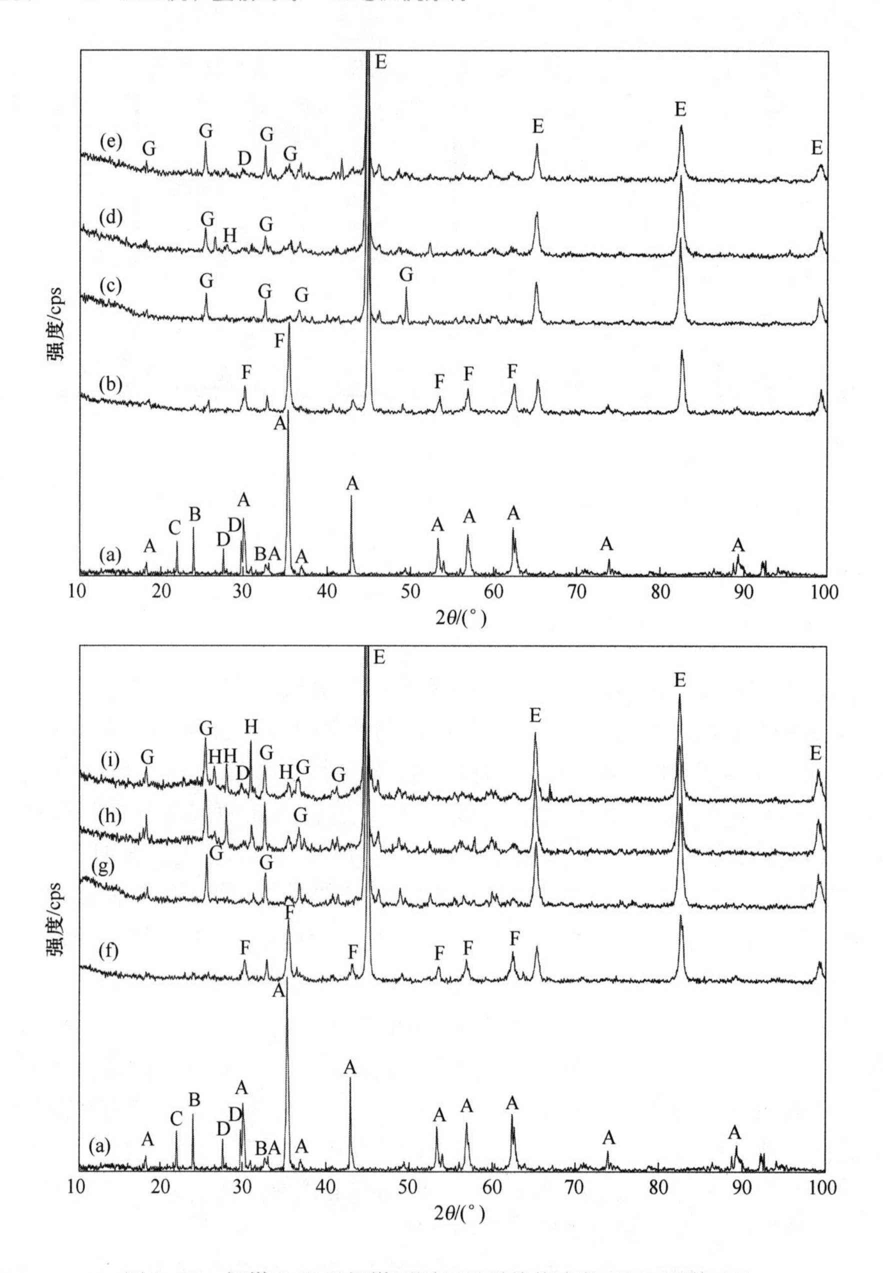

图 3-27 烟煤 A 和无烟煤不同用量时焙烧产物 XRD 图谱对比

(a) 原矿；(b) 烟煤 A 10%；(c) 烟煤 A 20%；(d) 烟煤 A 30%；(e) 烟煤 A 40%；(f) 无烟煤 10%；(g) 无烟煤 20%；(h) 无烟煤 30%；(i) 无烟煤 40%

A—钛磁铁矿（$Fe_{2.75}Ti_{0.25}O_4$）；B—钛铁矿（$FeTiO_3$）；C—石英（SiO_2）；D—橄榄石［$(Mg_{1.2}Fe_{0.8})(SiO_4)$］；E—金属铁（Fe）；F—钛铁矿物［$(FeTi)_3O_4$］；G—镁铁钛矿［$(MgFe)(Ti_3Fe)O_{10}$］；H—辉石（$MgFeSi_2O_6$）

3-28所示，其中数字标号代表相应的反应式：

$$C + CO_2 = 2CO \tag{3-4}$$

$$3(Fe_3O_4) \cdot Fe_2TiO_4 + 2CO = Fe_3O_4 \cdot Fe_2TiO_4 + 6FeO + 2CO_2 \tag{3-5}$$

$$FeO + CO = Fe + CO_2 \tag{3-6}$$

$$Fe_3O_4 \cdot Fe_2TiO_4 + CO = Fe_2TiO_4 + 3FeO + CO_2 \tag{3-7}$$

$$Fe_2TiO_4 + CO = Fe + FeTiO_3 + CO_2 \tag{3-8}$$

$$FeO + FeTiO_3 = Fe_2TiO_4 \tag{3-9}$$

$$2FeTiO_3 + CO = FeTi_2O_5 + Fe + CO_2 \tag{3-10}$$

$$FeTi_2O_5 + 2CO = Ti_2O_3 + Fe + 2CO_2 \tag{3-11}$$

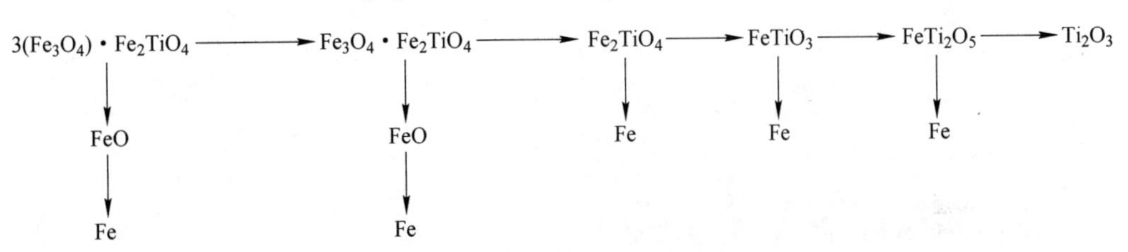

图 3-28　钛磁铁矿的还原历程

镁铁钛矿的生成，是由原矿的特殊性质决定的。研究的钛磁铁矿颗粒中除了 Ti 取代了 Fe 形成钛磁铁矿外，Mg 也以类质同象的形式存在于钛磁铁矿的晶格内。在直接还原过程中，随还原反应的进行，钛磁铁矿中大部分的铁被还原为金属铁，而其中的 Mg、Ti 和小部分未被还原的 Fe 仍留在晶格内，从而得到镁铁钛矿 [$(MgFe)(Ti_3Fe)O_{10}$]。

海滨钛磁铁矿在还原气氛由弱逐渐增强的过程中的还原历程如图 3-29 所示，其中 $(FeTiMg)_3O_4$ 为钛铁矿物，$(MgFe)(Ti_3Fe)O_{10}$为镁铁钛矿。

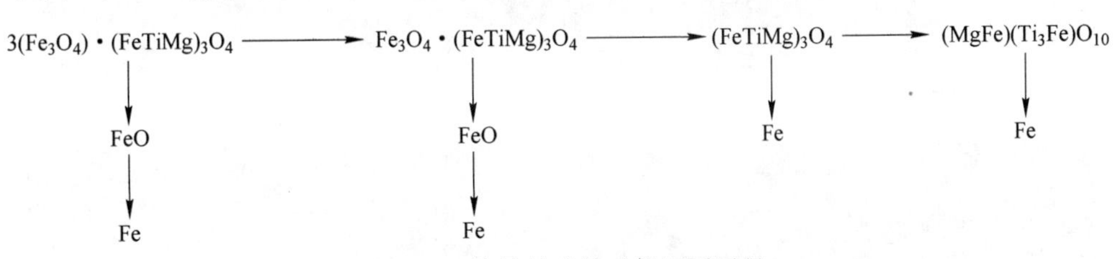

图 3-29　海滨钛磁铁矿的还原历程

3.3.5.2　不同煤种及用量对焙烧产物的微观结构的影响

烟煤和无烟煤用量不同时得到的焙烧产物的 SEM 图像和 EDS 能谱分析，如图 3-30 所示。

不同用量的煤对钛磁铁矿直接还原的微观结构的影响不同。对比原矿及焙烧产物的 SEM 图像 [见图 3-30(a)～(i)]可知，原矿和焙烧产物的颗粒形状基本一致，但焙烧产物的矿物组成有明显变化。焙烧产物中出现了金属铁颗粒，即图

3-30 中最亮的矿物（见图 3-30 中 1 点），对其进行能谱分析可以看到，金属铁颗粒中不含其他元素，说明经直接还原得到的金属铁颗粒纯净。此外，焙烧产物中还有其他两类矿物，灰白色的为一定条件下生成的钛铁矿物（见图 3-30 中 2 点）和镁铁钛矿（见图 3-30 中 3~5 点），颜色较深的为硅酸盐矿物辉石和橄榄石。由图 3-30 中 2~5 点 EDS 能谱图可以明显看出，煤用量由 10%增加到 20%时，钛铁矿物中 Fe 的峰值降低，但并未消失，且其中 Mg 的衍射峰基本不变，这

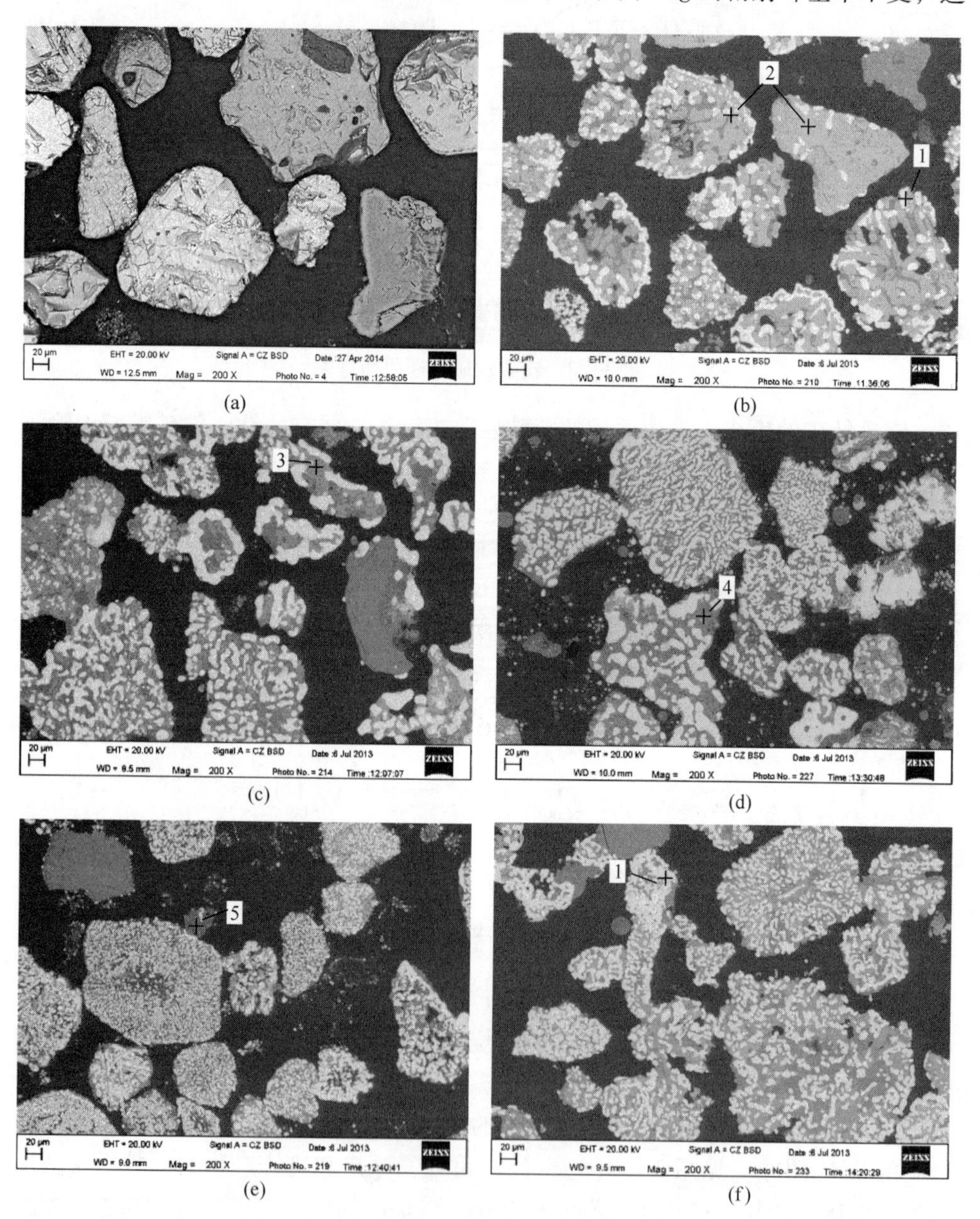

(a) (b)

(c) (d)

(e) (f)

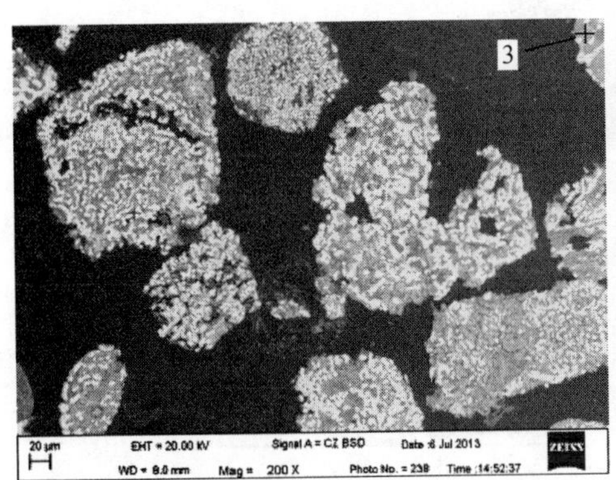
3
20 μm
EHT = 20.00 kV
Signal A = CZ BSD
Date :6 Jul 2013
Mag = 200 X
Photo No. = 238
Time :14:52:37
ZEISS

(g)

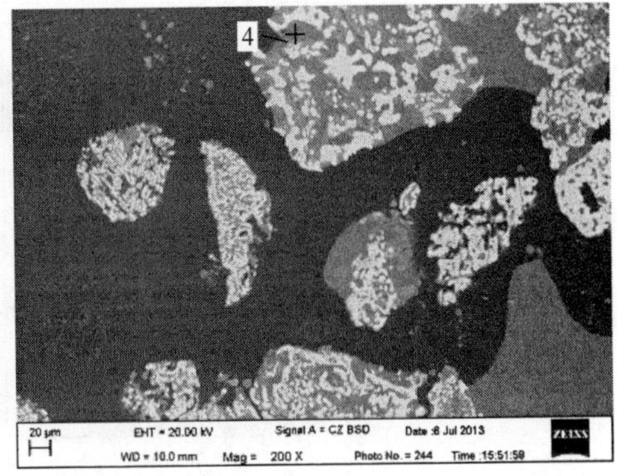
4
20 μm
EHT = 20.00 kV
Signal A = CZ BSD
Date :6 Jul 2013
WD = 10.0 mm
Mag = 200 X
Photo No. = 244
Time :15:51:58
ZEISS

(h)

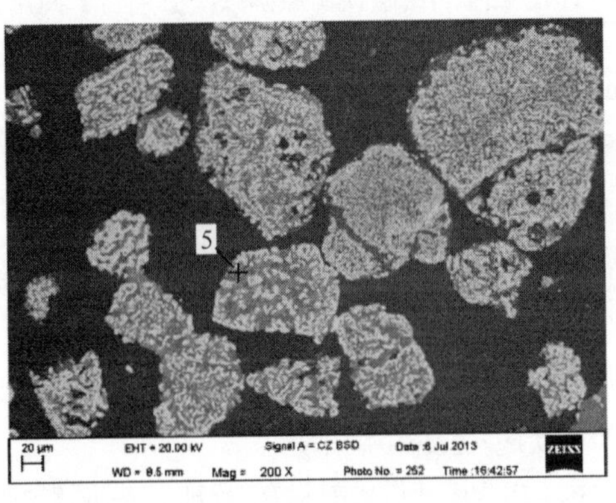
5
20 μm
EHT = 20.00 kV
Signal A = CZ BSD
Date :6 Jul 2013
Mag = 200 X
Photo No. = 252
Time :16:42:57
ZEISS

(i)

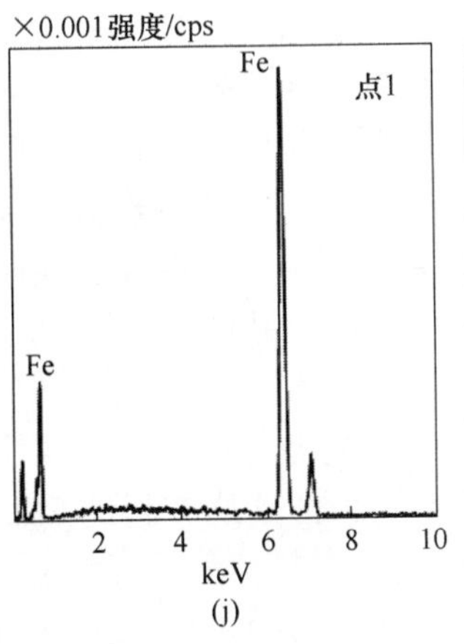
×0.001强度/cps
Fe
点1
Fe
2
4
6
8
10
keV

(j)

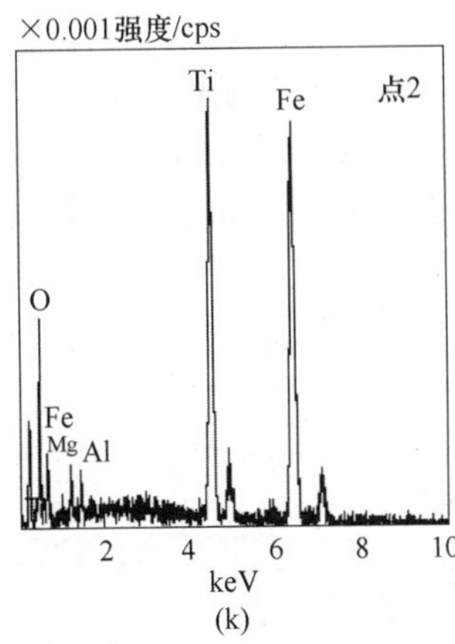
×0.001强度/cps
Ti
Fe
点2
O
Fe
Mg
Al
2
4
6
8
10
keV

(k)

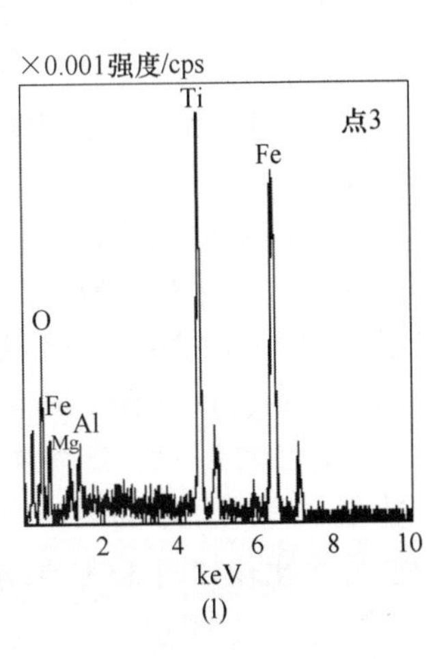
×0.001强度/cps
Ti
点3
Fe
O
Fe
Al
Mg
2
4
6
8
10
keV

(l)

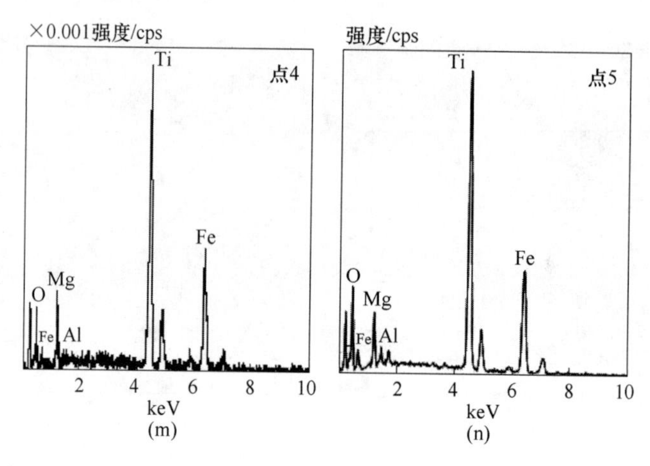

图 3-30 印尼某海滨钛磁铁矿原矿以及分别与不同用量烟煤 A 或无烟煤混合进行焙烧的产物 SEM 图像及 EDS 能谱

(a) 原矿；(b) 烟煤 A 10%；(c) 烟煤 A 20%；(d) 烟煤 A 30%；(e) 烟煤 A 40%；(f) 无烟煤 10%；(g) 无烟煤 20%；(h) 无烟煤 30%；(i) 无烟煤 40%；(j) ~ (n) 点 1 ~ 点 5 的 EDS 能谱图

1—金属铁 (Fe)；2—钛铁矿物 [$(FeTi)_3O_4$]；3 ~ 5—镁铁钛矿 [$(MgFe)(Ti_3Fe)O_{10}$]

说明了随着煤用量的增加，钛铁矿物中的大部分铁被还原，而 Mg、Ti 与未还原的 Fe 留在晶格内，从而得到镁铁钛矿 [$(MgFe)(Ti_3Fe)O_{10}$]，继续增加煤用量至 30%时，镁铁钛矿中的 Fe 继续被还原，但煤用量增加到 40%后镁铁钛矿中 Fe 的衍射峰变化较小，验证了 XRD 分析结果。

由图 3-30(b) ~ (e) 可知，随煤用量的增加，金属铁颗粒的粒度逐渐变小，这是因为煤用量增加，还原气氛逐渐增强，还原得到的纯度较高的金属铁颗粒越来越多，因此还原铁产品的铁回收率和品位逐渐提高。此外，煤用量增加的同时生成的低熔点矿物减少，而有研究提出[12]，金属铁颗粒长大的过程是铁离子通过低熔点含铁矿物迁移到小的金属铁颗粒表面实现的，因此低熔点矿物的减少阻碍了铁离子的迁移，不利于金属铁颗粒的聚集长大，得到的金属铁颗粒粒度也较小。由图 3-30 还可以看出，煤用量低时回收率低，但铁颗粒粒度大，在磨矿时易达到单体解离，经磁选后得到的还原铁产品中 Fe 品位高，TiO_2 含量也低。煤用量大时，金属铁颗粒粒度较小，且与其他矿物嵌布紧密，不易单体解离，经磨矿磁选后得到的还原铁产品中夹杂有含钛矿物，因此还原铁产品中 Fe 品位低、铁回收率高、TiO_2 含量高。

煤用量相同时，烟煤和无烟煤得到的焙烧产物的微观结构差异较大，铁颗粒的数量和粒度均不同。烟煤和无烟煤用量分别为 10%和 40%的焙烧产物的 SEM 图像放大比较如图 3-31 所示。

当煤用量相同时，不同性质的煤对焙烧产物的微观结构影响不同。对比图 3-31中 (a) 和 (c)、(b) 和 (d) 可以发现，(a) 中还原铁产品的量少于

(b)，(c) 中还原铁产品的量少于 (d)，但 (a)、(c) 中铁颗粒的粒度较 (b)、(d) 大，说明以烟煤为还原剂时得到的焙烧产物中金属铁颗粒的数量较无烟煤少，但金属铁颗粒的粒度较大。

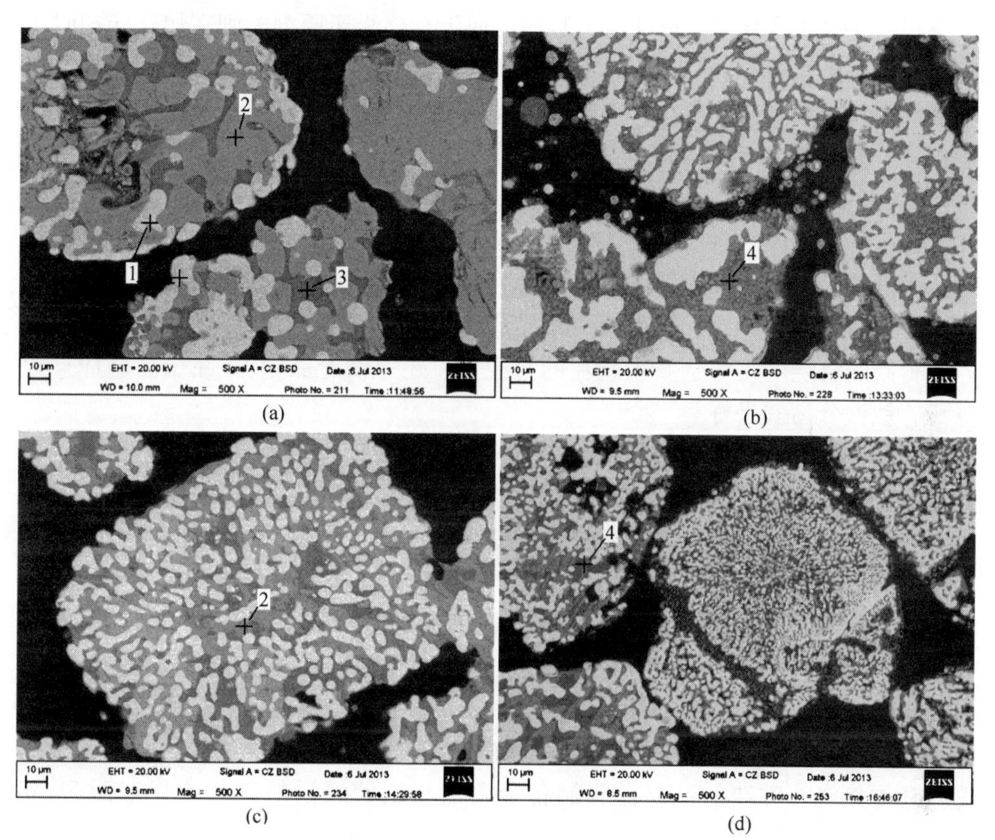

图 3-31　烟煤 A 和无烟煤不同用量时焙烧产物 SEM 图像

(a) 烟煤 10%；(b) 烟煤 40%；(c) 无烟煤 10%；(d) 无烟煤 40%

1—金属铁 (Fe)；2—钛铁矿物 [$(FeTi)_3O_4$]；3—辉石和橄榄石；

4—镁铁钛矿 [$(MgFe)(Ti_3Fe)O_{10}$]

和无烟煤相比，烟煤的固定碳含量较低，当煤用量相同时，烟煤的还原气氛弱于无烟煤，因此还原得到的金属铁少于无烟煤，这就是烟煤为还原剂时得到的还原铁产品的铁回收率低于无烟煤的原因。

另一方面，烟煤灰分比无烟煤高，而灰分的主要成分为 SiO_2、Al_2O_3、MgO 和 CaO，有研究提出，这些成分的加入，可明显降低焙烧体系的熔点[13,14]。对比图 3-31 (a) 和 (c)、(b) 和 (d) 可看到，烟煤为还原剂时焙烧产物中的金属铁颗粒粒度明显较大，这是因为灰分成分使焙烧体系的熔点降低，在相同的还原温度下，生成了较多的液相，有助于铁离子的迁移，有利于金属铁颗粒的聚集长大。

煤用量超过30%时，以无烟煤为还原剂时得到的焙烧产物中出现辉石，而烟煤A为还原剂时得到的焙烧产物中则没有出现，也说明烟煤A为还原剂时生成了液相，在快速冷却时形成非晶态物质，而无烟煤为还原剂时则在快速冷却时生成了结晶态矿物辉石。与相同煤用量的烟煤A相比，无烟煤为还原剂时得到的焙烧产物中铁颗粒的粒度较小，在磨矿磁选过程中，较小的金属铁颗粒不易与其他颗粒分开，单体解离度较低，含钛矿物进入还原铁产品中，因此无烟煤为还原剂时得到的还原铁产品中Fe品位较低，TiO_2含量也较高。

综上所述，煤的种类对直接还原—磁选钛铁分离有明显影响。相同煤用量时，固定碳含量高的无烟煤可以产生强的还原气氛，得到的焙烧产物中金属铁的量多，还原铁产品中铁回收率高；固定碳含量低的烟煤A则可以生成较多的液相，得到的焙烧产物中金属铁颗粒的粒度大，还原铁产品中Fe品位高，TiO_2含量低，钛铁分离效果好。

3.4 直接还原焙烧—磁选钛磁铁矿制备金属铁和正钛酸镁

在研究海滨钛磁铁矿直接还原焙烧磁选钛铁分离的过程中发现，在一定焙烧温度和时间的条件下，焙烧矿中会生成正钛酸镁，这是一种常用的微波介质陶瓷原料。因此可以考虑通过焙烧条件控制，使得海滨钛磁铁矿还原成金属铁的同时，使钛以正钛酸镁的形式存在于磁选非磁性产品中，再通过分离及提纯，得到利用价值较高的正钛酸镁粉体。

以海滨钛磁铁矿的弱磁选精矿（后面统称为原料）为研究对象，采用煤基直接还原焙烧—磁选的试验流程制备金属铁和正钛酸镁的工艺流程如图3-32所示。

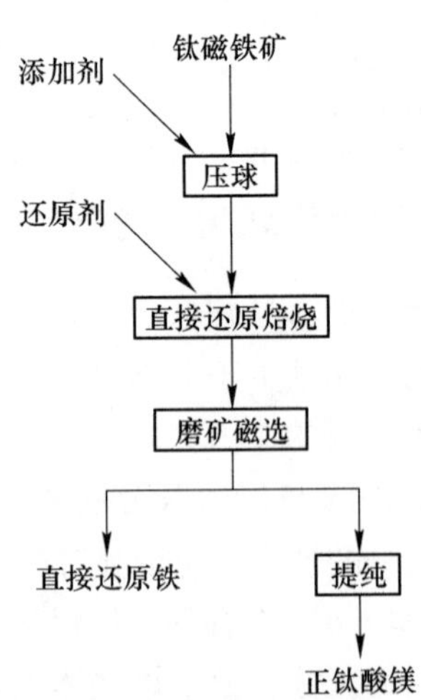

图3-32 直接还原焙烧—磁选制备金属铁和正钛酸镁工艺流程

研究中具体方法是分别取20g的钛磁铁矿精矿和一定量的添加剂，混匀后加水搅拌置于模具中，然后借助液压机压制成球。将压好的球放入坩埚中，将球埋于还原剂中并在表面覆盖还原剂，坩埚加密封盖保持还原焙烧气氛，将坩埚放入马弗炉中焙烧，达到预定温度后进行保温。当达到预定保温时间后（保温时间即为焙烧时间）将坩埚取出，在空气中自然冷却，焙烧后球成为焙烧球。之后经过破碎、磨矿和磁选即可将铁与含钛物料充分分离。含钛物料经过提纯，即可得到正钛酸镁粉体。

3.4.1 原料性质

3.4.1.1 原料多元素分析

试验所用原料为印尼某海滨钛磁铁矿经弱磁选后的精矿，化学多元素分析见表3-3。

表3-3 原料多元素分析结果

成　分	TFe	TiO_2	SiO_2	Al_2O_3	MgO	Na_2O	K_2O	MnO
质量分数/%	57.87	11.42	3.01	2.90	2.73	0.30	0.12	0.49

从表3-3的分析结果可以看出，原料中有用成分主要是Fe和TiO_2，其中铁品位为57.87%，TiO_2品位为11.42%；主要的杂质元素有Si、Al、Mg、Na、K和Mn，其中SiO_2、Al_2O_3和MgO的质量分数分别为3.01%、2.90%和2.73%，而Na_2O、K_2O和MnO质量分数较低，分别为0.30%、0.12%和0.49%。

3.4.1.2 原料矿物组成分析

原料XRD图谱如图3-33所示。原料中含钛的矿物相主要是钛磁铁矿，少部分以钛铁矿的形式存在。经过磁选后脉石矿物含量减少，所以在XRD图谱中几乎没有发现脉石矿物的衍射峰。

3.4.1.3 原料扫描电子显微镜分析

原料中钛磁铁矿的微观结构以及脉石矿物的分布如图3-34所示。从图中可以看出，颜色较亮的颗粒是钛磁铁矿，颜色较暗的为脉石矿物组成。钛磁铁矿颗粒外形呈不规则棱角状，颗粒大小不均匀，而且有的颗粒与脉石矿物相互包裹。从图3-34中点1的EDS能谱图可知，钛磁铁矿中还含有少量的镁、铝等元素。根据相关资料可知[15]，在磁铁矿中，当Ti^{4+}代替Fe^{3+}，代替量较高时为钛磁铁矿，此时在晶体结构中除了存在Fe^{2+}、Ti^{4+}代替Fe^{3+}以外，还伴随着Mg^{2+}、Mn^{2+}等代替Fe^{2+}和V^{3+}、Al^{3+}等代替Fe^{3+}的现象，因此可以认为Mg、Al与Ti相同，也是以类质同象的形式存在于钛磁铁矿的晶格内。图3-34中点2所示为原矿SEM照片中颜色较暗的部分，从其能谱图中可以看出主要含有Si、Al、Mg等元素，说明Mg和Al不仅以类质同象的形式存在于钛磁铁矿中，而且还有一部分以硅酸盐或铝硅酸盐等脉石矿物的形式存在。

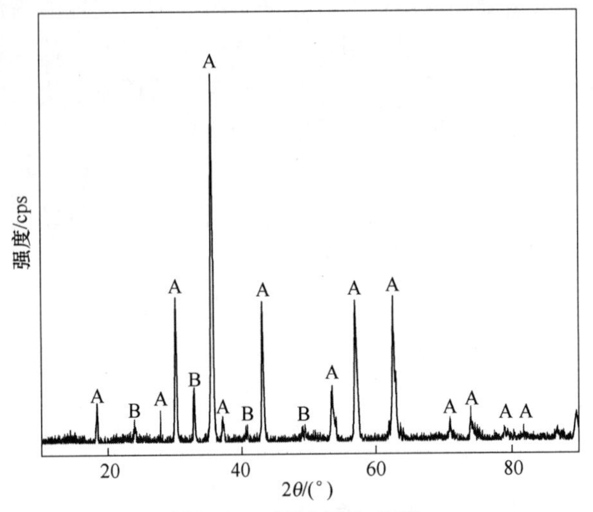

图 3-33 原料 XRD 图谱

A—钛磁铁矿（$Fe_{2.75}Ti_{0.25}O_4$）；B—钛铁矿（$FeTiO_3$）

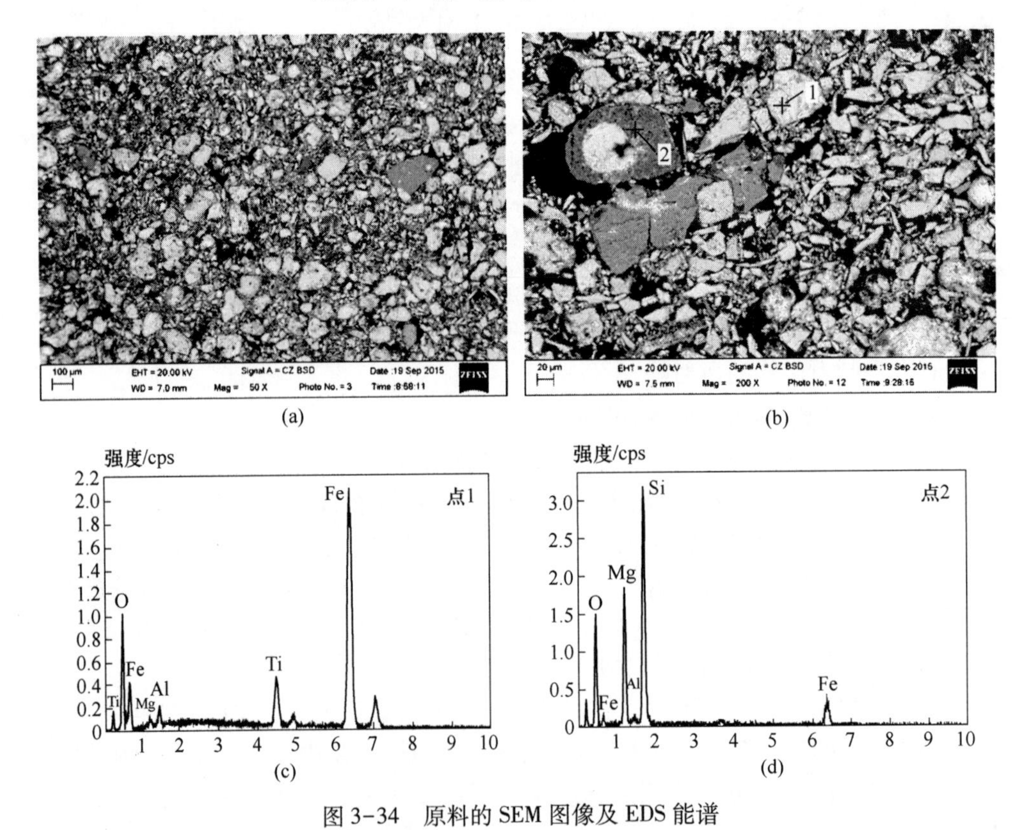

图 3-34 原料的 SEM 图像及 EDS 能谱

（a），（b）原料的 SEM 图像；（c），（d）点 1 和点 2 的 EDS 能谱图

1—钛磁铁矿（$Fe_{2.75}Ti_{0.25}O_4$）；2—镁橄榄石（Mg_2SiO_4）

3.4.1.4 还原剂性质

分别选用产自张家口的烟煤和焦粉作为还原剂，其工业分析结果见表3-4。

表3-4 还原剂烟煤和焦粉的工业分析结果（空干基）（质量分数/%）

还原剂	固定碳（FC）	灰分（*A*）	挥发分（*V*）	水分（*M*）
烟 煤	54.83	13.97	31.21	13.00
焦 粉	76.40	16.03	5.71	1.59

烟煤和焦粉性质之间有较大差异。焦粉的固定碳质量分数比烟煤高，达到76.4%；二者的灰分质量分数相差不大；烟煤的挥发分较高，为31.21%，焦粉的挥发分为5.71%；焦粉的水分较低，为1.59%，烟煤的水分比焦粉高，达到13%。

3.4.2 焙烧条件对正钛酸镁生成的影响

3.4.2.1 氧化镁对焙烧球物相组成的影响

A 不同氧化镁用量下焙烧球的XRD分析

氧化镁用量分别为0、2%、4%、6%、8%和10%时与原料在100kN压力下压成矿球进行直接还原焙烧所得产物的XRD图谱，如图3-35所示。其中烟煤为还原剂，用量为25%，焙烧温度为1300℃，焙烧时间为300min。

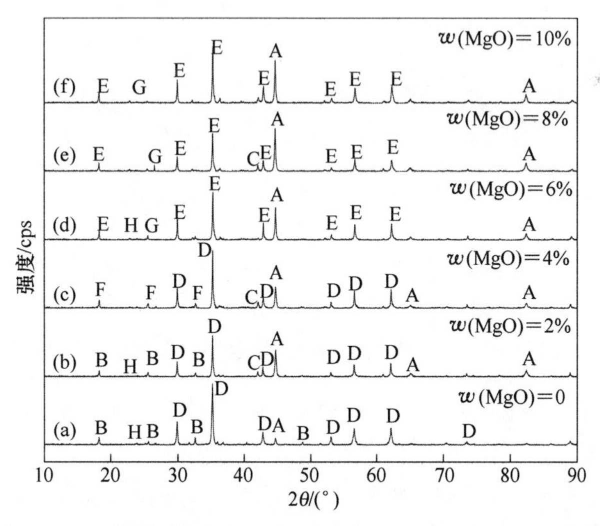

图3-35 不同氧化镁用量下的钛磁铁矿焙烧球XRD图谱

A—金属铁（Fe）；B—铁板钛矿（Fe_2TiO_5）；C—浮氏体（FeO）；D—钛铁尖晶石（Fe_2TiO_4）；E—正钛酸镁（Mg_2TiO_4）；F—二钛酸镁（$MgTi_2O_5$）；G—硅酸镁（Mg_2SiO_4）；H—钾长石（$KAlSi_3O_8$）

焙烧体系中不添加氧化镁时［见图3-35(a)］，焙烧球中物相组成主要是金属铁（A）、钛铁尖晶石（D）、少量铁板钛矿（B）和钾长石（H）。此时除金属铁外，铁还主要以钛铁尖晶石（D）和难还原的铁板钛矿（B）的形式存在。随着氧化镁用量的增加，金属铁（A）的衍射峰逐渐增强，当氧化镁用量为2%时［见图3-35(b)］，焙烧球中矿物组成基本没变；继续增加氧化镁用量，当氧化镁用量增加到4%时，铁板钛矿消失，出现了二钛酸镁（F）；当氧化镁用量增加到6%时，二钛酸镁消失，出现了正钛酸镁（E），而且随着氧化镁用量的增加，钛铁尖晶石的衍射峰逐渐被正钛酸镁取代，说明此时有正钛酸镁生成。随着氧化镁用量的继续增加，当氧化镁用量增加到10%时，此时只剩下金属铁（A）、正钛酸镁（E）和硅酸镁（G）的衍射峰。可见，用钛磁铁矿经直接还原焙烧生成钛酸镁是可行的。

B 不同氧化镁用量对直接还原铁产品指标的影响

氧化镁用量对金属铁中铁品位和铁回收率均有较大的影响。对不同氧化镁用量条件下的焙烧球进行两段磨矿磁选，两段磁场强度均为159kA/m，磨矿浓度为60%，得到的直接还原铁产品回收率和品位如图3-36所示。铁品位随着氧化镁用量的增加先升高后逐渐降低，而铁回收率随着氧化镁用量的增加而逐渐升高。当氧化镁用量为10%时，铁品位为90.36%，铁回收率为79.06%。

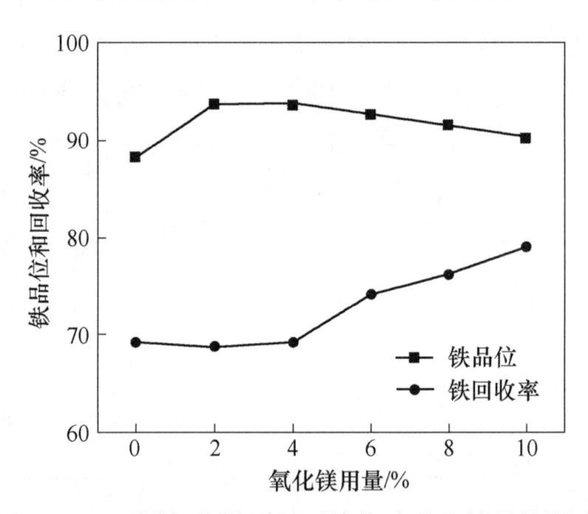

图3-36 不同氧化镁用量对焙烧球磁选结果的影响

由此可知，添加氧化镁可以提高金属铁的回收率。氧化镁用量增加到10%时焙烧球的SEM图像和EDS能谱分析结果，如图3-37所示。图3-37(a)和(b)分别为焙烧矿边缘和内部的SEM图像。图中白色部分是金属铁，点1根据其能谱分析以及XRD分析结果可知为正钛酸镁，但是正钛酸镁中的铁含量很高。从图中可以看出焙烧球边缘部分的还原效果明显比球内部的还原效果好，球内部依然有部分含铁矿物没有被还原。球边缘和内部还原不均匀的原因很可能是由于压球压力太大所致。压球压力太大，不利于还原气体向球中心扩散，影响了这部分铁的还原，或者是还原剂用量不足导致反应过程中还原气氛不足，这也会影响钛磁铁矿的还原。

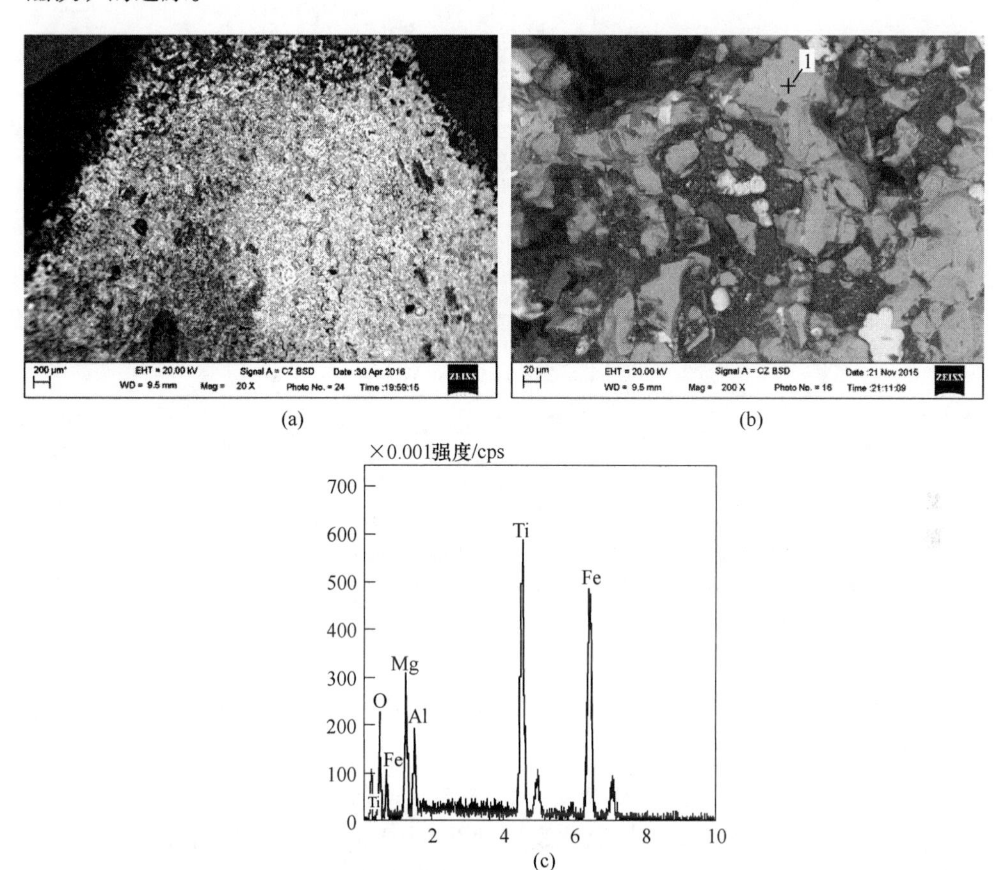

(a) (b) (c)

图 3-37 氧化镁 10%焙烧球 SEM 图像和 EDS 能谱分析

（a）焙烧球边缘；（b）焙烧球内部；（c）EDS 能谱图

C 压球压力 70kN 时氧化镁用量对钛酸镁生成的影响

将压球压力降低到 70kN，还原剂为 25%张家口烟煤，焙烧温度为 1300℃，焙烧时间为 300min，升温方式为随炉升温。在氧化镁用量分别为 0、6%、8%、10%和 12%时得到的焙烧球的 XRD 图谱，如图 3-38 所示。

不加氧化镁时［见图 3-38(a)］，焙烧球主要由金属铁（A）、钛磁铁矿（D）、铁板钛矿（B）和二氧化硅（C）组成。当氧化镁用量为 6%时［见图 3-38(b)］，焙烧球中出现了正钛酸镁（E）、二正钛酸镁（F）、硅酸镁（G）的衍射峰，铁板钛矿（B）、钛磁铁矿（D）和二氧化硅（C）的衍射峰消失。焙烧球中出现了正钛酸镁的衍射峰，说明氧化镁在直接还原焙烧过程中参与了反应，最终生成了正钛酸镁。

由此可知，当压球压力变为 70kN 时，增加氧化镁用量可以促进钛磁铁矿的

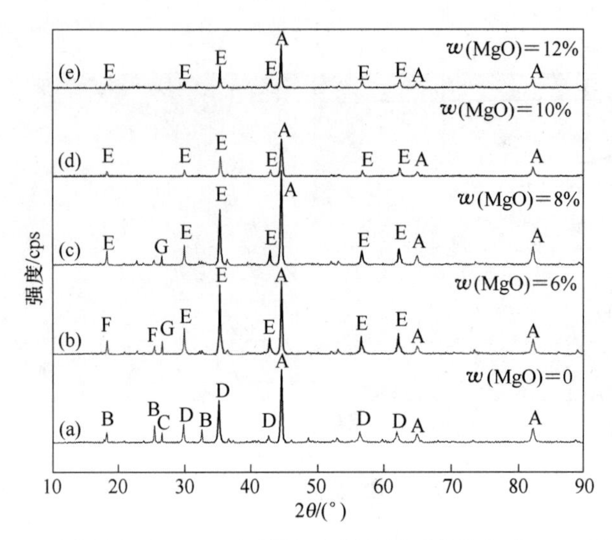

图 3-38 压球强度为 70kN 时不同氧化镁用量下的焙烧球 XRD 图谱对比

A—金属铁（Fe）；B—铁板钛矿（Fe_2TiO_5）；C—二氧化硅（SiO_2）；D—钛磁铁矿（$Fe_{2.50}Ti_{0.50}O_4$）；E—正钛酸镁（Mg_2TiO_4）；F—二正钛酸镁（$MgTi_2O_5$）；G—硅酸镁（Mg_2SiO_4）

还原生成金属铁和正钛酸镁。与 100kN 时相比，添加氧化镁后焙烧球中金属铁的衍射峰较高，说明此时钛磁铁矿还原相对比较充分，压球压力小有利于钛磁铁矿被还原生成金属铁和正钛酸镁。

D 压球压力 70kN 时氧化镁用量对磁选结果的影响

压球压力为 70kN 时，不同氧化镁用量下焙烧球的 XRD 分析可知，氧化镁可以促进钛磁铁矿的还原反应生成正钛酸镁，进而减少二钛酸镁的生成。对不同氧化镁用量条件下的焙烧球进行磁场强度为 159kA/m，磨矿浓度为 60%的一段磨矿磁选，结果如图 3-39 所示。

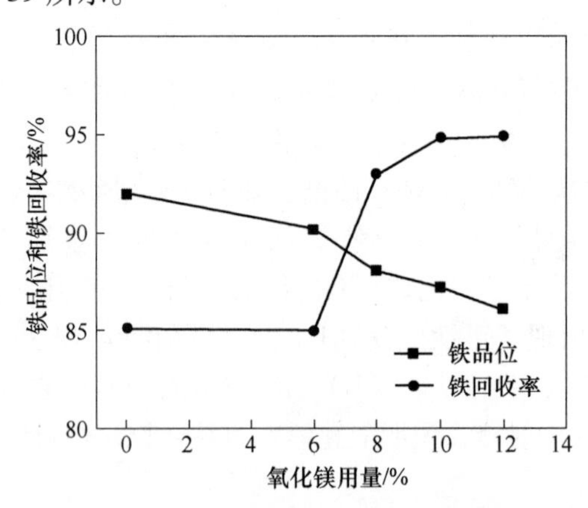

图 3-39 压球压力为 70kN 时不同氧化镁用量对焙烧球磁选结果的影响

氧化镁用量对还原产物中铁品位和铁回收率均有较大的影响。还原铁产品中铁品位随着氧化镁用量的增加而逐渐降低，而铁回收率的变化趋势则是先降低后又逐渐提高最终趋于不变。当焙烧体系中未添加氧化镁时，还原铁产品铁品位为92.02%，铁回收率为85.15%；当氧化镁用量为6%时，还原铁产品铁品位为90.21%，铁回收率为85.03%；当氧化镁用量由6%增加到10%时，还原铁产品铁品位由90.21%降低到87.20%，而铁回收率由85.03%提高到94.78%；继续增加氧化镁用量到12%，铁品位继续下降，铁回收率继续升高，然后达到最大值趋于不变。此时铁品位为86.06%，铁回收率为94.87%。

当压球压力为70kN、氧化镁用量为12%时，还原铁产品铁品位为86.06%，此时还原铁产品铁回收率最高为94.87%，结合XRD分析结果可知，降低压球压力后，氧化镁对焙烧球磁选结果的影响规律基本不变，但是明显有助于钛磁铁矿还原为金属铁。

压球压力为70kN，氧化镁用量为12%，张家口烟煤用量为25%的焙烧球进行SEM图像和EDS能谱分析的结果如图3-40所示。(a)~(e)为不同氧化镁用量下焙烧球边缘部分放大500倍的扫描电镜图像，其中最亮的颗粒为金属铁颗

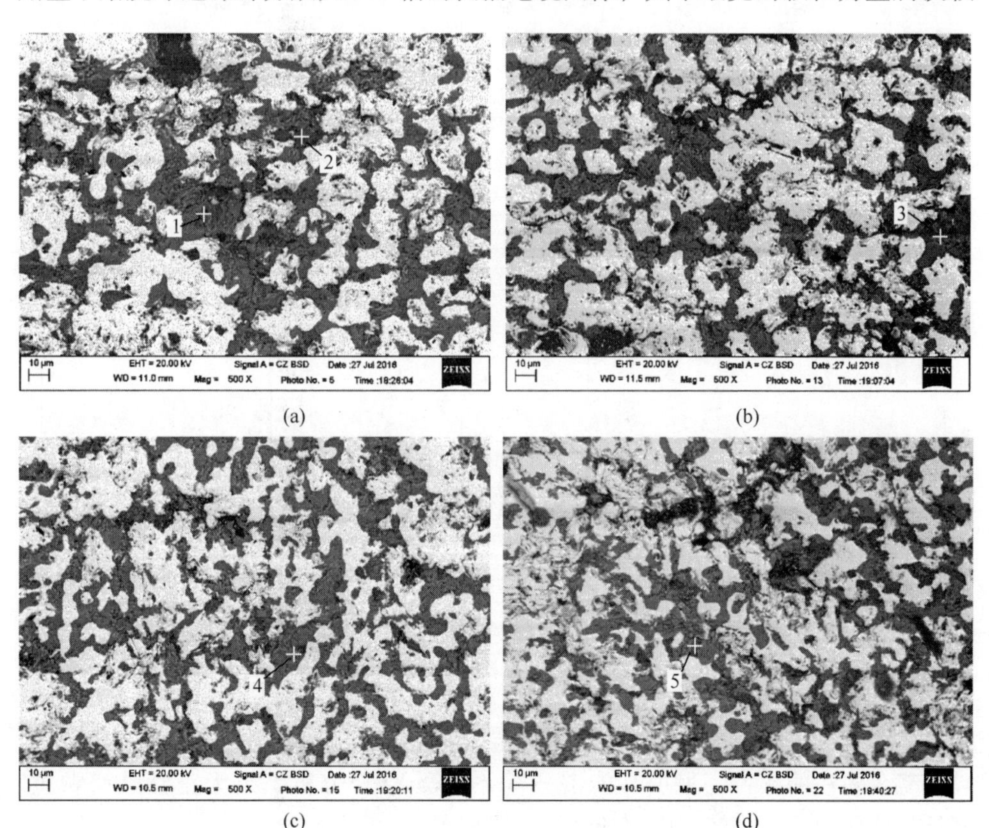

(a) (b)

(c) (d)

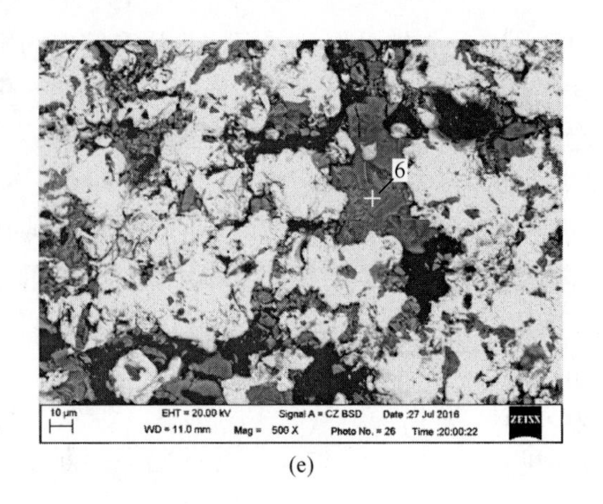

(e)

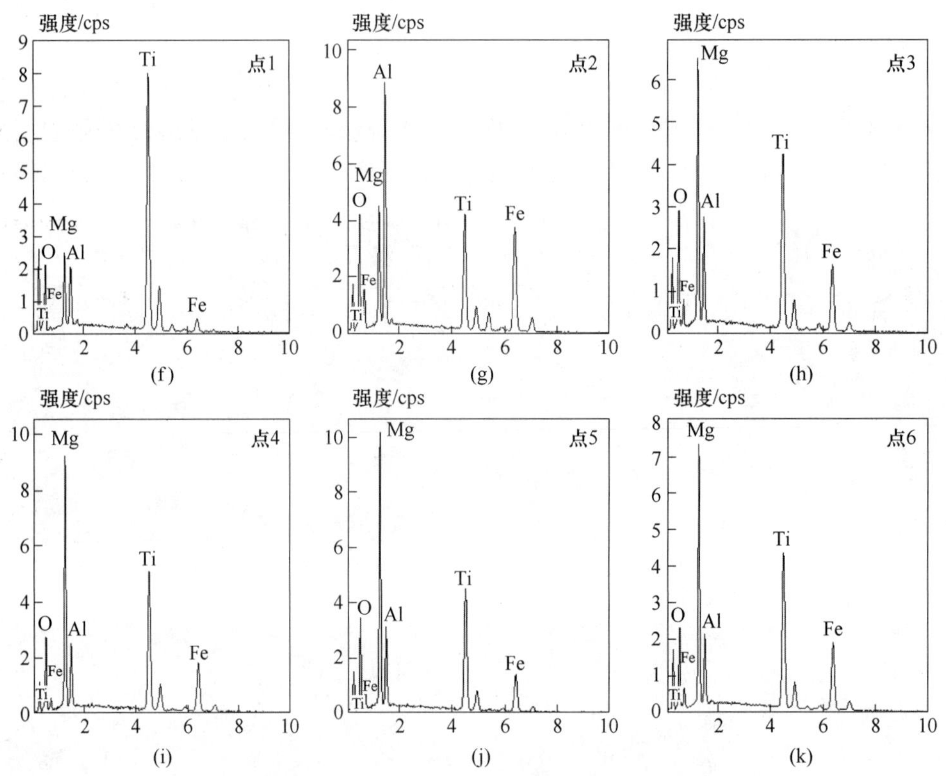

图 3-40　不同氧化镁用量下焙烧球边缘的 SEM 图像和 EDS 能谱分析

（a）无氧化镁；（b）氧化镁用量 6%；（c）氧化镁用量 8%；（d）氧化镁用量 10%；（e）氧化镁用量 12%；（f）~（k）点 1~点 6 的 EDS 能谱图

粒，颜色较浅的颗粒，根据其能谱分析并结合 XRD 分析结果为正钛酸镁颗粒。降低压球压力后，焙烧球内部的还原情况如图 3-41 所示。

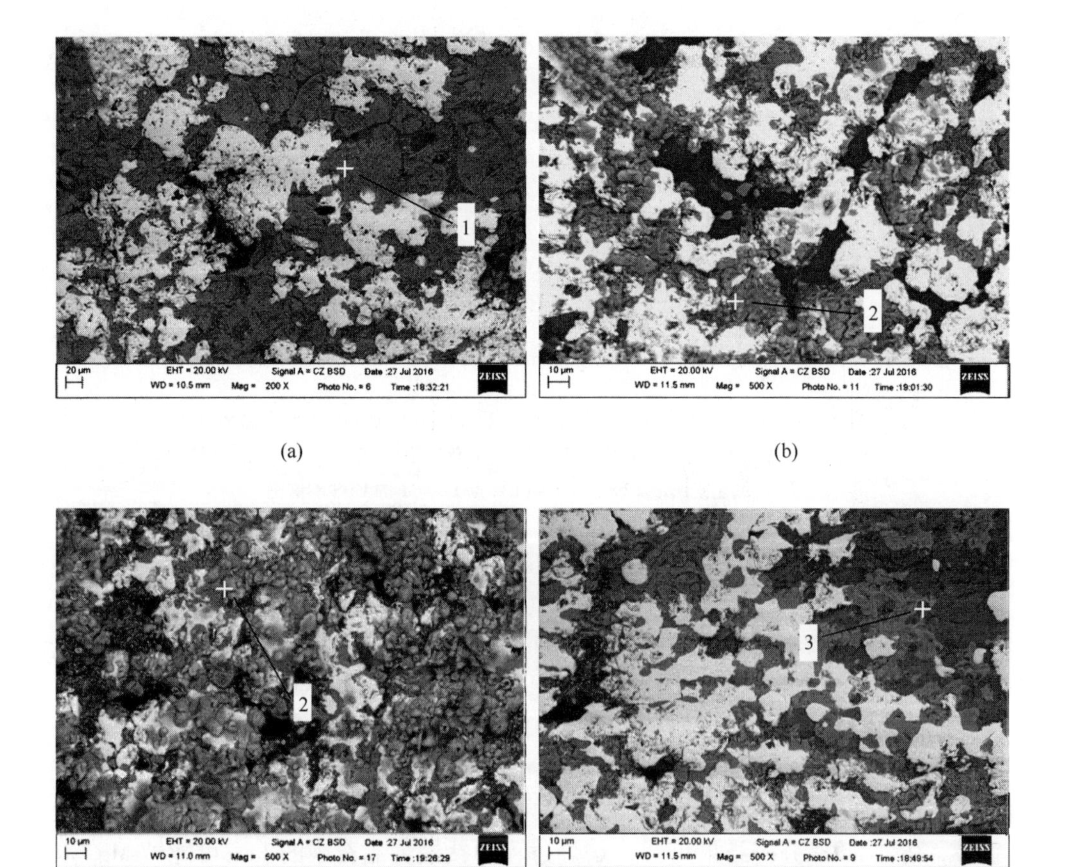

(a) (b)

(c) (d)

(e)

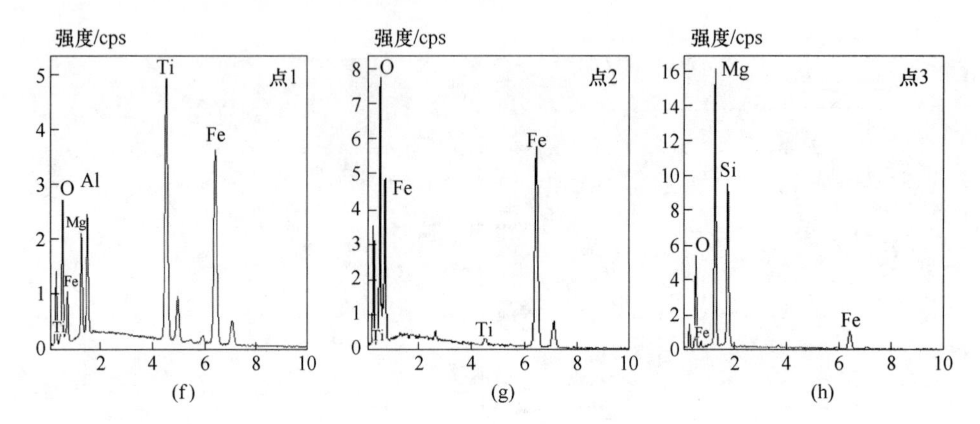

图 3-41 不同氧化镁用量下焙烧球内部 SEM 图像和 EDS 能谱分析

（a）氧化镁用量 2%；（b）氧化镁用量 6%；（c）氧化镁用量 8%；（d）氧化镁用量 10%；
（e）氧化镁用量 12%；（f）~（h）点 1~点 3 的 EDS 能谱图

分析不同氧化镁条件下焙烧球边缘和内部的 EDS 能谱图可知，当不添加氧化镁时，焙烧球中有很多钛磁铁矿没有被还原［见图 3-41(a)］，添加氧化镁后焙烧球中有正钛酸镁生成，当氧化镁用量为 6%时，此时生成的正钛酸镁中含有很高的铝和铁，随着氧化镁用量的增加，正钛酸镁中铝和铁的含量逐渐降低，而且添加氧化镁后焙烧球中有 FeO（衍射峰与正钛酸镁纯合）生成，而未添加氧化镁时，焙烧球中并没有 FeO。结合前面不同氧化镁用量时焙烧球的 XRD 分析结果可知，添加氧化镁确实促进钛磁铁矿的还原，而且焙烧过程中的确生成了正钛酸镁。结合 XRD 分析结果可知，焙烧过程中钛铁尖晶石中的 Fe^{2+} 可能被 Mg^{2+} 取代，最终生成了正钛酸镁。因此，加入氧化镁，焙烧体系中可能发生式（3-12）~式（3-14）的反应。

$$Fe_2TiO_5 + CO = Fe_2TiO_4 + CO_2 \tag{3-12}$$

$$4Fe_{2.75}Ti_{0.25}O_4 + 12CO = Fe_2TiO_4 + 9Fe + 12CO_2(g) \tag{3-13}$$

$$Fe_2TiO_4 + 2MgO + 2CO = Mg_2TiO_4 + 2Fe + 2CO_2(g) \tag{3-14}$$

根据焙烧球中正钛酸镁的能谱分析可知，在生成的正钛酸镁中，有的颗粒中铝和铁的含量很高，即使氧化镁用量为 12%时，部分颗粒中依然有很高的铁和铝，这都会影响正钛酸镁产品的纯度。虽然添加氧化镁促进了钛磁铁矿的还原，焙烧球内部生成的大量 FeO 并没有继续被还原，其原因是焙烧过程中还原剂用量不足未完成钛磁铁矿还原的进程，因此有必要增加还原剂的用量。

3.4.2.2 还原剂用量对直接还原焙烧球的影响

在压球压力为 70kN、焙烧温度为 1300℃、氧化镁用量为 12%、焙烧时间为 300min 的条件下，对直接还原焙烧球进行一段磨矿磁选，磁场强度为 159kA/m 条件下，烟煤用量对磁选结果的影响如图 3-42 所示。

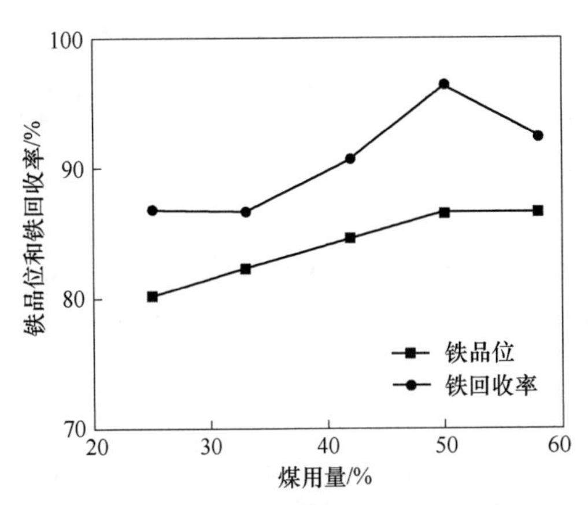

图 3-42　不同煤用量对焙烧球磁选结果的影响

煤用量对焙烧球的磁选结果有较大的影响。随煤用量的增加，还原铁产品中铁品位和铁回收率整体呈上升趋势。煤用量为 25%时，还原铁产品铁品位为 80.21%，铁回收率为 86.81%；煤用量为 33%时，还原铁产品铁品位为 82.33%，铁回收率为 86.66%，铁回收率略微降低，但是并不明显；当煤用量由 33%增加到 50%时，还原铁产品铁品位和铁回收率变化幅度最大，此时还原铁产品铁品位由 82.33%提高到 86.64%，而铁回收率由 86.66%提高到 96.24%；继续增加煤用量到 58%，铁品位有降低的趋势，铁回收率开始降低，此时铁品位为 86.59%，铁回收率为 92.37%。

3.4.2.3　碳酸镁对焙烧球物相组成的影响

焙烧过程中添加碳酸镁代替氧化镁，用量为 25%，压球压力为 70kN，其他试验条件不变，焙烧球的 XRD 谱图如图 3-43 所示。

当碳酸镁和氧化镁相对用量相同时，钛磁铁矿焙烧球的组成相对复杂，金属铁的衍射峰明显比添加氧化镁时低，而且焙烧球中还有未被还原的磁铁矿。焙烧球的组成主要以金属铁和二钛酸镁为主。由于二钛酸镁并不是理想的微波介质陶瓷材料，因此有必要控制条件避免生成二钛酸镁。

3.4.2.4　焙烧温度对焙烧球物相组成的影响

用张家口烟煤为还原剂 50%，氧化镁用量 12%，在焙烧时间为 300min 条件下，不同焙烧温度对焙烧球矿物组成的影响如图 3-44 所示。

焙烧球中能用 XRD 分辨的矿物组成主要是金属铁（Fe）和正钛酸镁（Mg_2TiO_4）。当温度为 1150℃时，正钛酸镁和铁的衍射峰强度都很低，随着焙烧温度的升高，正钛酸镁和铁的衍射峰强度都逐渐增强，说明随着焙烧温度升高，焙烧球中正钛酸镁和金属铁的含量逐渐增多。但当温度达到 1350℃时，正钛酸镁和铁的衍射峰强度开始减弱，说明温度过高，不利于钛磁铁矿的还原，同时也会

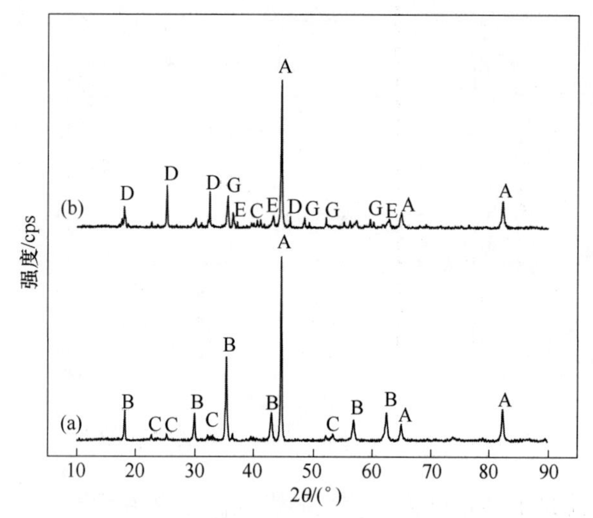

图 3-43　不同添加剂时焙烧球 XRD 图谱对比

(a) 12%；(b) 25%

A—金属铁（Fe）；B—正钛酸镁（Mg_2TiO_4）；C—硅酸镁（Mg_2SiO_4）；

D—二正钛酸镁（$MgTi_2O_5$）；G—磁铁矿（Fe_3O_4）；E—二氧化钛（TiO_2）

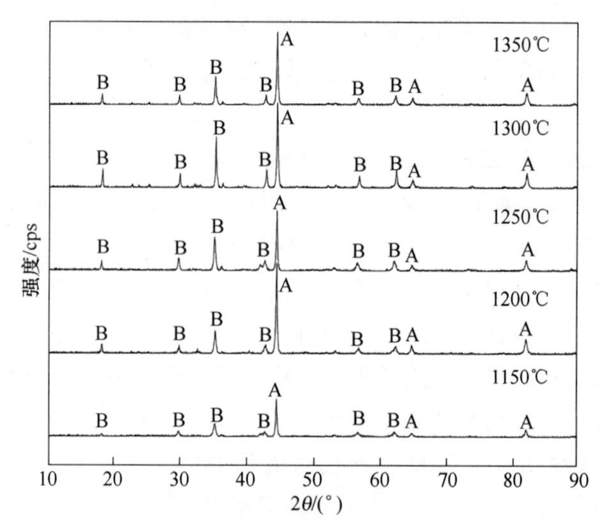

图 3-44　不同焙烧温度下焙烧球的 XRD 图谱对比

A—金属铁（Fe）；B—正钛酸镁（Mg_2TiO_4）

影响正钛酸镁的制备。

焙烧球 SEM 图如图 3-45 所示。其中最亮的颗粒为金属铁颗粒，颜色较浅的颗粒，根据其能谱分析为正钛酸镁颗粒，颜色较深的颗粒主要是杂质硅酸盐脉石矿物。从图 3-45 可以看出，随着焙烧温度的升高，金属铁颗粒逐渐聚集长大。

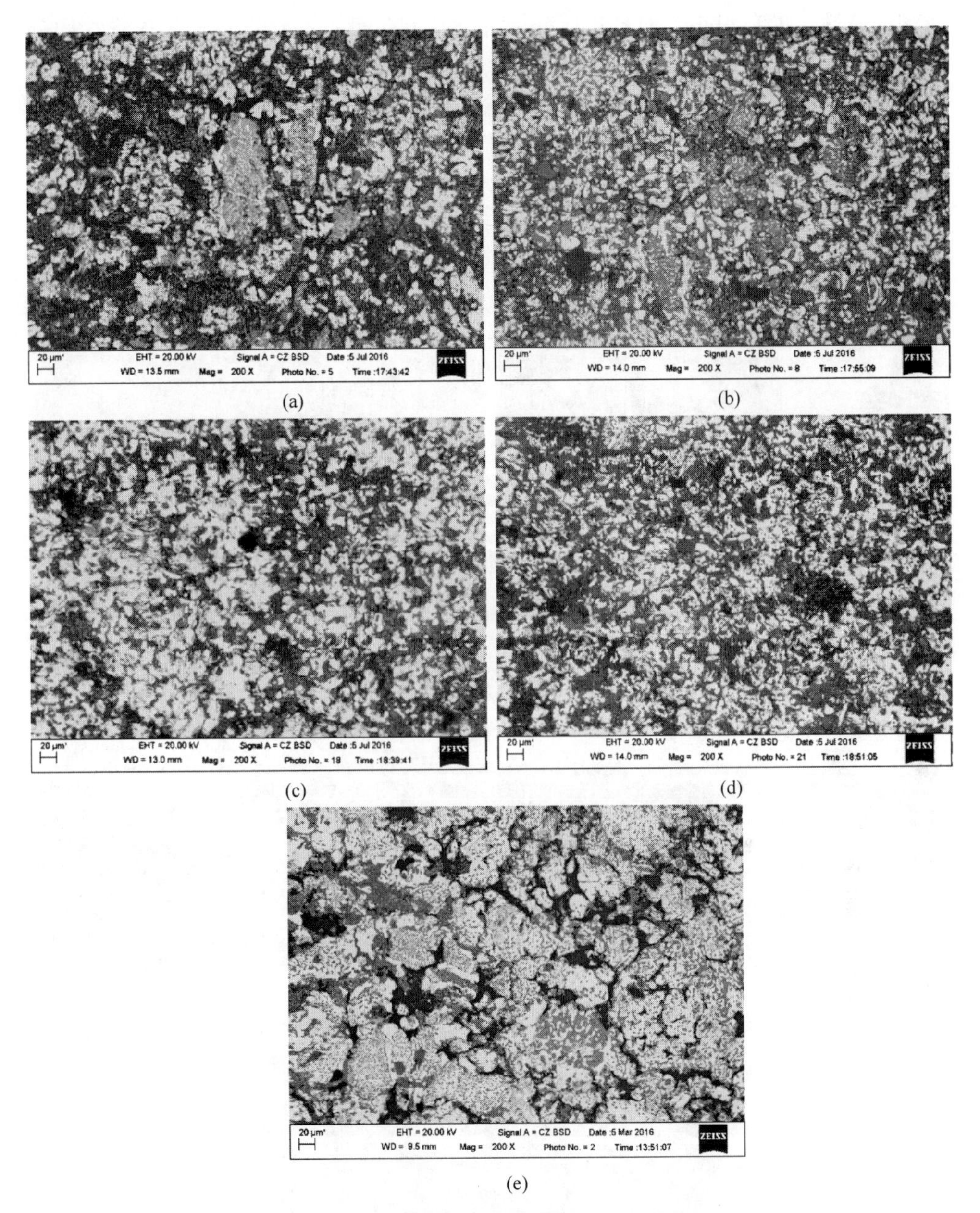

图 3-45 不同焙烧温度焙烧球 SEM 图像

(a) 1150℃；(b) 1200℃；(c) 1250℃；(d) 1300℃；(e) 1350℃

而且通过观察不同温度下经还原焙烧后自然冷却的焙烧球发现，随着温度的升高，焙烧矿的硬度增加，导致这种现象的原因主要是温度越高越有利于焙烧矿内部生成的金属铁颗粒的扩散凝聚。当温度为 1150℃时，焙烧球比较松散，正钛酸镁和金属铁粒度都很小，而且正钛酸镁和铁相互包裹，不利于磨矿磁选将它们分离。随着温度的升高，焙烧球逐渐熔融烧结，正钛酸镁颗粒和铁颗粒粒度长大并逐渐凝聚，而且各产物之间有明显边界，有利于后续磨矿磁选分离。

从 EDS 能谱图中可以看到，不同温度下生成的正钛酸镁中均含有铁和铝，相同温度条件下，正钛酸镁中铁和铝的分布不均匀，如图 3-46 所示。当温度为 1150℃时，正钛酸镁中的铁和铝含量较高，随着焙烧温度的升高，正钛酸镁中的

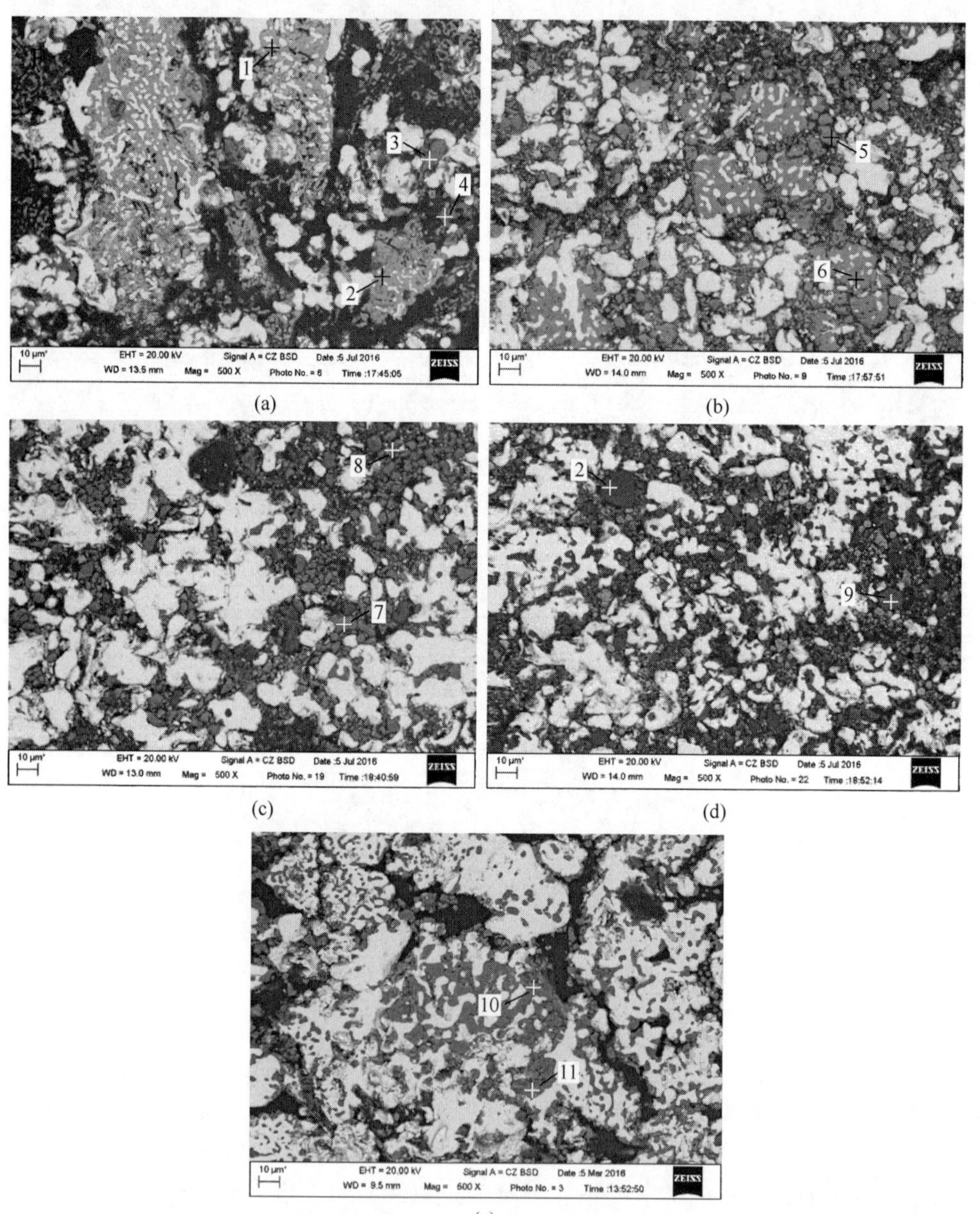

(a) (b) (c) (d) (e)

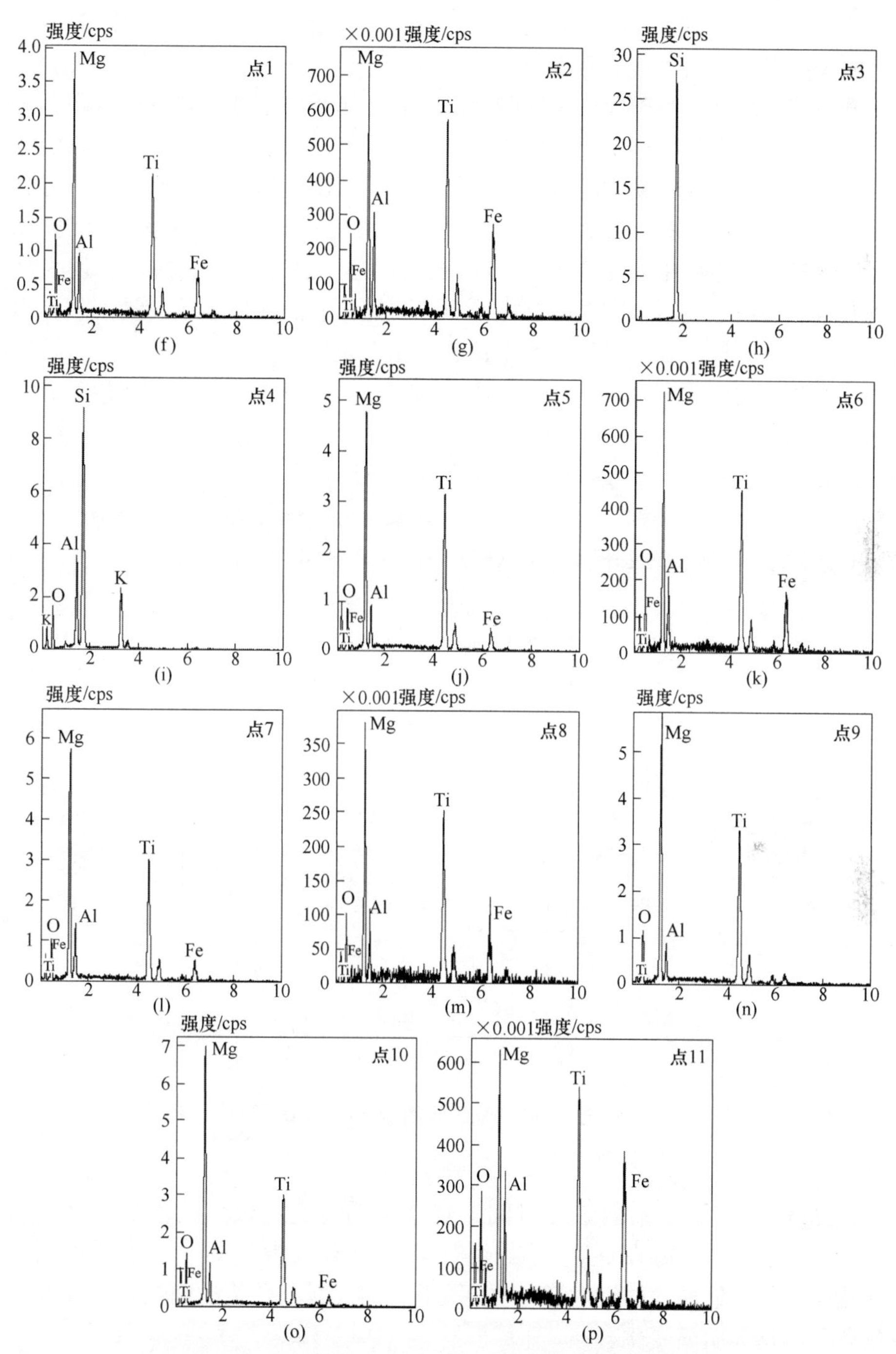

图 3-46 不同焙烧温度焙烧球 SEM 图像和 EDS 能谱分析

(a) 1150℃；(b) 1200℃；(c) 1250℃；(d) 1300℃；(e) 1350℃；

(f)~(p) 点 1~点 11 的 EDS 能谱图

铁逐渐减少，虽然铝也有减少的趋势，但是并不明显。当温度升高到1350℃时，正钛酸镁中铁和铝的含量均升高。

升高焙烧温度有利于促进正钛酸镁晶体和金属铁的结晶，同时可以降低正钛酸镁中铁和铝的含量。这主要是由于升高焙烧温度对铁氧化物的还原、碳的气化以及还原反应中生成的铁粒的凝聚均有促进作用。温度越高，还原气氛越好，可以促进铁颗粒的还原和长大，对于生成的正钛酸镁和铁颗粒的扩散凝聚越有利。但是温度过高，原矿中存在的 Si 会与钛磁铁矿还原过程中生成的 FeO 发生反应生成低熔点的铁橄榄石，高温时铁橄榄石会在还原矿的表面形成大量液相，阻碍还原气氛向内部扩散，同时生成大量铁连晶也会阻碍还原气氛的扩散，这将影响部分钛磁铁矿的还原。因此，温度升高到1350℃，正钛酸镁中未被还原的金属铁含量也会偏高。

3.4.2.5 焙烧时间对焙烧球物相组成的影响

烟煤为还原剂，在还原剂用量为 50%、氧化镁用量 12%、焙烧温度为1300℃条件下，对焙烧球分别进行 XRD 分析如图 3-47 所示。

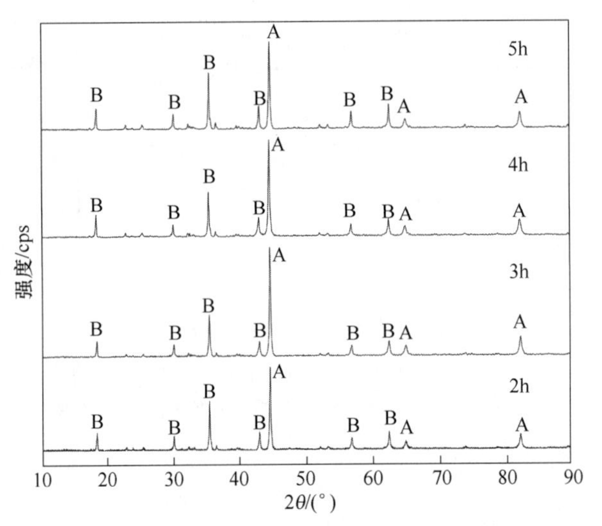

图 3-47 不同焙烧时间的焙烧球 XRD 图谱

A—金属铁（Fe）；B—正钛酸镁（Mg_2TiO_4）

由图 3-47 可知，不同焙烧时间下焙烧球的物相组成变化，主要是金属铁（Fe）和正钛酸镁（Mg_2TiO_4）。当焙烧时间由 2h 延长为 3h 时，金属铁的衍射峰有所增强，但正钛酸镁的衍射峰无明显变化。继续延长焙烧时间正钛酸镁和金属铁的衍射峰均无明显变化。

不同焙烧时间下焙烧球的 SEM 图像如图 3-48 所示，不同焙烧时间下焙烧球的 SEM 图像和 EDS 能谱分析如图 3-49 所示。其中白亮的颗粒为金属铁，浅色为正钛酸镁，颜色最深的为硅酸镁。

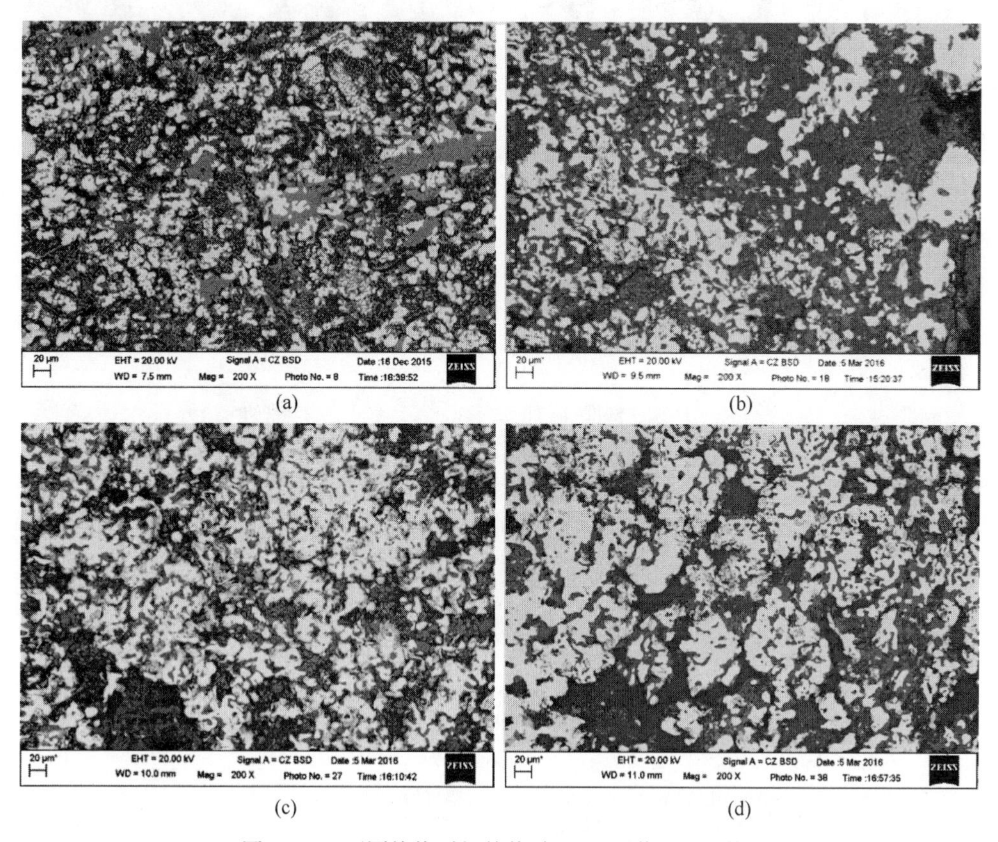

图 3-48 不同焙烧时间焙烧球 SEM 图像（200 倍）

（a）120min；（b）180min；（c）240min；（d）300min

从图 3-49（a）~（d）可以看出，金属铁颗粒和正钛酸镁颗粒均随着还原时间的延长而长大。当焙烧时间为 120min 时，焙烧球中正钛酸镁颗粒和金属铁颗

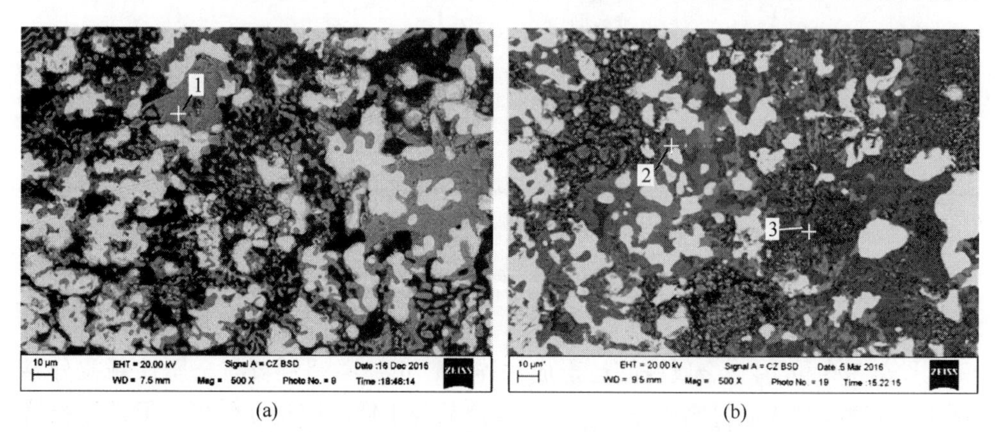

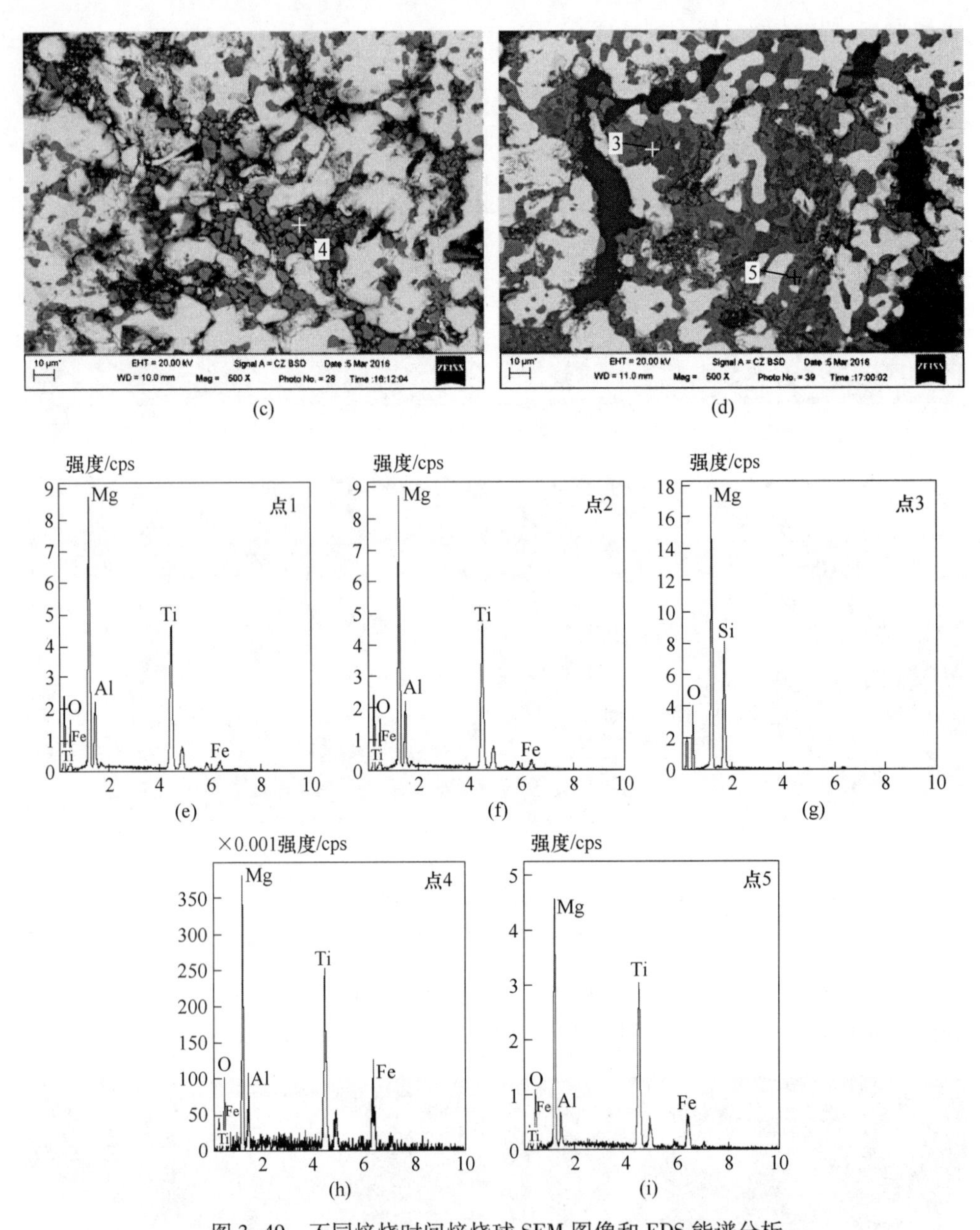

图 3-49 不同焙烧时间焙烧球 SEM 图像和 EDS 能谱分析

（a）120min；（b）180min；（c）240min；（d）300min；（e）~（i）点 1~点 5 的 EDS 能谱图

粒粒度较小，正钛酸镁分布相对分散。焙烧时间为 180min 时，金属铁颗粒粒度较大，但仍有部分小粒度的金属铁颗粒，正钛酸镁颗粒逐渐聚集长大。当焙烧时间延长至 300min 时，金属铁晶粒形成铁连晶，正钛酸镁颗粒与金属铁颗粒分界明显，此时有利于通过磨矿磁选将还原铁产品与正钛酸镁相互分离，但是延长焙烧时间对于正钛酸镁中的铝的含量影响较小。

通过对不同焙烧时间下焙烧球的 XRD 分析以及 SEM 图像和 EDS 能谱分析可知，延长焙烧时间不仅可以促进钛磁铁矿的还原，而且有助于金属铁颗粒和正钛酸镁晶体颗粒的聚集长大。

3.4.2.6 焦粉对正钛酸镁生成的影响

用焦粉作为还原剂，焦粉用量为 50%，焙烧温度 1300℃，焙烧时间为 180min 时得到的焙烧球的 SEM 图像和 EDS 能谱分析，如图 3-50 和图 3-51 所示。

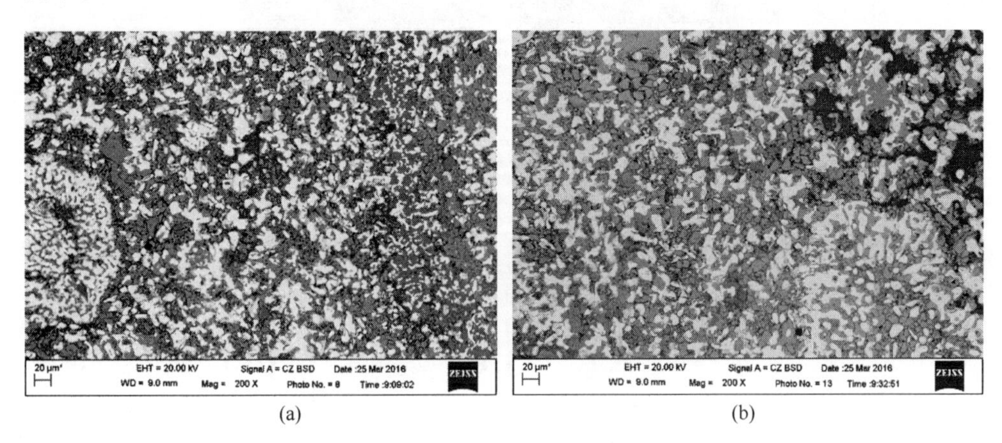

图 3-50 焦粉作为还原剂焙烧球 SEM 图像

（a）焙烧球边缘；（b）焙烧球内部

图 3-50 为焦粉作为还原剂时焙烧球边缘到球内部的 SEM 图像。对比烟煤做还原剂时焙烧球的 SEM 图像可知，焦粉做还原剂时生成的正钛酸镁颗粒晶形相对较好，生成的金属铁和正钛酸镁分布均匀，分界明显，磨矿时易于单体解离。放大以后的图 3-51 更能说明问题。

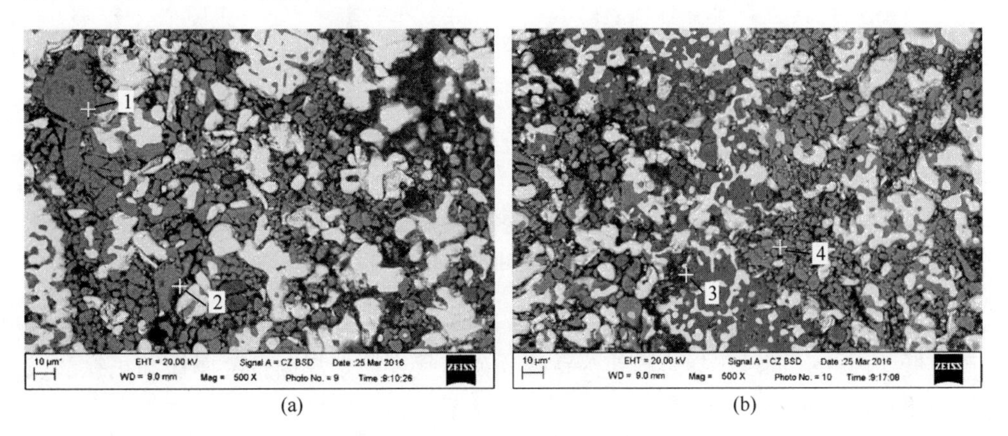

(c)

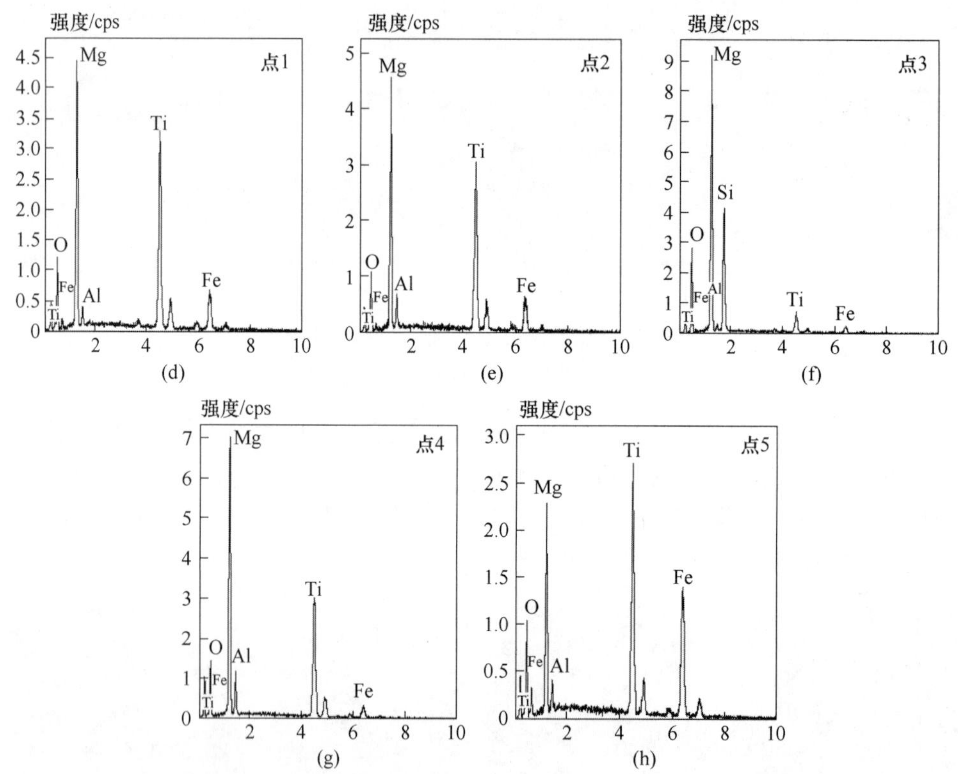

图 3-51 焦粉作为还原剂焙烧球 SEM 图像和 EDS 能谱分析

（a）~（c）焦粉作为还原剂焙烧球 SEM 图像；（d）~（h）点 1~点 5 的 EDS 能谱图

由图 3~51(d)~(h) 可知，焦粉做还原剂时生成的正钛酸镁中铝铁含量相对较低。因此，可以选择焦粉作为钛磁铁矿直接还原焙烧制备金属铁和正钛酸镁的还原剂。

综上所述，在海滨钛磁铁矿直接还原焙烧—磁选钛铁分离过程中，存在一种钛磁铁矿综合利用的新途径，即以氧化镁为主要添加剂，通过控制直接还原焙烧条件，使钛磁铁矿中的铁还原为金属铁，同时大部分钛转化为正钛酸镁，作为一种潜在的微波介质陶瓷材料。但该过程中如何提高钛酸镁的纯度需要深入研究。

参 考 文 献

[1] 库建刚．钛磁铁矿磁选行为及磁链形成机理研究［D］．昆明：昆明理工大学，2007.

[2] 地质矿产部地质辞典办公室．地质大辞典［M］．北京：地质出版社，2005.

[3] 任觉世．工业矿产资源开发利用手册［M］．武汉：武汉工业大学出版社，1993.

[4] 秦善，王长秋．矿物学基础［M］．北京：北京大学出版社，2005.

[5] 朱俊士．中国钒钛磁铁矿选矿［M］．北京：冶金工业出版社，1995.

[6] 宋叔和．中国矿床中册［M］．北京：地质出版社，1989.

[7] 吕学伟，张凯，黄润，等．添加剂对钛精矿固相碳热还原强化作用的比较［J］．东北大学学报（自然科学版），2013，34（11）：1601-1605.

[8] Jiang M，Sun T，Liu Z，et al. Mechanism of sodium sulfate in promoting selective reduction of nickel laterite ore during reduction roasting process［J］. International Journal of Mineral Processing，2013，123：32-38.

[9] Li G，Shi T，Rao M，et al. Beneficiation of nickeliferous laterite by reduction roasting in the presence of sodium sulfate［J］. Minerals Engineering，2012，32：19-26.

[10] 陈德胜，宋波，王丽娜，等．钒钛磁铁精矿直接还原反应行为及其强化还原研究［J］．北京科技大学学报，2011，33（11）：1331-1336.

[11] 王耀武，尤晶，冯乃祥，等．CaF_2 在真空铝热还原炼镁过程中的行为研究［J］．真空科学与技术学报，2012，32（10）：889-895.

[12] 李永利，孙体昌，徐承焱．还原剂种类对高磷鲕状赤铁矿直接还原提铁降磷的影响［J］．矿冶工程，2012，32（4）：66-69.

[13] Chuang H，Hwang W，Liu S. Effects of graphite，SiO_2，and Fe_2O_3 on the crushing strength of direct reduced Iron from the carbothermic reduction of residual materials［J］. Materials Transactions，2010，51（3）：488-495.

[14] Chuang H，Hwang W，Liu S. Effects of basicity and FeO content on the softening and melting temperatures of the $CaO-SiO_2-MgO-Al_2O_3$ slag system［J］. Materials Transactions，2009，50（6）：1448-1456.

[15] 吴坚强，刘维良，曹文卫，等．钛酸镁粉末合成工艺与性能的研究［J］．中国陶瓷，2001（3）：13-16.

4 红土镍矿煤基直接还原—磁选

4.1 红土镍矿资源现状

按地质成因划分，镍矿床主要分为岩浆型硫化镍矿床和风化型红土镍矿床两大类。全球镍资源比较丰富，世界陆地查明含镍品位在1%左右的镍矿石资源量为1.93亿吨，其中70%属于红土型镍矿床，其余30%属于岩浆型铜镍硫化物矿床。红土型镍矿床主要分布在赤道附近的印度尼西亚、菲律宾、巴西和哥伦比亚等国，一般伴生矿产主要是铁和钴。岩浆型硫化镍矿床主要分布在加拿大、俄罗斯、中国和澳大利亚等国，共伴生矿产主要有铜、钴等元素。由于硫化镍矿资源回收工艺技术成熟，因此，目前70%以上的镍产量来源于硫化镍矿[1~3]。

镍的主要消费市场是冶金行业，占总消费量的84%，其中仅不锈钢行业消耗的镍就占镍总消费量的67%[4]。镍消费的主要区域已经从西方发达国家及地区转向亚洲新兴经济体，如中国、韩国等国家和地区[5,6]。镍的需求量主要受不锈钢产业的推动，而目前世界不锈钢产量大幅度增加，因此对镍的需求势必增长。

由于经济发展迅速，不锈钢需求增长强劲，而可供近期开发的硫化镍资源日益短缺，传统的硫化镍矿矿山开采深度日益增加，难度加大，因此，全球镍行业将资源开发的重点逐渐转向红土镍矿资源[6,7]。红土镍矿的分类方法多样，没有形成统一的标准。根据主要含镍矿物不同，红土镍矿可以分为硅酸盐型（腐岩型）和氧化物型（褐铁矿型），硅酸盐型又可细分为含水硅酸盐型和黏土硅酸盐型[8]。含水硅酸盐型的红土矿多出现在红土矿床剖面底部，主要的载镍矿物为硅镁镍矿。黏土硅酸盐型红土矿主要出现在红土矿剖面中上部，多为以蒙脱石为主的黏土类矿物层，主要载镍矿物为含镍蒙脱石和含镍针铁矿。氧化物型红土镍矿的特征是红土特别发育而且腐岩带较少，主要的载镍矿物为褐铁矿和针铁矿。本章中根据红土镍矿中铁和镍的相对高低，将其分为高镍低铁和低镍高铁两类，主要差别是镍铁品位。低镍高铁型的镍品位在1.8%以下，铁品位在25%以上；高镍低铁性镍品位在1.5%以上，铁品位低于20%。

国内外对高铁低镍低镁的褐铁矿型红土镍矿和铁质镍矿石进行了火法冶炼制备镍铁研究，但未得到高镍品位的镍铁粉，而且其处理工艺的工业化应用很少[9]。总体来说，红土镍矿提镍技术存在镍铁粉中镍品位低、处理技术能耗大等问题。另外，对红土镍矿选冶工艺的理论研究较少，已有的研究工作大多是针对低温焙烧和湿法体系，而对选择性还原镍、铁矿物制备高镍品位镍铁粉的研究较少，尤其是焙烧过程的相关理论研究比较薄弱。

本章介绍了高镍低铁型（简称高镍原矿）和低镍高铁型红土镍矿（简称低镍原矿）选择性还原焙烧过程中镍铁矿物选择性还原机理及镍、铁分布规律。

4.2 原料性质与研究方法

4.2.1 多元素分析

高镍原矿的多元素化学分析结果见表4-1。从表中可以看出，原矿中镍品位为1.78%，铁品位为18.33%。主要杂质组分为SiO_2、MgO、Al_2O_3，其质量分数分别为43.60%、5.27%、2.74%。

表4-1 高镍原矿多元素化学分析

成　分	SiO_2	Fe	MgO	Al_2O_3	Ni	Mn
质量分数/%	43.6	18.33	5.27	2.74	1.78	0.46
成　分	CaO	Na_2O	K_2O	S	P	
质量分数/%	0.62	0.29	0.16	0.012	0.01	

低镍原矿的多元素分析结果见表4-2，从表中可以看出，原矿中镍品位1.46%、铁品位34.69%，伴生元素有钴和铬，钴质量分数为0.19%，铬质量分数为1.54%。

表4-2 低镍原矿多元素化学分析

成　分	TFe	Ni	MgO	SiO_2	Al_2O_3	Cr
质量分数/%	34.69	1.46	12.81	16.39	3.03	1.54
成　分	CaO	TiO_2	S	Co	MnO	烧失量
质量分数/%	0.15	0.05	0.15	0.19	1.34	11.34

4.2.2 物相分析

高镍原矿中铁和镍物相分析结果见表4-3和表4-4。从表中可以看出，高镍原矿中铁和镍主要以氧化物和硅酸盐的形式存在，且在硅酸盐中的分布率都很高。其中，铁在硅酸盐中的分布率为31.83%，镍达到68.93%。

表4-3 高镍原矿铁的化学物相分析结果

元素存在的相	赤（褐）铁矿中的铁	碳酸盐矿物中的铁	硅酸盐矿物中的铁	总铁
质量分数/%	12.21	0.20	5.83	18.33
占有率/%	66.62	1.55	31.83	100.00

表 4-4 高镍原矿镍的化学物相分析结果

元素存在的相	氧化物中镍	硅酸盐矿物中的镍	总镍
质量分数/%	0.55	1.22	1.78
占有率/%	31.07	68.93	100.00

低镍原矿中镍元素的化学物相分析结果见表 4-5，可以看出，原矿中以硅酸盐形式存在的镍占有率 89.04%，氧化物中镍占有率 10.14%，镍主要以硅酸盐和氧化物形式存在。可见，高镍原矿和低镍原矿中铁和镍的存在状态有较大差别。低镍原矿中的镍在硅酸盐中存在的比例更高。

表 4-5 低镍原矿中镍的化学物相分析结果

元素存在的相	氧化物中镍	硫化物中镍	硅酸盐矿物中镍	总计
质量分数/%	0.15	0.01	1.30	1.46
占有率/%	10.14	0.82	89.04	100.00

4.2.3 矿物组成和相互关系

高镍原矿 XRD 分析结果如图 4-1 所示。

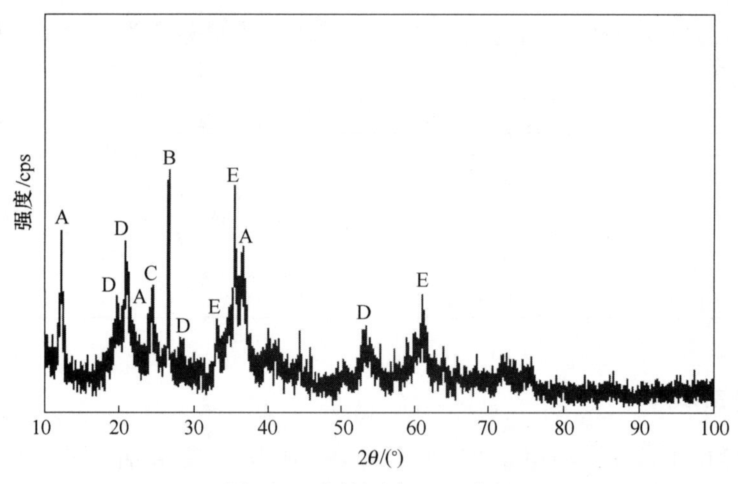

图 4-1 高镍原矿 XRD 分析

A—蛇纹石 $(Mg, Fe)_3(Si_2O_5)_x(OH)_y nH_2O$；B—石英 SiO_2；

C—镍蛇纹石 $Ni_3(Si_2O_5)_x(OH)_y nH_2O$；D—针铁矿 $FeO(OH)$；E—赤铁矿 Fe_2O_3

从图 4-1 中可以看出，高镍原矿中含镍的矿物为镍蛇纹石（C），含铁的矿物主要针铁矿和赤铁矿，铁主要以氧化物形式存在。

为了进一步了解原矿中镍、铁的赋存状态，以及与其他脉石矿物的赋存关系，对高镍原矿进行了显微镜、电镜观察、能谱及电子探针的分析，其结果如图4-2~图4-4所示。

图4-2(a) 是粒度相对较大的褐铁矿颗粒，其中图4-2(b) 是图4-2(a) 的放大图。图4-2(c) 中为较小的褐铁矿颗粒，在显微镜及电镜图中褐铁矿颗粒均亮白色。由能谱分析可知图中亮白色颗粒是仅含有铁和氧两种元素的铁的氧化物，确定为褐铁矿。

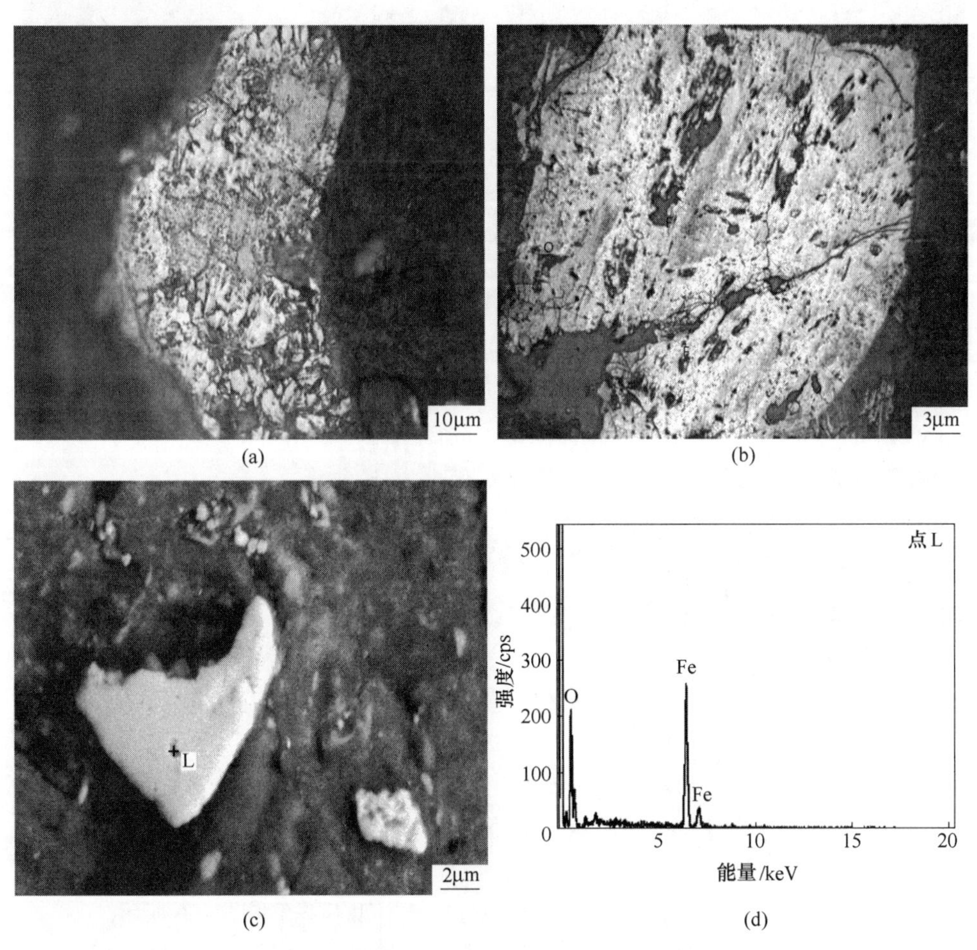

图4-2 高镍原矿中的褐铁矿（L）赋存状态

(a)，(b) 光学显微镜图像；(c) SEM照片；(d) 点L的EDS能谱图

图4-3为含镍的蛇纹石在原矿中的赋存状态。图4-3(a) 中点S为显微镜下观察到的高原矿中含镍蛇纹石赋存状态，图4-3(b) 和图4-3(c) 中点S为在电镜下观察到的含镍蛇纹石赋存情况，其中图4-3(c) 是图4-3(b) 的放大图。从点S能谱图中可以看出，该蛇纹石中含有铁、镍元素，确定为镍蛇纹石。

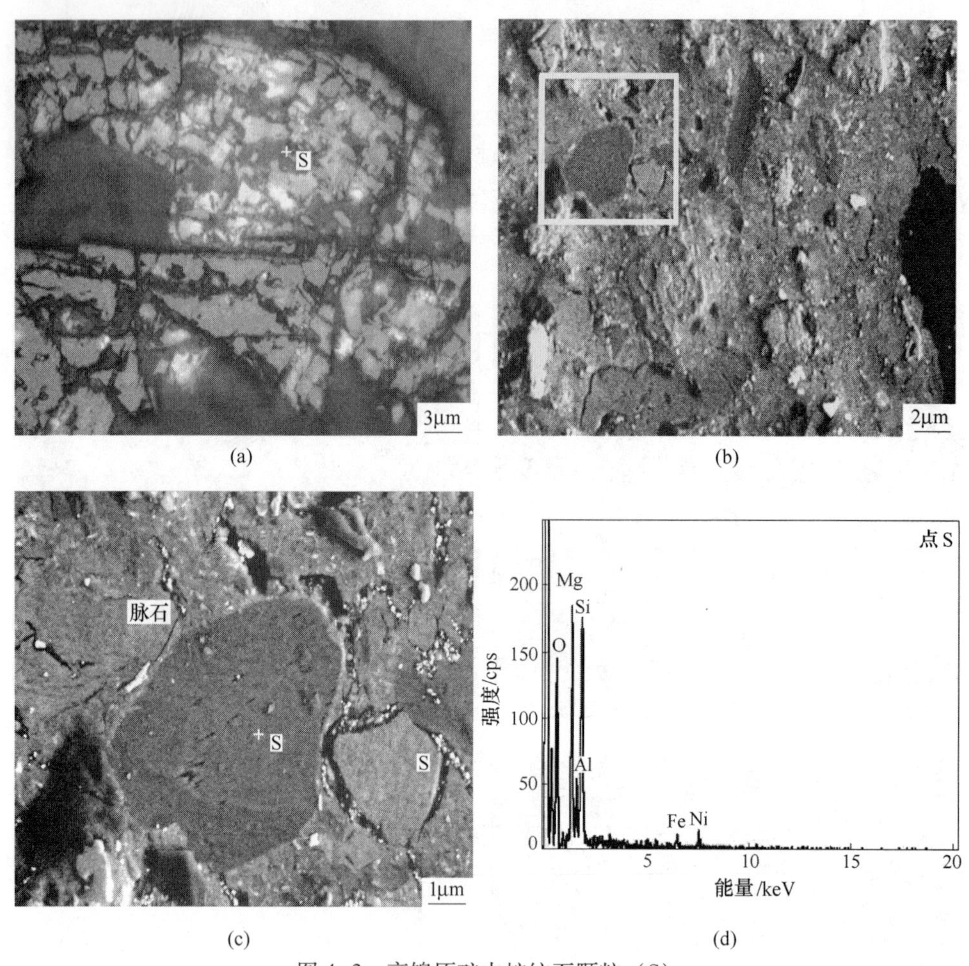

(a) (b) (c) (d)

图 4-3 高镍原矿中蛇纹石颗粒（S）

（a）光学显微镜图像；（b），（c）SEM 照片；（d）点 S 的 EDS 能谱图

高镍原矿中主要的脉石矿物为石英，占到总量的 43.6%。此外还含有三水铝石、高岭石、绿泥石等黏土类矿物。另外发现有少量磁铁矿，其与石英的赋存状态如图 4-4 所示。

原矿电子探针观察以及主要元素面分布分析结果如图 4-5 和图 4-6 所示。

扫描区域 600μm×600μm，扫描精度 1μm。图 4-5 中突起方块部分为边长 200μm 的长方形，对其进行了元素面扫描分析，结果如图 4-5 和图 4-6 所示。该区域中镍、铁、硅均在相同区域富集，说明在扫描区域内的镍和铁存在于硅酸盐之中。

低镍原矿的 XRD 分析结果如图 4-7 所示。从图中可以看出，低镍原矿中硅酸盐矿物主要为纤蛇纹石，含铁的矿物有针铁矿、赤铁矿、镁铬铁矿和少量硅酸铁，其他硅酸盐矿物以利蛇纹石为主。

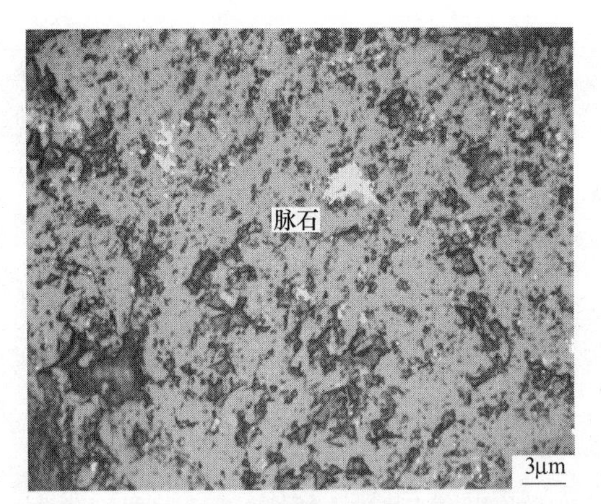

图4-4 高镍原矿中的磁铁矿（M）和石英赋存状态

图4-5 高镍原矿矿物赋存状态

低镍原矿的扫描电镜及能谱分析的结果如图4-8所示，其中图4-8(b）和（c）为图4-8(a）中标志区域的局部放大图。

从图4-8(a）可知，矿物颗粒粒度不均匀，颗粒形貌比较复杂，多为棱角不分的粗糙颗粒，可能是微细颗粒黏结形成，而且镍不以独立矿物存在，主要赋存在含铁氧化物和硅酸盐矿物中。从图4-8(b）中点1的能谱分析可以看出，灰白

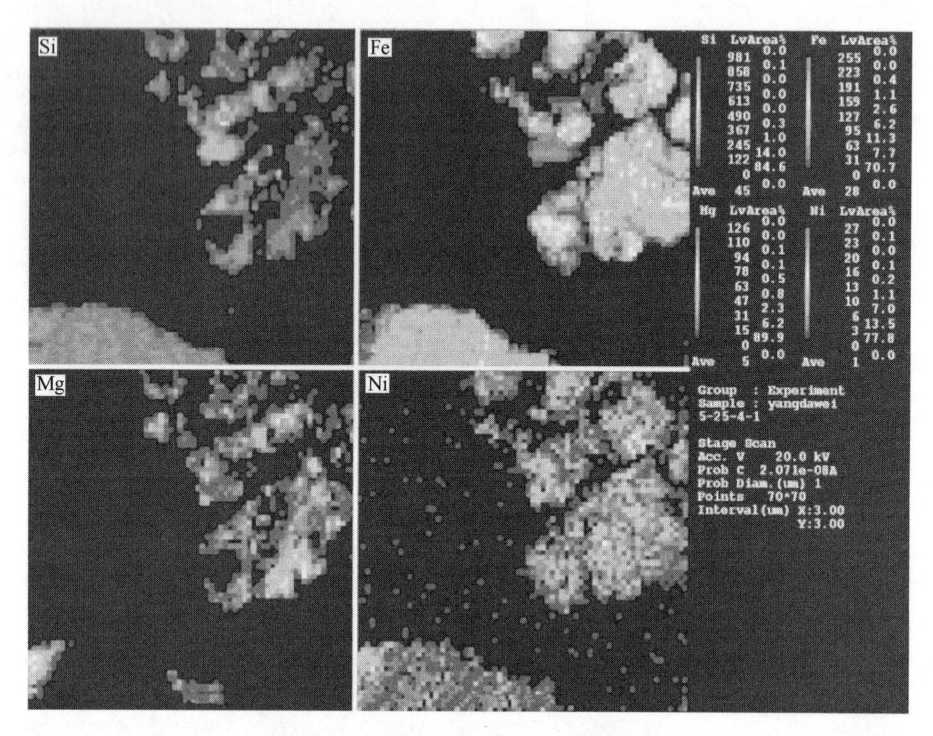

图 4-6　高镍原矿中主要元素的面分布

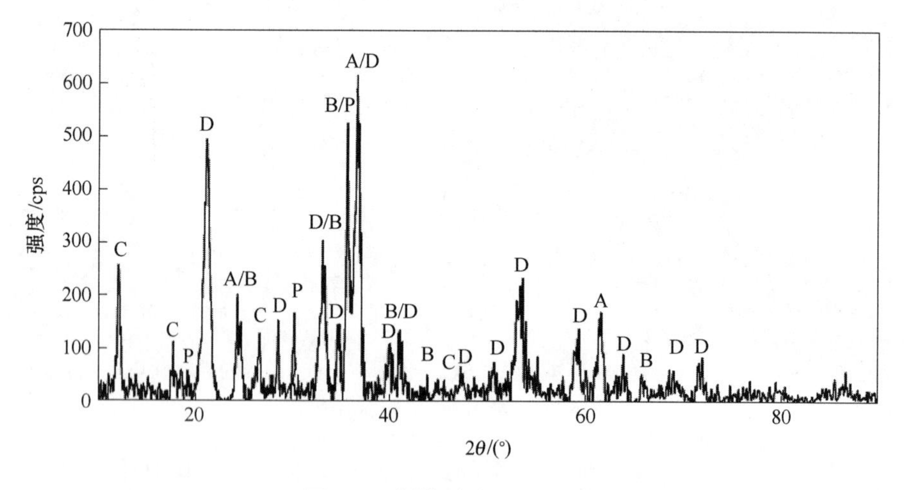

图 4-7　低镍原矿 XRD 图谱

A—镍纤蛇纹石 [$(Ni,Fe)_3(Si_2O_5)(OH)_4 \cdot 4H_2O$]；B—赤铁矿（$Fe_2O_3$）；

C—利蛇纹石 [$Mg_3(Si_2O_5)(OH)_4$]；D—针铁矿 [$FeO(OH)$]；

P—镁铬铁矿 [$(Fe,Mg)(Cr,Al)_2O_4$]

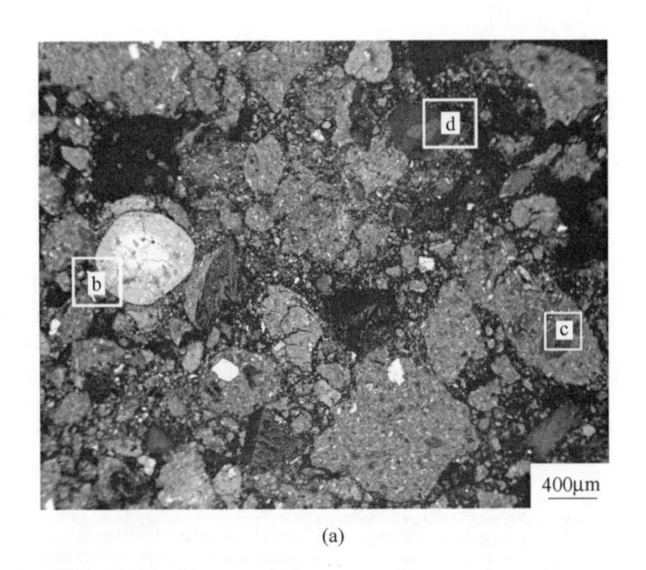
d
b
c
400μm

(a)

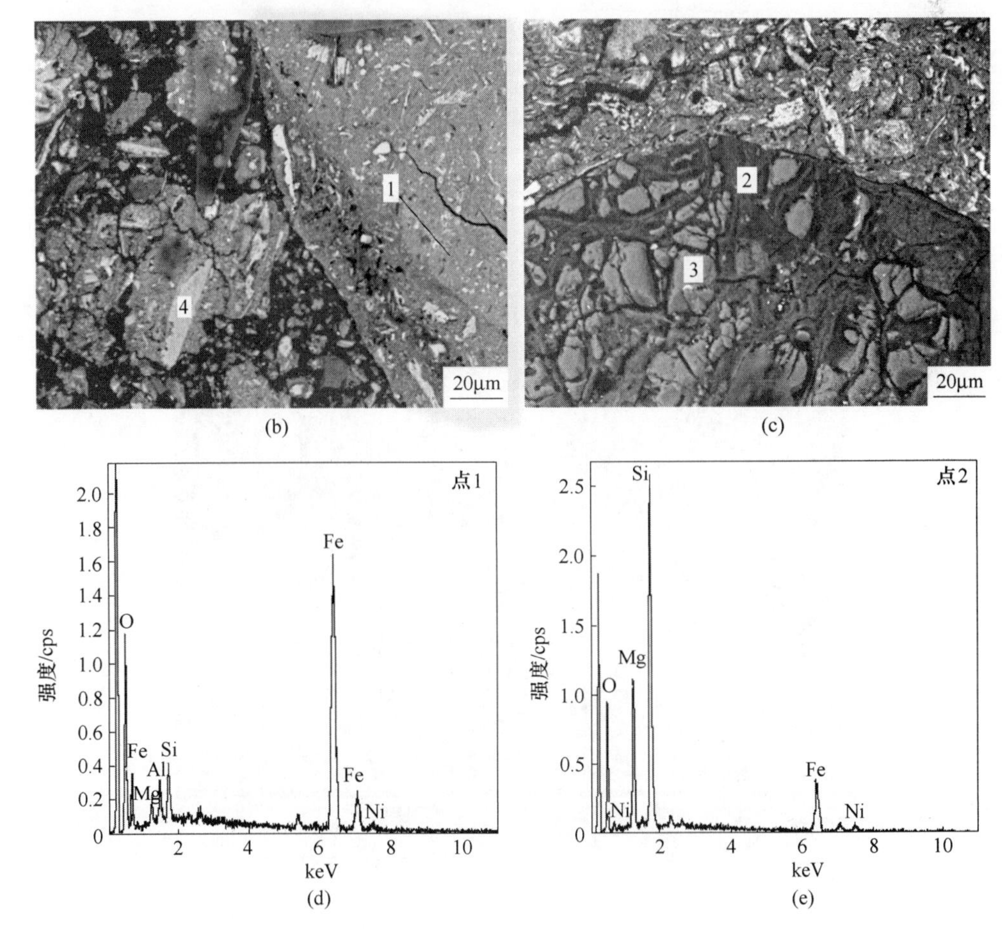
1
4
20μm
2
3
20μm
点1
强度/cps
O
Fe
Mg
Al
Si
Fe
Fe
Ni
keV
点2
Si
Mg
O
Ni
Fe
Ni
keV

(b) (c)

(d) (e)

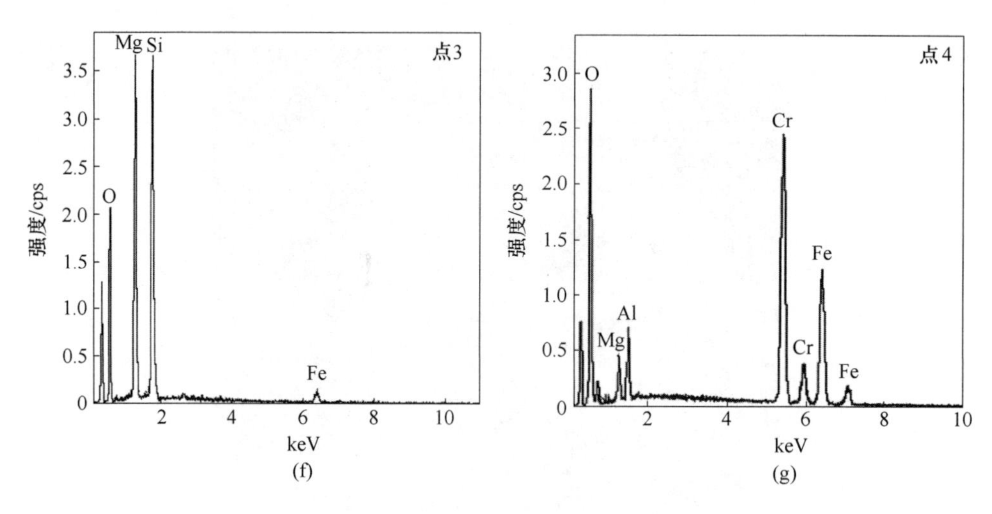

图 4-8 原矿 SEM 图及相应点 1~点 4 的能谱分析

色颗粒中主要含有铁、镍、氧等元素，另外还含有少量硅、镁，可能是针铁矿与蛇纹石的黏结形成的矿物颗粒。图 4-8(c) 对应点 2 的能谱分析可知，黑色颗粒含 Ni、Fe、Si、Mg 等元素，可确定为镍纤蛇纹石，点 3 能谱分析可看出主要含 Si、Mg、O 元素，对应矿物为利蛇纹石。对应点 4 的能谱分析得出，灰色颗粒主要含有 Fe、Mg、Cr、O 等元素，可确定为铬镁铁矿。

低镍原矿进行元素面分布分析结果如图 4-9 所示。图 4-9 为扫描电镜图 4-8 中区域 d 标志的放大图及元素面分布图。

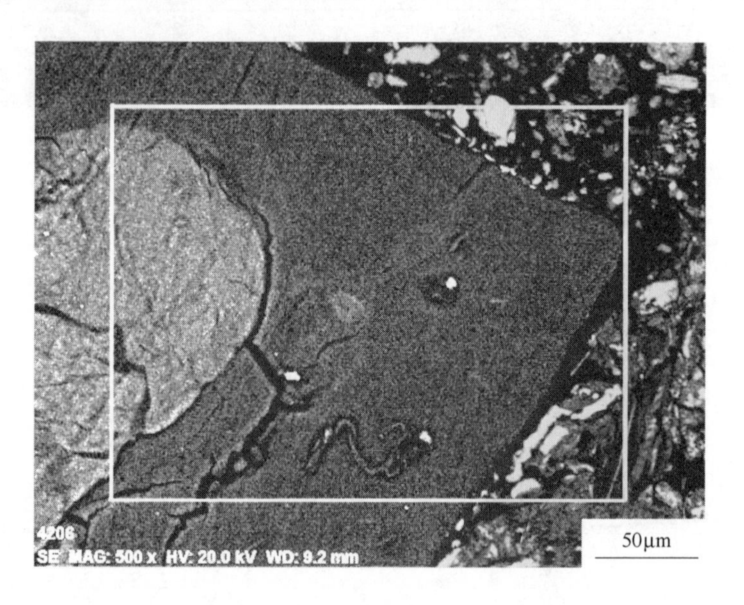

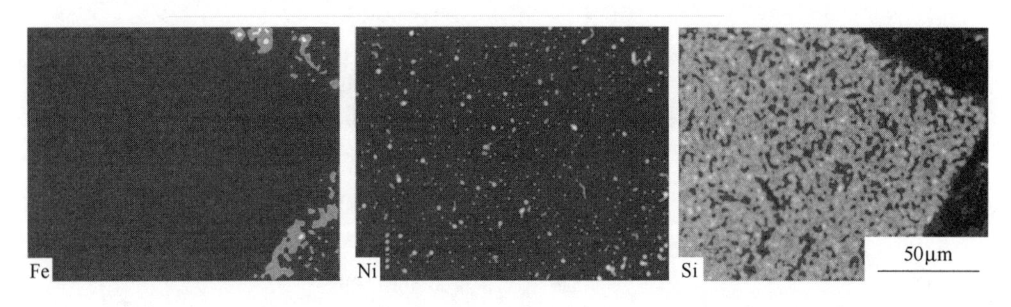

图 4-9 图 4-8 中区域 d 的放大图及元素面分布图

从图 4-9 可知，低镍原矿中铁、硅的分布关系不大，而镍元素均匀分散于铁、硅元素富集区域中，表明镍均匀分散于硅酸盐矿物和含铁矿物中。因此，XRD 和 SEM-EDS 分析结果说明，红土镍矿中镍可能以类质同象形式取代氧化物和硅酸盐矿物中的铁和镁，与镍的化学物相分析结果相一致。

4.2.4 还原剂煤的性质

还原焙烧所用还原剂为褐煤、无烟煤、石煤，其工业分析结果见表 4-6。从表中可以看出，无烟煤的固定碳含量最高，石煤次之，褐煤最低。石煤的灰分最高，褐煤和无烟煤灰分相当。

表 4-6 试验用煤种工业分析结果 （质量分数/%）

煤 种	水分	灰分	挥发分	固定碳
褐 煤	13.18	7.15	50.13	42.72
无烟煤	1.36	8.01	7.11	84.88
石 煤	1.68	28.30	5.02	66.68

4.2.5 研究方法

4.2.5.1 工艺研究及评价指标

采用还原焙烧—磁选方法处理高镍和低镍原矿，其工艺流程如图 4-10 所示。

还原焙烧过程如下：-4mm 原矿配加一定比例的还原剂和添加剂，充分混匀后装入石墨坩埚中，当箱式电阻炉达到设定温度后，将加盖坩埚置于其中，恒温焙烧至预定焙烧时间后取出坩埚，室温自然冷却，产品称为焙烧矿。还原剂及添加剂用量是指其质量与原矿质量的比例，用百分数表示。

磁选分离是将焙烧矿破碎至-2mm，用三辊四筒型辊式磨机磨细，矿浆再经磁选管磁选分离，得到的磁性产品称为镍铁粉，非磁性产品称为尾矿。

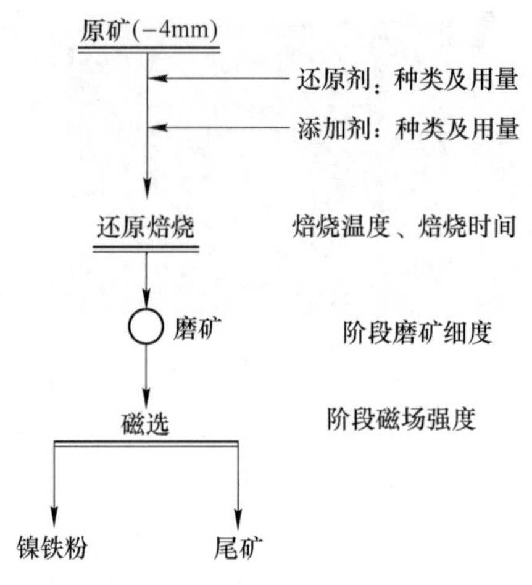

图 4-10 红土镍矿焙烧—磁选试验流程

主要考察指标为镍铁粉中镍品位，镍回收率以及镍铁回收率之差 $\Delta\varepsilon$(Ni-Fe)（以下简写为 $\Delta\varepsilon$）。

4.2.5.2 机理研究方法

采用 X 射线衍射分析仪（XRD）、扫描电镜-能谱分析仪（SEM-EDS）和电子探针显微分析仪（EPMA）分析不同条件下焙烧矿的矿物组成、相变转化及显微结构特征。

XRD、SEM-EDS 和 EPMA 的样品制备如下：取不同焙烧条件下的焙烧矿，把其分为两部分，一部分在振动磨样机制取粉末样品进行 XRD 分析，研究矿物相变转化；另一部分焙烧矿制成显微镜光片，喷碳后用 SEM-EDS、EPMA 观察其微观结构及主要元素分布。

4.3 高镍型红土镍矿直接还原—磁选影响因素

4.3.1 无添加剂时褐煤用量对镍铁选择性还原的影响

褐煤用量的影响如图 4-11 所示。其他条件如下：高镍原矿 40g（以下试验没有说明时用量均为 40g）；焙烧温度 1200℃，焙烧时间 40min，自然冷却；采用一段磨矿、一段弱磁选流程，-0.074mm 占 98.72%；磁场强度 198.73kA/m。

从图 4-11 中可以看出，褐煤用量对焙烧效果的影响明显。镍铁粉中镍品位随褐煤用量的增加而降低，同时回收率随着褐煤用量增加而提高，但当褐煤用量大于 25%后，镍回收率基本保持不变。铁品位和回收率均随褐煤用量的增加而提高，说明增加褐煤的用量使大量的铁从高镍原矿中被还原出来。褐煤用量高时，对铁还原的影响要大于镍。总体而言，镍回收率比较低，主要是由于原矿中的镍

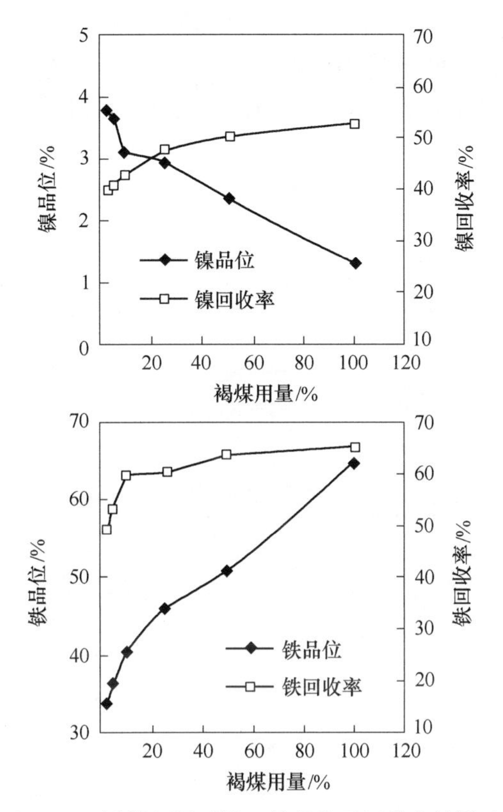

图 4-11　褐煤用量对镍、铁品位及回收率的影响

大部分以硅酸盐形式存在，而硅酸镍的还原温度要远高于氧化镍，仅加入还原剂硅酸盐中的镍难以被还原。褐煤用量为 5%时，镍品位为 3.66%，回收率为 40.73%，此时铁品位为 36.26%，回收率为 53.39%，镍和铁回收率差值较大，能够实现选择性还原镍的目的，因此褐煤用量定为 5%。

4.3.2　添加剂对镍铁选择性还原的影响

采用氧化钙、石灰石、氯化钠以及硫酸钠和碳酸钠为添加剂，研究了其对高镍原矿焙烧效果的影响。其他条件为：焙烧温度 1200℃，褐煤用量为 5%；焙烧时间 40min，自然冷却；采用一段磨矿，磨矿细度-0.074mm 占 98.72%；一段弱磁选，磁场强度 198.73kA/m。

4.3.2.1　CaO 对镍铁选择性还原的影响

CaO 用量的影响如图 4-12 所示。从图中可以看出，添加 CaO 后，镍铁粉中镍的品位和回收率均逐渐增加，同时铁的品位和回收率也逐渐增加；但镍、铁回收率增加不明显。镍回收率变化在 40%～50%之间，当 CaO 用量为 40%

时，镍回收率最高，此时镍回收率仅为 43.40%。铁的回收率变化区间为 45%~65%，当 CaO 用量超过 10%以后，CaO 的用量对铁回收率变化影响很小。可以看出，在高镍原矿焙烧过程中添加 CaO 对镍回收以及镍和铁的选择性还原作用不明显。

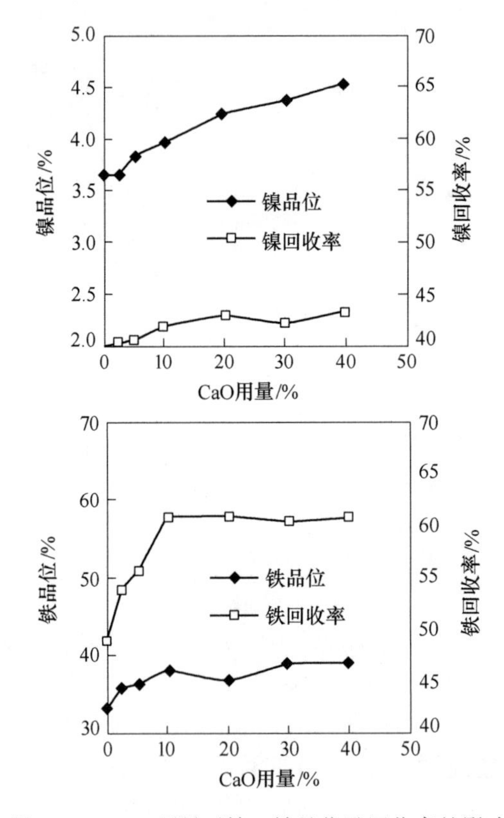

图 4-12 CaO 用量对镍、铁品位及回收率的影响

4.3.2.2 石灰石对镍铁选择性还原的影响

石灰石用量的影响结果如图 4-13 所示。

可以看出，添加石灰石的效果优于氧化钙，石灰石可使镍品位和回收率明显提高。当石灰石用量为 50%时，镍品位达到最高 7.0%，回收率达到 55.74%；铁的品位达到 60%，回收率最高可以达到 70%左右，即高镍原矿中镍和铁同时被还原，没有达到选择性还原的目的。

4.3.2.3 NaCl 对镍铁选择性还原的影响

NaCl 用量的影响如图 4-14 所示。从图中可以看出，NaCl 对镍和铁的还原影响较大。随着 NaCl 用量的增加，镍铁粉中镍品位逐渐提高，回收率也逐渐提高。当 NaCl 用量为 50%时，镍品位最高可以达到 8.55%，此时回收率为 52.84%，可

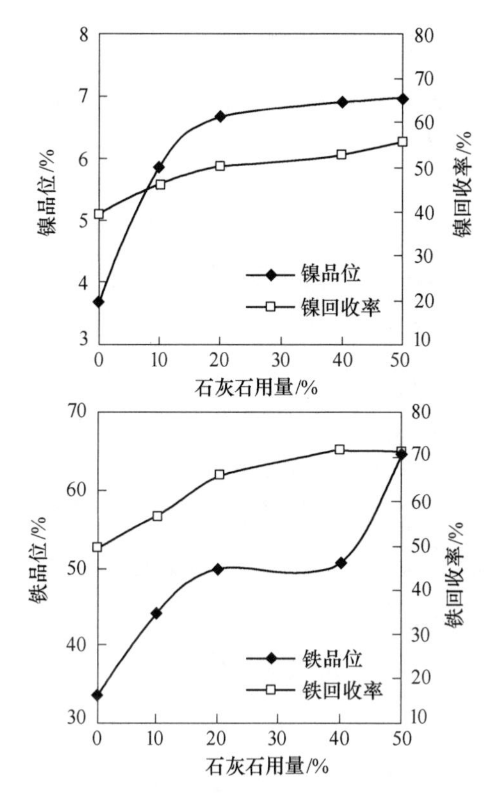

图 4-13 石灰石用量对镍、铁品位及回收率的影响

以看出，相对于前两种添加剂，添加 NaCl 能够得到镍品位相对较高的镍铁粉，但镍回收率仍然比较低，未达到 60%。镍铁粉中铁的品位和回收率的变化规律与镍基本相同，铁品位最高为 65.75%，回收率最高为 66.04%。试验结果表明，添加 NaCl 有助于原矿中镍和铁的回收，但镍回收率并没有较大的提高，没有达到选择性还原镍和铁的目的。

从上述 3 组试验结果的对比可以看出，还原焙烧过程中分别添加添加剂 CaO、石灰石以及 NaCl 对高镍原矿的选择性还原镍和铁的效果不理想，镍回收率均不高，最高只达到 55.74%。

4.3.2.4 Na_2SO_4 对镍铁选择性还原的影响

Na_2SO_4 用量的影响如图 4-15 所示。可以看出，随着 Na_2SO_4 用量的增加，镍铁粉中镍品位上升，回收率逐渐下降，铁的品位逐渐升高而回收率逐渐降低，但铁的回收率降低幅度明显大于镍。当 Na_2SO_4 用量为 20%时，铁的回收率从 Na_2SO_4 用量 5%时的 48.74%下降到 18.49%，下降 30%，而相同条件下镍回收率仅下降 10.72%。从两者回收率下降幅度可以看出，Na_2SO_4 用量在 2.5%～10%时，镍回收率下降幅度明显小于铁。说明 Na_2SO_4 对镍、铁还原均有抑制作用，但对铁的抑制作用要强于镍。因此，通过控制 Na_2SO_4 合理的用量能实现镍和铁的选择性还原。

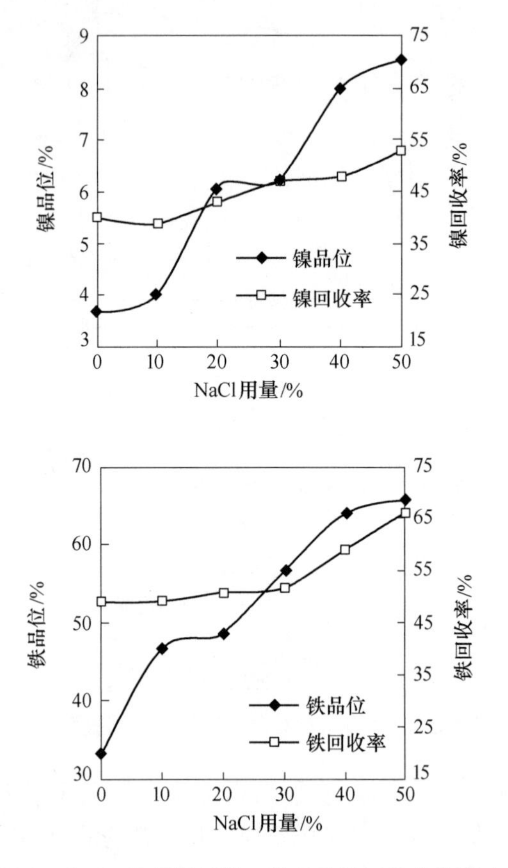

图 4-14 NaCl 用量对镍、铁品位及回收率的影响

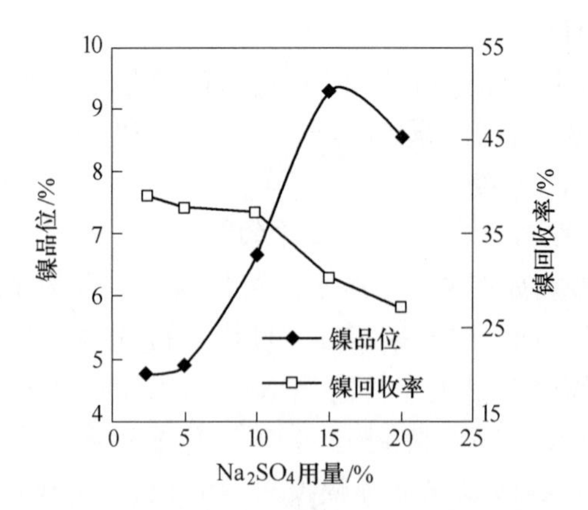

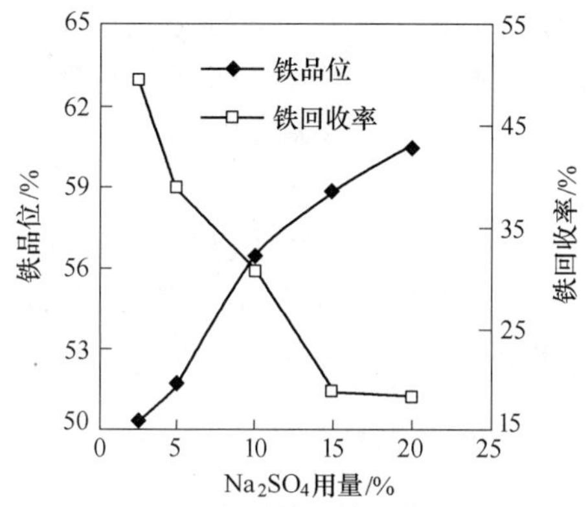

图 4-15 Na_2SO_4 用量对镍、铁品位及回收率的影响

4.3.2.5 Na_2CO_3 对镍铁选择性还原的影响

Na_2CO_3 用量的影响如图 4-16 所示。

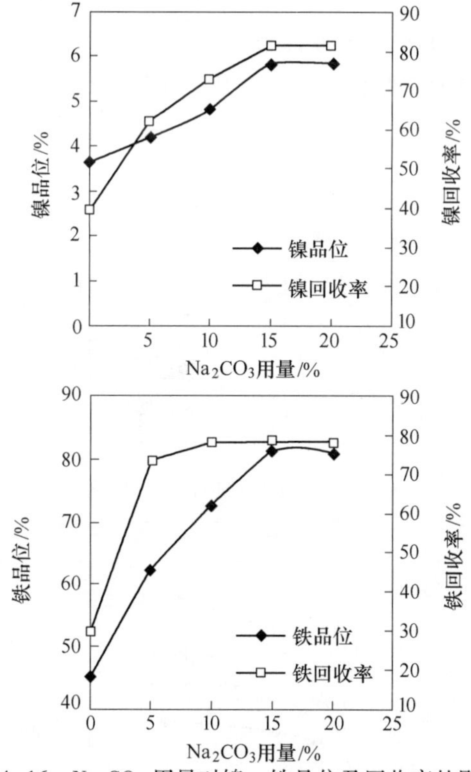

图 4-16 Na_2CO_3 用量对镍、铁品位及回收率的影响

观察冷却后不同条件的焙烧矿发现，添加 Na_2CO_3 的焙烧矿有烧结成块的现象，随着 Na_2CO_3 用量的增加，焙烧矿中形成的空隙增大，且焙烧矿脆性增强，而未添加 Na_2CO_3 的焙烧矿中没有形成烧结块。

从图 4-16 可知，不添加 Na_2CO_3 时，镍的品位仅有 3.66%，回收率只有 39.80%；铁品位为 45.28%，回收率为 30.29%；当 Na_2CO_3 用量为 20%时，镍品位能够提高到 5.87%，回收率达到 81.12%，Na_2CO_3 有助于红土镍矿中镍和铁的还原。褐煤做还原剂时，随着 Na_2CO_3 增加，镍、铁品位和回收率都逐渐升高。在 Na_2CO_3 用量小于 10%时镍回收率增加的幅度高于铁；但当其用量高于 15%后，镍回收率增加的幅度低于铁。同时 Na_2CO_3 用量大于 15%以后，镍回收率不再明显增加，此时镍和铁回收率差值最大，实现了镍铁选择性还原，选择 Na_2CO_3 用量为 15%。

4.3.3 煤种对镍铁选择性还原的影响

为了进一步考察添加 Na_2CO_3 煤种对镍、铁选择性还原的影响，选取褐煤、无烟煤、石煤进行了研究。其他条件为：焙烧温度 1200℃；焙烧时间 40min；采用一段磨矿，细度 -0.074mm 占 98.72%；一段磁选，磁场强度 198.73kA/m；Na_2CO_3 用量 15%。

4.3.3.1 褐煤作为还原剂的影响

褐煤的影响如图 4-17 所示。可以看出，有 Na_2CO_3 存在时，随着褐煤用量的

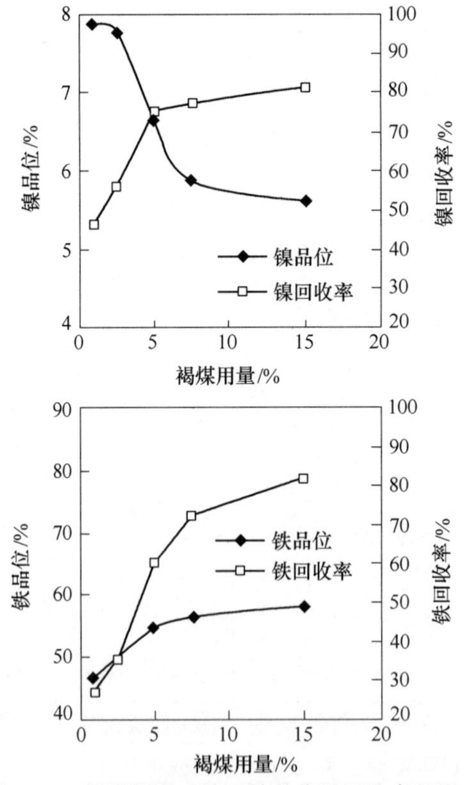

图 4-17 褐煤用量对镍、铁品位及回收率的影响

增加，镍品位逐渐降低，回收率逐渐升高，而铁品位、回收率均逐渐提高。说明随着褐煤用量的增加，镍、铁都被还原，随着铁大量被还原，使得镍铁粉产率大幅度增加，镍虽然也被还原，回收率有一定的提高，但在镍铁粉中镍品位是降低的。当褐煤用量为15%时，镍回收率达到最大值，镍品位和回收率分别为5.62%和81.30%；铁的品位和回收率分别为58.24%和81.82%。

4.3.3.2 无烟煤作为还原剂的影响

无烟煤的影响如图4-18所示。从图中可以看出，随着无烟煤用量增加，镍品位逐渐降低；回收率逐渐升高，而铁品位、回收率均逐渐提高。当无烟煤用量为15%时，镍、铁回收率均达到最高值，分别为84.78%、90.45%，但此时镍品位仅为4.35%。当无烟煤用量为7.5%时，镍、铁回收率分别为77.74%和77.39%。在无烟煤用量小于7.5%的情况下，镍回收率高于铁，用量高于7.5%后，镍回收率低于铁。可见，无烟煤用量少时能够减少铁的还原从而能降低铁回收率，但镍回收率也相应降低。由于无烟煤具有很强的还原性，大量使用后镍和铁同时被还原，不能实现选择性还原。

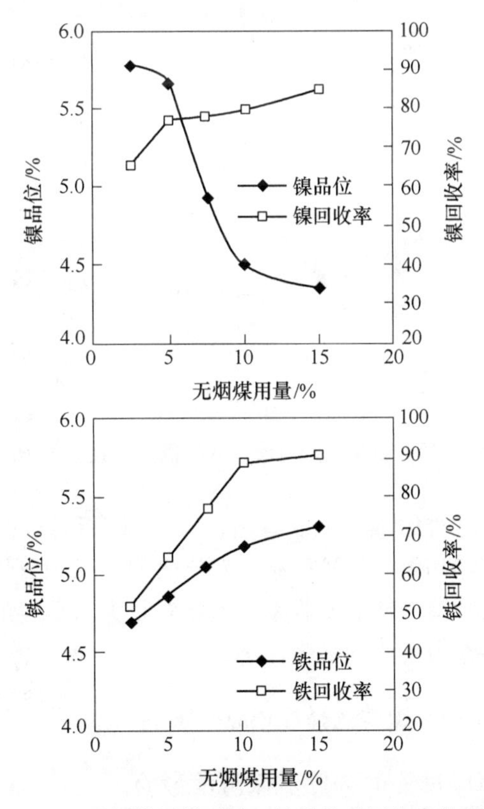

图4-18 无烟煤用量对镍、铁品位及回收率的影响

4.3.3.3 石煤作为还原剂的影响

石煤用量的影响如图 4-19 所示。从图中可以看出，随着石煤用量增加，镍品位逐渐降低；回收率逐渐升高，而铁品位、回收率均逐渐提高，该规律与使用褐煤和无烟煤时的一致。当石煤用量为 15%时，镍品位和回收率分别为 5.79%和 81.00%；铁品位和回收率分别为 64.84%和 85.43%。

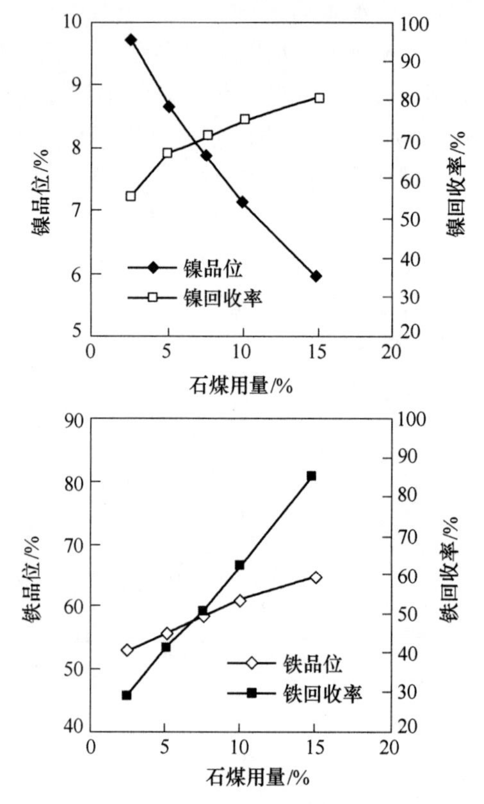

图 4-19 石煤用量对镍、铁品位及回收率的影响

从以上 3 种煤用量对比试验可以看出，煤种对镍和铁的还原有一定的影响。相同用量的石煤、褐煤和无烟煤试验结果对比表明，采用石煤作为还原剂时镍铁粉中镍品位较高，同时镍、铁的回收率差值相对较大。石煤的价格明显低于无烟煤和褐煤，采用石煤作为还原剂最为经济。

4.3.4 石煤作为还原剂对镍铁选择性还原的影响

4.3.4.1 Na_2CO_3 用量 15%时石煤用量影响

为了进一步考察 Na_2CO_3 存在时石煤对镍、铁选择性还原影响，研究了石煤用量的影响，结果如图 4-20 所示。

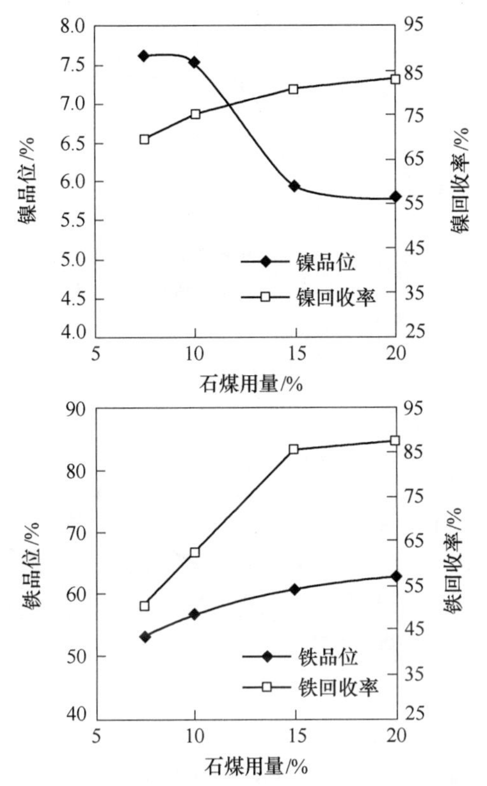

图 4-20 石煤用量对镍、铁品位及回收率的影响

从图 4-20 中可以看出，该试验结果与前面章节中石煤用量对镍、铁品位和回收率的影响规律相似。随着石煤用量增加，镍品位逐渐降低，镍回收率逐渐升高，而铁品位、回收率均逐渐提高。可见，增加石煤用量能够有效回收高镍原矿中的镍和铁。同时，随着石煤用量的增加大量的铁被还原，铁的品位也随之增加。石煤用量从 10%上升到 15%后，镍回收率不再明显增加。同时，铁的品位变化幅度不大，但回收率提高将近 20%。石煤用量在 10%时，镍品位为 7.51%，回收率为 74.09%，而铁回收率仅 62.21%，镍铁粉中镍回收率高于铁且两者回收率差值相对较大，因此石煤用量 10%为宜。

4.3.4.2 *石煤用量 10%时添加剂用量影响*

为了进一步考察石煤用量 10%时，Na_2CO_3 对镍、铁还原的影响，进行了 Na_2CO_3 用量的试验。在其他试验条件不变的情况下考察 Na_2CO_3 用量对选择性还原镍、铁的影响，结果如图 4-21 所示。

从图 4-21 中可以看出，添加 Na_2CO_3 对镍和铁还原有利，特别是可以促进镍的还原。不添加 Na_2CO_3 时，镍铁粉中镍品位为 3.25%，镍回收率为 39.74%，铁的回收率仅为 39.35%。随着 Na_2CO_3 用量增加，镍铁粉中镍品位和镍回收率均逐

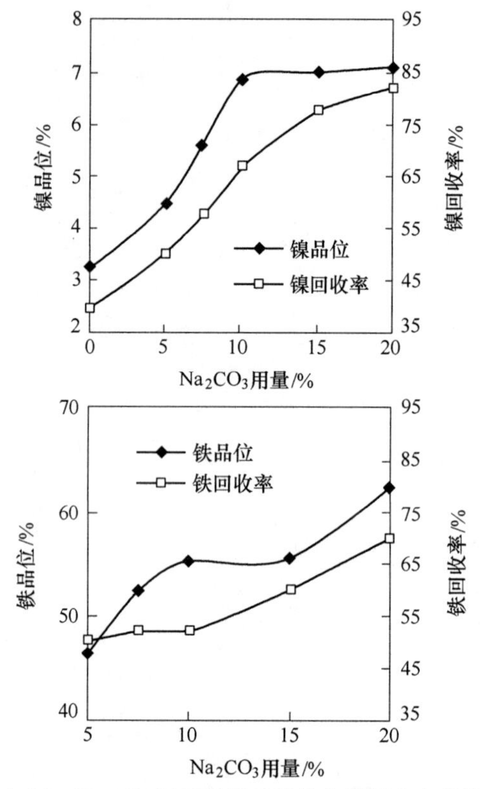

图 4-21 Na_2CO_3 用量对镍、铁品位及回收率的影响

渐增加；铁的品位和回收率也逐渐增加，但镍回收率增加的幅度要大于铁。与不添加相比，Na_2CO_3 用量 5%时，镍铁粉中镍回收率提高了 12.84%，而铁的回收率仅提高 2.9%。Na_2CO_3 用量 15%时，镍品位达到 7.00%，镍回收率达到 77.77%，而铁回收率只有 59.93%，此时镍、铁回收率差值相对较大，同时镍品位也较高，因此 Na_2CO_3 用量 15%是合适的。

4.3.4.3 石煤用量 10%、Na_2CO_3 用量 15%时焙烧温度影响

焙烧温度对选择性还原镍、铁的影响结果如图 4-22 所示。

从图 4-22 中可以看出，随着焙烧温度增加，镍、铁品位及其回收率均逐渐提高。焙烧温度 1250℃时，镍品位达到最大值 8.21%，回收率为 84.29%，铁的回收率为 66.74%，镍、铁回收率差值最大。当温度再升高到 1300℃时，镍的品位与回收率分别为 8.14%、84.03%，与 1250℃时的镍品位和镍回收率相比变化较小，但铁回收率却大幅提高，达到 75.05%，增加幅度较大。当温度达到 1300℃时焙烧矿出现熔融的现象，焙烧矿不易破碎。最终确定焙烧温度为 1250℃。

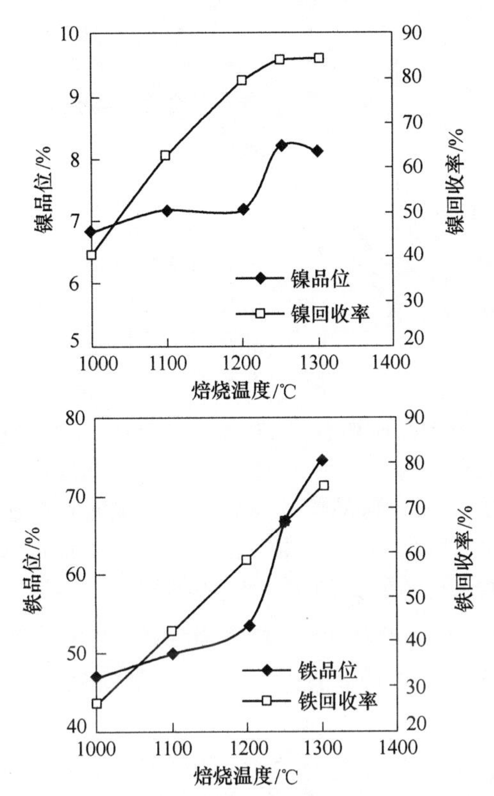

图 4-22 焙烧温度对镍、铁品位及回收率的影响

4.3.4.4 1250℃时 Na_2CO_3 用量 15%条件下石煤用量影响

由于焙烧温度从 1200℃提高到 1250℃，因此需重新确定石煤的用量，结果如图 4-23 所示。

从图 4-23 中可知，在焙烧温度为 1250℃时，随着石煤用量增加，镍铁粉中镍品位逐渐降低，而镍回收率则是逐渐升高；镍铁粉中铁的品位和回收率均逐渐

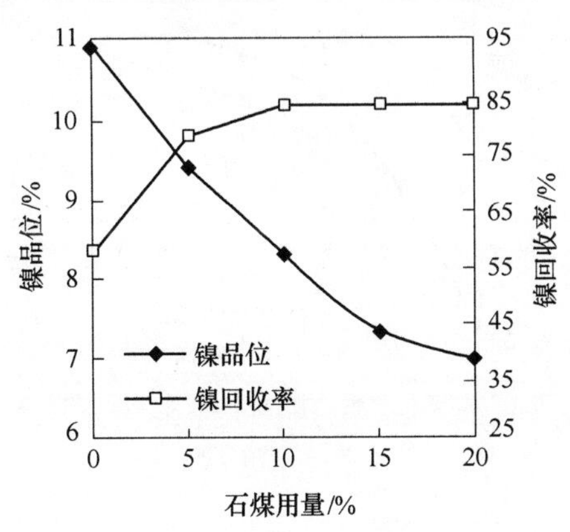

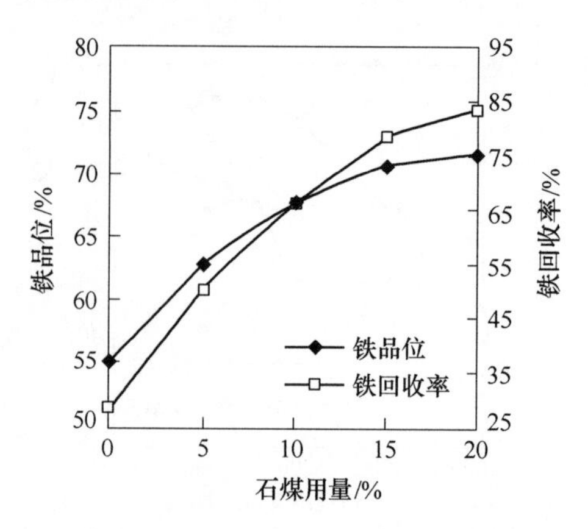

图 4-23 石煤用量对镍、铁品位及回收率的影响

升高。在石煤用量为5%时，镍品位达到9.41%，镍回收率达到78.11%，而铁回收率只有50.65%。此时镍、铁回收率差值相对较大，同时镍品位也较高。确定在焙烧温度为1250℃条件下石煤的用量为5%。

4.3.4.5 1250℃石煤用量5%条件下 Na_2CO_3 用量影响

由于焙烧温度以及石煤用量改变，因此需重新确定 Na_2CO_3 的最佳用量。Na_2CO_3 用量的影响结果如图 4-24 所示。

可以看出，随着 Na_2CO_3 用量的增加，镍铁粉中镍品位先快速增加后上升速度减慢，镍回收率也呈现逐渐增加的趋势；铁品位和回收率均逐渐增加。在 Na_2CO_3 用量小于20%的条件下，镍回收率增加幅度明显比铁大。Na_2CO_3 用量超过20%以后，镍铁粉中铁品位和回收率迅速上升，说明此时高镍原矿中铁被大量还原出来，导致镍品位有所下降。Na_2CO_3 用量为20%时，镍的品位和回收率分别达到8.40%和82.11%，而铁的回收率为54.37%，此时，镍、铁回收率差值较大，同时镍品位也较高，因此确定 Na_2CO_3 的最佳用量为20%。

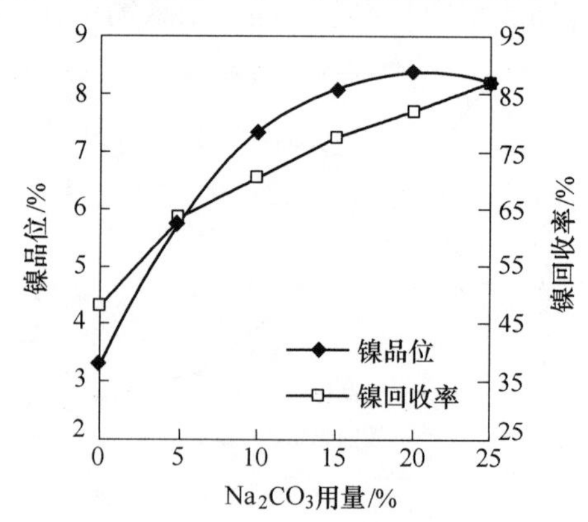

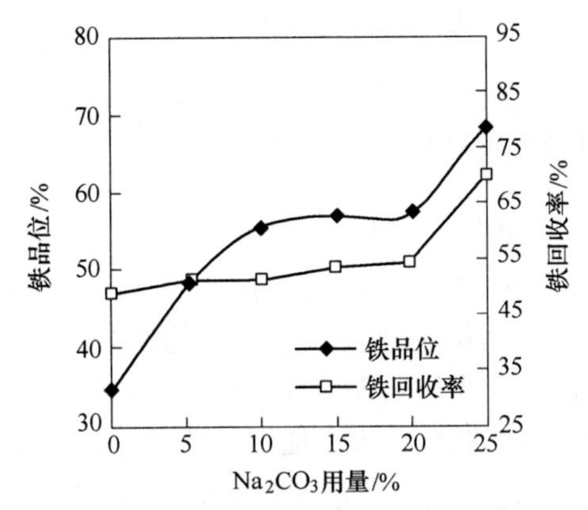

图 4-24 Na_2CO_3 用量对镍、铁品位及回收率的影响

4.3.4.6 焙烧时间影响

焙烧时间的影响结果如图 4-25 所示。

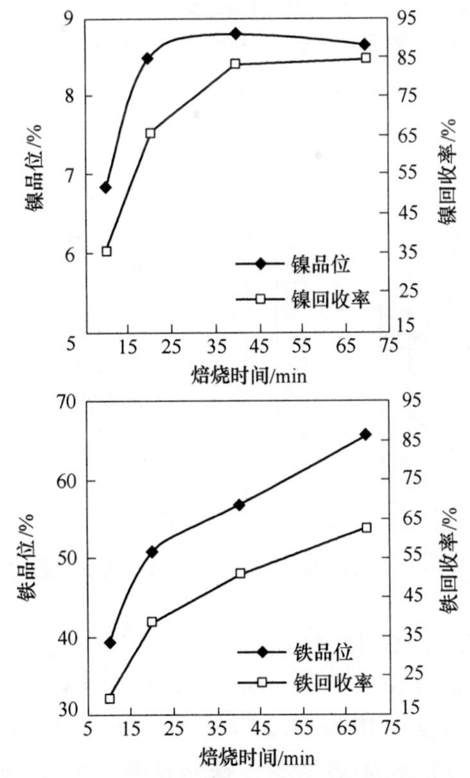

图 4-25 焙烧时间对镍、铁品位及回收率的影响

从图 4-25 中可知，随着焙烧时间延长，镍铁粉中镍和铁的品位、回收率均逐渐升高。焙烧时间 40min 时，镍品位达到 8.79%，镍回收率达到 82.64%，而

铁回收率只有 50.86%，镍、铁回收率差值相对较大，同时镍品位也较高。因此焙烧时间 40min 为宜。

4.3.5 混合添加剂对镍铁选择性还原的影响

从前述结果可知，Na_2CO_3 有助于提高镍铁粉中镍的品位及回收率，石煤可以在保证镍的品位和回收率的同时减少铁的还原，从而达到镍和铁选择性还原的目的。Na_2SO_4 对镍、铁的品位及回收率有一定的影响，表现为镍铁粉中镍品位升高，而铁回收率降低，同时 Na_2SO_4 对镍回收率的影响小于对铁。因此，本节研究采用 Na_2SO_4 与 Na_2CO_3 混合作为添加剂对选择性还原镍和铁的影响。

研究条件为：石煤为还原剂，用量 5%；焙烧温度 1250℃；焙烧时间 40min；自然冷却；一段磨矿，细度 -0.074mm 占 98.72%；一段磁选，磁选磁场强度 198.73kA/m。考虑到 Na_2CO_3 最佳用量为 20%，采用总量不变，改变 Na_2CO_3 和 Na_2SO_4 比例的方法研究混合添加剂的影响。Na_2SO_4 和 Na_2CO_3 比例为 1：3（用量分别为 5%、15%）、1：1（用量分别为 10%、10%）、3：1（用量分别为 15%、5%）；同时，在此基础上增加一组 Na_2CO_3 最佳用量不变时，添加少量 Na_2SO_4 的情况，其混合比例为 1：4（Na_2SO_4 用量为 5%，Na_2CO_3 用量为 20%）。结果如图 4-26 所示。

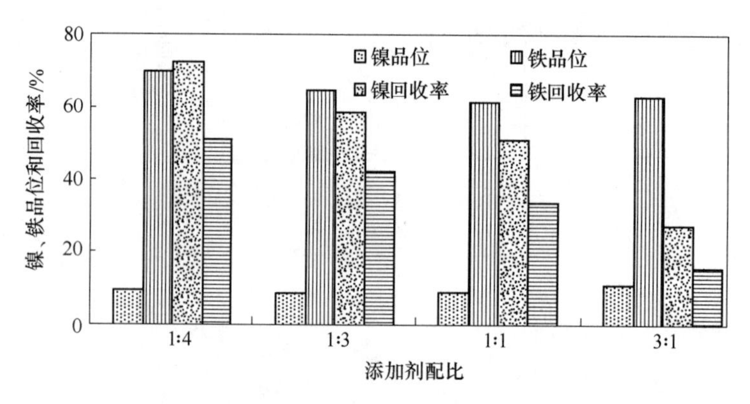

图 4-26 混合添加剂对镍、铁品位及回收率的影响（一）

从图 4-26 中可以看出，随着混合添加剂中 Na_2SO_4 比例的增大，镍铁粉中镍、铁回收率均降低。当 Na_2CO_3 和 Na_2SO_4 比例为 1：4 时，镍品位为 9.62%，镍回收率为 72.69%，铁回收率为 51.54%；当 Na_2SO_4 和 Na_2CO_3 比例为 1：3 时，镍品位为 8.73%，镍回收率为 58.98%，铁回收率为 42.64%；当 Na_2SO_4 用量增加到 3：1 时，镍品位为 10.85%，镍回收率为 27.43%，铁回收率为 15.54%。可以看出增加混合添加剂中 Na_2SO_4 用量后，对铁有明显的抑制作用。

从图 4-26 中还可以看出，添加小剂量的 Na_2SO_4 对镍还原的影响要小于对铁还原的影响。因此，固定 Na_2CO_3 最佳用量为 20%，考察添加用量小于 5% 的 Na_2SO_4 的影响，结果如图 4-27 所示。

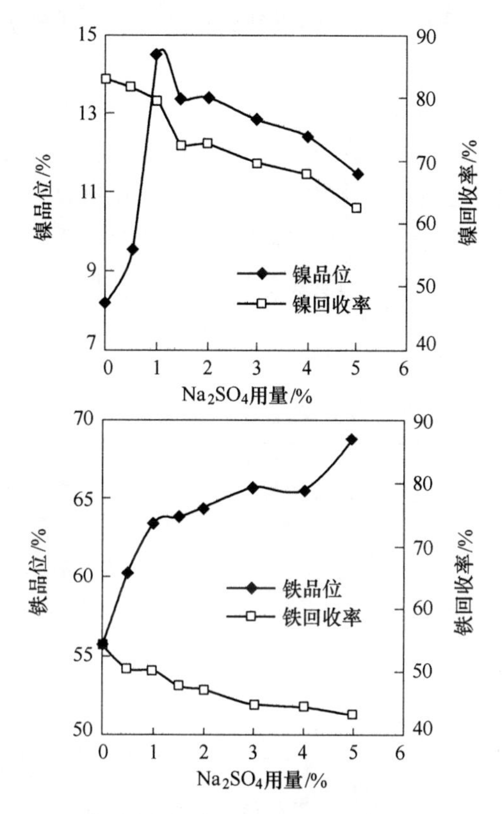

图 4-27 混合添加剂对镍、铁品位及回收率的影响（二）

从图 4-27 中可以看出，随着 Na_2SO_4 用量的增加，镍品位先升高后降低，而铁品位却是持续上升。同时，随着 Na_2SO_4 用量的增加，镍、铁回收率均呈现下降的趋势，但镍回收率下降幅度明显要低于铁，可见，Na_2SO_4 对铁的抑制要强于镍。当 Na_2SO_4 用量为 0.5%时，镍品位为 9.47%，比不添加 Na_2SO_4 时有一定程度提高；铁回收率为 50.44%，低于不添加 Na_2SO_4 时的情况。可见，添加 Na_2SO_4 对于提高镍品位，降低铁回收率是有一定作用的。综合考虑，Na_2SO_4 用量 0.5%，即 Na_2CO_3 与 Na_2SO_4 混合作为添加剂，用量分别为 20% 和 0.5% 较适宜。

4.3.6 选别条件的影响及产品分析

在磁选过程中，选择适合的磨矿细度以及磁场强度是关键的两个环节。磨矿产品粒度过粗，目的矿物没有实现单体解离，会造成脉石随着目的矿物一起进入磁性产品，很难获得高品位的镍铁粉；磨矿产品过细，可能使得目标矿物流失，影响目标矿物的回收率。如果磁场强度过高，会出现细小脉石随着目标矿物夹带的情况，影响所得镍铁粉的品位；磁场强度过低，目的矿物会流失导致其回收率降低。

4.3.6.1 一段磨矿细度影响

一段磨矿细度的影响如图 4-28 所示。可以看出，随着磨矿细度增加，镍铁粉中镍品位逐渐升高，镍回收率则逐渐降低；铁品位也是逐渐增加，回收率逐渐降低。两者不同点在于在磨矿粒度粗的情况下，镍回收率下降速度要低于铁，磨矿粒度细的情况下，铁回收率下降速度低于镍。当-0.074mm 占 90%以上，镍、铁品位及回收率变化趋势趋于平缓。可见，磨矿细度达到90%以上后，镍、铁的回收影响较小。

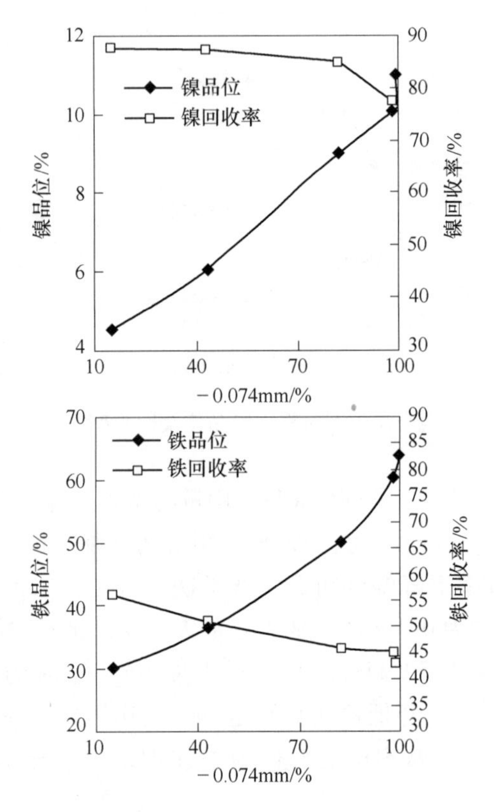

图 4-28 一段磨矿细度对镍、铁品位及回收率的影响

当磨矿细度-0.074mm 占 43.00%时，镍品位为 6.06%，回收率达到 87.24%，而铁回收率只有 50.86%；当磨矿细度-0.074mm 占 98.27%，此时镍

品位达到 10.10%，回收率为 77.74%，铁回收率为 45.82%。两个磨细度比较后发现，镍回收率降低了 9.50%，而铁回收率降低了 5.75%。在细度为 43.0%时，镍、铁回收率差值相对较大，但品位相对较低。考虑到可采用两段磨矿的方式，第一段磨矿保证镍回收率，第二段磨矿保证镍品位，一段磨矿细度-0.074mm 占 43.00%为宜。

4.3.6.2 一段磁选磁场强度影响

一段磁选磁场强度的影响如图 4-29 所示。可以看出，随着磁场强度的提高，镍铁粉中镍和铁的品位和回收率变化规律一致，即随着磁场强度的增强而逐渐降低，回收率则逐渐升高。当一段磨矿磁场强度为 71.64kA/m 时，镍品位为 7.10%，镍回收率为 75.69%，铁回收率为 42.98%。磁场强度提高到 198.73kA/m 时，镍品位为 6.06%，镍回收率为 87.24%，铁回收率为 50.02%。在磁场强度 198.73kA/m 时镍、铁回收率差值相对较大，同时镍回收率也为最高，一段磁场强度 198.73kA/m 为宜。

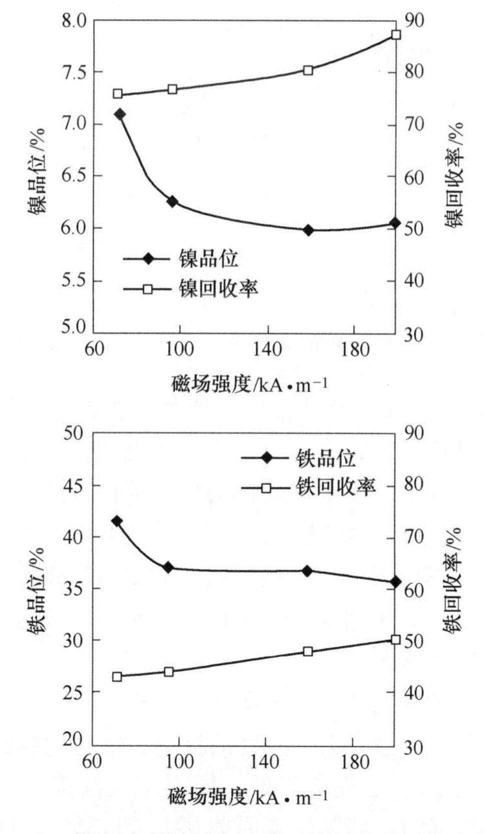

图 4-29 一段磨矿磁场强度对镍、铁品位及回收率的影响

4.3.6.3 二段磨矿细度影响

二段磨矿细度的影响如图4-30所示。

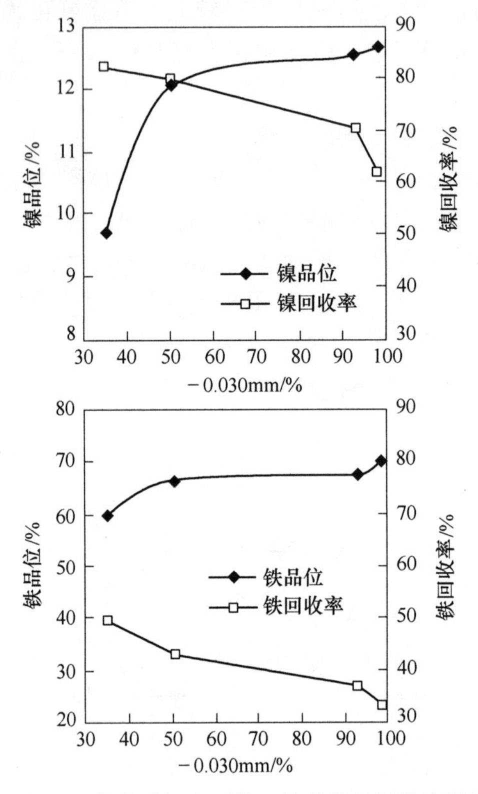

图4-30 二段磨矿细度对镍、铁品位及回收率的影响

从图4-30可以看出，随着磨矿细度的增加，镍铁粉中镍和铁的品位和回收率变化规律一致，即品位逐渐升高，回收率则逐渐降低；当-0.030mm达50%以上后，镍品位和铁品位两条曲线不再明显增加。选择二段磨矿的目的是在保证镍回收率前提下，提高镍铁粉中镍品位。当-0.030mm占50.30%，镍品位为12.03%，镍回收率达到79.91%，而铁回收率仅有42.88%。此时镍、铁回收率差值相对较大。因此二段磨矿细度-0.030mm占50.30%为宜。

4.3.6.4 二段磁场强度影响

二段磁场强度的影响如图4-31所示。

从图4-31可以看出，随着磁场强度的提高，镍铁粉中镍品位逐渐降低，回收率则逐渐升高；铁品位也是逐渐降低，回收率逐渐提高。当二段磁场强度为63.68kA/m时，镍品位为12.49%，镍回收率为71.85%，铁回收率为36.18%，此时镍品位较高但回收率相对较低。磁场强度提高到198.73kA/m时，镍品位为11.64%，镍回收率为79.22%，铁回收率为43.03%。在磁场强度为198.73kA/m

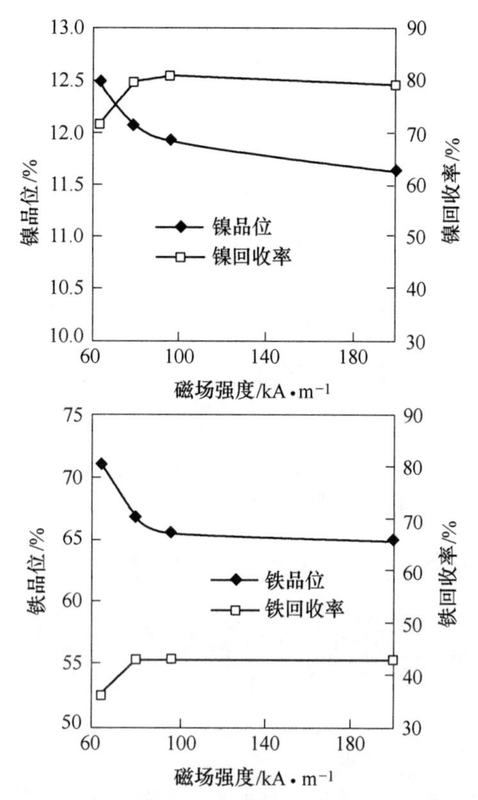

图 4-31 二段磁场强度对镍、铁品位及回收率的影响

时，镍、铁回收率差值相对较大，同时镍回收率也为最高，二段磁场强度采用198.73kA/m 为宜。

4.3.6.5 产品检查

镍铁粉的化学多元素分析见表 4-7，可以看出，镍铁粉中镍品位为 12.31%，铁品位 71.98%，杂质主要是二氧化硅以及镁、钠、铝等。

表 4-7 镍铁粉化学多元素分析

成 分	SiO_2	MgO	Al_2O_3	CaO	Mn	Na_2O
质量分数/%	5.39	2.35	5.2	0.22	0.060	1.08
成 分	K_2O	S	P	Ni	Fe	
质量分数/%	0.024	0.067	0.01	12.42	72.16	

镍铁粉的 X 射线衍射图分析结果如图 4-32 所示。从图中可以看出，镍铁粉中主要矿物为镍纹石（I）和金属铁（K），其中存在少量镁铁橄榄石（H）。可见，在镍铁粉中，除了镍铁金属外还有少量脉石的存在。

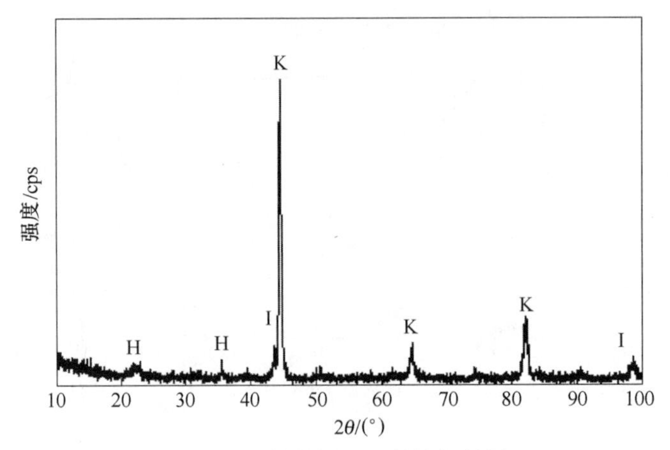

图 4-32 镍铁粉的 X 射线衍射图

H—镁橄榄石 [$(Mg, Fe)_2SiO_4$]; I—镍纹石 (β-[FeNi]); K—铁 (Fe)

镍铁粉电镜观察结果如图 4-33~图 4-35 所示。

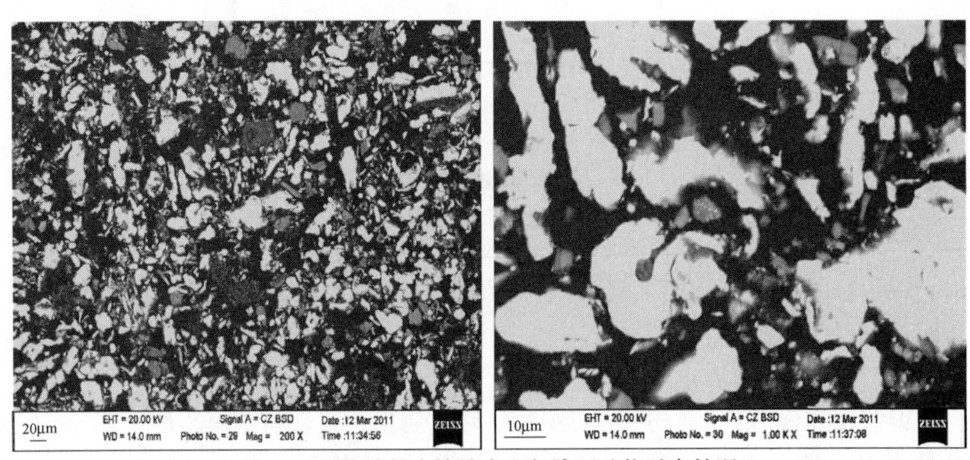

图 4-33 镍铁粉中镍铁合金与脉石矿物赋存情况

图 4-33 分别为镍铁粉放大不同倍数的电镜图。与前文中经过两段磨矿两段磁选得到的镍铁粉相比，经过再次磨矿磁选所得到的镍铁粉中脉石含量很少，主要为亮白色的镍铁合金颗粒。从镍铁粉中不同元素面分布图 4-34 中可以看出，镍、铁两元素同时在亮白区域富集，因此亮白色的颗粒为镍铁合金。

从电镜图中可以看出仍然有些灰色的脉石矿物，在面扫描图中灰色颗粒部分为硅富集区域。为了进一步了解精矿中镍铁合金与脉石的赋存状态，对镍铁粉进行了进一步的电镜观察，如图 4-35 所示。由于高镍原矿焙烧后生成的镍铁合金颗粒的延展性很好，在磨矿过程中部分镍铁合金相互挤压从而形成小的镍铁合金片，这些镍铁合金片在经过磁选后在镍铁粉中大量存在，且用肉眼可以辨别。图

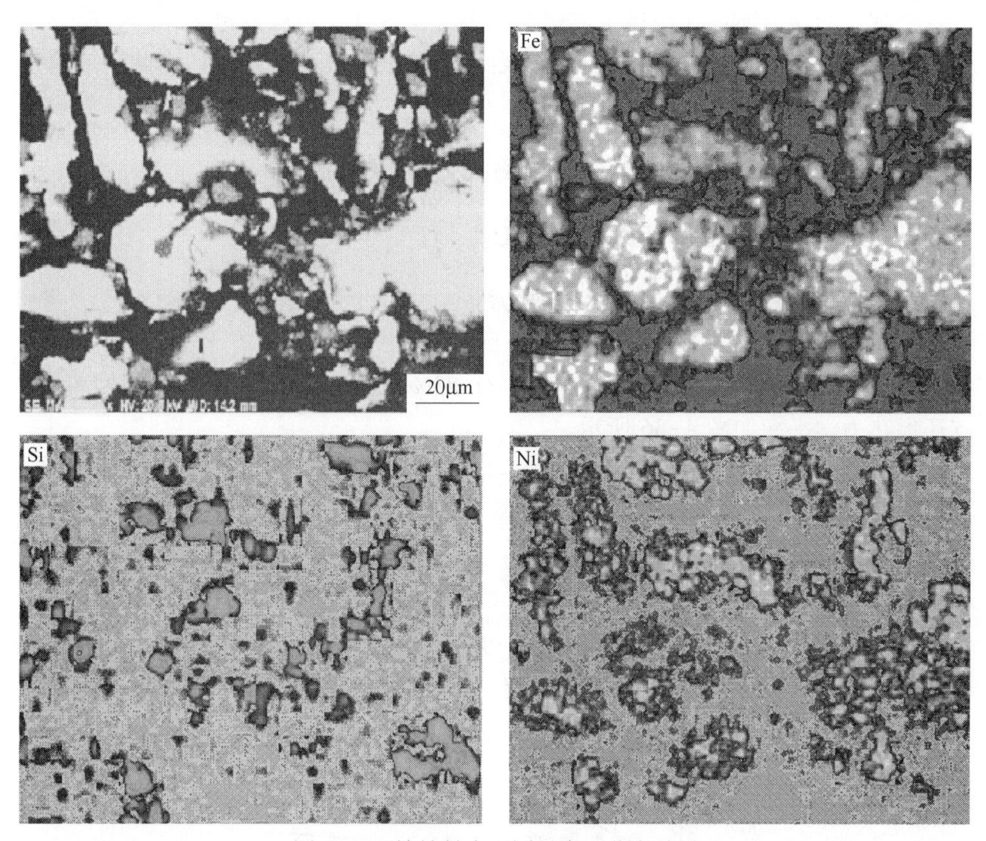

图 4-34 镍铁粉中不同元素面分布关系

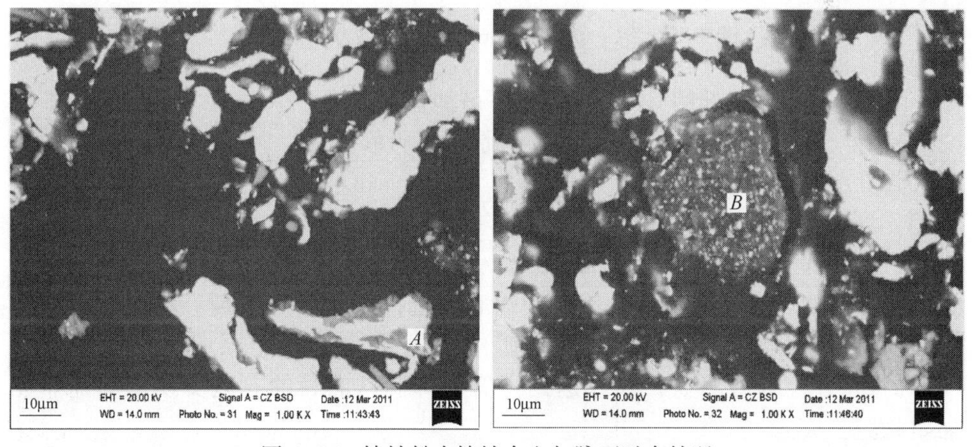

图 4-35 镍铁粉中镍铁合金与脉石赋存情况

4-35 中 *A* 颗粒为镍铁合金与脉石形成的连生体，该连生体为富连生体，其中镍铁合金占很大部分，在磁选过程中被选入到精矿中。图 4-35 中 *B* 颗粒也是镍铁合金与脉石的连生体。在该连生体中粒度小的镍铁合金颗粒被包裹在脉石矿物之中。在磨矿过程中，这些粒度小的镍铁合金颗粒很难被充分解离，因此造成部分脉石矿物随着镍铁合金进入到镍铁粉中。

4.4 高镍型红土镍矿选择性还原焙烧分离镍铁机理

4.4.1 煤种对镍铁选择性还原的影响机理

4.4.1.1 氧化镍和氧化铁还原顺序

高镍原矿中68.93%的镍存在于蛇纹石中，31.07%存在于氧化镍中；66.62%的铁存在于针铁矿和赤铁矿中，31.83%在硅酸盐中。镍、铁氧化物固体碳还原热力学平衡如图4-36所示。

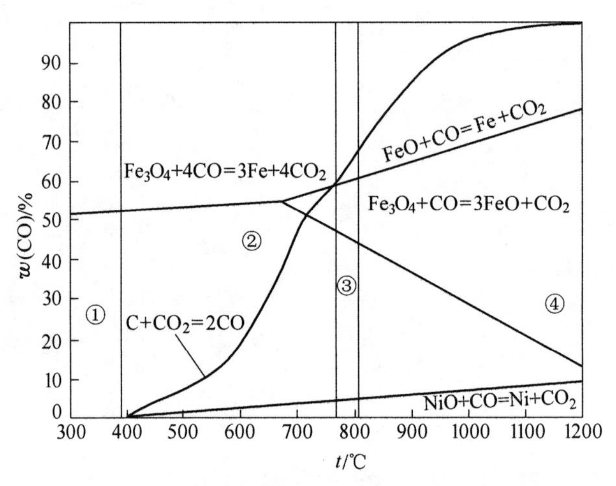

图4-36 镍、铁氧化物固体碳还原热力学平衡图

由于Fe_2O_3在很低的CO浓度条件下就能被还原为Fe_3O_4，因此在图4-36中没有标出。铁的氧化物与还原剂发生还原反应历程应为：$Fe_2O_3 \rightarrow Fe_3O_4 \rightarrow FeO \rightarrow Fe$。从图4-36中可以看出，①区域为$Fe_3O_4$、NiO稳定区，②区域为$Fe_3O_4$、Ni稳定区，③区域为FeO、Ni稳定区，④区域为Fe、Ni稳定区。NiO的开始还原的温度低于Fe_nO开始还原的温度。同时氧化镍还原时所需要的CO浓度要低于铁氧化物。这是实现红土镍矿中镍和铁选择性还原的原理。从热力学平衡图可以看出，用少量的还原剂使原矿中镍氧化物优先还原成金属镍，阻止Fe_2O_3大量还原为金属铁，最终达到富集镍抑制铁的目的。但实际情况并非完全如此。

4.4.1.2 不同还原剂焙烧矿的矿物分析

A 石煤为还原剂时焙烧矿的矿物分析

检测样品的焙烧条件为：Na_2CO_3用量为20%；石煤用量1%、5%、10%、

15%、20%；焙烧温度 1250℃；焙烧时间 40min；自然冷却。焙烧矿磨细后 XRD 分析结果如图 4-37 所示。

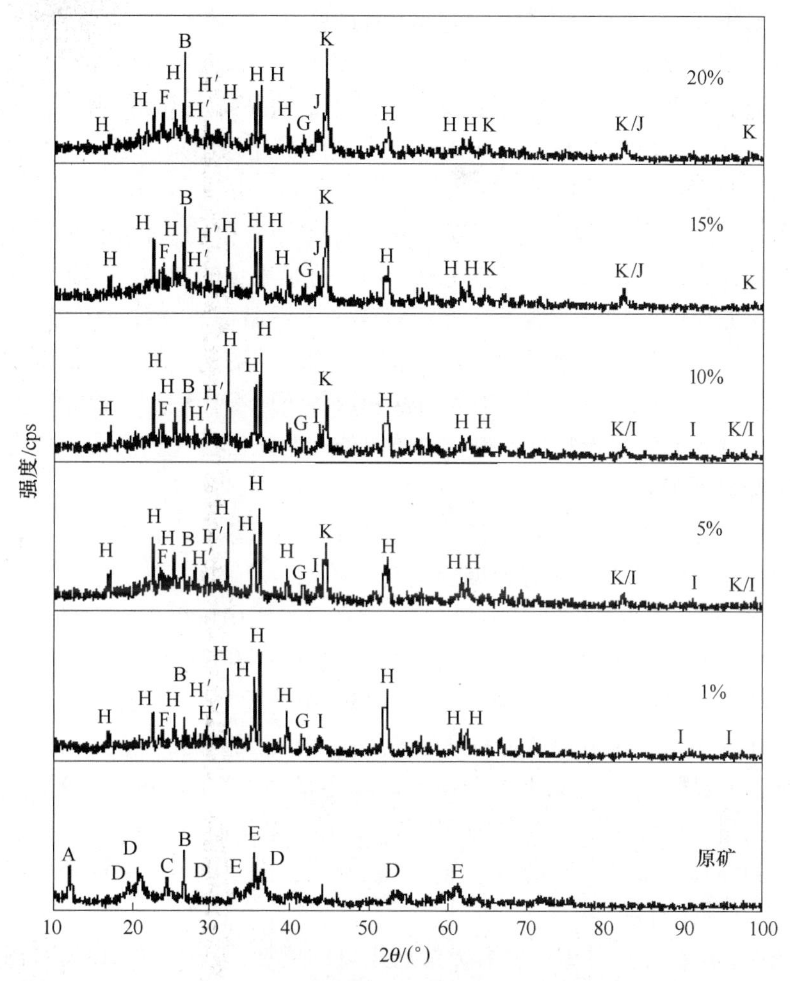

图 4-37 不同石煤用量所得焙烧矿的 XRD 图谱

A—蛇纹石 [$(Mg,Fe)_3(Si_2O_5)_x(OH)_ynH_2O$]；B—石英（$SiO_2$）；C—镍蛇纹石 [$Ni_3(Si_2O_5)_x(OH)_ynH_2O$]；D—针铁矿 [$FeO(OH)$]；E—赤铁矿（$Fe_2O_3$）；F—橄榄石（$Mg_2SiO_4$）；G—浮氏体（FeO）；H—富镁橄榄石 [$(Mg,Fe)_2SiO_4$]；H′—富铁橄榄石 [$(Fe,Mg)_2SiO_4$]；I—镍纹石（β-[FeNi]）；J—铁纹石（α-[FeNi]）；K—铁（Fe）

由图 4-37 可以看出，经过焙烧后，高镍原矿中镍蛇纹石及褐铁矿的峰均消失，镍和铁从镍蛇纹石和褐铁矿、针铁矿中被还原，生成金属镍和铁并形成镍铁合金。由于镍先于铁被还原，当石煤用量为 1%时，没有金属铁的峰出现，说明铁的还原量相对较少，部分镍、铁从原矿中还原出来，生成镍含量较高的镍纹石（I），此时磁选得到的镍铁粉镍品位达到 10.2%。随着石煤用量的增加，还原气氛加强，铁大量从高镍原矿中被还原出来，在石煤用量为 5%，开始出现金属铁的峰，此时进行磨矿磁选后得到的镍铁粉中镍品位降低到 8.65%，铁品位为 51.77%，镍回收率达到 66.45%，铁回收率只有 40.79%。

当石煤用量在 15%时，铁的次峰开始出现，说明此时铁被大量还原出来，经过磨矿磁选后所得到精矿镍品位下降到 5.97%，铁品位上升到 64.84%、镍回收率达到 81.00%，铁回收率达到 85.43%。大量铁被还原出来以后，镍纹石就转变成铁纹石（J）的形式存在。

从图 4-37 中还可以看出，石煤不同用量焙烧矿中均有浮氏体 G(FeO) 生成，说明高镍原矿中部分铁没有被还原。随着石煤用量的增加，石英的峰在逐渐增强。高镍原矿中的蛇纹石经过焙烧后转变为镁铁橄榄石（H、H′)。上述结果说明，实际上，用控制还原气氛的方法来实现镍和铁的选择性还原很困难，还原气氛太弱时镍被还原相对较多，但此时铁和镍的还原都比较少，镍和铁的回收率都很低。加强还原气氛选择性变差，镍还原的同时铁也被大量还原，所得镍铁粉中镍品位明显下降。

B 无烟煤为还原剂时焙烧矿的矿物分析

检测样品焙烧试验条件为无烟煤用量 1%、5%、10%、15%、20%，其他条件不变。焙烧矿 XRD 分析结果如图 4-38 所示。从图中可以看出，与石煤为还原剂所得焙烧矿的 XRD 图谱相似，无烟煤不同用量的 XRD 图谱中均有浮氏体（FeO）生成，说明部分铁没有被还原。无烟煤用量 1%时，少部分镍、铁从高镍原矿中被还原出来，生成镍含量较高的镍纹石（I)。随着无烟煤用量的增加，还原气氛增强，铁大量被还原出来。在无烟煤用量为 5%时，铁的次峰开始出现；当无烟煤用量在 10%时，铁品位为 51.77%，铁回收率达到 86.7%。同时随着无烟煤用量的增加，金属铁峰增强。当大量铁被还原出来以后，镍铁合金就转以铁纹石（J）的形式存在。

从图 4-38 还可以看出，随着无烟煤用量的增加，石英的峰逐渐减弱，这是与使用石煤为还原剂时的不同之处。

C 褐煤为还原剂时焙烧矿的矿物分析

检测样品焙烧条件为褐煤用量 1%、5%、10%、20%，其他条件不变。焙烧矿磨 XRD 分析结果如图 4-39 所示。由图中可以看出，褐煤不同用量所得焙烧矿的 XRD 图谱中均有浮氏体（FeO）生成，说明部分铁没有被还原，还原剂褐煤用量不充足，这点与石煤和无烟煤的 XRD 图中所显示的结果一致。褐煤用量 1%时，小部分镍、铁从原矿中还原出来，生成镍含量较高的镍铁合金镍纹石（I)。随着褐煤用量的增加，还原气氛增强，铁大量被还原出来。在褐煤用量为 5%时，已有金属铁的强峰出现；当褐煤用量为 10%时，在 60°~70°区间内铁的次峰开始出现，铁品位为 57.95%，铁回收率达到 76.67%。同时随着褐煤用量的

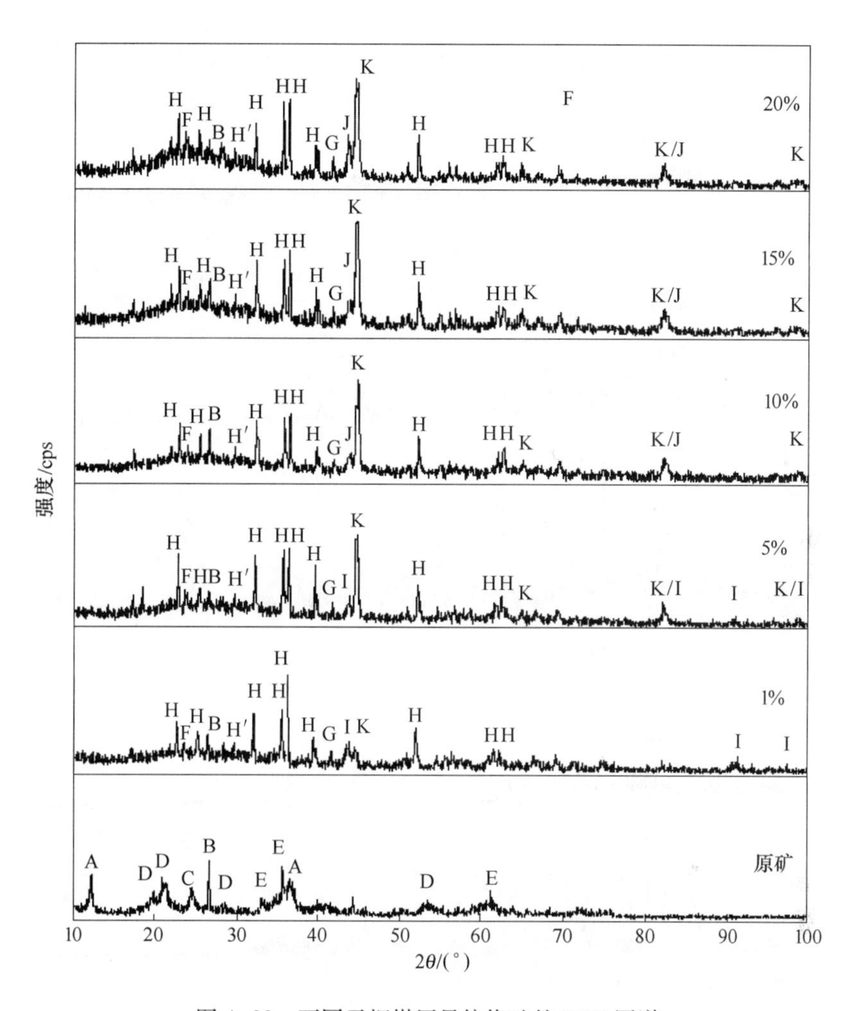

图 4-38 不同无烟煤用量焙烧矿的 XRD 图谱

A—蛇纹石 [$(Mg,Fe)_3(Si_2O_5)_x(OH)_y nH_2O$]；B—石英（$SiO_2$）；C—镍蛇纹石 [$Ni_3(Si_2O_5)_x(OH)_y nH_2O$]；D—针铁矿 [$FeO(OH)$]；E—赤铁矿（$Fe_2O_3$）；F—橄榄石（$Mg_2SiO_4$）；G—浮氏体（FeO）；H—富镁橄榄石 [$(Mg,Fe)_2SiO_4$]；H′—富铁橄榄石 [$(Fe,Mg)_2SiO_4$]；I—镍纹石（β-[FeNi]）；J—铁纹石（α-[FeNi]）；K—铁（Fe）

增加，金属铁峰增强。当大量铁被还原出来以后，镍铁转以铁纹石（J）的形式存在。

从图 4-39 中还可以看出，随着褐煤用量的增加，石英的峰逐渐减弱，这是与使用石煤时的不同之处。高镍原矿中的蛇纹石经过焙烧后转变为镁铁橄榄石（H、H′）。

从 3 种煤不同用量时焙烧矿与高镍原矿的 XRD 图谱对比分析可以看出，镍

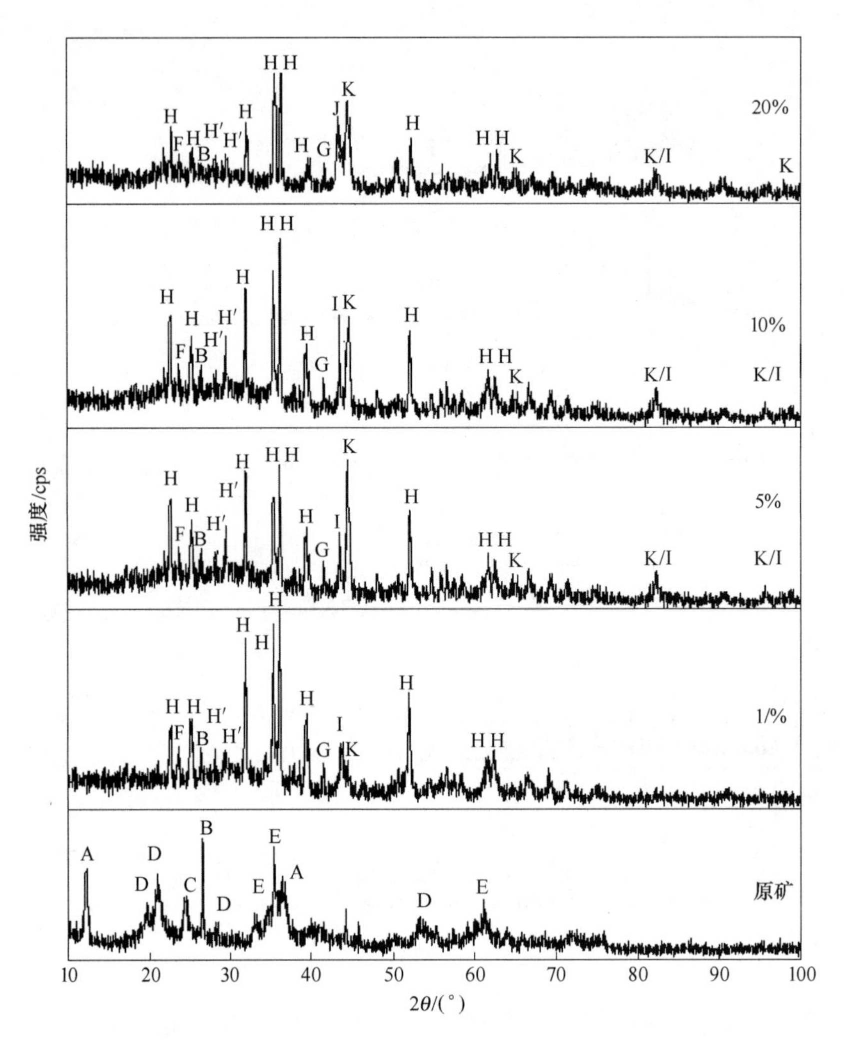

图 4-39 褐煤不同用量所得焙烧矿与原矿的 XRD 图谱

A—蛇纹石 [$(Mg, Fe)_3(Si_2O_5)_x(OH)_y nH_2O$]；B—石英（$SiO_2$）；C—镍蛇纹石 [$Ni_3(Si_2O_5)_x(OH)_y nH_2O$]；D—针铁矿 [$FeO(OH)$]；E—赤铁矿（$Fe_2O_3$）；F—橄榄石（$Mg_2SiO_4$）；G—浮氏体（FeO）；H—富镁橄榄石 [$(Mg, Fe)_2SiO_4$]；H′—富铁橄榄石 [$(Fe, Mg)_2SiO_4$]；I—镍纹石（β-[FeNi]）；J—铁纹石（α-[FeNi]）；K—铁（Fe）

铁以两种形式存在，一种是铁纹石（J），铁纹石是由铁和镍构成的合金矿物，含镍的成分相对较低，约占 5%到 7%；另一种是镍纹石（I），也是由铁和镍构成的合金矿物，其中镍的含量较铁纹石高。

比较图 4-37、图 4-38 和图 4-39 可以看出，3 种煤不同用量的焙烧矿中均有浮氏体（FeO）生成，说明这 3 种煤在试验范围内均不充足，不能完全还原出高镍原矿中的铁。浮氏体是弱磁性矿物，在磁选过程中进入尾矿，这是实现镍和铁的选择性还原的一个原因。

4.4.1.3 不同还原剂焙烧矿的微观结构分析

为了进一步分析煤种对红土镍矿焙烧过程中的影响，对不同煤用量的焙烧矿进行了电镜观察。

A 石煤为还原剂时焙烧矿的微观结构分析

焙烧矿中矿物形态及能谱分析如图 4-40 所示。

从图 4-40 中可以看出，随着石煤用量的增加，焙烧后产物中亮白色的镍铁合金越来越多，说明越来越多的镍、铁从高镍原矿中被还原出来。从能谱中可以看出，随着煤用量的增加，镍铁合金中镍的比例逐渐降低，而铁的比例逐渐升高。石煤用量 1%中点 *A* 处镍质量分数为 70.21%，铁质量分数为 29.79%；石煤用量 5%中点 *B* 处镍质量分数为 52.98%，铁质量分数为 47.02%；石煤用量 20%中点 *C* 处镍质量分数为 6.13%，铁质量分数为 93.87%。从以上能谱的结果可知，点 *A* 和点 *B* 处（石煤用量为 1%和 5%）镍铁合金是以镍纹石形式存在，而点 *C* 处（石煤用量为 20%）镍铁合金是以铁纹石形式存在。该结果与上文中 XRD 分析结果一致。

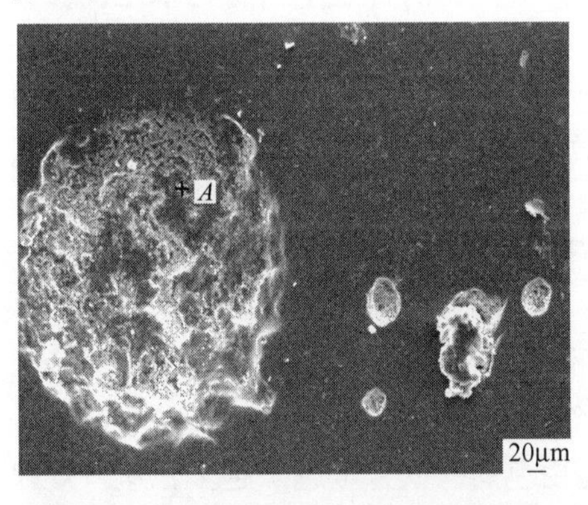

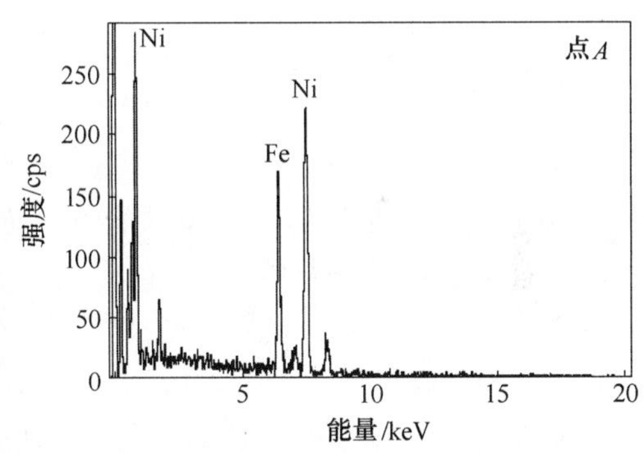

(a)

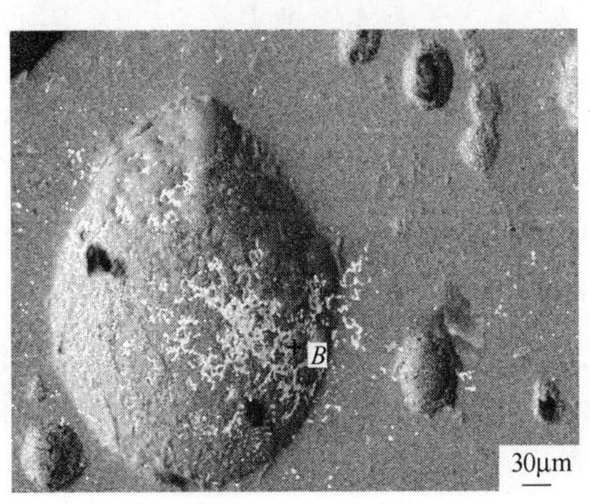

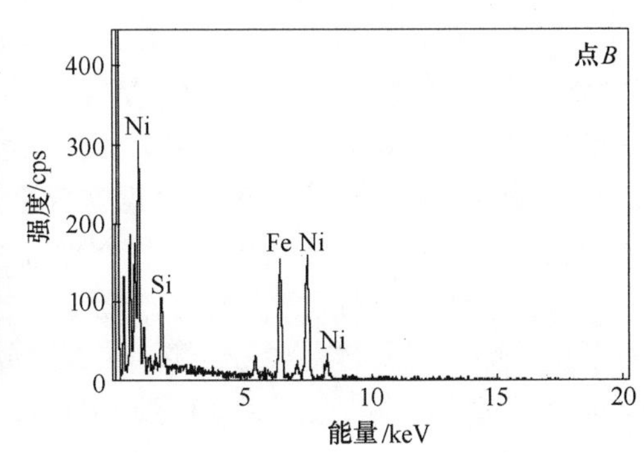

(b)

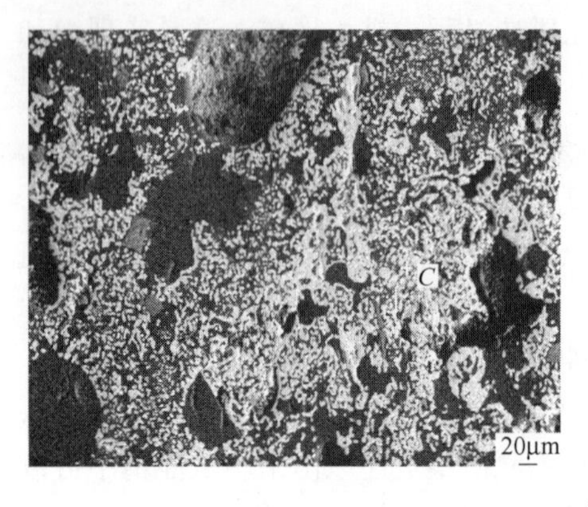

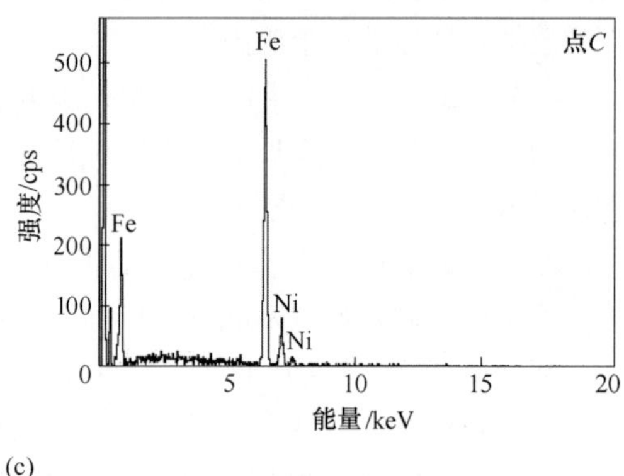

(c)

图 4-40　不同用量石煤焙烧矿的矿物形态比较

(a) 1%；(b) 5%；(c) 20%

B　无烟煤为还原剂时焙烧矿的微观结构分析

无烟煤不同用量焙烧矿中矿物形态及能谱分析如图 4-41 所示。从图中可以看出，随着无烟煤用量的增加，焙烧后产品中亮白色的镍铁合金越来越多，这一规律与采用石煤时相同。从图 4-41 中可以看出，镍铁合金中铁峰越来越高。无烟煤用量 1%时点 A 处镍质量分数为 21.09%，铁质量分数为 78.91%；无烟煤用量 5%时点 B 处镍质量分数为 12.68%，铁质量分数为 87.32%；无烟煤用量 20%时点 C 处镍质量分数为 3.13%，铁质量分数为 93.87%。从以上能谱的结果可知，图 4-41(a) 中点 A 和图 4-41(b) 点 B 处（无烟煤用量为 1%和无烟煤用量为 5%时）镍铁合金是以镍纹石形式存在，而图 4-40(c) 中点 C 处（石煤用量为 20%）镍铁合金是以铁纹石形式存在。

C　褐煤为还原剂时焙烧矿的微观结构分析

不同用量褐煤焙烧矿中矿物形态及能谱分析如图 4-42 所示。从图中可以看出，随着褐煤用量的增加，焙烧后产品中亮白色的镍铁合金越来越多，这一规律与采用石煤时相同。从能谱图中可以看出，镍铁合金中铁峰越来越高。图 4-42(a) 中点 A 处镍质量分数为 17.46%，铁质量分数为 82.54%；图 4-42(b) 中点 B 处镍质量分数为 10.21%，铁质量分数为 89.79%；图 4-42(c) 中点 C 处的镍质量分数为 4.48%，铁质量分数为 95.52%。从以上能谱的结果可知，点 A 和点 B 处（褐煤用量为 1%和 5%时）镍铁合金是以镍纹石形式存在，而点 C 处（褐煤用量为 20%）镍铁合金是以铁纹石形式存在。

对比 3 种煤不同用量条件下焙烧矿的电镜及能谱分析结果可以看出，相同用量下用石煤为还原剂要比无烟煤、褐煤生成的镍铁合金量少。同时从 3 种煤不同用量所得镍铁粉中镍铁合金的能谱中可以看出，用石煤做还原剂，1%用量时，镍峰高于铁峰；5%时镍峰、铁峰相差不大；20%时铁峰高于镍峰，能谱中镍峰

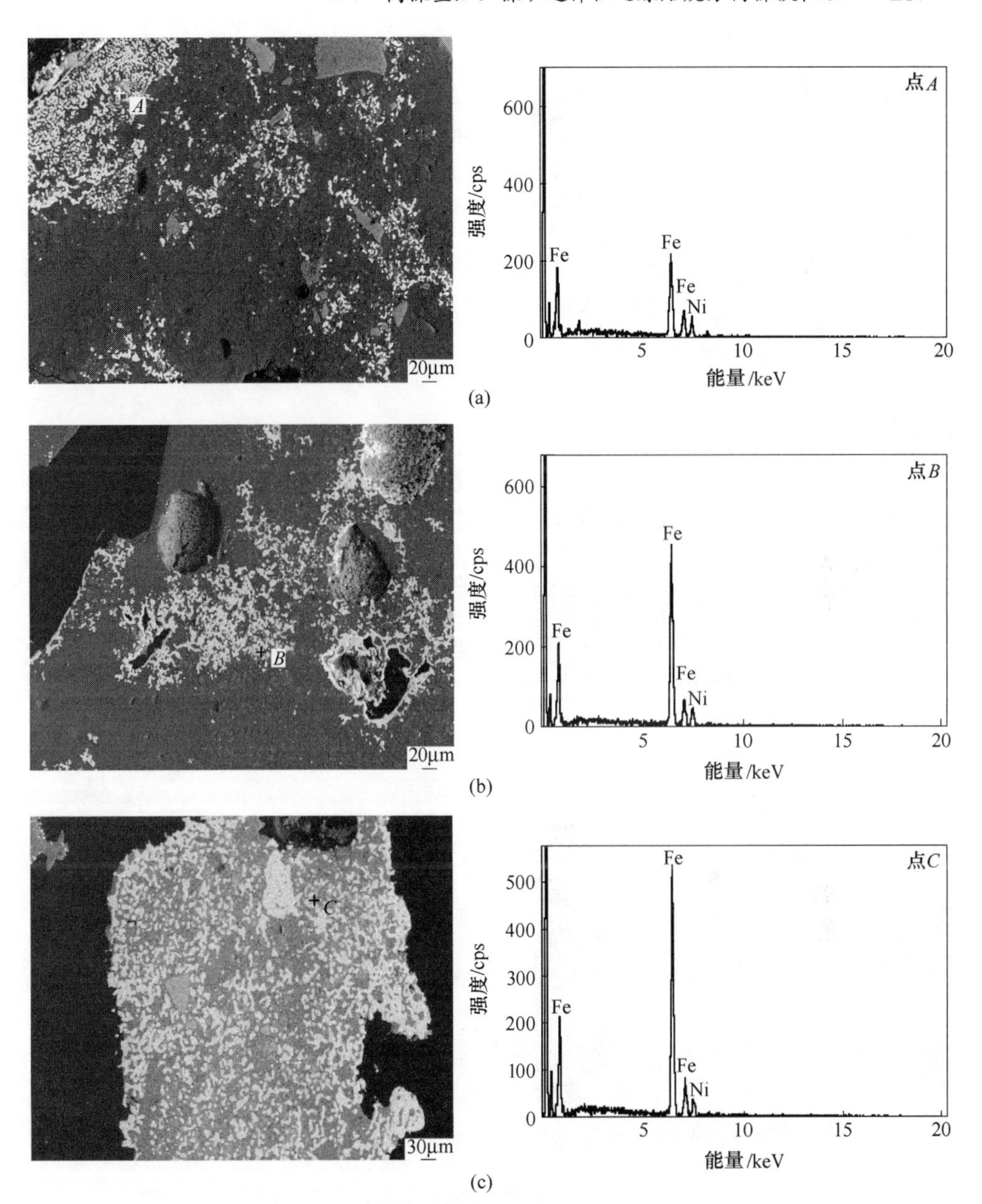

(a)

(b)

(c)

图 4-41 无烟煤不同用量焙烧矿中矿物形态比较

(a) 1%; (b) 5%; (c) 20%

随着石煤用量的增加而逐渐降低，而铁峰则逐渐升高。而采用无烟煤和褐煤时，能谱中铁峰明显在逐渐升高，同时其中的铁含量也在逐渐增加。该现象也进一步证明了石煤的还原性要比无烟煤和褐煤弱。控制石煤的用量就能够在一定程度上达到控制镍、铁被还原程度的目的，实现镍和铁的选择性还原。

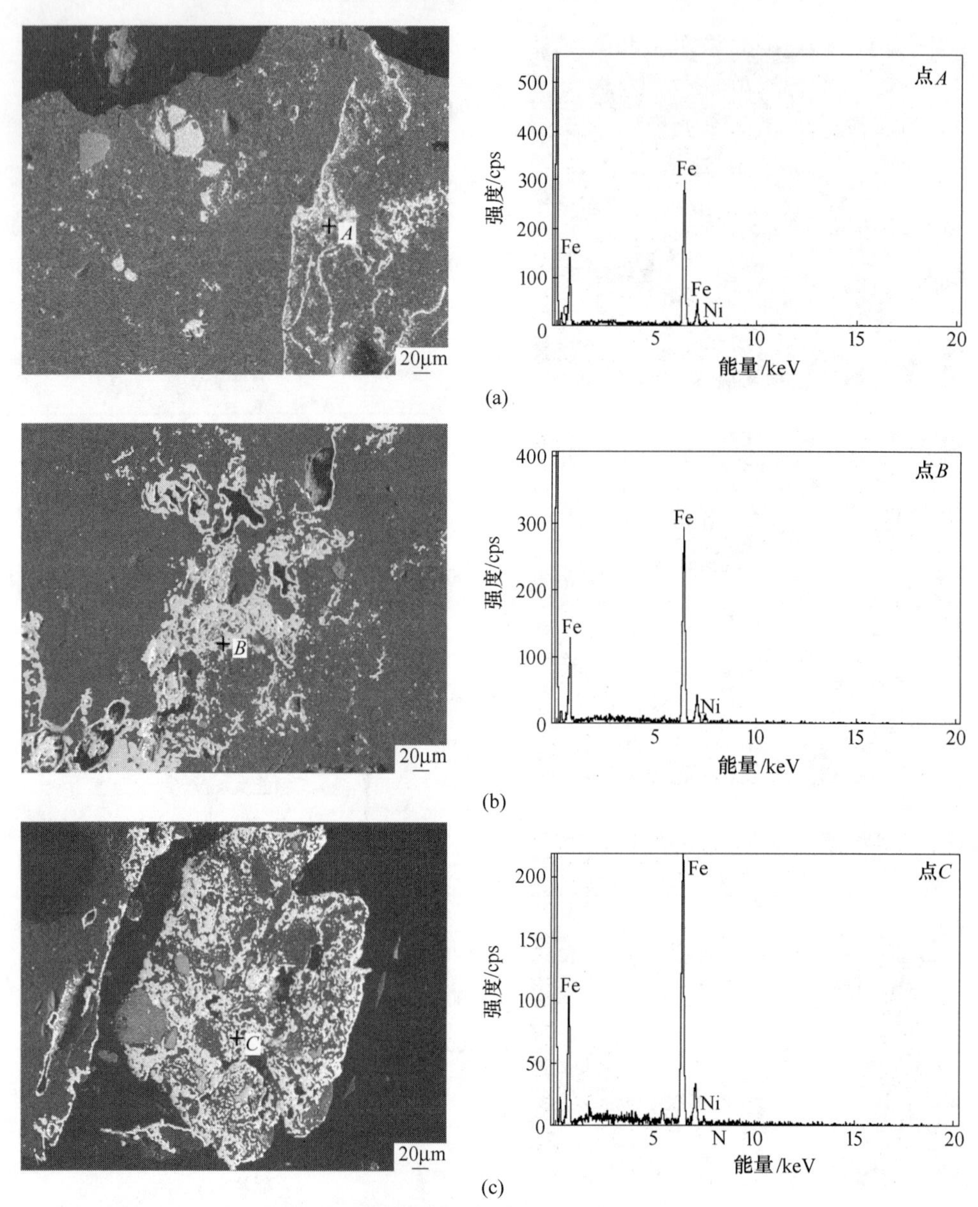

图 4-42 不同褐煤用量焙烧矿中矿物形态比较

(a) 1%；(b) 5%；(c) 20%

4.4.2 添加剂对镍铁选择性还原的影响机理

为了查明不同添加剂在还原焙烧过程中对红土镍矿中的镍、铁还原的影响，在其他试验条件相同的情况下，对单一添加剂 Na_2CO_3、Na_2SO_4 和混合添加剂 $Na_2CO_3+Na_2SO_4$ 不同用量下焙烧矿进行了矿物及微观结构分析。

4.4.2.1 不同添加剂焙烧矿的矿物分析

A Na_2CO_3 为添加剂时焙烧矿的矿物分析

不同 Na_2CO_3 用量下焙烧矿的 XRD 图谱如图 4-43 所示。可以看出，没有添加 Na_2CO_3 时，焙烧矿中存在的针铁矿（D）、蛇纹石（A）、镍蛇纹石（C）的峰消失。这是由于这些矿物均是含水矿物，在焙烧过程中发生了脱水反应。

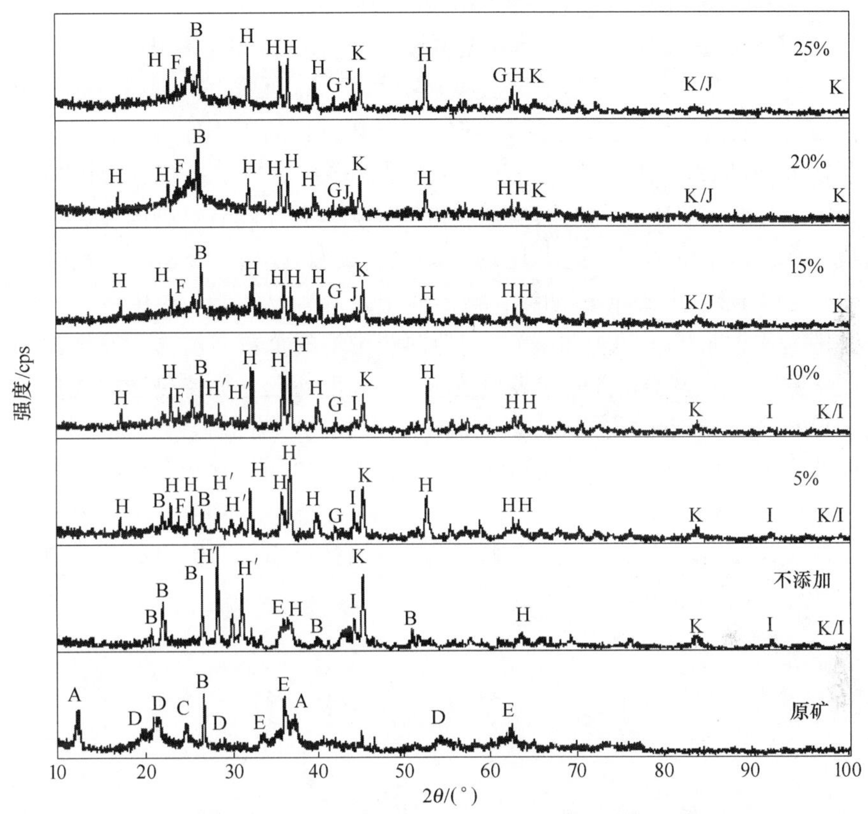

图 4-43 Na_2CO_3 不同用量焙烧矿与原矿的 XRD 图谱

A—蛇纹石 [$(Mg, Fe)_3(Si_2O_5)_x(OH)_y nH_2O$]；B—石英（$SiO_2$）；C—镍蛇纹石 [$Ni_3(Si_2O_5)_x(OH)_y nH_2O$]；D—针铁矿 [$FeO(OH)$]；E—赤铁矿（$Fe_2O_3$）；F—橄榄石（$Mg_2SiO_4$）；G—浮氏体（FeO）；H—富镁橄榄石 [$(Mg, Fe)_2SiO_4$]；H′—富铁橄榄石 [$(Fe, Mg)_2SiO_4$]；I—镍纹石（β-[FeNi]）；J—铁纹石（α-[FeNi]）；K—铁（Fe）

高镍原矿中有 66.62%（质量分数）的铁存在于赤（褐）铁矿中。褐铁矿通常是针铁矿、水针铁矿的统称，是含水氧化铁矿物，它是由其他矿物风化后生成的矿物。褐铁矿化学式为 $nFe_2O_3 \cdot mH_2O(n=1\sim3、m=1\sim4)$。褐铁矿中绝大部分含铁矿物是以 $2Fe_2O_3 \cdot H_2O$ 形式存在的，在 350℃ 会脱水，生成赤铁矿（Fe_2O_3），方程式如式（4-1）所示[10]。

$$nFe_2O_3 \cdot mH_2O = nFe_2O_3 + mH_2O \tag{4-1}$$

高镍原矿中蛇纹石在焙烧温度为600~700℃时开始脱水，此时复杂含水硅酸盐晶格被破坏，失去结晶水变成蛇纹石结构简单的硅酸镍、硅酸铁、硅酸镁矿物。反应方程如式（4-2）~式（4-4）所示[11,12]。

$$2Mg_3Si_2O_5(OH)_4 = 3Mg_2SiO_4 + SiO_2 + 4H_2O \tag{4-2}$$

$$2Ni_3Si_2O_5(OH)_4 = 3Ni_2SiO_4 + SiO_2 + 4H_2O \tag{4-3}$$

$$2(Mg, Fe)_3Si_2O_5(OH)_4 = 3(Mg, Fe)_2SiO_4 + SiO_2 + 4H_2O \tag{4-4}$$

为了进一步证实焙烧过程中高镍原矿发生了脱水反应，对高镍原矿中仅加入5%石煤后的混合物进行差热分析（DTA）。差热分析的工作原理是：由于待测物质在受热或冷却过程中，当达到特定温度时，往往会发生熔化、凝固、晶型转变、分解、化合、吸附、脱附等物理或化学变化，并伴随有焓的改变，因而产生热效应。连续测定待测试样同参比物间的温度差（ΔT），以温度差（ΔT）对温度（T）变化作图得到热谱图曲线，该曲线记录两者温度差与温度或者时间之间的关系即为差热曲线（DTA 曲线）。差热曲线中峰的个数表示物质发生物理化学变化的次数，峰的大小和方向代表热效应的大小和正负。如待测试样在温度变化过程中没有发生物理化学反应，则其温度与参比物没有温差（$\Delta T=0$），表现为差热曲线为一条直线；当试样在温度变化过程中发生物理化学反应时，则其温度与参比物存在温差（$\Delta T \neq 0$），表现为差热曲线有峰的出现，出现波峰说明在此温度下测试样发生放热反应，反之则说明出现吸热反应。高镍原矿与石煤混合物的 DTA 分析结果如图 4-44 所示。

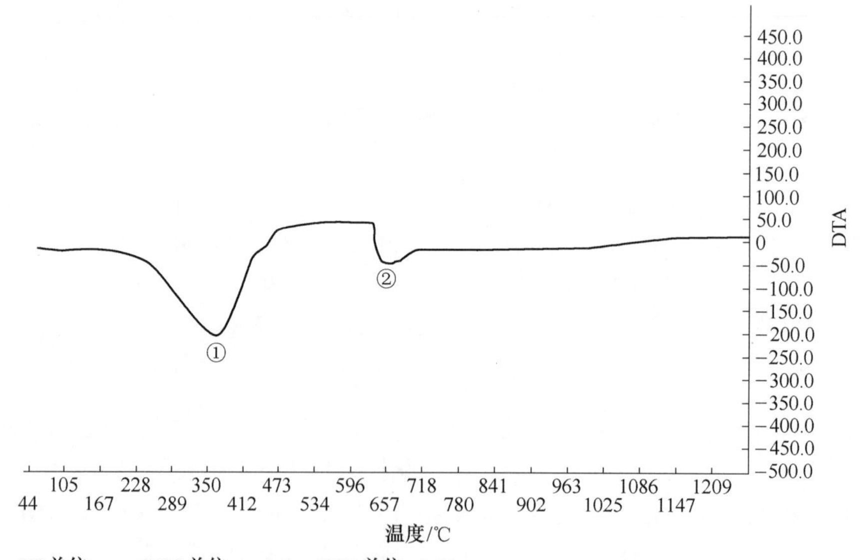

图 4-44 高镍原矿与煤混合物差热分析

从图 4-44 中可以看出，存在两个明显的峰，峰①出现在 365℃附近，峰②出现在 647℃附近。从前面分析可知，褐铁矿失水温度为 300~400℃，峰①温度为 365℃，因此该温度下发生的反应为褐铁矿脱水生成赤铁矿的过程。蛇纹石脱水温度为 600~700℃之间，峰②温度为 647℃，该峰为蛇纹石脱水产生的。高镍原矿仅添加还原剂热分析结果与 XRD 分析以及高镍原矿中各矿物发生脱水反应一致。

在通常的还原焙烧过程中，可以添加强碱性氧化物。从强碱性氧化物热力学的角度方面讲，强碱性氧化物可以将焙烧过程中固相反应物中弱碱性氧化物置换出来，从而提高弱碱性氧化物的活度。在铁硅酸盐矿物还原焙烧过程中添加 CaO，CaO 能够将 $FeO \cdot SiO_2$ 中的 FeO 置换出来，提高 FeO 的活度。$CaCO_3$ 在加热过程中会分解成 CaO，因此其作用机理与 CaO 作用机理相似[1,13]。氧化物的碱性顺序是 $Na_2O>CaO>FeO$。

由于 Na_2CO_3 中含有 CO_3^{2-}，可以考虑在高温焙烧过程中的 Na_2CO_3 分解生成 Na_2O。碱性氧化物 Na_2O 提高硅酸镍、硅酸铁中的 FeO 和 NiO 的活性，从而促进原矿中 Ni、Fe 的还原。按照热力学手册数据对 Na_2CO_3 分解生成 Na_2O 和 CO_2 反应进行了热力学计算，结果如式（4-5）所示。

$$Na_2CO_3 \xlongequal{\quad} Na_2O + CO_2 \quad \Delta G^{\ominus} = 285180 - 109.27T \tag{4-5}$$

$$T_{Na_2CO_3开始分解} = 285180/109.27 = 2609K(2336℃)$$

通过热力学计算可得，Na_2CO_3 分解需要的温度为 2609K(2336℃)。高镍矿的还原焙烧的温度仅为 1250℃，不能达到 Na_2CO_3 分解所需要的温度。因此，高镍原矿的焙烧过程中，添加剂 Na_2CO_3 不能分解为 Na_2O 和 CO_2。

由于高镍原矿中添加了煤作为还原剂，Na_2CO_3 可以与 C 发生化学反应，生成 Na_2O。按照热力学手册数据对 Na_2CO_3 被 C 还原反应进行了热力学计算，计算结果如式（4-6）所示。

$$Na_2CO_3 + C \xlongequal{\quad} Na_2O + 2CO \quad \Delta G^{\ominus} = 491710 - 325.64T \tag{4-6}$$

$$T_{Na_2CO_3与碳发生反应} = 491710/325.64 = 1509K(1236℃)$$

通过以上热力学计算可知，Na_2CO_3 与 C 发生反应的温度为 1509K(1236℃)。还原焙烧温度为 1250℃，理论上该反应能够发生。但在试验中 C 的含量很低，石煤用量为高镍原矿总量的 2.5%，折合成 C 含量后仅为高镍原矿总量 1.65%。在此条件下，当到达 Na_2CO_3 可以与 C 发生化学反应的温度 1509K(1236℃) 时，焙烧体系中的 C 已经不可能存在。因此，Na_2CO_3 与 C 在焙烧过程中也不可能发生反应。

从以上分析中可知，在焙烧过程中，Na_2CO_3 不能发生自身分解反应，也不能与 C 发生反应，从而可以推测 Na_2CO_3 整体参与到反应过程之中。

从图 4-43 可以看出，没有 Na_2CO_3 时，高镍原矿焙烧后，其中含镍的蛇纹石峰消失。加入 Na_2CO_3 后，由于 Na_2CO_3 与高镍原矿中硅酸镍、硅酸铁发生了化学反应，镍和铁从硅酸盐矿物中被还原出来。反应方程如式（4-7）~式（4-9）所示。

$$Ni_2SiO_4 + Na_2CO_3 + 2CO = 2Ni + Na_2O \cdot SiO_2 + 3CO_2 \qquad (4-7)$$

$$Ni_2SiO_4 + 2Na_2CO_3 + 2CO = 2Ni + 2Na_2O \cdot SiO_2 + 4CO_2 \qquad (4-8)$$

$$2Ni_2SiO_4 + Na_2CO_3 + 4CO = 4Ni + Na_2O \cdot 2SiO_2 + 5CO_2 \qquad (4-9)$$

从以上反应方程式可以看出，添加 Na_2CO_3 可以与高镍原矿中硅酸镍发生化学反应，使镍从硅酸盐中被还原出来，从而达到促进镍的还原和提高镍回收率的目的，硅酸铁与 Na_2CO_3 发生的反应与硅酸镍和 Na_2CO_3 所发生的反应方程式相似。

焙烧矿中生成镁铁橄榄石以两种方式存在：一种是富镁橄榄石（H），另一种是富铁橄榄石（H′）。两种的区别在于含铁量的高低。从图 4-43 中可以看出，随着 Na_2CO_3 用量的增加，富铁橄榄石的峰逐渐消失，即随着添加剂用量增加，铁从富铁橄榄石中被还原出来，从而形成了富镁橄榄石。该过程说明 Na_2CO_3 促进了硅酸盐中铁的还原。

Na_2CO_3 用量为 5%和 10%时，高镍原矿中被还原出来的镍与少量被还原出来的铁生成镍铁合金，这些镍铁合金以镍纹石（I）的形式存在。当加入 Na_2CO_3 的量大于 10%后，高镍原矿中镍被还原的同时大量的铁也被还原出来，还原出来的镍和铁生成镍铁合金，由于高镍原矿中铁品位远高于镍品位，此时镍铁合金以铁纹石（J）的形式存在。当 Na_2CO_3 用量大于 20%后，在 60°~70°区间内铁的次峰开始出现，铁被大量还原，说明当添加剂 Na_2CO_3 加入量大于 20%后有助于高镍原矿中铁的还原。

B Na_2SO_4 为添加剂时焙烧矿的矿物分析

不同 Na_2SO_4 用量时焙烧矿的 XRD 图谱如图 4-45 所示。

从前述的试验结果可知，随着 Na_2SO_4 用量的增加镍铁粉中铁的回收率逐渐降低，但铁的品位是逐渐升高的。Na_2SO_4 主要作用在于保证镍回收率的前提下，降低铁的回收率，从而实现抑制铁的还原，提高镍铁粉中镍品位。Na_2SO_4 在焙烧过程中能够与 FeO 发生化学反应，如式（4-10）~式（4-11）所示。

$$Na_2SO_4 + FeO + SiO_2 + 2C = Na_2O \cdot SiO_2 + FeS + 2CO_2 \qquad (4-10)$$

$$Na_2SO_4 + FeO + Al_2O_3 + 2C = Na_2O \cdot Al_2O_3 + FeS + 2CO_2 \qquad (4-11)$$

Na_2SO_4 与 FeO 发生反应，导致部分 FeO 没有被还原成 Fe，同时生成没有磁性的 FeS，在磁选过程中进入到尾矿中，使得镍铁粉中铁的回收率降低，从而实现镍和铁的选择性还原。由于加入的石煤灰分较高，其中的石英和含铝物质参与到 Na_2SO_4 与 FeO 所发生的反应之中。因此，用石煤作为还原剂能使 Na_2SO_4 更有效地抑制铁的还原。

从图 4-45 可以看出，随着 Na_2SO_4 加入量的增加，金属铁的峰逐渐减弱，说明高镍原矿中还原出铁的量在减少。当硫酸钠用量低时，镍主要以铁纹石的形式存在，其中含镍低，所以此时得到的镍铁粉中镍品位低。当 Na_2SO_4 的用量超过

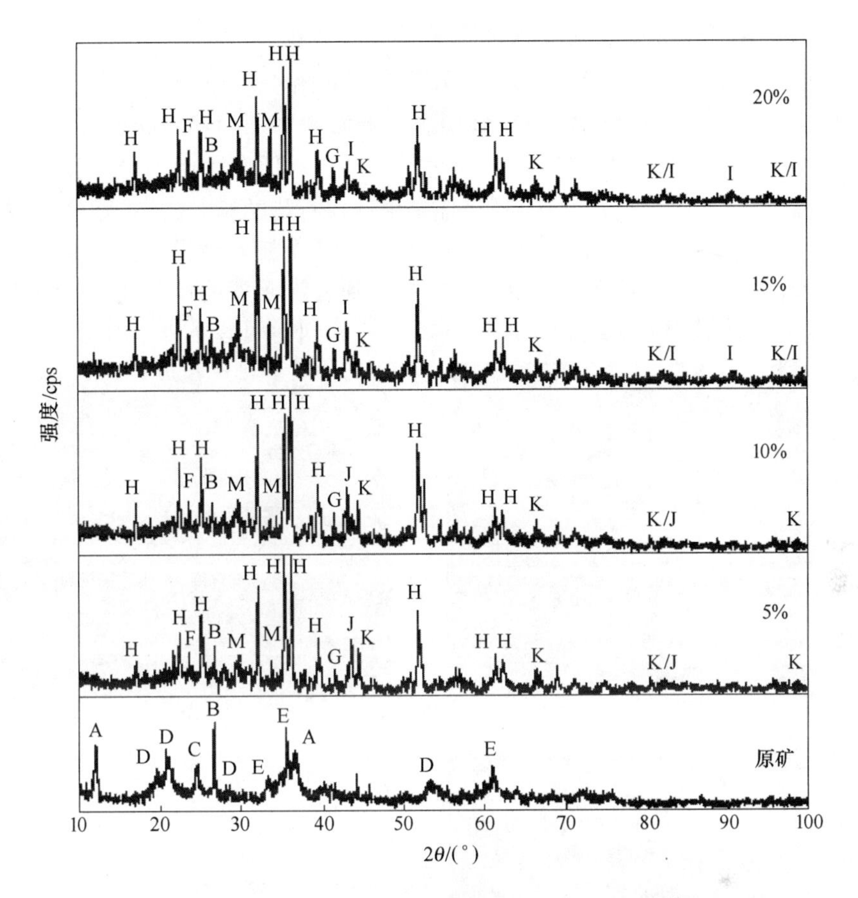

图 4-45 不同 Na_2SO_4 用量时焙烧矿的 XRD 图谱

A—蛇纹石 [$(Mg, Fe)_3(Si_2O_5)_x(OH)_y nH_2O$]；B—石英（$SiO_2$）；C—镍蛇纹石 [$Ni_3(Si_2O_5)_x(OH)_y nH_2O$]；D—针铁矿 [$FeO(OH)$]；E—赤铁矿（$Fe_2O_3$）；F-橄榄石（$Mg_2SiO_4$）；G—浮氏体（FeO）；H—富镁橄榄石 [$(Mg, Fe)_2SiO_4$]；I—镍纹石（β-[FeNi]）；J—铁纹石（α-[FeNi]）；K—铁（Fe）；M—硫化亚铁（FeS）

15%以后，镍铁合金就以镍纹石的形式存在。同时，随着 Na_2SO_4 用量的增加，氧化亚铁（G）的峰逐渐降低，同时硫化亚铁（M）的峰则逐渐升高。可见，Na_2SO_4 中的硫与氧化亚铁发生了反应，消耗了氧化亚铁，使生成的硫化亚铁量增加。由于在磁选过程中硫化亚铁不能被选出，所以铁的回收率降低，从而抑制了铁的回收。

4.4.2.2 不同添加剂焙烧矿的微观结构分析

为了进一步分析添加剂在还原焙烧过程中的作用，对 Na_2CO_3、Na_2SO_4、$Na_2CO_3+Na_2SO_4$ 不同用量时焙烧矿进行了电镜及能谱分析。

A Na_2CO_3 为添加剂时焙烧矿的微观结构分析

不同 Na_2CO_3 用量焙烧矿电镜分析及能谱图如图 4-46 所示。

图 4-46(a) 为不添加 Na_2CO_3 焙烧矿的电镜图，其中亮白颗粒为镍铁合金，颜色最深的 *A* 颗粒为石英［见图 4-46(d)］，可见高镍原矿中经过焙烧后仍有部分石英存在，在 XRD 分析中也发现焙烧矿中存在石英的峰。*B*、*C* 颗粒为蛇纹石颗粒，其中 *B* 颗粒的颜色较深且比石英颗粒稍暗，为镍和铁没有被还原出来的镍铁硅酸盐［见图 4-46(e)］，在能谱图中能看到有镍元素的峰存在；*C* 颗粒颜色相对较浅，为铁橄榄石颗粒［见图 4-46(f)］。同时可以看出，由于没有加入

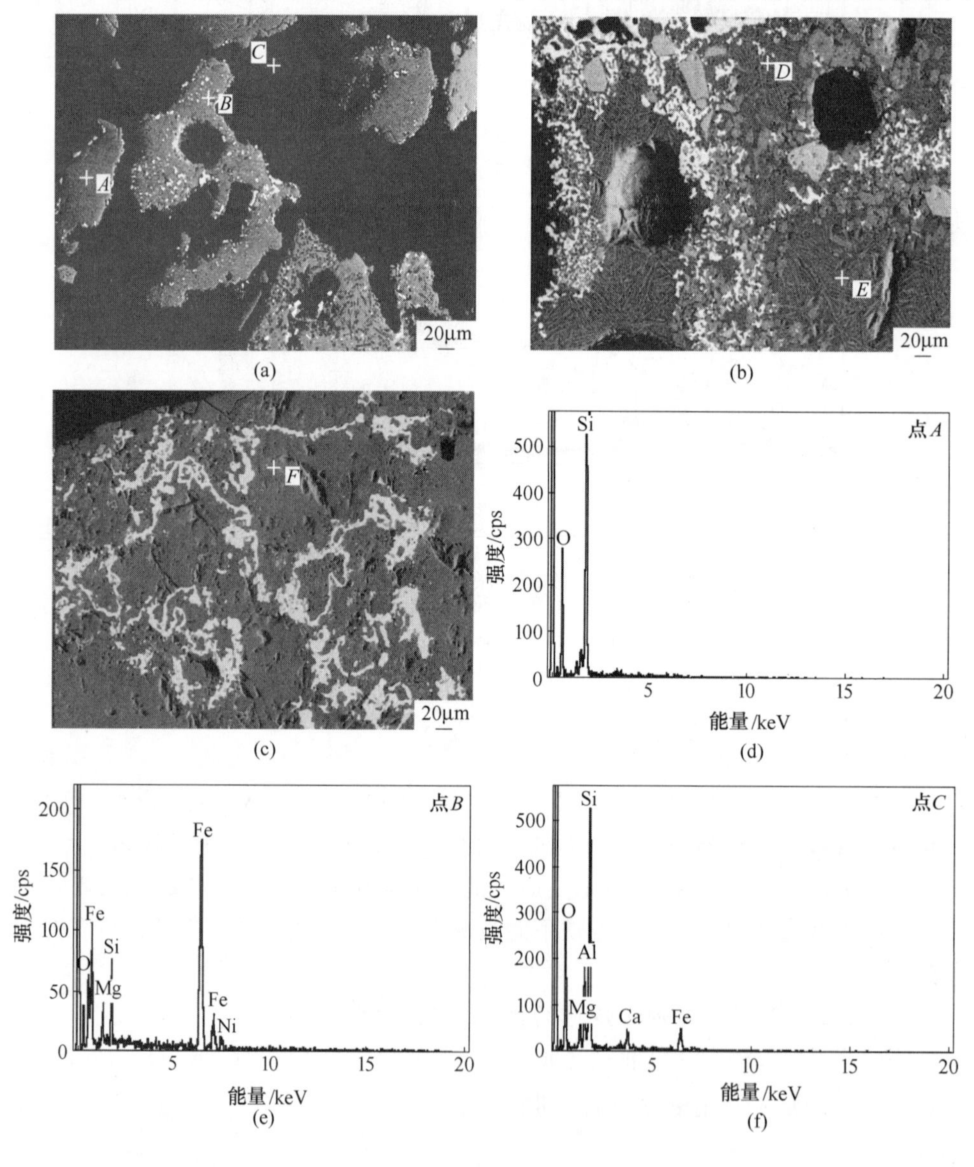

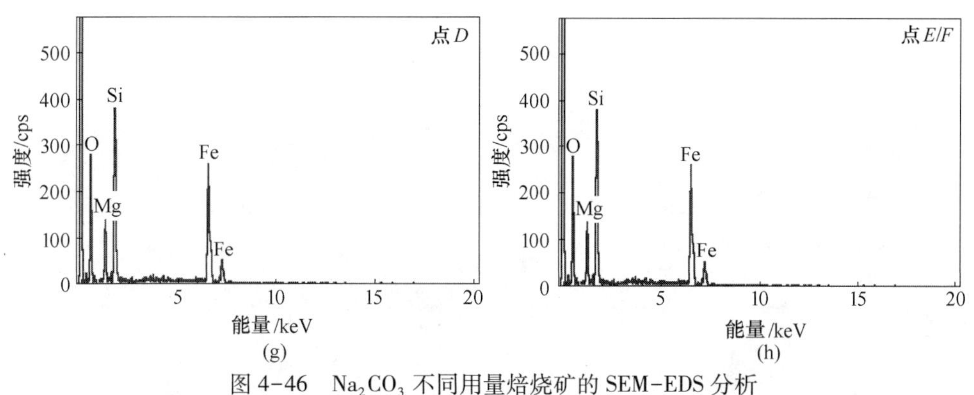

图 4-46 Na_2CO_3 不同用量焙烧矿的 SEM-EDS 分析

（a）0；（b）5%；（c）20%；（d）~（h）点 *A*~点 *F* 的 EDS 能谱图

Na_2CO_3，焙烧后部分的镍、铁并没有从硅酸盐矿物中被还原出来。图 4-46(b) 中点 *D* 为硅酸盐即镁铁橄榄石［见图 4-46(g)］，与 XRD 分析的结果中含有大量的镁铁橄榄石相一致。

图 4-46(b) 中点 *E* 和图 4-46(c) 中点 *F* 为浅灰色颗粒，能谱分析发现有钠的峰存在，说明该颗粒是添加剂与高镍原矿中一些矿物反应生成的物质。此浅灰色颗粒在整个焙烧矿中所占的比重相对较多，但在 XRD 分析过程中并没有含有钠的物质存在。在 1250℃高温试验条件下，Na_2CO_3 与高镍原矿中一些矿物发生了化学反应，生成了含有钠元素的新物质，但该物质可能为非晶态结构，采用 XRD 不能检测出。同时，在能谱中有铁和铝的峰存在，说明 FeO 与 Al_2O_3 生成的物质也为非结晶态。

不同 Na_2CO_3 用量焙烧矿的元素面分布如图 4-47 所示。

从图 4-47 中可以看出，在 Na_2CO_3 用量为 0 时，中间深灰色的区域硅元素富集，结合电镜及能谱分析可以确定该部分为硅酸盐或是石英，在该区域镍呈零星分布，可见部分硅酸盐中镍并没有从硅酸盐矿物中被还原出来。随着 Na_2CO_3 用

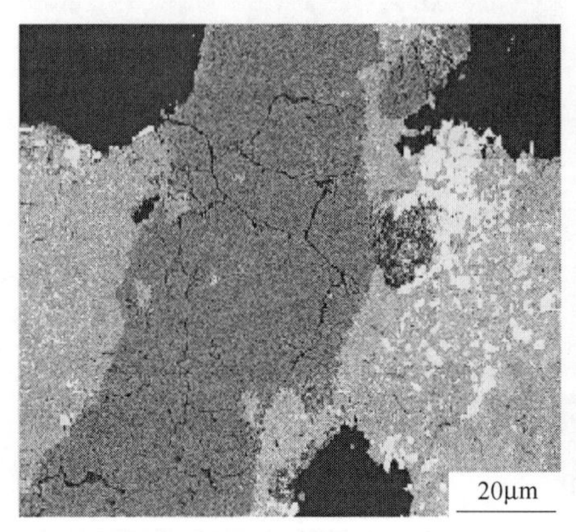

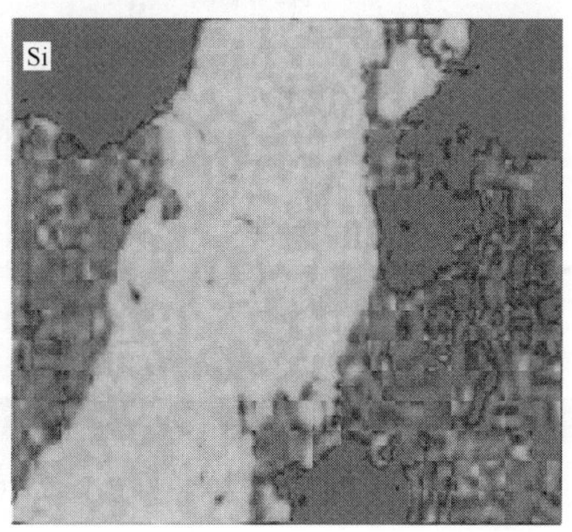

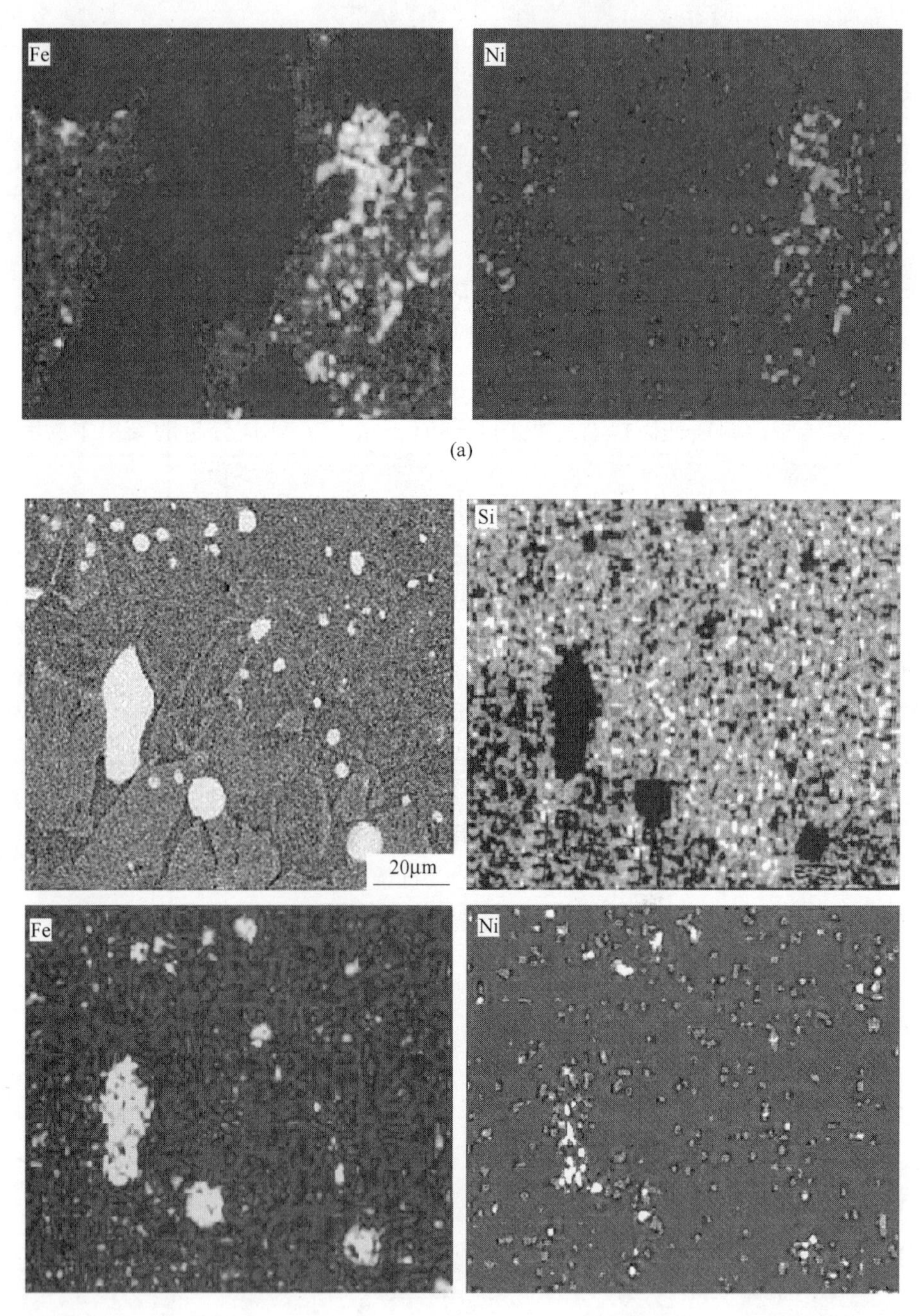
Fe
Ni
(a)
Si
20μm
Fe
Ni
(b)

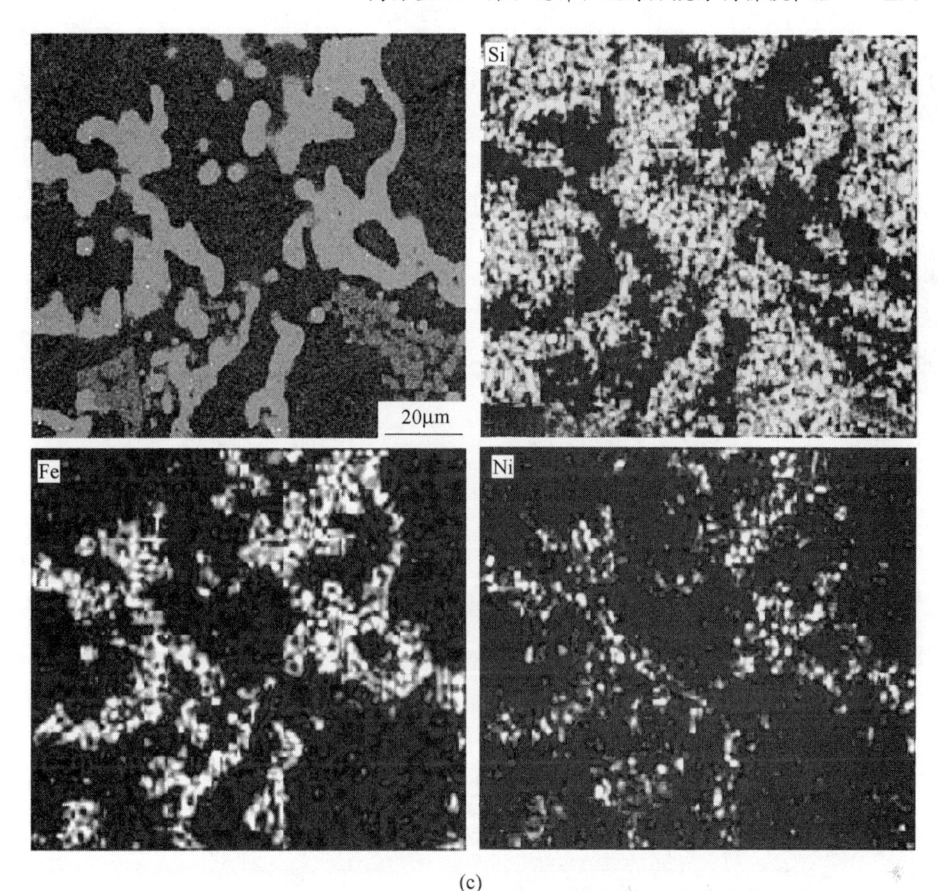

(c)

图 4-47 Na_2CO_3 不同用量焙烧矿中主要元素面分布图

(a) 0;(b) 5%;(c) 20%

量的增加，电镜图中生成的镍铁合金含量越来越多。图 4-47 中铁含量高的区域镍含量也高。当 Na_2CO_3 用量为 5%时，镍元素随铁元素聚集的趋势还不是十分明显，当 Na_2CO_3 用量为 20%时，在图 4-47 中能够明显看到在铁集中的地方，镍元素得到了聚集。该现象说明，随着 Na_2CO_3 加入量的增加，高镍原矿中的镍被还原了出来，与被还原出的铁以镍铁合金的形式存在于焙烧矿中。

B Na_2SO_4 为添加剂时焙烧矿的微观结构分析

不同 Na_2SO_4 用量焙烧矿的电镜及能谱分析如图 4-48 所示。

从图 4-48 可以看出，随着 Na_2SO_4 用量的增加，焙烧矿中亮白的颗粒越来越多。Na_2SO_4 用量为 5%时，焙烧矿中仅有部分亮白色颗粒，且呈细小颗粒状分布；Na_2SO_4 用量为 20%时，低倍数下可见聚集到一起的亮白色大颗粒。白色颗粒分为两种，一种为镍纹石或铁铁纹石，另一种为硫化亚铁。从能谱分析中可以看出，*A* 为镍纹石，*B* 为硫化亚铁。随着 Na_2SO_4 加入量的增大，生成硫化亚铁

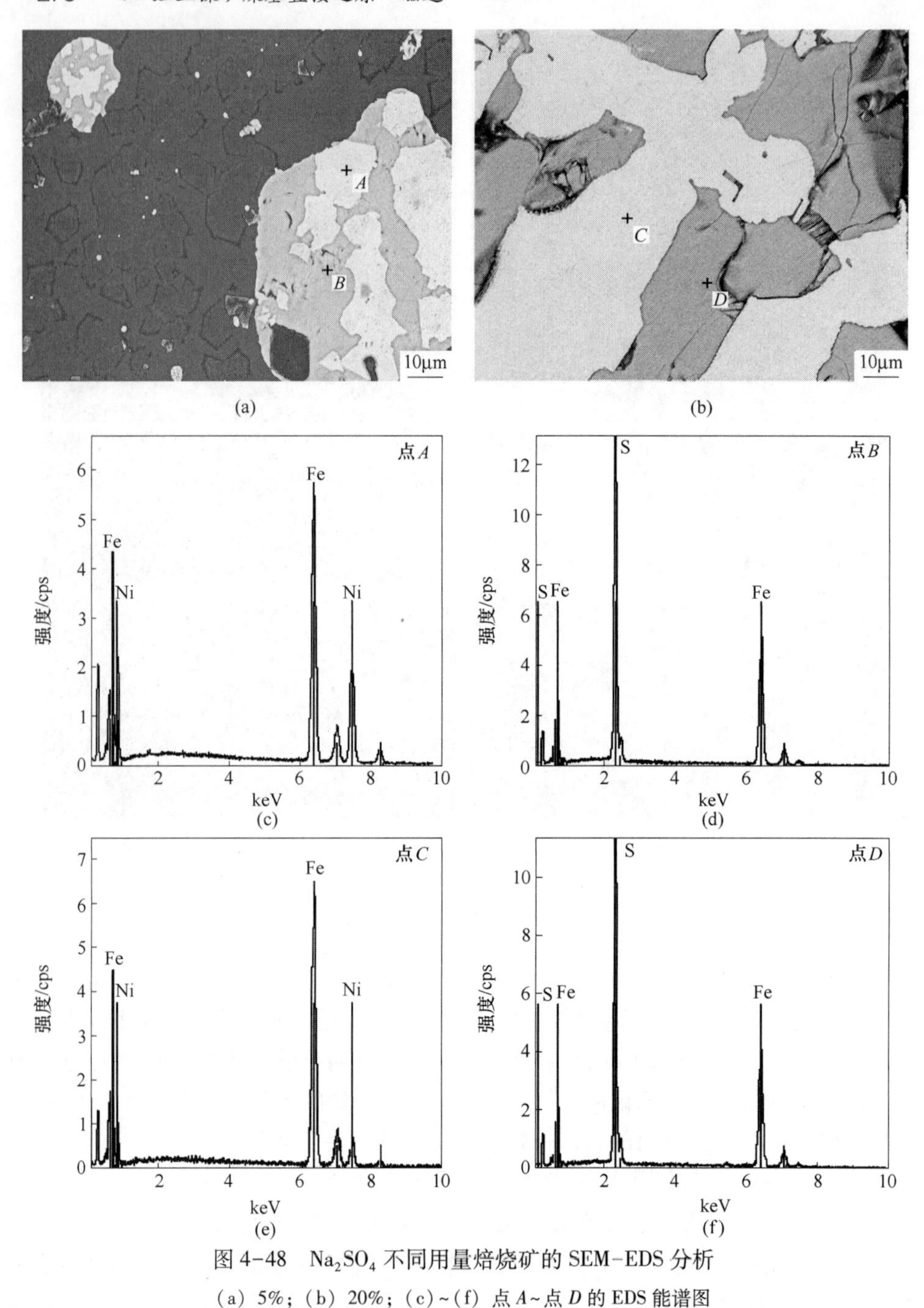

图 4-48　Na_2SO_4 不同用量焙烧矿的 SEM-EDS 分析

(a) 5%；(b) 20%；(c)~(f) 点 *A*~点 *D* 的 EDS 能谱图

的量逐渐增多。Na_2SO_4 中的硫与高镍原矿中的铁生成了没有磁性的硫化亚铁，在磁选过程中进入尾矿。

Na_2SO_4 不同用量所得焙烧矿中不同元素面分布如图 4-49 所示。

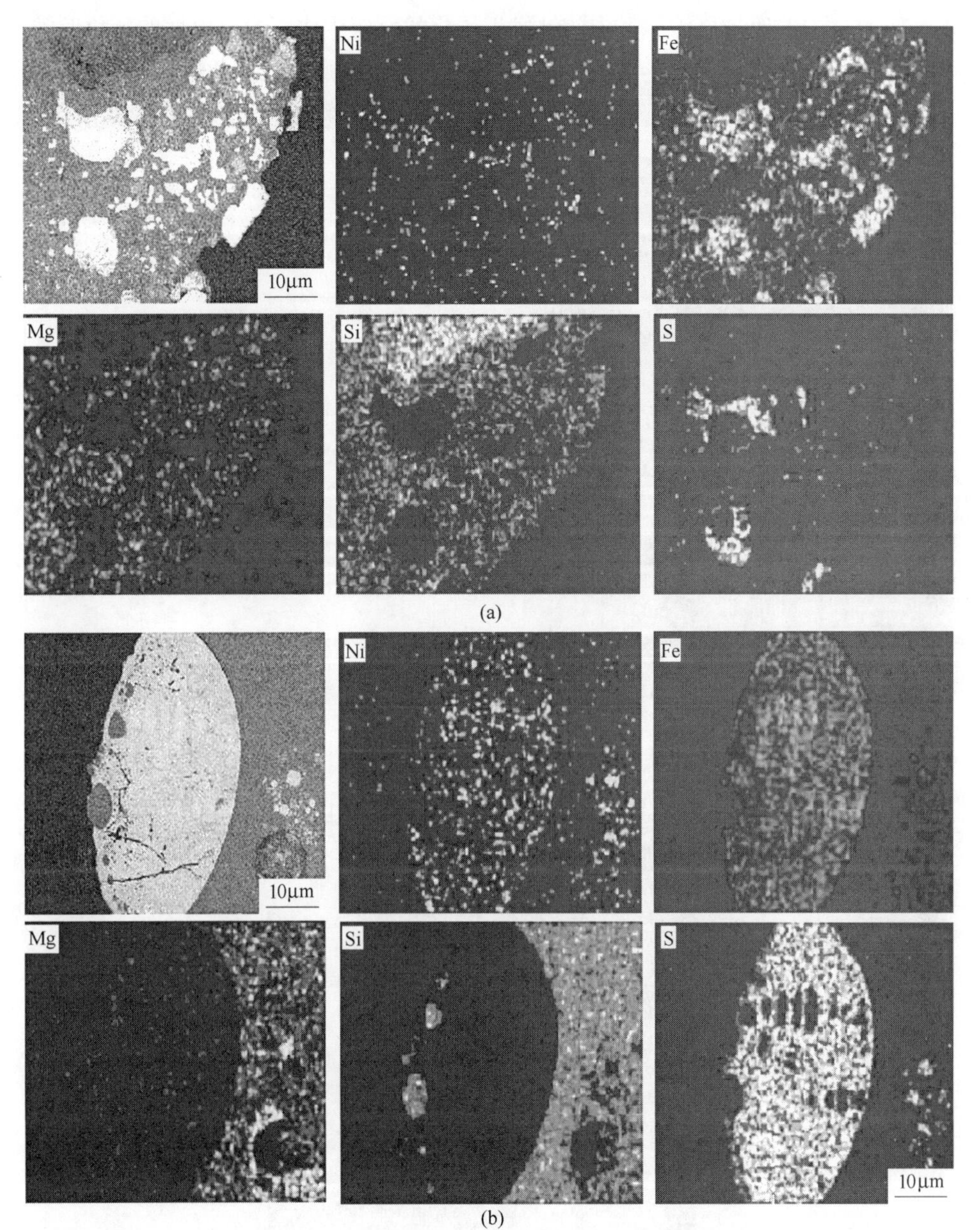

图 4-49　不同 Na_2SO_4 用量焙烧矿中元素分布比较

（a）5%；（b）20%

从图 4-49 中可以看出，随着 Na_2SO_4 用量的增加，在铁富集的区域硫元素也随之富集。从 Na_2SO_4 用量为 5%的图 4-49（a）中看到，此时铁富集区域只有少量的硫富集，但当 Na_2SO_4 用量为 20%后，除了中间少量镍铁合金区域中硫没有富集以外，其他在铁富集的区域均有硫的富集。由此可见，随着 Na_2SO_4 用量的增加，Na_2SO_4 中的硫与高镍原矿中的铁发生了化学反应生成了没有磁性的硫化亚铁。

C Na_2CO_3 和 Na_2SO_4 为混合添加剂时焙烧矿的微观结构分析

不同 Na_2CO_3 和 Na_2SO_4 配比所得焙烧矿的电镜及能谱分析如图 4-50 所示。

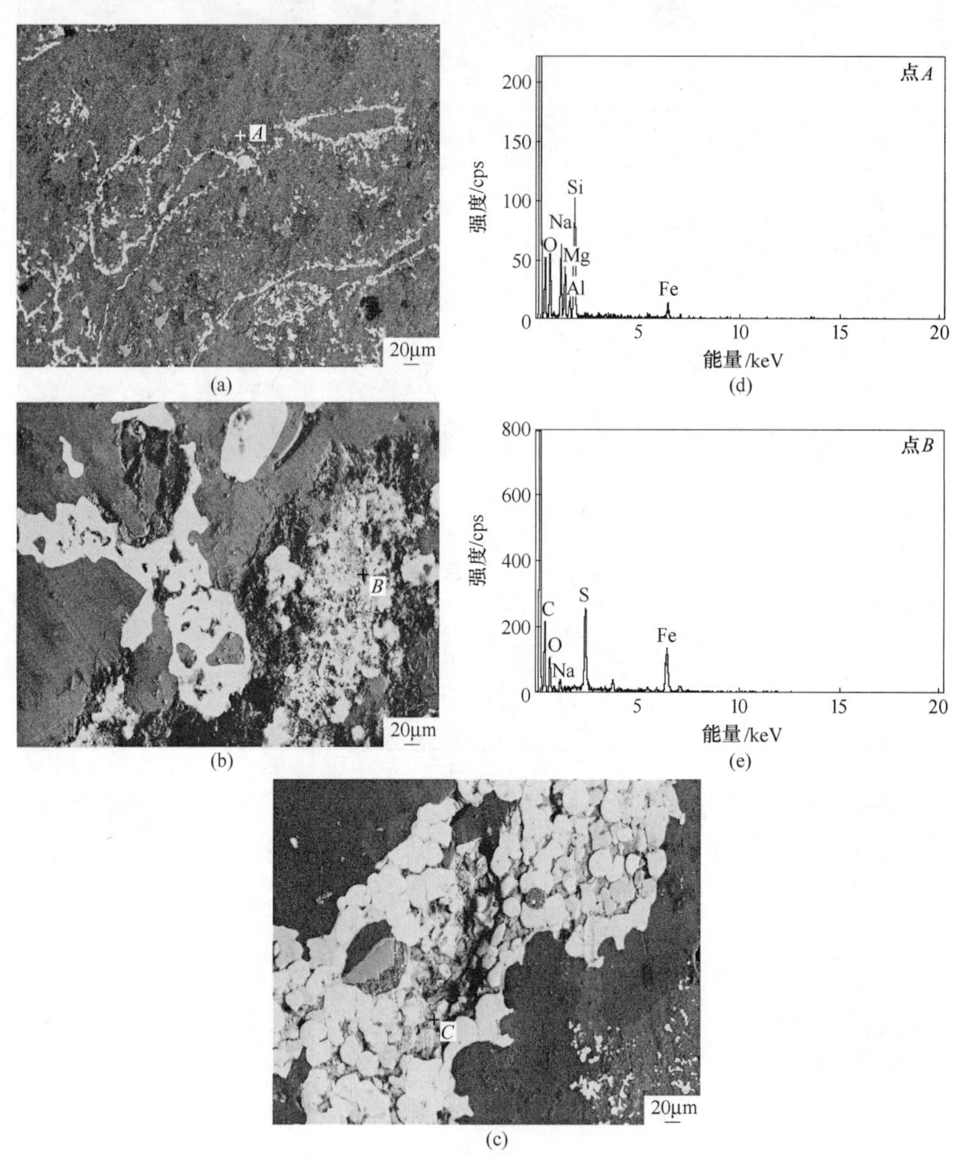

图 4-50 Na_2CO_3 和 Na_2SO_4 不同配比焙烧矿的 SEM-EDS 分析

(a) 20%+0.5%；(b) 20%+5%；(c) 10%+10%；(d)，(e) 点 A 和点 B 的 EDS 能谱图

从图 4-50 中可以看出，Na_2CO_3 和 Na_2SO_4 用量为 20%和 0.5%时，图中亮白颗粒为焙烧后生成的镍铁合金，图 4-50(a) 中大量灰色部分 A 是含有钠元素的

非晶态物质，说明添加剂与高镍原矿中某些矿物发生了反应。Na_2CO_3 和 Na_2SO_4 用量分别为 20%和 5%时，图 4-50(b) 中 B 点为硫化亚铁，说明 Na_2SO_4 中含有的硫与高镍原矿中的铁发生了反应，生成了硫化亚铁，从而使铁的回收率降低。Na_2CO_3 和 Na_2SO_4 用量为 10%和 10%时，随着 Na_2SO_4 加入量的增加，生成硫化亚铁的量进一步加大，在图 4-50(c) 中 C 点所示的区域中，只有少数白亮颗粒为镍铁合金，其他成分均为硫化亚铁。点 C 部分的放大图如图 4-51 所示，通过对图中不同部分的能谱分析，清晰地显示出 A 部分为镍铁合金，B 部分为硫化亚铁。

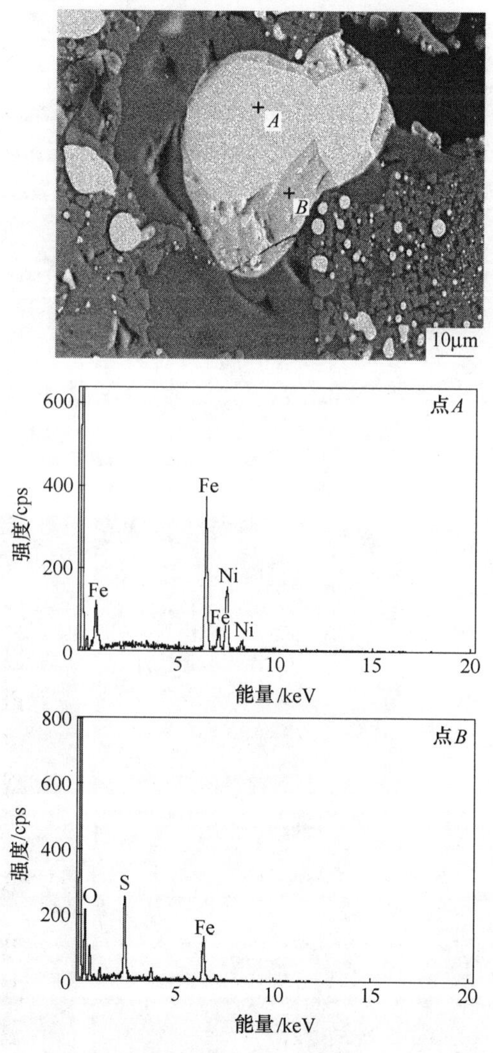

图 4-51 焙烧矿中镍铁合金与硫化亚铁形态对比

对比混合添加剂 Na_2CO_3 和 Na_2SO_4 用量分别为 20%和 0.5%、20%和 5%、20%和 20%的三组图片（见图 4-52）发现，随着 Na_2SO_4 加入量的增加，图中生成的亮白色颗粒增多，其中亮白色颗粒里面包含的硫化亚铁量也逐渐增加。

Na_2CO_3 和 Na_2SO_4 不同配比的焙烧矿元素面扫描如图 4-52 所示。从图中可以看出，随着 Na_2SO_4 用量的增加，图中铁元素聚集的区域硫元素也得到了聚集，

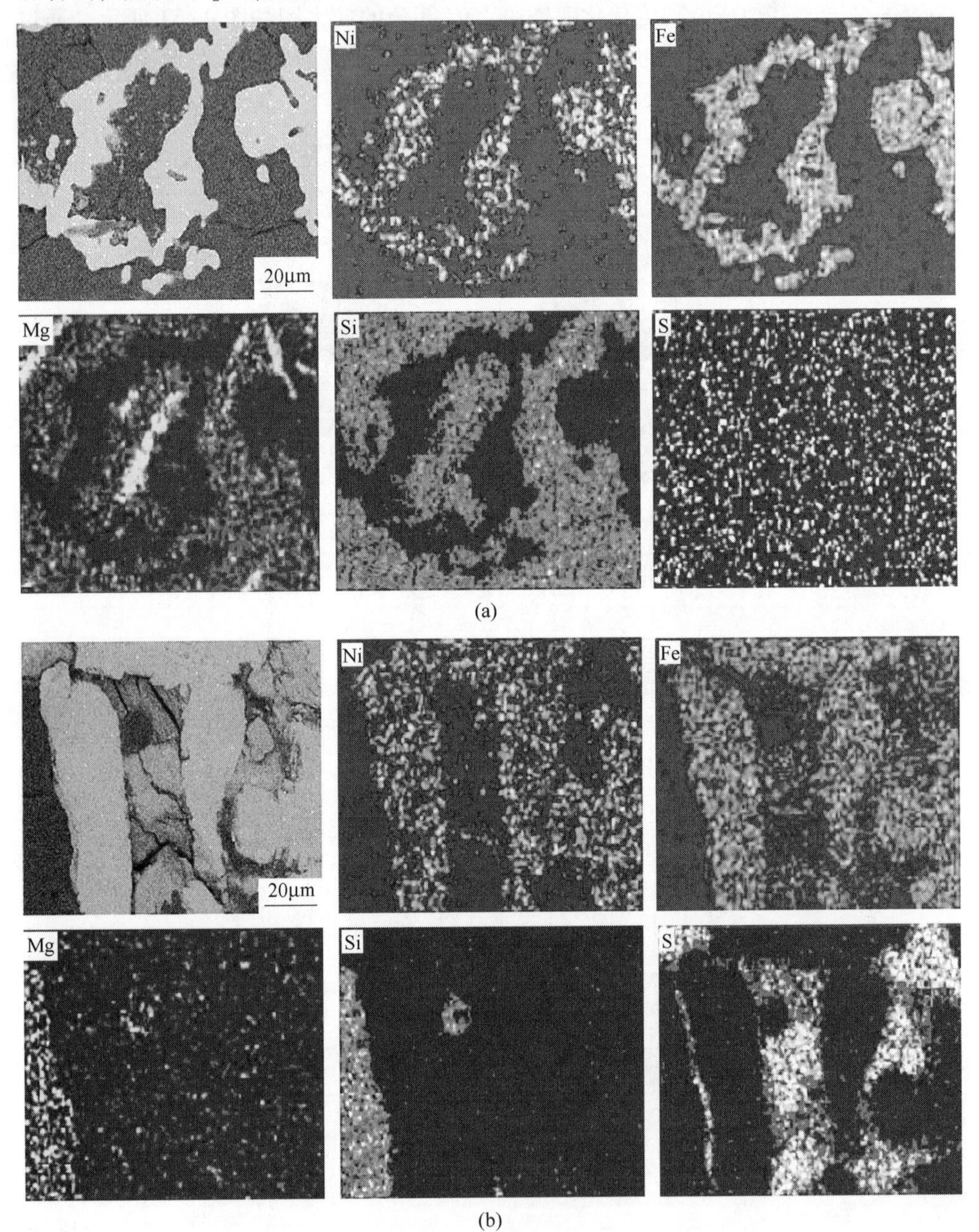

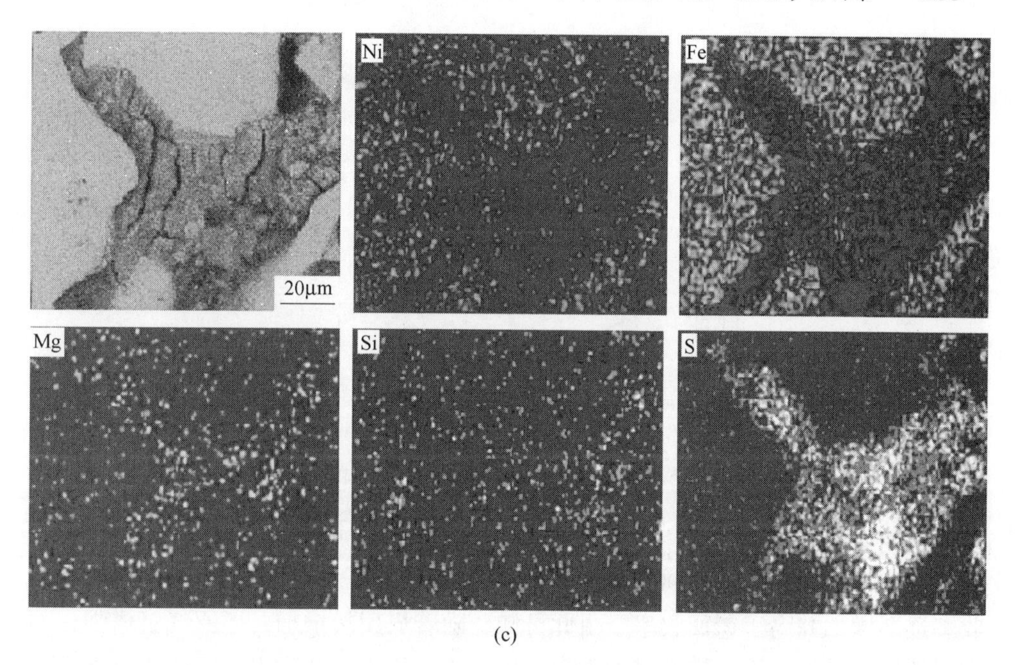

(c)

图 4-52 Na_2CO_3 和 Na_2SO_4 不同用量配比焙烧矿中元素分布

(a) 20%+0.5%；(b) 20%+5%；(c) 20%+20%

当 Na_2CO_3 和 Na_2SO_4 用量分别为 20%和 0.5%时，硫元素随铁元素聚集的趋势不是十分明显；但当 Na_2SO_4 用量为 20%时，图中能够明显看到在灰白色区域铁集中的地方，硫元素得到了聚集，结合前面的能谱分析结果可以确定该区域为硫化亚铁。同时，亮白色区域镍也随着铁的聚集而得到聚集，因此亮白的部分为镍纹石。

4.5 低镍型红土镍矿选择性直接还原—磁选影响因素

低镍原矿性质研究表明，镍、铁矿物主要以氧化物和硅酸盐矿物形式存在，镍元素均匀分散于硅酸盐矿物和含铁矿物中，用还原焙烧—磁选工艺处理该矿石时焙烧的条件和各种矿物的反应过程与高镍原矿有区别。

4.5.1 还原剂对选择性还原的影响

4.5.1.1 银坪石煤的影响

银坪石煤做还原剂，在 1250℃还原焙烧 50min 时，低镍型红土镍矿选择性还原效果较好。因此，确定焙烧温度 1250℃，焙烧矿磨矿细度-0.043mm 粒级占 96%，磁选磁场强度 144kA/m 条件下，银坪石煤用量对镍铁粉的影响结果如图 4-53 所示。

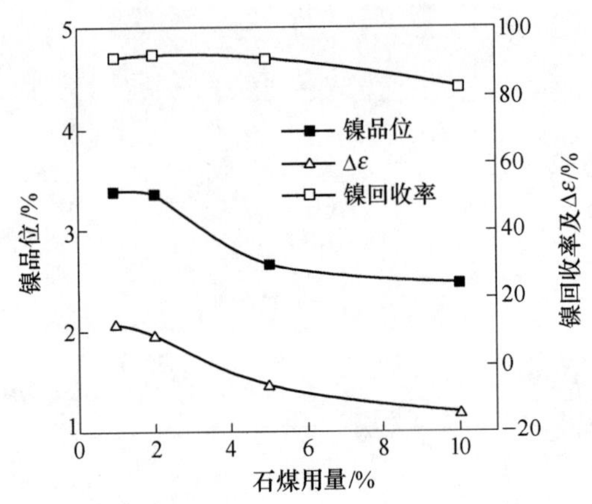

图 4-53 石煤用量对镍品位及回收率的影响

从图 4-53 中可以看出，随着煤用量的增加，镍铁粉镍品位逐渐降低，镍回收率变化不大始终保持在 90%左右，但镍铁回收率之差逐渐变为负值，表明铁回收率逐渐增加并高于镍回收率。由此可知，随着煤用量增加，还原气氛增强，而在强还原气氛下，镍、铁矿物均被充分还原，并进入镍铁粉中，因此使得镍铁粉中铁含量增加，而镍品位则相应降低。当煤用量 1.5%时，镍品位为 3.39%，镍回收率高达 90.87%，镍铁回收率之差 $\Delta\varepsilon$ 为 10.92%。该结果表明煤质较差的石煤能够提供弱还原性气氛，对低镍原矿有较好的选择性还原效果。

4.5.1.2 云南褐煤的影响

在相同焙烧条件下，云南褐煤用量的影响结果如图 4-54 所示。

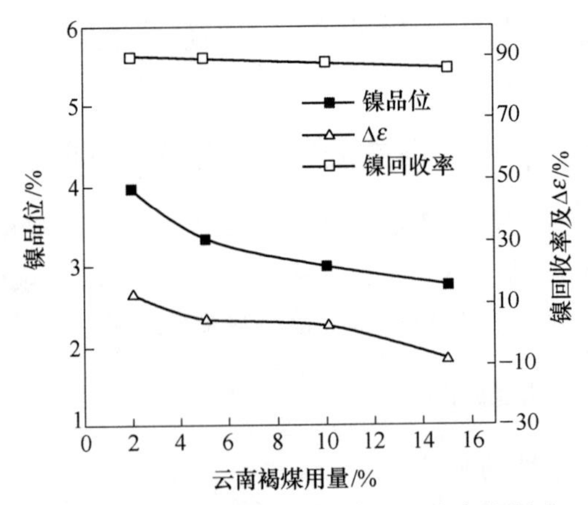

图 4-54 云南褐煤对镍品位及回收率的影响

可以看出，随着褐煤用量的增加，镍品位和镍铁回收率之差均有降低趋势，镍回收率无明显变化。在云南褐煤用量 2%时，镍品位和回收率分别为 3.96%和

90.15%，镍铁回收率之差 $\Delta\varepsilon$ 为 13.30%。当煤用量增加至 15%时，铁回收率逐渐高于镍回收率，而且镍品位降至 2.78%，由此结果可得出，煤用量增加不利于低镍原矿中镍、铁矿物的选择性还原。

4.5.1.3 宁夏褐煤的影响

宁夏褐煤的影响结果如图 4-55 所示。从图中可以看出，宁夏褐煤为还原剂的影响规律与云南褐煤、银坪石煤为还原剂时的影响规律基本一致。在烟煤用量 2%时，镍品位及回收率分别为 3.23% 和 84.38%，镍铁回收率之差 $\Delta\varepsilon$ 仅为 8.63%。

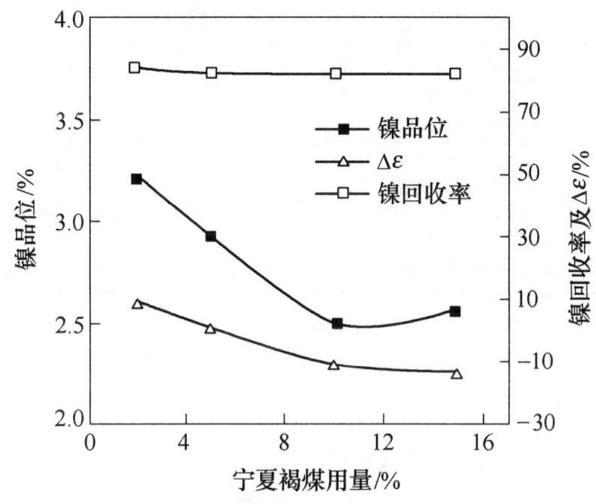

图 4-55 宁夏褐煤对镍品位及回收率的影响

4.5.1.4 宁夏烟煤的影响

宁夏烟煤的影响如图 4-56 所示。可以看出，随着烟煤用量的增加，镍品位和镍铁回收率之差 $\Delta\varepsilon$ 均明显降低，而镍回收率有增加趋势。在烟煤用量 2%时，镍品位和回收率分别为 4.00%和 90.40%，镍铁回收率之差 $\Delta\varepsilon$ 可达到 25.04%。

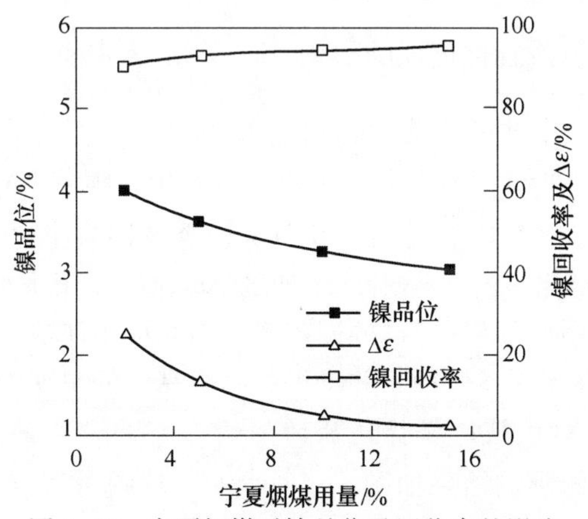

图 4-56 宁夏烟煤对镍品位及回收率的影响

从以上 4 种还原剂影响试验结果可知，不同性质的还原剂对低镍原矿中镍、铁矿物的还原虽有影响，但影响规律基本一致。随着煤用量的增加，镍回收率无明显变化，但镍品位以及镍铁回收率之差 $\Delta\varepsilon$ 均有降低趋势。而且随着煤用量增加镍铁回收率之差逐渐由正值变为负值，表明铁回收率逐渐增加并高于镍回收率，这是由于煤用量增加，还原气氛增强，导致低镍原矿中铁矿物被充分还原，使得镍铁粉中铁品位及回收率增加，而镍品位则相应降低。因此，煤用量增加不利于镍、铁的选择性还原。

银坪石煤、云南褐煤、宁夏褐煤和宁夏烟煤最佳用量结果对比见表 4-8。

表 4-8 不同还原剂还原效果对比

还原剂	镍品位/%	TFe 品位/%	镍回收率/%	$\Delta\varepsilon$/%
银坪石煤	3.39	72.47	90.87	11.92
宁夏褐煤	3.23	67.51	84.38	8.63
云南褐煤	3.96	74.46	90.15	13.30
宁夏烟煤	4.00	67.33	90.40	25.04

由表 4-8 可知，不同还原剂作用下所得镍铁粉中镍品位变化不大，均在 4%左右，而以宁夏烟煤为还原剂时镍、铁的回收率之差 $\Delta\varepsilon$ 为 25.04%，表明镍、铁选择性还原效果最佳；银坪石煤和云南褐煤为还原剂时镍、铁的回收率之差 $\Delta\varepsilon$ 分别为 11.92%和 13.30%，镍、铁选择性还原的效果次之；宁夏褐煤为还原剂时，镍铁回收率之差 $\Delta\varepsilon$ 为 8.63%，选择性还原效果相对较差。

从仅添加还原剂试验结果可知，控制还原剂用量，可一定程度上实现镍、铁矿物的选择性还原，能够抑制铁矿物的还原，从而降低镍铁粉中铁的回收率，但镍铁回收率之差 $\Delta\varepsilon$ 较小，镍、铁选择性还原效果不明显，而且镍铁粉中镍品位偏低，因此还需要考察添加剂作用下镍铁选择性还原效果。

4.5.2 添加剂对镍铁选择性还原的影响

4.5.2.1 Na_2CO_3 对镍铁选择性还原的影响

Na_2CO_3 的影响如图 4-57 所示。从图中可看出，随着 Na_2CO_3 用量增加，镍品位有小幅度增加，由 5.06%增加至 6.20%，镍铁回收率之差 $\Delta\varepsilon$ 也稍有增加，而镍回收率无明显变化。由此得出，添加剂 Na_2CO_3 作用下可强化镍矿物还原，抑制铁矿物的还原，从而降低了铁的回收率，因此可实现镍、铁矿物的选择性还原，但对镍品位提高无明显作用，并未得到高镍品位的镍铁粉。

4.5.2.2 CaO 对镍铁选择性还原的影响

不同 CaO 用量的影响结果如图 4-58 所示。从图可以看出，镍铁粉中镍回收率较高，均保持在 93.00%左右，而镍品位明显降低，均低于 5.00%，镍铁

回收率之差 $\Delta\varepsilon$ 也均低于 30.00%。原因可能是由于添加剂 CaO 促进了镍、铁矿物的还原，而且铁矿物还原成金属铁的量增加导致镍铁合金中镍品位相应降低。

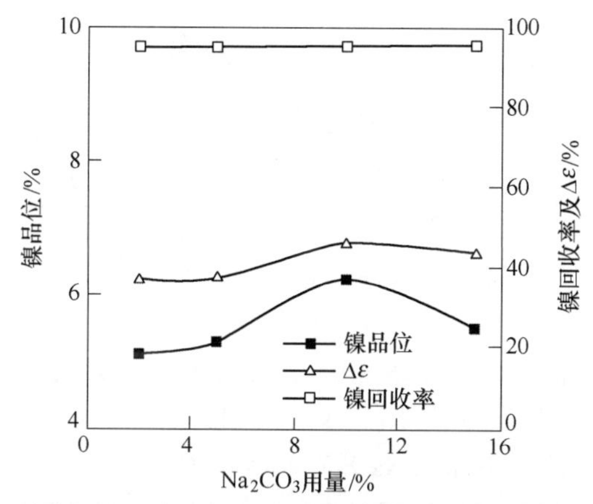

图 4-57 Na_2CO_3 用量对镍品位及回收率的影响

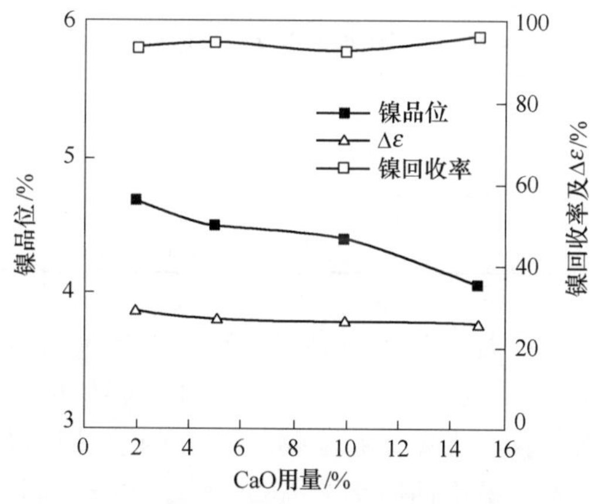

图 4-58 CaO 用量对镍品位及回收率的影响

4.5.2.3 Na_2SO_4 对镍铁选择性还原的影响

Na_2SO_4 不同用量的影响如图 4-59 所示。从图中可以看出，随着添加剂 Na_2SO_4 用量从 2%增加至 10%时，镍铁粉中镍品位上升明显，由 3.78%增加至 9.52%，镍回收率先提高后降低，而镍铁回收率之差 $\Delta\varepsilon$ 则明显增加，由 26.05%增加至 62.57%，选择性还原效果显著。因此，Na_2SO_4 能够有效降低铁回收率，提高镍品位，但随着 Na_2SO_4 用量增加，镍回收率也出现下降趋势，因此在保证镍回收率的基础上确定 Na_2SO_4 用量为 8.5%。

从以上 3 种添加剂对比试验可以看出，不同添加剂对低镍原矿选择性还原效

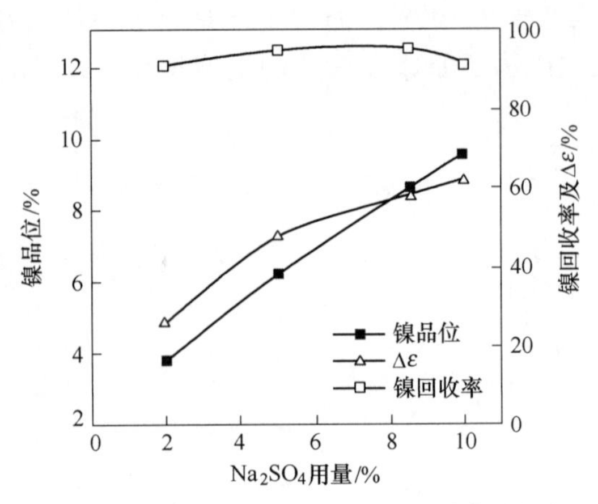

图 4-59 Na_2SO_4 用量对镍品位及回收率的影响

果的影响效果不同。其中添加剂 Na_2SO_4 和 Na_2CO_3 对镍、铁选择性还原有明显效果，而 CaO 对镍铁选择性还原无明显作用。不同添加剂最佳用量的还原效果对比见表 4-9。

表 4-9 不同添加剂选择性还原效果对比

添加剂	镍品位/%	镍回收率/%	Δε/%
Na_2SO_4	9.52	91.53	62.57
Na_2CO_3	6.20	95.00	45.60
CaO	4.40	93.02	26.01

从表 4-9 可知，Na_2SO_4 作用下得到镍铁粉中镍品位及回收率分别为 9.52% 和 91.53%，镍铁回收率之差 Δε 高达 62.57%，而 Na_2CO_3 作用下镍铁粉中镍回收率达到 95%，镍铁回收率之差 Δε 为 45.60%，但镍品位仅为 6.20%，CaO 作用下镍品位仅为 4.14%，镍铁回收率之差 Δε 低于 30%。因此，与 Na_2SO_4 相对比，Na_2CO_3 作用效果较差，而 CaO 的作用效果不明显。

4.5.3 最佳还原剂和添加剂时其他因素对选择性还原的影响

添加剂及还原剂的影响研究确定了宁夏烟煤为还原剂，Na_2SO_4 为添加剂，镍铁选择性还原效果显著。在此条件下考察焙烧温度、焙烧时间和煤用量，以及磁选过程中磁场强度和磨矿细度等因素对镍品位及回收率的影响。

4.5.3.1 焙烧温度对镍铁选择性还原的影响

A 无 Na_2SO_4 时焙烧温度的影响

以宁夏烟煤为还原剂，用量 2%，焙烧时间 50min，考察 Na_2SO_4 时焙烧温度的影响，结果如图 4-60 所示。从图可以看出，随着焙烧温度的升高，镍品位、回收率及镍铁回收率之差 $\Delta\varepsilon$ 均有明显增加趋势。由此可知，提高焙烧温度可促进镍矿物还原，在 1250℃时，镍回收率可达到 91.96%，但镍品位仅为 3.35%，镍铁回收率之差为 8.51%，选择性还原效果较差。

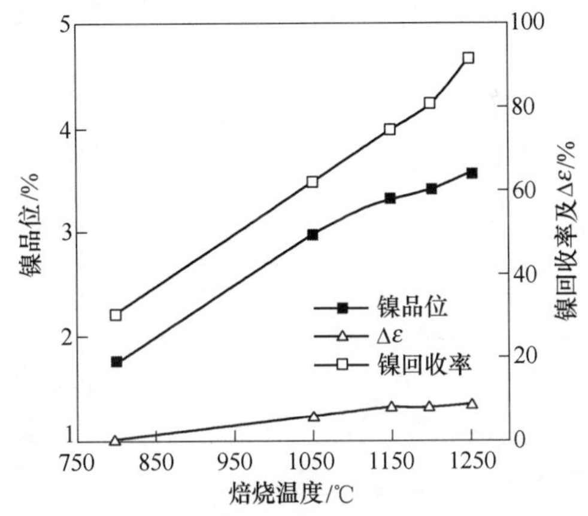

图 4-60　无 Na_2SO_4 时不同焙烧温度对镍品位及回收率的影响

B　Na_2SO_4 作用下焙烧温度的影响

Na_2SO_4 用量 8.5%、宁夏烟煤用量 2%条件下，在 1050~1250℃范围内考察焙烧温度的影响，结果如图 4-61 所示。

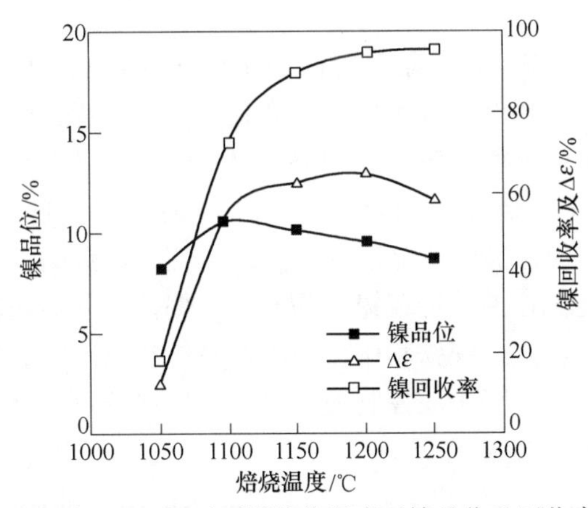

图 4-61　添加 Na_2SO_4 后不同焙烧温度对镍品位及回收率的影响

从图 4-61 中可以看出，随着焙烧温度的提高，镍回收率随之增加，但镍品位和镍铁回收率之差则先增加后降低。从 1050℃上升到 1100℃时，镍铁回收率之差上升幅度最大，表明镍、铁的选择性还原效果较为显著；继续升高至 1250℃时，镍回收率的变化趋于平缓，而且镍品位及镍铁回收率之差 $\Delta\varepsilon$ 逐渐降低。在

1200℃时镍品位9.54%，镍回收率91.87%，镍铁回收率之差可达到64.76%。添加 Na_2SO_4 后镍铁选择性还原效果显著。

对比图4-60和图4-61可知，在无 Na_2SO_4 作用时，提高焙烧温度使镍、铁矿物均得到充分还原，选择性还原效果变差，而添加 Na_2SO_4 后镍回收率明显增加，而铁回收率明显降低，表明镍矿物得到了还原，而铁矿物的还原则受到抑制，1200℃为最佳焙烧温度。

4.5.3.2　焙烧时间的影响

焙烧时间的影响如图4-62所示。

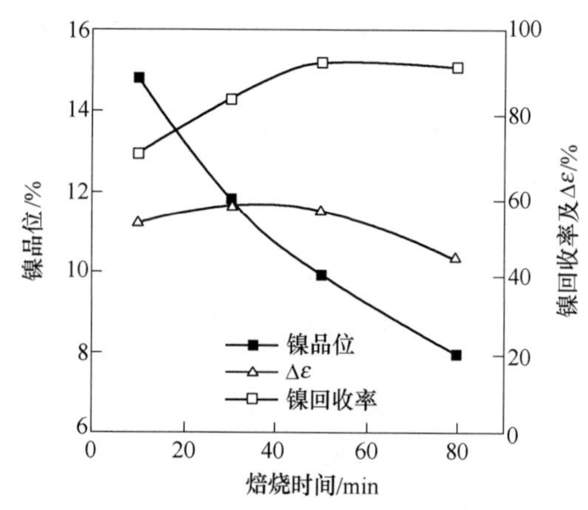

图4-62　焙烧时间对镍品位及回收率的影响

从图4-62中可以看出，当焙烧时间由10min延长至50min时，镍回收率有大幅度提高，继续延长焙烧时间镍回收率变化不大，但镍品位及镍铁回收率之差则明显下降。焙烧10min时，镍品位可达到14.83%，但镍、铁回收率较低分别为75.39%和13.72%，焙烧时间延长至50min时，镍、铁回收率分别增加至93.56%和29.55%，但镍品位明显下降。由此可知，焙烧时间短时，还原反应时间短使镍矿物未能充分还原，造成镍、铁回收率偏低，而焙烧时间过长又会使铁矿物被还原成金属铁，进入镍铁粉中，因此镍品位相应降低，镍、铁选择性还原效果变差。因此，焙烧过程中应控制还原时间，最佳焙烧时间为50min。

4.5.3.3　Na_2SO_4 用量的影响

焙烧温度为1200℃，焙烧时间50min，Na_2SO_4 用量的影响如图4-63所示。由图可以看出，随着添加剂 Na_2SO_4 用量增加，镍品位及镍铁回收率之差 $\Delta\varepsilon$ 均呈现上升趋势，而镍回收率先增加后降低。当 Na_2SO_4 用量为7%时，镍品位及回收率分别为9.98%和92.48%，镍铁回收率之差 $\Delta\varepsilon$ 分别为63.95%，镍铁选择性还原效果显著。但随着 Na_2SO_4 用量继续增大，镍回收率呈下降趋势，因此确定 Na_2SO_4 用量为7%。

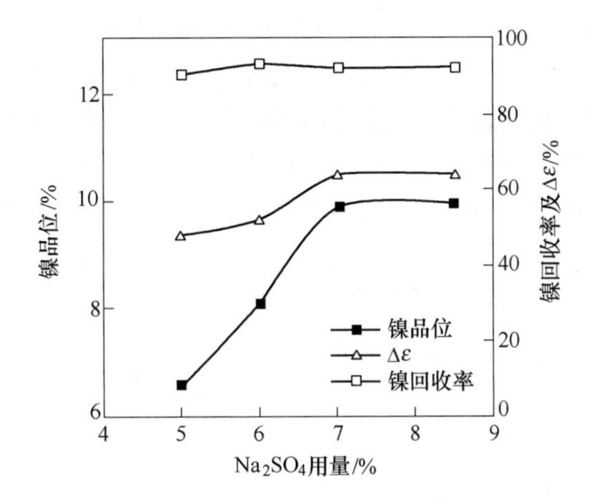

图 4-63 Na_2SO_4 用量对镍品位及回收率的影响

4.5.3.4 煤用量的影响

在 Na_2SO_4 用量 7%条件下，煤用量的影响如图 4-64 所示。

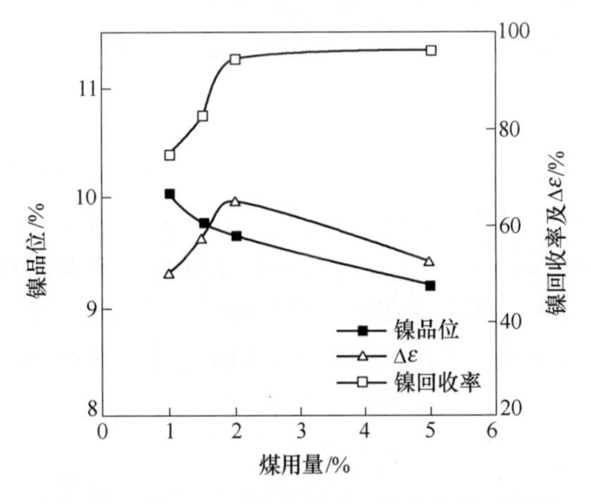

图 4-64 煤用量对镍品位及回收率的影响规律

从图 4-64 中可以看出，随着煤用量的增加，即还原气氛增强，镍回收率呈上升趋势，镍品位逐渐降低，而镍铁回收率之差 $\Delta\varepsilon$ 则先增加后降低。该结果表明，随着还原气氛增强，促进了镍矿物还原，但同时也逐渐将铁矿物还原为金属铁，使得铁回收率逐渐增加，镍铁回收率之差 $\Delta\varepsilon$ 降低。因此，强还原气氛不利于镍、铁矿物的选择性还原，应控制焙烧过程在弱还原气氛下进行，在保证镍回收率的基础上，确定煤用量为 2%。

4.5.3.5 磨矿细度的影响

磨矿细度对镍铁的影响如图 4-65 所示。从图中可以看出，磨矿细度对镍品位及回收率影响较大，当磨矿细度-0.043mm 粒级质量分数从 63.05%提高至 97.25%时，镍品位及镍铁回收率之差呈上升趋势，而镍回收率则稍有降低。原因是由于磨矿细度增加使镍铁合金逐渐单体解离，从而通过磁选将磁性镍铁合金与脉石矿物有效分离。磨矿细度-0.043mm 质量分数为 97.25%时，镍品位和回收率分别为 9.98%和 92.48%，镍铁回收率之差 $\Delta\varepsilon$ 可达到 63.95%。

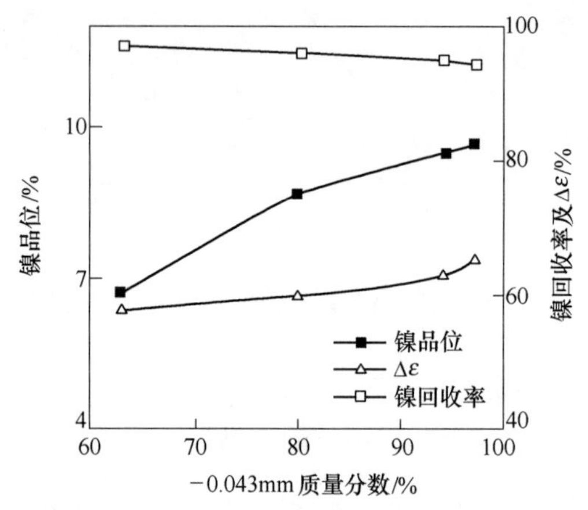

图 4-65 磨矿细度对镍品位及回收率的影响

4.5.3.6 磁场强度的影响

磁场强度的影响如图 4-66 所示。从图可以看出，磁场强度对镍的品位及回收率影响不大，磁场强度 144kA/m 时镍品位和回收率分别为 9.98%和 92.48%，镍铁回收率之差 $\Delta\varepsilon$ 为 63.95%。继续提高磁场强度，镍品位则呈下降趋势。原因是由于磁场强度过大，将夹杂在磁性矿物颗粒中的非磁性脉石矿物或贫连生体选入磁选精矿，使分离效果变差。因此确定磁场强度 144kA/m 为最佳值。

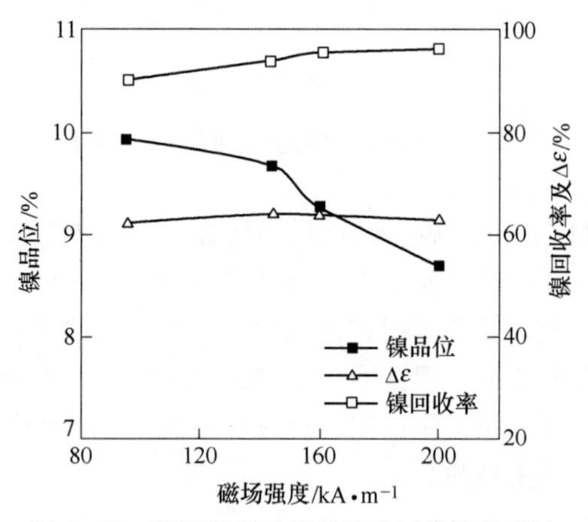

图 4-66 磁场强度对镍品位及回收率的影响

4.5.3.7 最佳工艺流程试验

最终确定最佳的工艺流程和条件如图 4-67 所示。

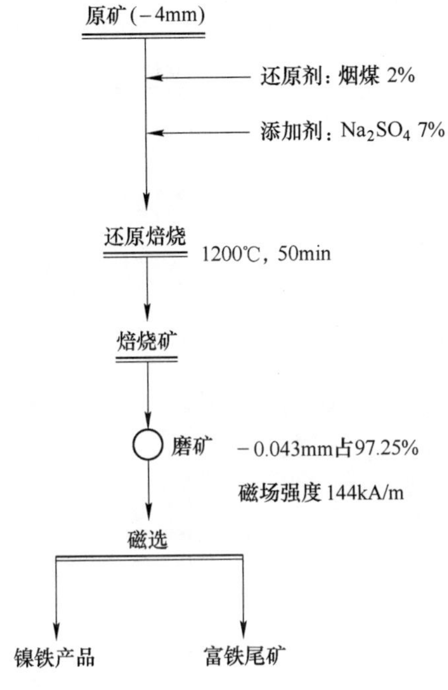

图 4-67 还原焙烧—磁选工艺流程

最佳条件重复试验结果见表 4-10，数质量流程如图 4-68 所示。

表 4-10 最佳工艺条件重复试验结果

产品名称	产率/%	品位/%		回收率/%	
		镍	铁	镍	铁
镍铁粉	14.55	9.98	70.29	92.48	28.53
富铁尾矿	69.42	0.17	36.91	7.72	71.47
焙烧矿	83.97	1.85	42.69	100.00	100.00
烧　失	16.03	—	—	—	—
原　矿	100.00	1.46	34.69	100.00	100.00

4.5.3.8 产品检查

A 多元素分析

对最终镍铁粉进行多元素分析，其结果见表 4-11。

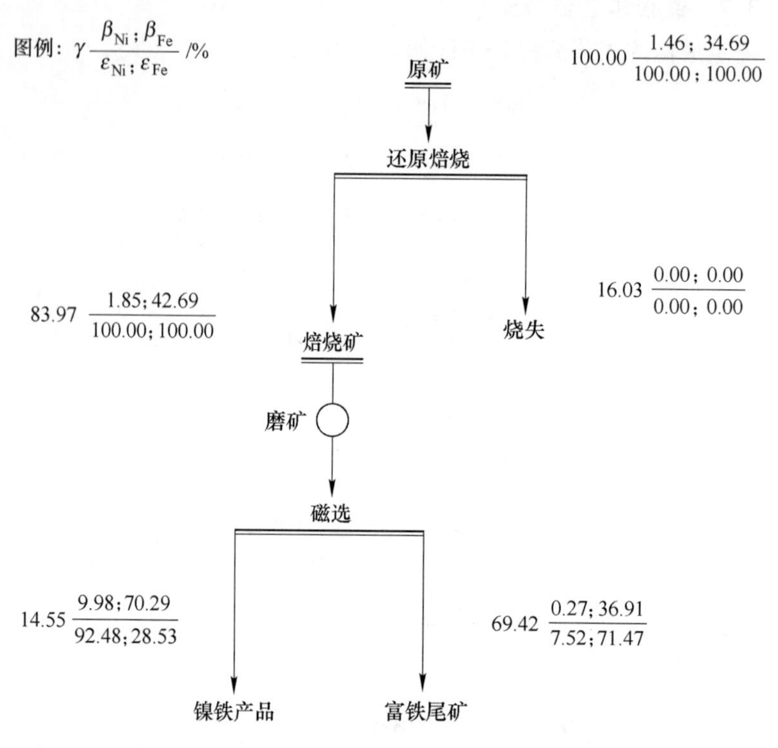

图 4-68 选择性还原焙烧—磁选提镍工艺数质量流程

表 4-11 镍铁粉多元素分析结果

成 分	TFe	Ni	Co	MgO	Al_2O_3	SiO_2	S
质量分数/%	70.29	9.98	0.67	5.39	2.80	8.31	0.67

化学多元素分析表明，镍铁粉中镍品位为 9.98%，铁品位为 70.29%，硫质量分数为 0.67%，含量偏高，可能是由于焙烧过程中添加剂 Na_2SO_4 和还原剂中硫所致。有文献研究表明，镍铁粉后续采用 AOD 炼钢，而 AOD 氧化法炼钢具有较好的脱硫能力，所以硫含量高对后续冶炼影响不大。因此，选择性还原—磁选工艺制得的镍铁粉达到了不锈钢冶炼原料的指标要求。

B 矿物组成及其关系

对镍铁粉进行 XRD 分析和 SEM-EDS，确定镍铁粉中杂质的物相，结果如图 4-69 和图 4-70 所示。从图 4-69 中可知，镍铁粉中主要矿物有铁纹石和镍纹石，另外还夹杂部分浮氏体、镁铬铁矿和单硫铁矿。

从图 4-70 可知，镍铁粉中镍铁颗粒多呈片状，原因是还原生成的铁纹石或镍纹石实际是镍铁合金，有延展性，磨矿时被压延为薄片状，粒度约为 100μm。

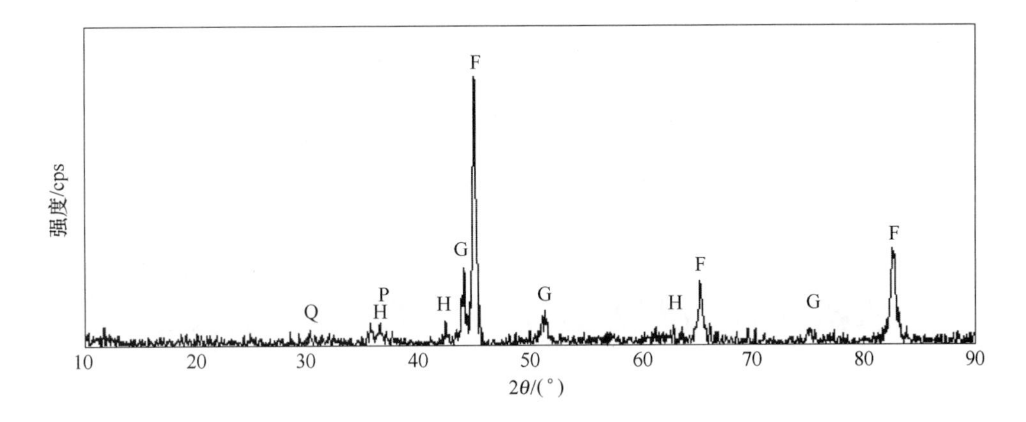

图 4-69 镍铁粉 XRD 图

F—铁纹石（α-[FeNi]）；Q—单硫铁矿（FeS）；G—镍纹石（β-[FeNi]）；H—浮氏体（FeO）；P—镁铬铁矿

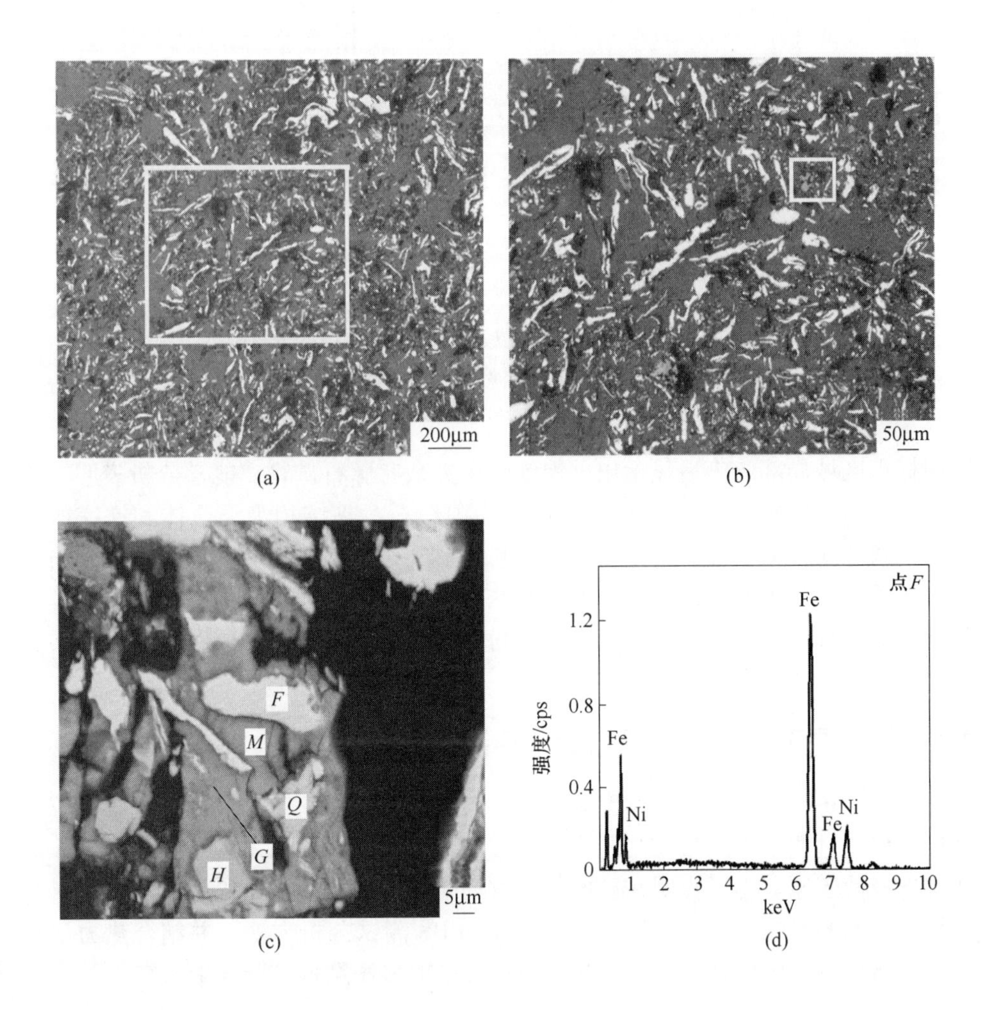

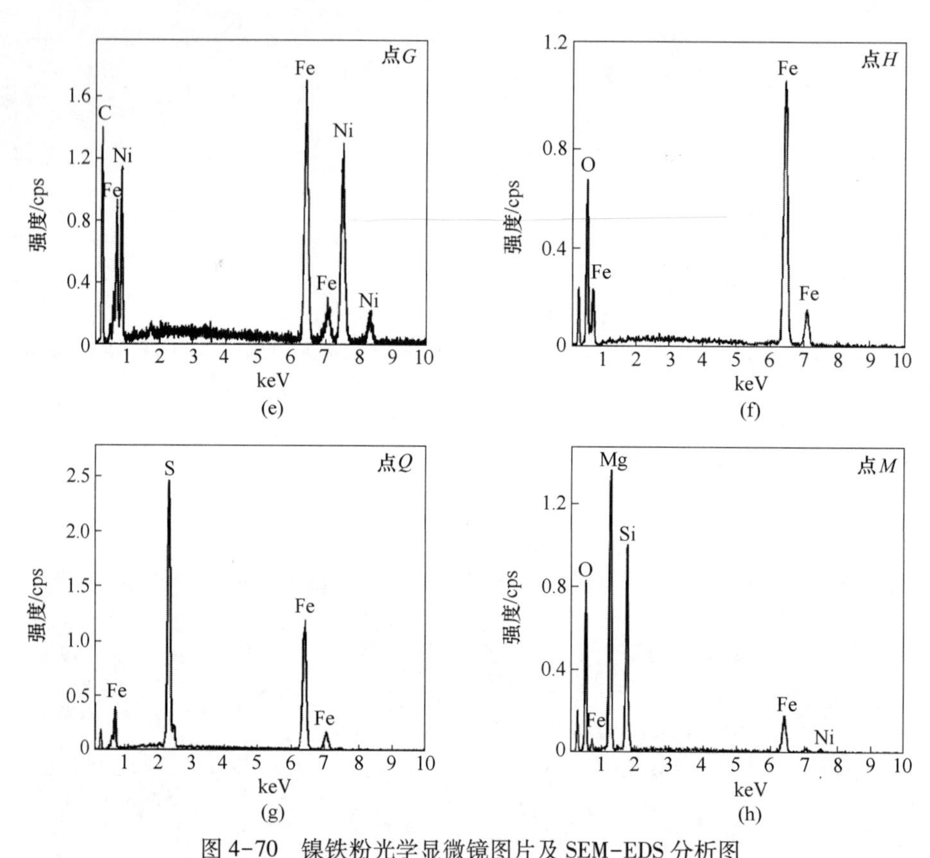

图 4-70 镍铁粉光学显微镜图片及 SEM-EDS 分析图

（a）镍铁粉光学显微镜图片；（b）图（a）中标识区域放大图；（c）图（b）中标识区域放大图；（d）~（h）点 *F*、点 *E*、点 *H*、点 *Q*、点 *M* 的 EDS 能谱图

图中标识区域局部放大后显示出，镍铁粉中夹杂有脉石矿物。能谱分析表明，镍铁粉中亮白色大颗粒为铁纹石，小颗粒为镍纹石，黏结相为浮氏体和铁镁橄榄石，浅灰色颗粒为单硫铁矿。另外镍铁粉中有粒度约为 20μm 的铁、镍纹石与浮氏体、单硫铁矿等矿物以连生体形式存在，由于连生体粒度较细，在磁选过程中易产生夹杂进入镍铁粉中。因此，镍铁粉中的硫以单硫铁矿形式存在，而硅、镁则以橄榄石形式存在。

4.6 低镍原矿选择性还原焙烧分离镍铁机理

选择性还原焙烧过程影响因素研究表明，低镍型红土镍矿中镍、铁矿物选择性还原仅通过调整煤用量控制还原气氛效果不明显，必须加入有效添加剂后才能实现选择性还原。为了查明在还原焙烧过程中镍铁选择性还原机理以及各因素对选择性还原的影响机理，采用 XRD、SEM-EDS 测试分析方法，并结合热力学分析，对焙烧过程中矿物的相变转化以及焙烧矿的显微结构进行详细研究。

4.6.1 焙烧温度对选择性还原的影响机理

4.6.1.1 不同焙烧温度时焙烧矿分析

在1050~1250℃范围内焙烧矿的XRD图谱如图4-71和图4-72所示。图4-71是无Na_2SO_4作用时不同焙烧温度的XRD图谱，图4-72是Na_2SO_4用量7%时不同焙烧温度的XRD图谱。

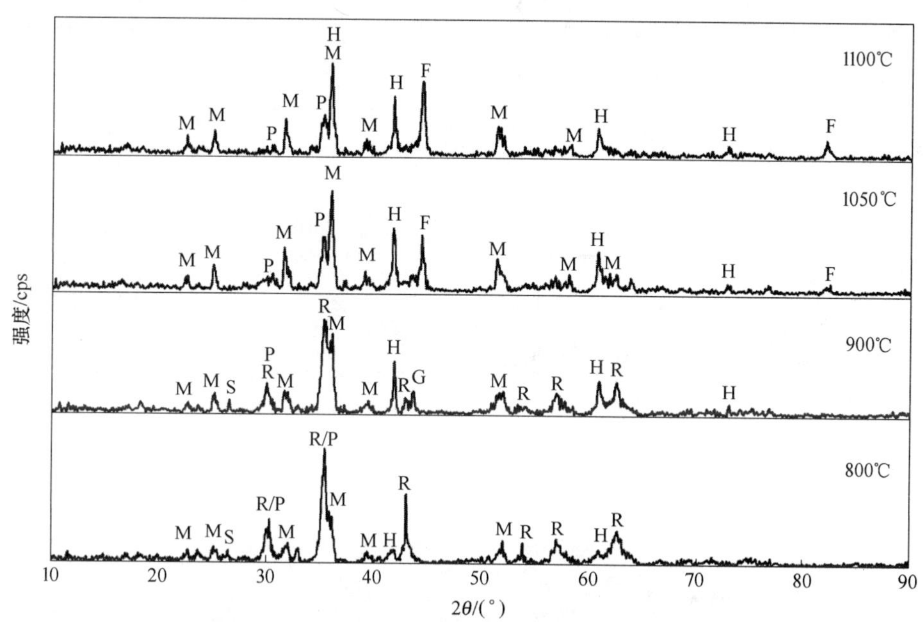

图4-71 无添加剂时不同焙烧温度焙烧矿的XRD图谱

F—铁纹石（α-[FeNi]）；G—镍纹石（β-[FeNi]）；H—浮氏体；K—霞石；R—磁铁矿（Fe_3O_4）；M—铁镁橄榄石；P—镁铬铁矿［$(Mg, Fe)Cr_2O_4$］；S—石英

从图4-71可以看出，仅添加还原剂条件下，800℃时焙烧矿中主要矿物有磁铁矿、浮氏体、镁铬铁矿、铁镁橄榄石和石英；当温度升高至900℃时，磁铁矿的衍射峰强度降低，而浮氏体和铁镁橄榄石的衍射峰强度增强，并出现镍纹石的衍射峰；1050℃时，磁铁矿的衍射峰强度继续降低，石英的衍射峰消失，而浮氏体和铁镁橄榄石的衍射峰逐渐增强，同时镍纹石的衍射峰强度明显降低，出现了铁纹石的衍射峰。继续升温至1100℃，磁铁矿和镍纹石的衍射峰都消失，浮氏体的峰强度稍有下降，而铁纹石的衍射峰明显增强。说明还原焙烧过程中低镍原矿中的蛇纹石等硅酸盐矿物脱羟基转化成橄榄石，并生成石英，而针铁矿脱羟基转化成赤铁矿，赤铁矿先被还原成磁铁矿，其中一部分磁铁矿继续还原成浮氏体。部分浮氏体会与石英反应形成橄榄石，另一部分则会被还原成金属铁，与金属镍形成镍纹石。随着焙烧温度的升高，磁铁矿被完全还原成浮氏体，而且浮氏体还

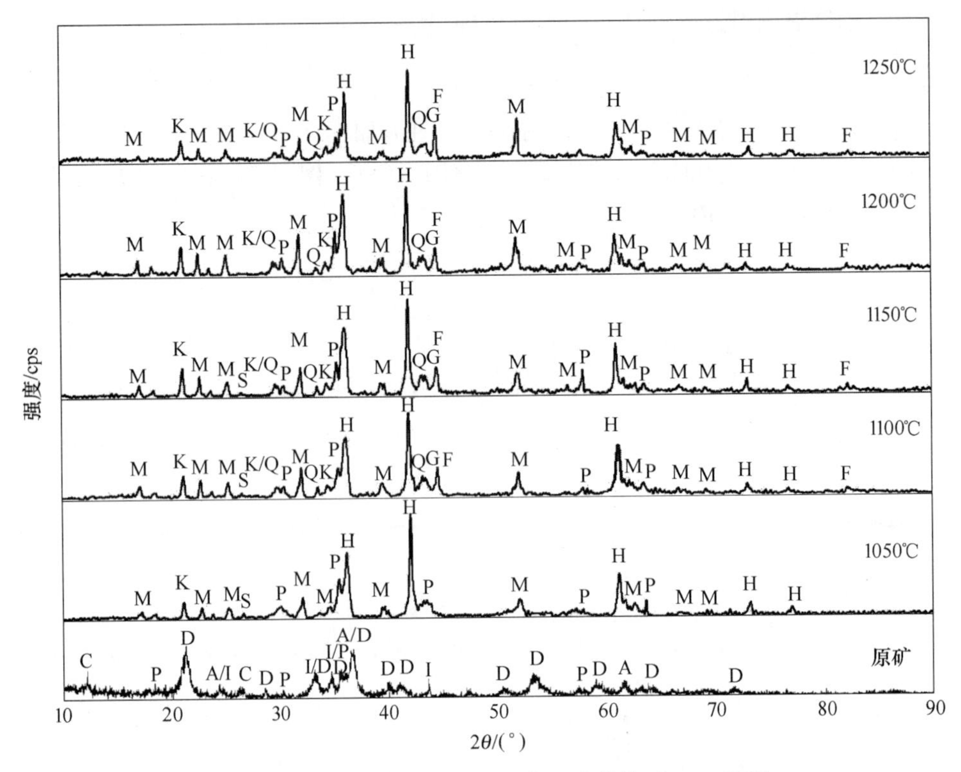

图 4-72 添加 Na_2SO_4 后不同焙烧温度焙烧矿 XRD 图谱

A—镍纤蛇纹石 [$(Ni, Fe)_3(Si_2O_5)(OH)_4$]；C—利蛇纹石 [$Mg_3(Si_2O_5)(OH)_4$]；D—针铁矿 [FeO(OH)]；I—赤铁矿；F—铁纹石 (α-[FeNi])；G—镍纹石 (β-[FeNi])；H—浮氏体 (FeO)；K—霞石 ($Na_{1.45}Al_{1.45}Si_{0.55}O_4$)；M—铁镁橄榄石 [$(Mg, Fe)_2SiO_4$]；P—镁铬铁矿 [$(Mg, Fe)Cr_2O_4$]；Q—单硫铁矿 (FeS)；S—石英

原成金属铁的量增加，使镍纹石中镍含量相应降低，逐渐转化成铁纹石，因此焙烧温度继续升高，促进镍还原的同时也使铁矿物充分被还原，选择性还原效果变差。

从图 4-72 可以看出，添加 Na_2SO_4 后，在 1050℃ 开始，蛇纹石的衍射峰完全消失，转化为橄榄石，并出现石英、浮氏体、霞石和单硫铁矿的衍射峰。1100℃时，焙烧矿中出现了微弱的铁纹石衍射峰，当温度升高至 1150℃，铁纹石的衍射峰增强，此时焙烧矿中主要矿物为铁纹石、镍纹石、浮氏体、铁镁橄榄石、霞石和单硫铁矿。继续升高温度至 1200℃时，焙烧矿中石英的衍射峰消失，而铁镁橄榄石的衍射峰增强，表明部分浮氏体与石英反应生成了橄榄石。在 1250℃时浮氏体和铁镁橄榄石的衍射峰稍有降低，而铁纹石的衍射峰稍有增强。该结果表明，焙烧温度升高可促进铁矿物的还原，但浮氏体的衍射峰强度远高于铁纹石，因此，添加剂 Na_2SO_4 可抑制铁矿物的还原，使铁矿物大部分被还原成浮氏体，仅少量被还原成金属铁。

结合图 4-71 和图 4-72，对比 1100℃时有无 Na_2SO_4 作用时焙烧矿的 XRD 分析可知，无 Na_2SO_4 作用时浮氏体的峰强度低于铁纹石，而 Na_2SO_4 作用下浮氏体的衍射峰强度远高于铁纹石。表明添加 Na_2SO_4 后，浮氏体的还原受到抑制，使还原成金属铁的量减少，因此镍含量则相应增加，这就是焙烧温度1100℃时，无 Na_2SO_4 作用所得镍铁粉中镍品位仅为 3.12%、镍回收率为 70.68%、铁回收率为 65.32%，而添加 Na_2SO_4 后镍品位可达到 10.56%、镍回收率为 73.12%、铁回收率仅为 18.33%的原因。

4.6.1.2 Na_2SO_4 作用下不同焙烧温度的焙烧矿微观结构分析

采用扫描电镜及能谱分析考察不同焙烧温度条件下焙烧矿的显微结构特征，如图 4-73 所示。图 4-73(a′)~(c′) 为图 4-73(a)~(c) 中标识区域的局部放大图。

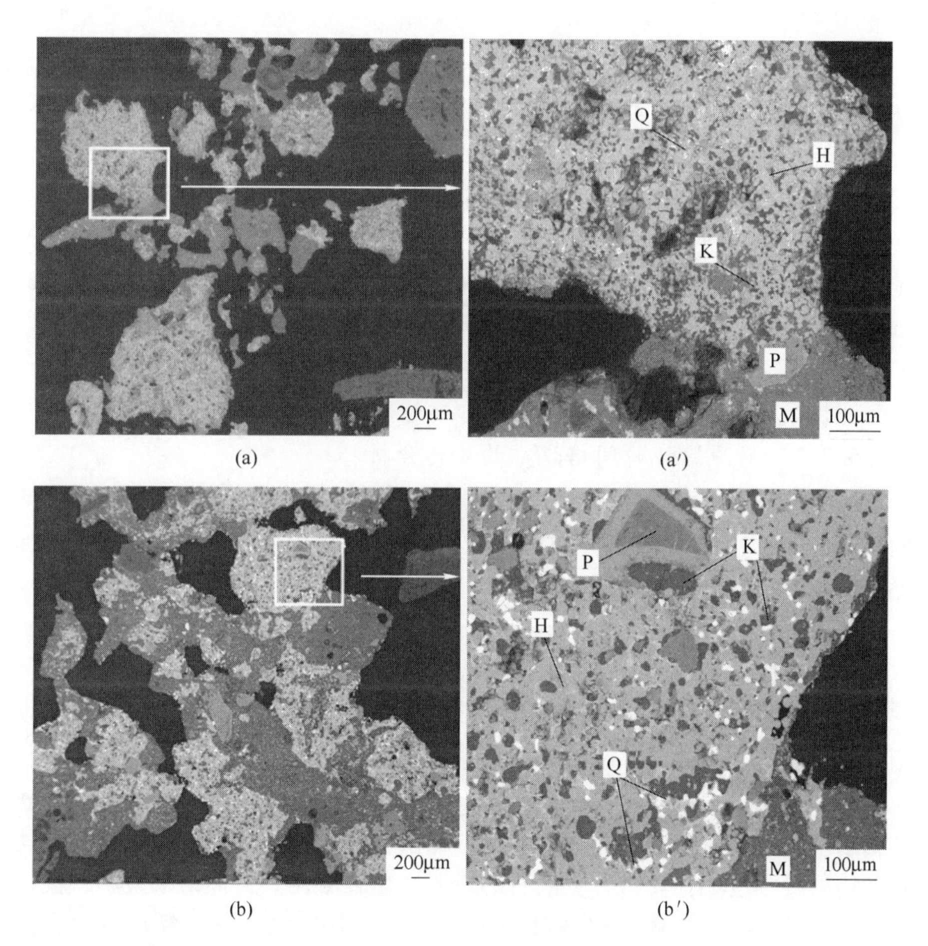

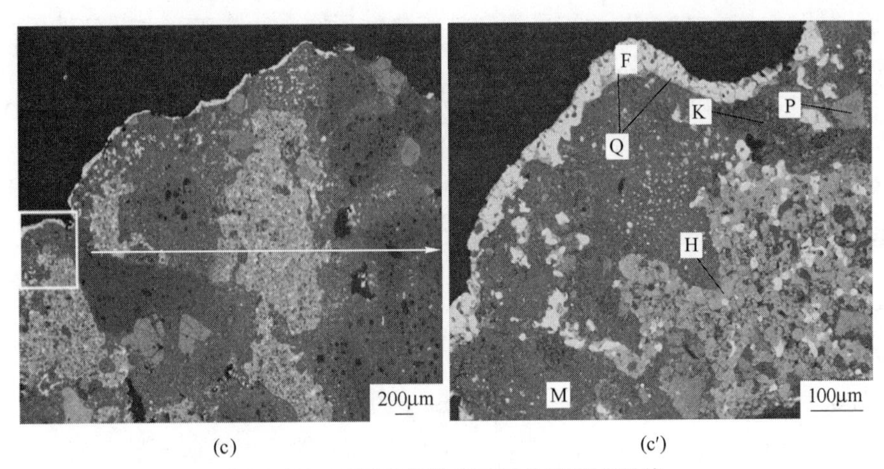

(c) (c′)

图 4-73 不同焙烧温度下焙烧矿微观形貌

(a), (a′)1050℃; (b), (b′)1100℃; (c), (c′)1150℃

F—铁纹石; H—浮氏体; Q—单硫铁矿; M—铁镁橄榄石; K—霞石; P—镁铬铁矿

从图 4-73(a) ~ (c) 可以看出, 1050℃和1100℃焙烧矿中亮白色金属颗粒数量很少, 随着焙烧温度升高至1150℃时, 金属颗粒逐渐增多, 并且逐渐向焙烧矿边缘扩散、富集长大, 形成一层金属壳, 与脉石矿物有明显界限。从图 4-73(a′) ~ (c′) 可以看出, 焙烧矿中主要矿物有铁镁橄榄石 (M)、浮氏体 (H)、霞石 (K)、铁纹石 (F), 随着焙烧温度增加, 在铁纹石周围逐渐出现浅灰色单硫铁矿 (FeS), 而且随着焙烧温度的升高, 铁纹石颗粒逐渐长大, 粒度在 30~50μm 范围, 在磨矿中易单体解离, 有利于其与脉石矿物磁选的分离。

4.6.2 焙烧时间对选择性还原的影响机理

4.6.2.1 不同焙烧时间焙烧矿的矿物分析

焙烧温度1200℃时, 无 Na_2SO_4 作用时不同焙烧时间的焙烧矿 XRD 图谱如图 4-74所示, 添加 7% (质量分数) Na_2SO_4 时不同焙烧时间的焙烧矿 XRD 图谱如图 4-75 所示。

从图 4-74 可以看出, 仅添加还原剂条件下, 焙烧 5min 时焙烧矿中主要矿物有磁铁矿、浮氏体、镁铬铁矿、铁镁橄榄石和石英; 当时间延长至 10min 时, 磁铁矿的衍射峰强度降低, 铁镁橄榄石的衍射峰强度增强, 并出现浮氏体和镍纹石的衍射峰; 焙烧 30min 时, 磁铁矿的衍射峰强度继续降低, 石英的衍射峰消失, 浮氏体和铁镁橄榄石的衍射峰逐渐增强, 同时镍纹石的衍射峰消失, 出现了铁纹石的衍射峰。继续延长时间至 50min 时, 磁铁矿的衍射峰消失, 浮氏体和铁镁橄榄石的衍射峰强度明显降低, 铁纹石的衍射峰显著增强。上述结果表明, 仅在还原剂作用下, 1200℃时还原焙烧过程中低镍原矿中的蛇纹石脱羟基转化成橄榄

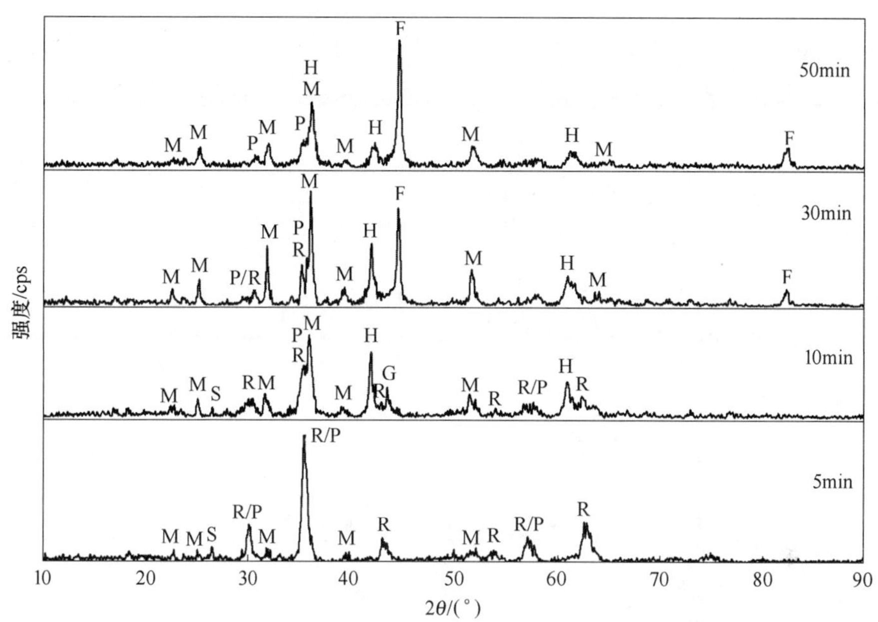

图 4-74 无添加剂时不同焙烧时间的焙烧矿 XRD 图谱

F—铁纹石（α-[FeNi]）；G—镍纹石（β-[FeNi]）；H—浮氏体（FeO）；
M—铁镁橄榄石 [$(Mg, Fe)_2SiO_4$]；P—镁铬铁矿 [$(Mg, Fe)Cr_2O_4$]；
R—磁铁矿（Fe_3O_4）；S—石英

石，并生成石英，而针铁矿和赤铁矿等铁氧化物先被还原成磁铁矿，其中一部分磁铁矿继续还原生成浮氏体，部分浮氏体会与石英反应形成橄榄石，一部分浮氏体则会被还原成金属铁，与金属镍形成镍含量较高的镍纹石；随着焙烧时间的延长，磁铁矿被完全还原成浮氏体，而且浮氏体还原成金属铁的量增加，使镍纹石中镍含量相应降低，逐渐转变成铁纹石，因此焙烧时间过长，促进了镍还原的同时，也使铁矿物得到充分还原，因此还原的选择性效果变差。

但是，在 1200℃ 焙烧过程中添加 Na_2SO_4 后，焙烧时间 50min 时镍品位可达到 9.98%，镍回收率为 92.48%，而铁回收率仅为 28.55%，镍铁选择性还原效果明显。Na_2SO_4 作用下不同焙烧时间的焙烧矿的 XRD 分析，如图 4-75 所示。

从图 4-75 可以看出，添加 Na_2SO_4 后，焙烧时间 5min 时，焙烧矿中出现磁铁矿、铁镁橄榄石、镁铬铁矿、浮氏体和石英的衍射峰；当延长至 10min 时，磁铁矿的衍射峰明显降低，而浮氏体和橄榄石的衍射峰增强，并出现了铁纹石、镍纹石和单硫铁矿的衍射峰，表明镍铁矿物易还原，而且单硫铁矿易生成；继续延长至 30min 时，磁铁矿和石英的衍射峰消失，橄榄石的衍射峰强度增加；而焙烧时间 50min 时，浮氏体的衍射峰强度稍有降低，铁纹石的衍射峰强度则稍有增强。

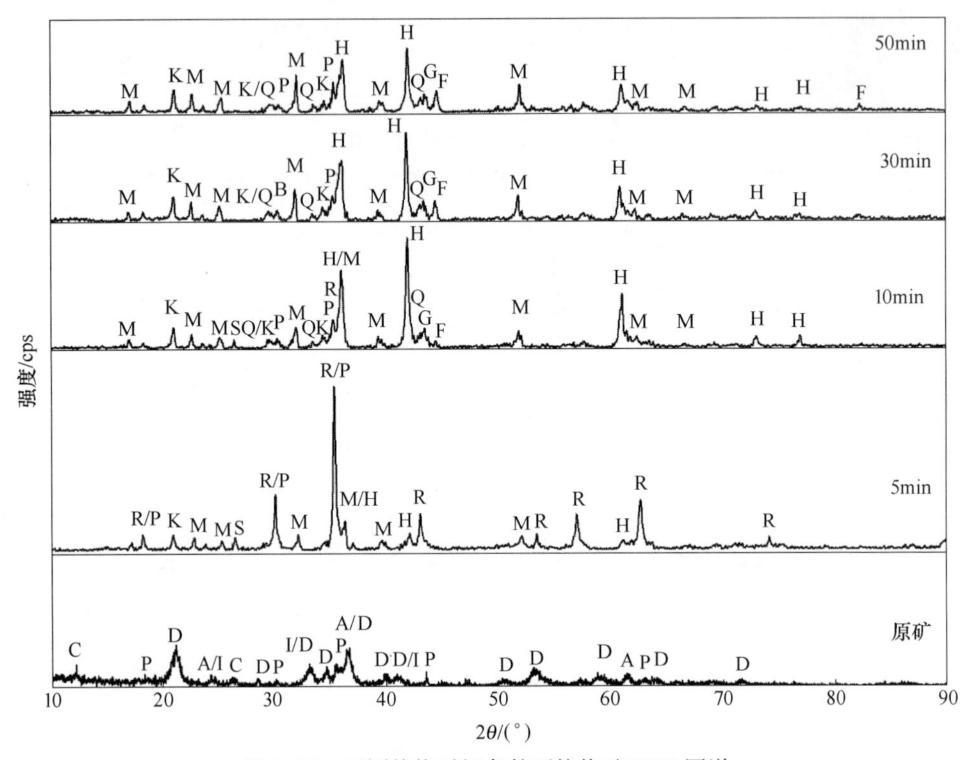

图 4-75 不同焙烧时间条件下焙烧矿 XRD 图谱

A—镍纤蛇纹石；C—利蛇纹石；D—针铁矿［FeO(OH)］；I—赤铁矿；F—铁纹石（α-［FeNi］）；G—镍纹石（β-［FeNi］）；H—浮氏体（FeO）；K—霞石；M—铁镁橄榄石；P—镁铬铁矿；Q—单硫铁矿（FeS）；R—磁铁矿（Fe_3O_4）；S—石英

结合图 4-74 和图 4-75，对比焙烧 50min 时有无 Na_2SO_4 作用时的焙烧矿 XRD 分析可知，无 Na_2SO_4 作用时铁纹石的峰强度高于浮氏体，而 Na_2SO_4 作用下浮氏体的衍射峰强度则远高于铁纹石。由此表明，延长焙烧时间促进了铁矿物的还原，但添加 Na_2SO_4 后，浮氏体的还原受到抑制，还原成金属铁的量减少，因此铁纹石中的镍含量则相应增加。

4.6.2.2 Na_2SO_4 作用下不同焙烧时间的焙烧矿微观结构分析

Na_2SO_4 作用下不同焙烧时间的焙烧矿的扫描电镜照片如图 4-76 所示，图 4-76(a′)～(c′) 为图 4-76(a)～(c) 中标识区域的局部放大图。

从图 4-76 可以看出，焙烧时间 5min 和 10min 时，焙烧矿中白色的铁纹石颗粒数量较少，且粒度较细。从图 4-76(a′)～(c′) 可以看出，焙烧矿中主要矿物组成有亮白色区域的铁纹石、浅灰色的浮氏体、深黑色的霞石矿物以及浅黑色的铁镁橄榄石，而且在浮氏体和金属颗粒边缘的灰白色矿物为单硫铁矿。焙烧时间 30min 时，焙烧矿中仍然以浮氏体和橄榄石为主，当延长至 50min 时白色颗粒数量明显增多，颗粒间相互连接长大，并逐渐向焙烧矿边缘扩散迁移，形成一层

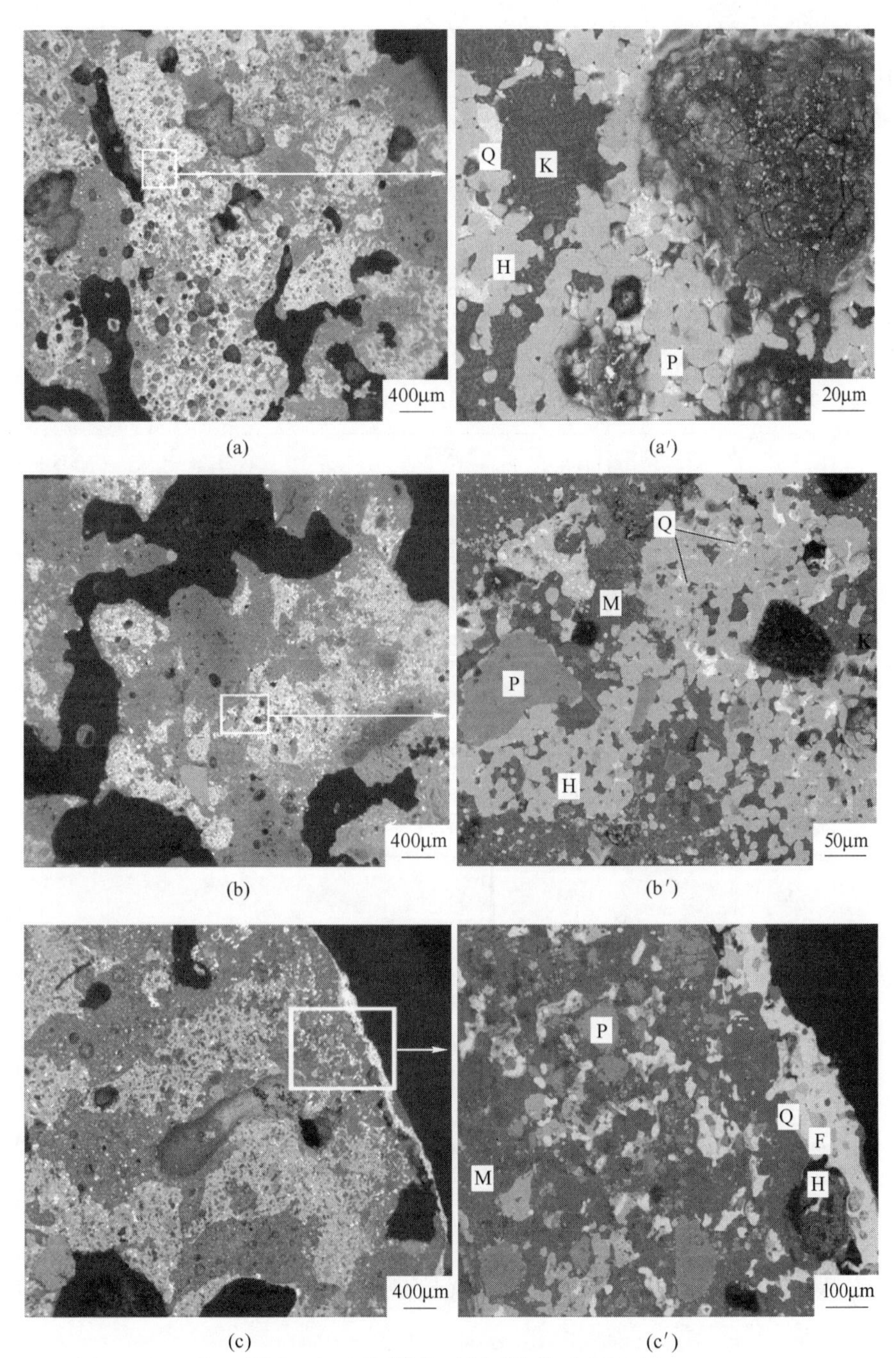

图 4-76 不同焙烧时间下焙烧矿 SEM 图

(a), (a′) 5min; (b), (b′) 10min; (c), (c′) 30min

F—铁纹石; H—浮氏体; Q—单硫铁矿; M—铁镁橄榄石; K—霞石; P—镁铬铁矿

壳，粒度在30~100μm之间，而且与脉石矿物有明显界限，有利于后续磨矿—磁选中与脉石矿物的分离。

4.6.3 Na_2SO_4 对选择性还原的影响机理

4.6.3.1 不同 Na_2SO_4 用量焙烧矿的矿物组成

不同 Na_2SO_4 用量条件下焙烧矿XRD图谱如图4-77所示。从图中可知，不添加 Na_2SO_4 时，焙烧矿中的矿物为铁纹石、浮氏体、镁铬铁矿和铁镁橄榄石。而添加 Na_2SO_4 后，焙烧矿中矿物组成明显不同，出现了单硫铁矿和霞石，而且随着 Na_2SO_4 用量的增加，铁纹石的衍射峰强度明显降低，浮氏体的衍射峰则明显增强，并且出现了镍纹石的衍射峰。

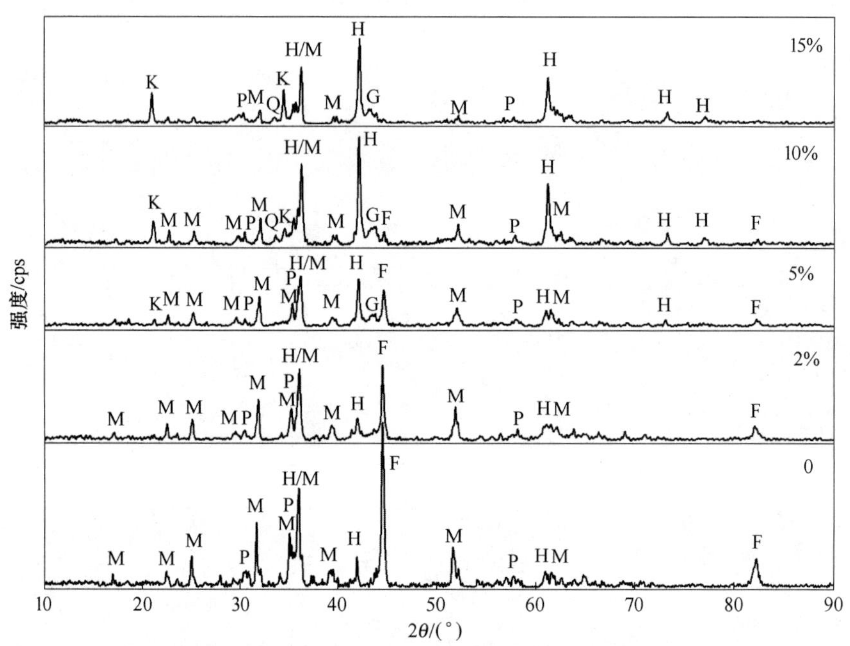

图4-77 不同 Na_2SO_4 用量的焙烧矿XRD分析图谱

F—铁纹石（α-[FeNi]）；G—镍纹石（β-[FeNi]）；H—浮氏体（FeO）；Q—单硫铁矿（FeS）；M—铁镁橄榄石（Mg_2SiO_4）；K—霞石（$Na_{1.45}Mg_{1.55}Si_{0.55}O_4$）；P—镁铬铁矿［$(Mg, Fe)Cr_2O_4$］

在无 Na_2SO_4 作用时，焙烧矿XRD图谱显示铁纹石衍射峰强度远高于浮氏体，表明焙烧过程中还原气氛较强，铁矿物被还原成金属铁的量增加，从而使磁选所得镍铁粉中镍含量相应降低，这就是无硫酸钠时镍铁粉中镍品位低的原因。

而添加 Na_2SO_4 后，随着 Na_2SO_4 用量增加，单硫铁矿、浮氏体、镍纹石和霞石的衍射峰强度增强，而铁纹石的衍射峰逐渐减弱直至消失，表明添加 Na_2SO_4 后，浮氏体还原为金属铁的过程受到了抑制，使铁纹石中金属铁含量不断降低，而镍含量则相应的增加，逐渐转化为镍纹石。原因是在高温（大于1273K）且较弱还原气氛下，Na_2SO_4 会发生还原热解反应生成 Na_2S 和 Na_2O，而且有 SiO_2 存在时，Na_2S 会与浮氏体反应生成单硫铁矿。同时 Na_2O 在焙烧过程中产生碱性氧化物效应，即与硅酸盐矿物反应生成低熔点矿物——霞石（熔点700℃），并且使硅酸盐矿物释放出镍、铁氧化物，提高了镍、铁的反应活性，但是由于还原气氛较弱，相对易还原的镍氧化物优先被还原，而铁氧化物的还原则会受到抑制，因此，Na_2SO_4 作用下浮氏体还原成金属铁阶段受到抑制。

4.6.3.2 不同 Na_2SO_4 用量焙烧矿的微观结构分析

对焙烧矿进行 SEM-EDS 分析，进一步研究 Na_2SO_4 选择性还原的机理。Na_2SO_4 用量0、2%、5%、10%条件下的焙烧矿扫描电镜及能谱分析如图4-78和图4-79所示。图4-79(a′)~(d′) 为对应图4-78(a)~(d) 中标识区域放大图以及对应点的能谱分析图。

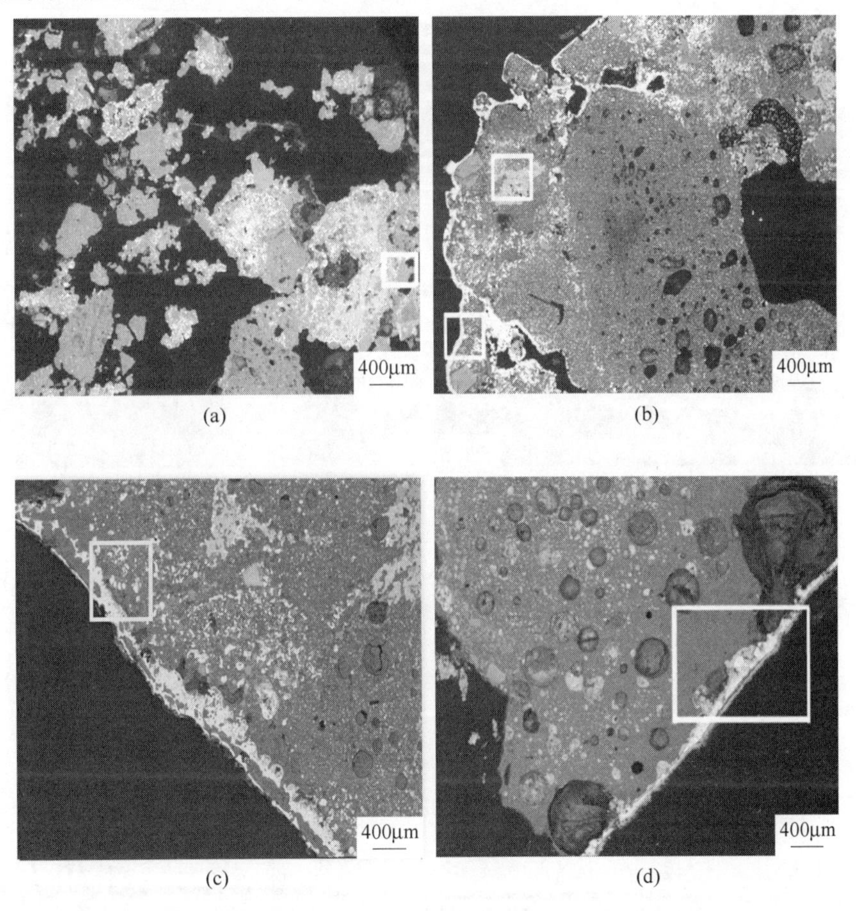

图4-78 不同 Na_2SO_4 用量焙烧矿 SEM 图

(a) 0；(b) 2%；(c) 5%；(d) 10%

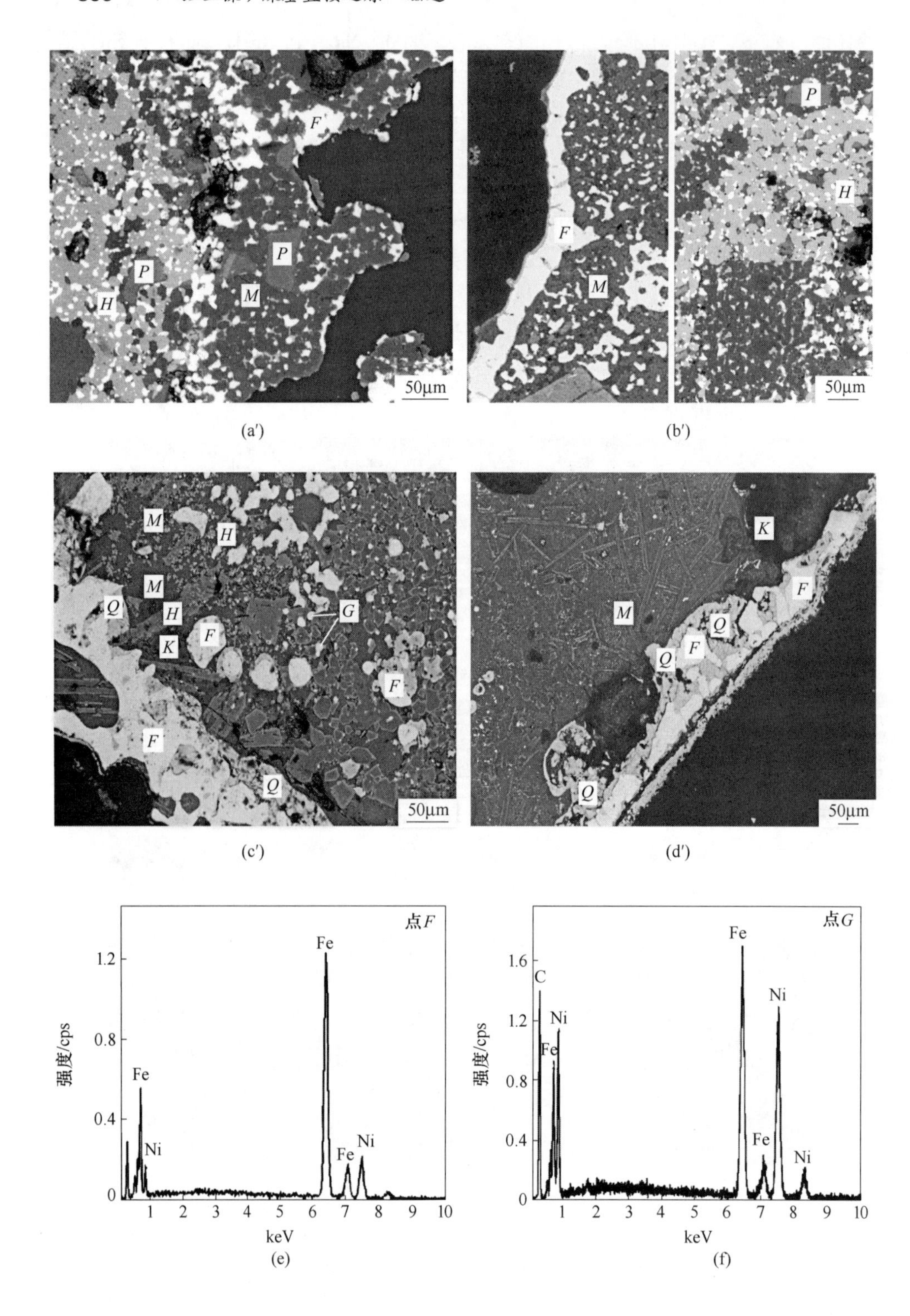
F
P
P
H
M
50μm
F
M
P
H
50μm
(a′)
(b′)
M
H
M
Q
H
K
F
G
F
F
Q
50μm
K
F
M
Q
Q
F
Q
50μm
(c′)
(d′)
点F
强度/cps
keV
Fe
Fe
Ni
Fe
Ni
点G
C
Ni
Fe
Fe
Ni
Fe
Ni
(e)
(f)

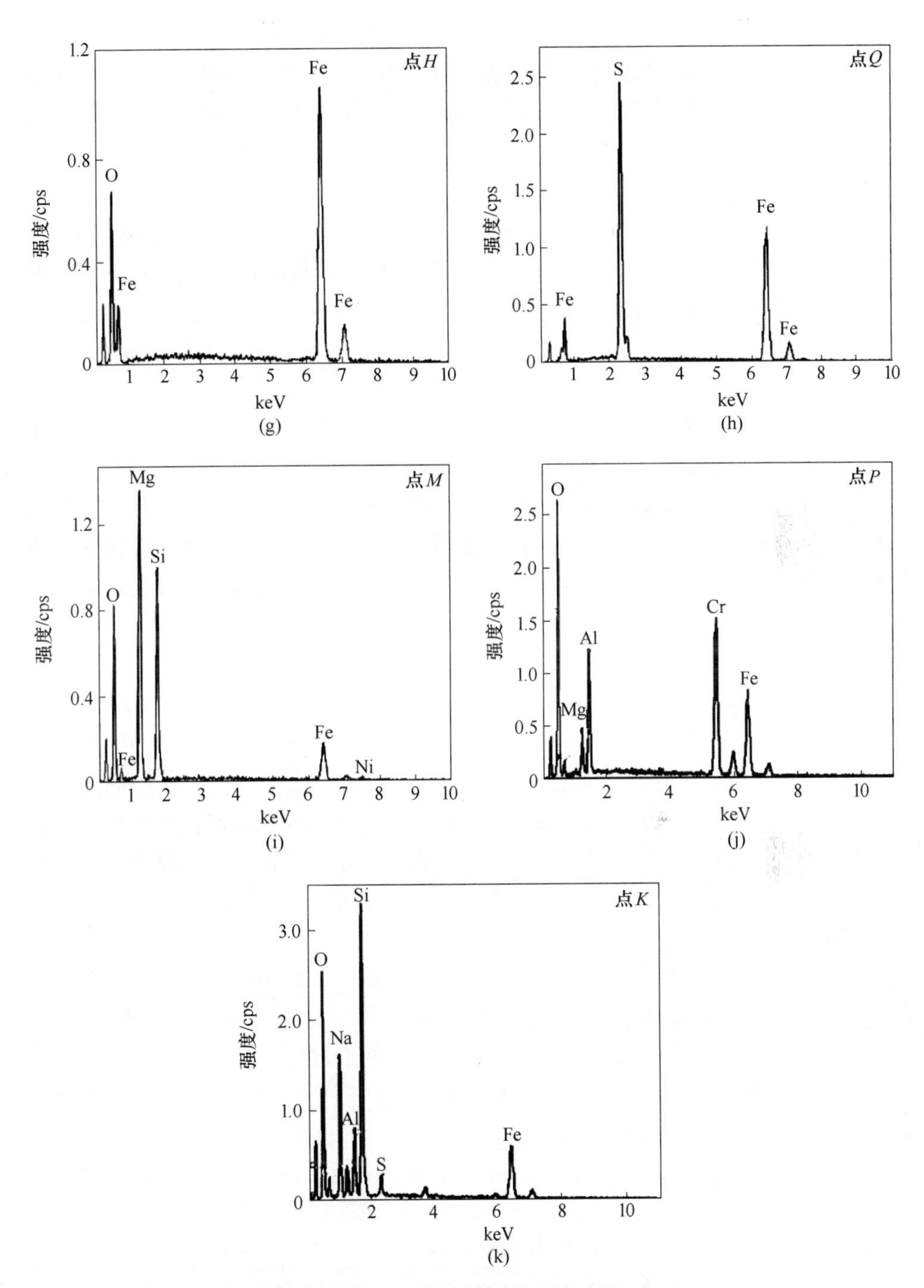

图 4-79 不同 Na_2SO_4 用量焙烧矿 SEM-EDS 分析

(a′) 0；(b′) 2%；(c′) 5%；(d′) 10%；

(e)~(k) 点 *F*、点 *G*、点 *H*、点 *Q*、点 *M*、点 *P*、点 *K* 的 EDS 能谱图

焙烧矿外观观察发现，不添加 Na_2SO_4 的焙烧矿松散易碎，而添加 Na_2SO_4 后焙烧矿烧结，并且随用量增加，烧结程度越来越高，焙烧矿内部孔隙减少，逐渐变致密结实，这表明还原焙烧过程中有液相产生，焙烧矿呈熔融状态。在熔融状态下，颗粒的扩散迁移速率加快，并且促使小粒径颗粒向大粒径颗粒汇集，最终促进了颗粒的聚集长大。

从图 4-78(a)～(d) 可看出，不添加 Na_2SO_4 的焙烧矿中亮白色颗粒较多，但粒度小且分散。而添加 Na_2SO_4 后，金属颗粒粒度逐渐增大，随着 Na_2SO_4 用量增加，金属颗粒逐渐向焙烧矿边缘扩散迁移，相互间连接长大，并形成一层金属壳，部分颗粒可达到 100μm，而且与脉石矿物界限分明，这有利于后续磨矿磁选分离。

随着 Na_2SO_4 用量增加，低熔点矿物霞石和低熔点共熔合金（Fe-FeS）的生成，使焙烧矿的熔融程度增强，促进了金属颗粒聚集长大，但是同时降低了还原气体的扩散速度，从而使还原反应的速率降低，镍矿物优先被还原，而铁矿物的还原受到抑制。结合图 4-77 焙烧矿 XRD 中随着 Na_2SO_4 用量增加，浮氏体的衍射峰强度增强，而铁纹石衍射峰强度明显降低，因此，铁回收率的降低还可能与焙烧矿呈熔融状态降低还原反应效率有关。

4.6.4 硫酸钠作用机理总结

综合硫酸钠机理研究结果可得出硫酸钠作用机理如下：

无 Na_2SO_4 时，还原焙烧过程中低镍原矿反应历程为：低镍原矿中的蛇纹石脱羟基转化成橄榄石，并生成石英，针铁矿脱羟基转化成赤铁矿，赤铁矿先被还原成磁铁矿，磁铁矿继续还原生成浮氏体，而一部分浮氏体会与石英反应形成橄榄石，一部分浮氏体则会被还原成金属铁，与金属镍形成镍含量较高的镍纹石，还有部分未参与反应；外界因素造成还原反应速率增强时，磁铁矿会被完全还原成浮氏体，而且浮氏体还原成金属铁的量增加，使镍纹石中镍含量相应降低，逐渐转变成铁纹石，若继续增强则会使镍、铁矿物得到充分还原全部形成铁纹石。因此，还原焙烧过程中低镍原矿的相变转化分为两个过程，一是分解过程，针铁矿和羟基硅酸盐的逐步分解，形成镍铁的氧化物；二是还原过程，镍铁的氧化物经还原得到铁纹石或镍纹石。

无 Na_2SO_4 作用下，在还原焙烧过程中可能发生的反应如式（4-12）～式（4-19）[15~18] 所示，各式的反应温度范围见表 4-12。

$$Mg_3Si_2O_5(OH)_4 = 3/2Mg_2SiO_4 + 1/2SiO_2 + 2H_2O(g) \quad (4-12)$$

$$\Delta G_T^\ominus = 131845.68 - 264.75T, \ J/mol$$

$$(Ni, Fe)_3Si_2O_5(OH)_4 = 3/2(Ni, Fe)_2SiO_4 + 1/2SiO_2 + 2H_2O(g) \quad (4-13)$$

$$\Delta G_T^{\ominus}=238794.33-498.45T,\ \text{J/mol}$$

$$FeOOH = 1/2Fe_2O_3 + 1/2H_2O(g) \tag{4-14}$$

$$\Delta G_T^{\ominus}=25368.57-72.42T,\ \text{J/mol}$$

$$3Fe_2O_3 + CO = 2Fe_3O_4 + CO_2(g) \tag{4-15}$$

$$\Delta G_T^{\ominus}=-52131-41.00T,\ \text{J/mol}$$

$$Fe_3O_4 + CO = 3FeO + CO_2(g) \tag{4-16}$$

$$\Delta G_T^{\ominus}=35380-40.16T,\ \text{J/mol}$$

$$FeO + CO = Fe + CO_2(g) \tag{4-17}$$

$$\Delta G_T^{\ominus}=-22800+24.26T,\ \text{J/mol}$$

$$NiO + CO = Ni + CO_2(g) \tag{4-18}$$

$$\Delta G_T^{\ominus}=-37850+11.69T,\ \text{J/mol}$$

$$2FeO + SiO_2 = Fe_2SiO_4 \tag{4-19}$$

$$\Delta G_T^{\ominus}=-76415+33.79T,\ \text{J/mol}$$

表 4-12 固相反应的反应温度范围

反应式	式(4-12)	式(4-13)	式(4-14)	式(4-15)	式(4-16)	式(4-17)	式(4-18)	式(4-19)
反应温度范围/K	>498	>479	>3350	自发进行	>880	<940	<3237	<2261

在 1473K 时，以上反应在低镍原矿还原焙烧体系中均可自发进行。在理论上，若还原气氛较强、还原剂充足时，低镍原矿中的铁氧化物和镍氧化物均可被还原成金属铁和金属镍，形成铁纹石或镍纹石；若还原气氛较弱、还原剂不足时，铁矿物仅部分被还原成金属铁，剩余部分则会形成铁镁橄榄石和浮氏体；若还原气氛继续降低，微量浮氏体被还原成金属铁，而大部分与硅酸盐矿物形成铁镁橄榄石。由此可知，理论上控制还原焙烧过程中还原气氛，使大部分镍氧化物被还原成金属镍，而铁氧化物仅被还原成浮氏体或生成橄榄石，或只有少部分被还原成金属铁形成镍纹石，即可达到镍、铁矿物选择性还原和有效分离的目的。因此，弱还原气氛是镍、铁选择性还原的核心环节，直接影响到镍、铁的分离效果。但是，试验证明，在低镍原矿的还原过程中，仅通过减少还原剂煤用量、降低焙烧温度和焙烧时间控制铁矿物的还原反应，镍、铁选择性还原效果并不明显。

而添加 Na_2SO_4 后，还原焙烧过程中低镍原矿反应历程为：浮氏体还原为金属铁的过程受到了抑制，因此浮氏体的含量增加，同时生成了单硫铁矿和霞石，使铁纹石中金属铁含量不断降低，而镍含量则相应的增加，逐渐转化为镍纹石。

Na_2SO_4 在还原焙烧过程中可能发生的反应如式（4-20）~式（4-24）所示，反应温度范围见表 4-13。

$$Na_2SO_4 + 4CO = Na_2S + 4CO_2(g) \tag{4-20}$$

$$\Delta G_T^{\ominus} = -146879.92 + 60.96T$$

$$3Na_2SO_4 + Na_2S = 4Na_2O + 4SO_2(g) \quad (4-21)$$

$$\Delta G_T^{\ominus} = 579820 - 701.68T$$

式（4-20）与式（4-21）合并可得：

$$Na_2SO_4 + CO = Na_2O + SO_2(g) + CO_2(g) \quad (4-22)$$

$$\Delta G_T^{\ominus} = 432940.08 - 640.72T$$

$$Na_2S + FeO + 2SiO_2 = FeS + Na_2Si_2O_5 \quad (4-23)$$

$$\Delta G_T^{\ominus} = -81990.96 - 27.71T$$

$$Na_2O + 2Fe_2SiO_4 = 4FeO + Na_2Si_2O_5 \quad (4-24)$$

$$\Delta G_T^{\ominus} = -56233 - 18.58T$$

表 4-13 固相反应的反应温度范围

反应式	式（4-20）	式（4-21）	式（4-22）	式（4-23）	式（4-24）
反应温度范围/K	<2409	>826	>675	自发进行	自发进行

理论上，以上反应在1473K条件下均可自发进行，但由于低镍原矿的还原焙烧体系是非理想状态，所以焙烧过程中可能并不完全按热力学反应进行。

在理想状态下，添加7%（质量分数）Na_2SO_4 时，Na_2SO_4 全部还原热解，消耗部分还原剂，最终生成单硫铁矿（FeS），此时生成的单硫铁矿质量分数仅为4.34%，消耗低镍原矿中铁质量分数仅为3.55%，远小于实际减小数值。由此表明，铁回收率的降低不仅仅是因为生成了单硫铁矿，而是在添加剂作用下铁矿物被还原成浮氏体后不再继续还原。这可能与 Na_2SO_4 还原热解反应消耗了还原剂，使还原气氛降低有关。

参考文献

[1] King M G. Nickel laterite technology—Finally a new dawn [J]. JOM, 2005, 57 (7): 35-39.

[2] 朱景和. 世界镍红土矿资源开发与利用技术分析 [J]. 世界有色金属, 2007 (10): 7-9.

[3] Kyle J H. Nickel laterite processing technologies-where to next [C]. ALTA 2010 Nickel, Cobalt, Copper, Uranium and REE Conference, 2010.

[4] Dalvi A D, Bacon W G, Osborne R C. The past and the future of nickel laterites [J]. PDAC International Convention, Trade Show & Investors Exchange, 2004.

[5] 李艳军, 于海臣, 王德全, 等. 红土镍矿资源现状及加工工艺综述 [J]. 金属矿山, 2010 (11): 5-9.

[6] 王成彦, 尹飞, 陈永强, 等. 国内外红土镍矿处理技术及进展 [J]. 中国有色金属学

报，2008，18（s1）：1-8.

[7] 李小明，唐琳，刘仕良．红土镍矿处理工艺探讨［J］．铁合金，2007（4）：24-28.

[8] 骆华宝，乔德武．中国主要含镍岩体特征及其成因［J］．岩石矿物学杂志，1993（4）：312-324.

[9] 赵刚．简析镍铁生产工艺及其发展前景［J］．产业与科技论坛，2011（2）：96-97.

[10] 姜涛，刘牡丹，李光辉，等．钠盐对高铝褐铁矿还原焙烧铝铁分离的影响［J］．中国有色金属学报，2010，20（6）：1226-1233.

[11] 徐炳盛，陈素华，赖锦文．叶蛇纹石热处理之显微拉曼光谱初步研究［C］．第六届资源与环境学术研讨会，中国台湾，2009.

[12] Deer W A，A H R，J Z. An introduction to the rock-forming minerals［J］. Longman Scientific and Technical，1993（2）：123-124.

[13] 邱竹贤．有色金属冶金学［M］．北京：冶金工业出版社，1991.

[14] 姜涛，刘牡丹，李光辉，等．钠化还原法处理高铝褐铁矿新工艺［J］．中国有色金属学报，2010（3）：565-571.

[15] 胡长松，贾彦忠，梁德兰，等．红土镍矿还原焙烧的机理研究［J］．中国有色冶金，2012（1）：72-75.

[16] 卢红波．红土镍矿电炉还原熔炼镍铁合金的热力学研究［J］．稀有金属，2012（5）：785-790.

[17] 张钰婷，张昭，游贤贵，等．低品位复杂镍红土矿氢还原热力学分析［C］. 2010年全国冶金物理化学学术会议，中国安徽马鞍山，2010.

[18] 叶大伦，胡建华．实用无机物热力学数据手册［M］．北京：冶金工业出版社，2002.